"十二五"职业教育国家规划教材

经全国职业教育教材审定委员会审定

高等职业教育药学类与食品药品类专业第四轮教材

分析化学 第4版

（供药学类、药品与医疗器械类、食品类专业用）

主　编　冉启文　许　标

副主编　谭　韬　许瑞林　许一平　罗孟君　马　允　黄月君

编　者　（以姓氏笔画为序）

马　允（安庆医药高等专科学校）　　　王益平（重庆市食品药品检验检测研究院）

卞富永（楚雄医药高等专科学校）　　　冉启文（重庆医药高等专科学校）

危冬梅（湖南食品药品职业学院）　　　许　标（湖南食品药品职业学院）

许一平（山东中医药高等专科学校）　　许瑞林（江苏省常州技师学院）

李翠芳（重庆医药高等专科学校）　　　张如超（重庆医药高等专科学校）

罗孟君（益阳医学高等专科学校）　　　胡清宇（山西药科职业学院）

侯轶男（泰山护理职业学院）　　　　　高赛男（哈尔滨医科大学大庆校区）

郭森辉（赣南卫生健康职业学院）　　　黄月君（山西药科职业学院）

谭　韬（重庆医药高等专科学校）　　　潘立新（山东药品食品职业学院）

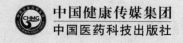
中国健康传媒集团

中国医药科技出版社

内容提要

本教材为"高等职业教育药学类与食品药品类专业第四轮教材"之一，系根据本套教材的编写指导思想和原则要求，结合专业培养目标和课程的教学目标、内容与任务要求编写而成。本教材具有专业针对性强、紧密结合新时代行业要求和社会用人需求、与职业技能鉴定相对接的特点；内容包括定性定量分析基础知识、化学分析法和物理化学分析法三大模块，包括十六章、二十六个实训项目和大量的实例分析等内容。本教材为书网融合教材，即纸质教材有机融合电子教材、教学配套资源（PPT、微课、视频、图片等）、题库系统、数字化教学服务（在线教学、在线作业、在线考试）。

本教材主要供高等职业教育药学类、药品与医疗器械类、食品类各专业师生使用，也可作为其他相关专业和检验分析技术人员的培训教材。

图书在版编目（CIP）数据

分析化学／冉启文，许标主编 . — 4 版 . —北京：中国医药科技出版社，2021.8

高等职业教育药学类与食品药品类专业第四轮教材

ISBN 978 - 7 - 5214 - 2533 - 8

Ⅰ . ①分…　Ⅱ . ①冉…　②许…　Ⅲ . ①分析化学 – 高等职业教育 – 教材　Ⅳ . ①O65

中国版本图书馆 CIP 数据核字（2021）第 129623 号

美术编辑　陈君杞

版式设计　友全图文

出版　**中国健康传媒集团** | 中国医药科技出版社

地址　北京市海淀区文慧园北路甲 22 号

邮编　100082

电话　发行：010 - 62227427　邮购：010 - 62236938

网址　www. cmstp. com

规格　889 × 1194mm $^1/_{16}$

印张　24 $^1/_2$

字数　665 千字

初版　2008 年 7 月第 1 版

版次　2021 年 8 月第 4 版

印次　2023 年 1 月第 3 次印刷

印刷　三河市万龙印装有限公司

经销　全国各地新华书店

书号　ISBN 978 - 7 - 5214 - 2533 - 8

定价　**68.00 元**

获取新书信息、投稿、为图书纠错，请扫码联系我们。

出版说明

"全国高职高专院校药学类与食品药品类专业'十三五'规划教材"于2017年初由中国医药科技出版社出版，是针对全国高等职业教育药学类、食品药品类专业教学需求和人才培养目标要求而编写的第三轮教材，自出版以来得到了广大教师和学生的好评。为了贯彻党的十九大精神，落实国务院《国家职业教育改革实施方案》，将"落实立德树人根本任务，发展素质教育"的战略部署要求贯穿教材编写全过程，中国医药科技出版社在院校调研的基础上，广泛征求各有关院校及专家的意见，于2020年9月正式启动第四轮教材的修订编写工作。在教育部、国家药品监督管理局的领导和指导下，在本套教材建设指导委员会专家的指导和顶层设计下，依据教育部《职业教育专业目录（2021年）》要求，中国医药科技出版社组织全国高职高专院校及相关单位和企业具有丰富教学与实践经验的专家、教师进行了精心编撰。

本套教材共计66种，全部配套"医药大学堂"在线学习平台，主要供高职高专院校药学类、药品与医疗器械类、食品类及相关专业（即药学、中药学、中药制药、中药材生产与加工、制药设备应用技术、药品生产技术、化学制药、药品质量与安全、药品经营与管理、生物制药专业等）师生教学使用，也可供医药卫生行业从业人员继续教育和培训使用。

本套教材定位清晰，特点鲜明，主要体现在如下几个方面。

1. 落实立德树人，体现课程思政

教材内容将价值塑造、知识传授和能力培养三者融为一体，在教材专业内容中渗透我国药学事业人才必备的职业素养要求，潜移默化，让学生能够在学习知识同时养成优秀的职业素养。进一步优化"实例分析/岗位情景模拟"内容，同时保持"学习引导""知识链接""目标检测"或"思考题"模块的先进性，体现课程思政。

2. 坚持职教精神，明确教材定位

坚持现代职教改革方向，体现高职教育特点，根据《高等职业学校专业教学标准》要求，以岗位需求为目标，以就业为导向，以能力培养为核心，培养满足岗位需求、教学需求和社会需求的高素质技能型人才，做到科学规划、有序衔接、准确定位。

3. 体现行业发展，更新教材内容

紧密结合《中国药典》（2020年版）和我国《药品管理法》（2019年修订）、《疫苗管理法》（2019年）、《药品生产监督管理办法》（2020年版）、《药品注册管理办法》（2020年版）以及现行相关法规与标准，根据行业发展要求调整结构、更新内容。构建教材内容紧密结合当前国家药品监督管理法规、标准要求，体现全国卫生类（药学）专业技术资格考试、国家执业药师职业资格考试的有关新精神、新动向和新要求，保证教育教学适应医药卫生事业发展要求。

4.体现工学结合，强化技能培养

专业核心课程吸纳具有丰富经验的医疗机构、药品监管部门、药品生产企业、经营企业人员参与编写，保证教材内容能体现行业的新技术、新方法，体现岗位用人的素质要求，与岗位紧密衔接。

5. 建设立体教材，丰富教学资源

搭建与教材配套的"医药大学堂"（包括数字教材、教学课件、图片、视频、动画及习题库等），丰富多样化、立体化教学资源，并提升教学手段，促进师生互动，满足教学管理需要，为提高教育教学水平和质量提供支撑。

6.体现教材创新，鼓励活页教材

新型活页式、工作手册式教材全流程体现产教融合、校企合作，实现理论知识与企业岗位标准、技能要求的高度融合，为培养技术技能型人才提供支撑。本套教材部分建设为活页式、工作手册式教材。

编写出版本套高质量教材，得到了全国药品职业教育教学指导委员会和全国卫生职业教育教学指导委员会有关专家以及全国各相关院校领导与编者的大力支持，在此一并表示衷心感谢。出版发行本套教材，希望得到广大师生的欢迎，对促进我国高等职业教育药学类与食品药品类相关专业教学改革和人才培养作出积极贡献。希望广大师生在教学中积极使用本套教材并提出宝贵意见，以便修订完善，共同打造精品教材。

建设指导委员会

姚腊初（益阳医学高等专科学校）

贾　强（山东药品食品职业学院）

葛淑兰（山东医学高等专科学校）

韩忠培（浙江医药高等专科学校）

覃晓龙（遵义医药高等专科学校）

委　员（以姓氏笔画为序）

王庭之（江苏医药职业学院）

牛红军（天津现代职业技术学院）

兰作平（重庆医药高等专科学校）

司　毅（山东医学高等专科学校）

刘林凤（山西药科职业学院）

李　明（济南护理职业学院）

李　媛（江苏食品药品职业技术学院）

李小山（重庆三峡医药高等专科学校）

吴海侠（广东食品药品职业学院）

何　雄（浙江医药高等专科学校）

何文胜（福建生物工程职业技术学院）

沈必成（楚雄医药高等专科学校）

张　虹（长春医学高等专科学校）

张春强（长沙卫生职业学院）

张奎升（山东药品食品职业学院）

张炳盛（山东中医药高等专科学校）

罗　翀（湖南食品药品职业学院）

赵宝林（安徽中医药高等专科学校）

郝晶晶（北京卫生职业学院）

徐贤淑（辽宁医药职业学院）

高立霞（山东医药技师学院）

郭家林（遵义医药高等专科学校）

康　伟（天津生物工程职业技术学院）

梁春贤（广西卫生职业技术学院）

景文莉（天津医学高等专科学校）

傅学红（益阳医学高等专科学校）

评审委员会

数字化教材编委会

高等职业教育以培养懂专业知识和有娴熟操作技能的复合型人才为核心，"以就业为导向、全面素质教育为基础，能力为本位"的现代职业教育教学改革方向，促进职业教育专业教学科学化、标准化、规范化，科学规划、准确定位课程及教材体系，以满足社会经济发展、产业升级对职业人才培养的需求。因此，高职高专教材如何适应这一形势的变化，如何开展从学校教育到社会需要的教学模式改革，如何探究学有所用、用有所学、学用结合等问题，一直倍受关注。

本教材编写过程中，严格按照《分析化学》教学大纲的要求，以《中华人民共和国职业分类大典（2015年版）》规定的医药卫生行业职业资格准入为指导，按照行业用人需求，体现培养目标和用人要求紧密结合的原则，以项目为引领、任务驱动为主线，根据实际岗位需求将实训内容与主干教材贯穿，实现理实一体化。本教材对《分析化学》的基本理论和实际操作进行了深入融合，内容与药品、食品、中药材及中药饮片等检验、验收、养护、质量管理等岗位人员职（执）业技能鉴定的标准一致，以满足社会用人实际需求。

本教材以分析化学定性分析基本器材、定量分析基本仪器构造、定量分析原理方法、定量分析样品处理方法、定量分析试剂试药配制、定量分析数据处理、定量分析结果判定及校正等为重点内容，阐述分析化学在药品、食品、中药材及中药饮片等质量控制方面的作用。本教材在第3版的基础上，增加了数字资源内容，增加了即学即练、实例分析、知识链接、知识拓展、知识回顾等模块。

本教材由冉启文、许标担任主编，具体编写分工是：第一篇第一章由黄月君编写，第二章及实训内容由胡清宇编写，第三章由侯轶男编写，第二篇由王益平编写，内容提要、前言、第四章和附录由冉启文编写，第五章及实训内容由许标编写，第六章及实训内容由许瑞林编写，第七章及实训内容由潘立新编写，第八章及实训内容由罗孟君编写，第九章及实训内容由高赛男编写，第三篇由张如超编写，第十章及实训内容由谭韬编写，第十一章及实训内容由许一平编写，第十二章及实训内容由马允编写，第十三章及实训内容由卞富永编写，第十四章及实训内容由郭森辉编写，第十五章及实训内容由危冬梅编写，第十六章由李翠芳编写。

本教材在编写过程中参考了部分教材和著作，在此向有关作者和出版社致以最真心的谢意。同时感谢各位编者所在单位提供的大力帮助。

为了适应高职高专教育改革发展的需要，使本教材内容更贴近药学类与食品药品类工作岗位实际，在编写过程中各位编者不断尝试，旨在培养学生灵活的思维方式和逻辑推理能力，但限于编者理念和思维水平，书中难免存在疏漏，请使用本教材的广大读者给予指正，以便再版时修改完善。

编　者
2021 年 5 月

目录
CONTENTS

第一篇
定性定量分析
基础知识

　　分析化学（analytical chemistry）是研究物质化学组成的分析方法及有关理论和操作技术的一门学科。分析化学是化学领域的一个重要分支，是一门独立的化学信息科学。分析化学的主要任务是运用各种方法与手段，应用各种仪器测试样品得到现象、图像、数据等相关信息，鉴定物质体系的化学组分，测定物质中有关组分的含量及确定体系中物质的结构和形态，解决关于物质体系构成及其性质的问题。

　　分析化学按任务分为定性分析（qualitative analysis）、定量分析（quantitative analysis）和结构分析（structure analysis）。定性分析的任务是鉴定物质的化学组成，即鉴定物质由哪些元素、离子、原子团、官能团或化合物组成；定量分析的任务是测定试样中有关组分的相对含量；结构分析的任务是确定物质的化学结构。根据分析原理分为化学分析法和仪器分析法。无论哪种分类方法，都不能离开定性定量这项基本任务。

第一章 分析化学概述、定性定量分析方法分类和方法选择

学习引导

阿司匹林是临床常用药，具有解热镇痛抗炎作用，此外还有抗血小板凝集的作用，可以通过拮抗血小板的凝集，溶解血液循环中的血栓。对于缺血性心脑血管疾病，如冠心病、脑梗死，具有不可替代的治疗和预防作用。阿司匹林含量测定是药品检测的一项重要指标，其含量测定选用的方法、样品的配制、数据的处理、分析结果的评价等均是分析化学所要学习的内容。

本章主要介绍分析化学的任务、作用，分析方法的分类、选择，分析化学的学习方法。

📖 学习目标

1. **掌握** 分析方法的分类和主要分析方法的特点。
2. **熟悉** 分析化学的定义；分析化学的任务和作用。
3. **了解** 分析化学的学习方法；分析化学研究范围及方向；分析化学的发展历史、发展趋势及在医药领域和食品安全等方面的应用。

第一节 分析化学对专业的作用和方向 🎬 微课1

一、分析化学对专业的作用

分析化学是研究分析方法的科学，是一门获取物质的组成、含量、结构和形态等化学信息的科学。现代分析化学通过把化学与数学、物理学、计算机、生物学、医学、药学等有机结合起来，发展成为一门综合性学科，从而解决科学与技术所提出的各种分析问题。

 知识链接

认识分析化学

分析化学是最早发展起来的化学分支，在早期一直处于化学发展的前沿，被称为现代化学之母。我国近代化学先驱徐寿（1818－1884）曾对分析化学有极高的评价，他说："考质求数之学，乃格物之大端，而为化学之极致也"。所谓考质，即定性分析；所谓求数，即定量分析；即定性分析和定量分析是物

质科学的主体，是化学的最高境界。1980 年，美国《分析化学》杂志主编莱蒂南（H. A. Laitinen）将分析化学定义为：测量和表征的科学。1998 年，欧洲化学联合会（FECS）分析化学部将分析化学定义为：发展和应用各种理论、方法、仪器和策略，以获得有关物质在相对时空内的组成和性质的信息的一门科学。

分析化学作为一种检测手段，不仅对化学学科本身的发展起着重大推进作用，而且在科学领域中起着十分重要的作用。分析化学促进了环境科学、生命科学、食品科学、材料科学、能源科学等的发展，在医药卫生、科学技术及学校教育等方面都发挥着重要的作用。

1. 分析化学在国民经济建设中的作用　在国民经济建设中，分析化学具有极其重要的实际意义。在工业生产中，资源勘探如天然气、油田、矿藏的储量确定；生产中原材料的选择，中间体、成品和有关物质的检验要用到分析化学。农业生产中，土壤成分性质检定、化肥、农作物营养诊断、农产品及加工产品质量检验要用到分析化学。在建筑业中，各类建筑材料与装饰材料的品质、机械强度和建筑物质量评判等要用到分析化学。在商业流通领域，一切商品的质量监控需要分析化学提供信息。在国防建设及科学研究等领域都涉及分析化学。分析化学在国民经济建设中发挥着不可替代的作用。

2. 分析化学在医药卫生事业中的作用　在医药卫生事业方面，临床检验、新药研制、药品质量控制、中草药有效成分的分离和测定、药物代谢和药物动力学研究、药物制剂的稳定性等都离不开分析化学。尤其人口与健康的改善迫切要求分析化学的参与。如何抑制疾病的发展并有效降低疾病发病率、死亡率是当前科学界所面临的重大挑战之一，而最佳的战略是对疾病进行预警，防患于未然，同时实现对疾病的早期发现、早期诊断和早期治疗，机体病变的检测与活体追踪、临床诊断都需要通过分析测试才能达到目的。如在药物质量标准研究中，药物鉴别、杂质检查、含量测定等工作的完成，分析化学是不可缺少的研究工具和手段。随着药学科学事业的发展，对药品质量和药品质量标准的要求也在不断提高，分析化学对提高药品质量，保证人们用药安全起着非常重要的作用。

在药学专业教育中，分析化学是一门重要的专业基础课，其理论知识和实验技能在药物分析、药物化学、药理学等学科中均有重要的应用。

3. 分析化学在科学技术研究中的作用　在科学技术方面，分析化学的作用已远远超出化学领域。因为当今全球竞争已从政治转向经济，实际上是科技竞争。整个社会要长期发展必须考虑人类社会的五大危机：资源、能源、人口、粮食和环境，以及四大理论：天体、地球、生命、人类的起源和演化问题的解决，这些都与分析化学密切相关。在生命科学、环境科学、材料科学和能源科学等领域都需要知道物质的组成、含量、结构和形态等各种信息。如在治理环境污染时，首先要鉴定污染物成分，分析查找污染源，再治理污染，每一步都离不开分析化学。21 世纪，科技热点如可控热核反应、信息高速公路、生命科学方面的人类基因、生物技术征服癌症、心脑血管疾病和艾滋病等，纳米材料与技术、智能材料及环境问题等都对分析化学有重要要求。

4. 分析化学在化学学科发展中的作用　从元素的发现，到各种化学基本定律（质量守恒定律）的发现，原子论、分子论的创立，相对原子量测定，元素周期律的建立等化学现象的揭示都与分析化学的贡献分不开。在现代化学研究领域，分析化学也起着至关重要的作用。如中药化学成分的研究，要采用各种色谱分析方法对各类成分分别进行提取分离，得到单体化合物后再应用各类光谱分析方法和质谱分析等进行定性、定量分析并确定其结构。

另外，在食品、药品和环境卫生等方面也要求严格的质量评估和保险系统，这些离不开分析化学。由上述介绍可知，分析化学与许多学科息息相关，其作用范围涉及经济、科学技术和卫生事业发展的方方面面。当代科学技术和经济建设及社会发展向分析化学提出了各种挑战，也为分析化学的发展创造了良好的机遇，更好地促进了分析化学的发展。

即学即练

什么是分析化学？分析化学的任务是什么？

答案解析

二、分析化学的分析范围和方向

分析化学的研究范围非常广泛，分支甚多。常见的有滴定分析（titration analysis）、电化学分析（electrochemical analysis）、光谱分析（spectroscopic analysis）、色谱分析（chromatographic analysis）、质谱分析（mass spectroscopic analysis）、核磁共振分析（nuclear magnetic resonance analysis）、化学计量学分析（stoichiometric analysis）等；这些分析范围涉及无机分析（inorganic analysis）、有机分析（organic analysis）、生物分析（biological analysis）、环境分析（environmental analysis）、药物分析（pharmaceutical analysis）、食品分析（food analysis）、表界面分析（surface and interface analysis）、临床与法医检验（clinical and forensic analysis）、材料表征及分析（materials characterization and analysis）、质量控制与过程分析（quality control and process analysis）、新兴的微/纳分析（micro/nano analysis）、芯片分析（chip analysis）、组学分析（group analysis）、成像分析（imaging analysis）、活体分析（in vivo analysis）、实时在线分析（real – time analysis）、化学与生物信息分析（chemical and biological information analysis）等。

总之，分析化学是研究物质及其变化的重要方法之一，常被称为科学研究和生产的"眼睛"。在化学学科本身的发展上以及与化学有关的各学科领域中，分析化学都起着重要的作用，如矿物学、地质学、生理学、医学、农业、材料科学、生命科学等其他许多技术科学，都要用到分析化学。几乎任何科学研究，只要涉及化学现象，分析化学就要作为一种科学手段运用到其研究工作中。当前分析化学的主要研究方向在光谱分析、生物分析与生命科学研究、电化学分析、色谱分析、质谱分析、联用技术以及流动注射分析七个领域。

第二节　学习分析化学的重要性和学习方法

分析化学是药学类、药品与医疗器械类、食品类等专业的专业基础课程之一，特别是药品类专业教育中，分析化学非常重要。学好分析化学对以后的专业课程及其他相关课程的学习具有十分重要的意义。

开设分析化学课程的目的，是使学生通过理论课的学习，为后续专业课程的学习打好基础，通过实验实训掌握相关基本实验技能，通过自学提高自己独立思考和独立解决问题的能力。

分析化学的主要内容包括误差与分析数据处理，化学分析法和仪器分析法的基本分析方法、基本理论、基本概念和基本计算，并介绍分析化学的新进展。化学分析法主要由滴定分析组成。学生通过本部分内容的学习，牢固掌握其基本原理和测定方法，建立起严格的"量"与"定量"的概念，能够运用化学反应及平衡的理论和知识，处理和解决各种滴定分析法的基本问题，培养学生科学的思维方法和严谨的科学作风，正确掌握有关的科学实验技能，提高分析问题和解决问题的能力。仪器分析法主要由电化学分析法、光学分析法、色谱分析法三部分组成，是分析化学最为重要的组成部分，是分析化学的发展方向。本部分内容涉及的分析方法是根据物质的光、电、声、磁、热等物理和化学特性对物质的组成、结构、信息进行表征和测量，理解样品"量"与分析信号之间的关系，是必须掌握的现代分析技术。

在学习分析化学的过程中，有以下方法。

1. 做好预习　在每一章教学之前，认真预习，以求对每章内容的重点和知识难点有一定的了解。

2. 认真听课　教师授课时，其内容经过精心组织并着力突出重点，解决难点，讲授方法采用比拟、分析推理和归纳等。听课时，应注意紧跟教师的思路，勤于思考，产生共识。注意弄清基本概念，弄懂基本原理。此外，还要注意教师提出问题、分析问题与解决问题的思路和方法。做笔记，记下重点、难点内容，以备复习和深入思考。

3. 适时复习　复习是掌握所学新知识的重要过程。理论性强是分析化学课程的特点之一，有些概念比较抽象，需要反复思考才能逐渐加深对基本理论或原理的理解和掌握。要充分重视教材中的例题及其解题过程中的分析方法和技巧，做一定量的练习有利于深入理解、掌握和运用课程知识。

4. 正确处理理解和记忆的关系　学会运用分析对比和联系归纳的方法，弄清相关概念、原理、公式和方法的含义、特点、联系和区别，尤其是应用条件及使用范围。在理解的基础上，强化记忆，重要基本概念、基本原理和计算公式，要熟练掌握、灵活运用、融会贯通，将知识系统化。

5. 重视实验　分析化学是一门实验性学科，实验教学是分析化学教学的重要组成部分。在分析化学教学过程中要重视实验教学。在实验中要严格执行基本操作规程，仔细观察实验现象，认真做好实验记录，培养严谨的实验科学态度，真正掌握各种分析技术的基本操作技能。

第三节　定性分析方法分类

定性分析的目的是鉴定物质的化学组成，即物质由哪些元素、离子、基团或化合物组成或对化合物进行真伪鉴别。定性分析方法的种类有很多，以下介绍几种常见的分类方法。

一、按分析对象分类

根据分析对象不同可将定性分析分为无机分析和有机分析。无机分析（inorganic analysis）的对象是无机物，由于组成无机物的元素种类较多，因此在无机分析中通常要求鉴定无机物是由哪些元素、离子、原子团或化合物组成。有机分析（organic analysis）的对象是有机物，虽然组成有机物的元素种类不多，主要是碳、氢、氧、氮、硫和卤素等，但自然界的有机物的种类多而且结构相当复杂，分析的重点是官能团分析和结构分析。

二、按分析目的分类

根据分析目的不同，定性分析可分为元素分析和化合物的定性鉴别。元素分析主要是确定化合物的元素组成，化合物的定性鉴别主要是用理化方法鉴别化合物的真伪。

定性分析还可分为性状鉴别、一般鉴别和专属鉴别。性状鉴别主要通过样品的物理性质，如外观、溶解度和物理常数等鉴别化合物的真伪。一般鉴别是依据某一类化合物的化学结构或物理化学性质的特征，通过化学反应鉴别化合物的真伪。专属鉴别是通过某一化合物的具体化学结构特征及其引起的物理化学特性的不同，选用某些特有的灵敏的定性反应，来鉴别样品的真伪。

三、根据样品物态及取量分类

定性分析中根据样品的状态及用量多少，可将定性分析方法分为常量分析、半微量分析、微量分析。无机定性分析一般为半微量分析。

第四节　定量分析方法分类 e 微课2

定量分析的目的是准确测定样品中有效成分或指标性成分的含量。

本书根据分析对象、分析原理、分析目的和样品物态及取量对定量分析方法进行分类，下面介绍常用的几种分类方法。

一、按分析对象分类

根据分析对象不同，定量分析方法分为无机分析和有机分析。无机分析主要对无机物中各组成成分进行定量分析或无机化合物中各组成元素的组成分析。有机分析主要是对有机化合物进行元素组成分析，或药物中各组成成分的定量分析。根据分析对象种类的不同，还可以进一步分类，如食品分析、水质分析、药物分析、毒物分析等。

二、按分析原理分类

根据分析方法测定原理的不同，可将分析方法分为化学分析和仪器分析。

（一）化学分析

化学分析（chemical analysis）是以物质间的化学反应为基础的分析方法。化学分析法由于历史悠久，又是分析化学的基础，常被称为经典分析法（classical analysis）。被分析的物质称为试样（sample，样品），与试样起反应的物质称为试剂（reagent）。试剂与试样所发生的化学变化称为分析化学反应。

化学定量分析又可分为质量分析（gravimetric analysis）和滴定分析（titrimetric analysis）

1. 质量分析法　质量分析法是根据被测物质在化学反应前后的质量差来测定组分含量的方法。一般是先用适当的方法将被测组分与试样中其他组分分离，转化为一定的称量形式，然后称量，根据称量形式的质量，计算被测组分含量。此法测定准确度较高，但操作繁琐，分析速度较慢。

2. 滴定分析法　滴定分析法是根据一种已知准确浓度的试剂溶液（标准溶液）与被测物质完全反应时所消耗的体积及其浓度来计算被测组分含量的方法，也称作容量分析法（volumetry）。

根据滴定反应类型不同，滴定分析法可分为酸碱滴定法、沉淀滴定法、配位滴定法和氧化还原滴定法。

化学分析法具有仪器设备简单，结果准确，应用范围广的特点，但有一定的局限性，只适用于常量组分分析，且灵敏度低、分析速度慢。

（二）仪器分析

仪器分析（instrumental analysis）是以试样的物理或物理化学性质为基础的分析方法，根据试样的某种物理性质，如熔点、沸点、折射率、旋光度及光谱特征等，不经化学反应，直接进行分析的方法，称为物理分析法（physical analysis），如光谱分析法和色谱分析法等。根据试样在化学变化中的某种物理性质进行分析的方法，称为物理化学分析法（physicochemical analysis），如电位分析法等。这类方法都需使用较特殊的仪器，故又称仪器分析法。

仪器分析法主要有电化学分析法、光学分析法、色谱分析法等。

1. 电化学分析法 根据电化学原理和试样溶液的电化学性质建立的分析方法，称为电化学分析法（electrochemical analysis）。溶液的电化学现象一般在化学电池中发生，通过测量化学电池中的某些电学参数，如电极电位、电阻（电导）、电流或电荷量的变化，对被测物质进行分析。根据测量的电学参数不同，可分为电位分析法、电导分析法、电解和库仑分析法、伏安法和极谱法等。

2. 光学分析法 根据试样的光学性质建立的分析方法，称为光学分析法（optical analysis），主要包括吸收光谱（absorption spectrum）法和发射光谱（emission spectrum）法。吸收光谱法包括紫外 – 可见吸收光谱法、红外吸收光谱法、核磁共振波谱法、原子吸收光谱法、X 射线吸收光谱法和光声光谱法等；发射光谱法包括原子发射光谱法、X 射线荧光光谱法、原子荧光光谱法、分子荧光光谱法、分子磷光光谱法和化学发光法等。

此外，光学分析法还包括折射法、旋光法、比浊法、衍射法等非光谱法和拉曼（Raman）散射光谱法等。

3. 色谱法 利用试样中各组分分配系数不同而进行分离分析的方法，称为色谱法（chromatography），一般分为经典液相色谱法、气相色谱法、高效液相色谱法和超临界流体色谱法等。

经典液相色谱法包括经典柱色谱法、薄层色谱法和纸色谱法，主要作为一种分离技术；以气相色谱法、高效液相色谱法等为代表的现代色谱法，将现代高效色谱柱技术和高灵敏的色谱检测技术相结合，使色谱成为高效、高灵敏、应用最广泛的分离分析方法。

4. 质谱法 将试样转化为运动的气态离子，利用离子在电场或磁场中运动性质的差异，将其按质量电荷比（m/z）大小进行分离记录质谱图，再根据谱线的位置和相对强度对物质进行结构分析的方法，称为质谱法（mass spectrometry，MS）。质谱法的特点是灵敏度高，定性能力强，可单独使用，也可以和其他技术联用，如常与色谱法联用。

仪器分析法具有取样量少、灵敏度高、快速和应用范围广等特点。最近几十年发展迅速，适合于微量组分、有机物结构或复杂体系分析，是现代分析方法的发展方向。

三、根据样品物态及取量分类

根据试样用量的多少，可将定量分析方法分为常量分析、半微量分析、微量分析和超微量分析，上述方法所需试样用量如表 1 – 1 所示。

表 1 – 1 不同分析方法的试样用量

方法	试样质量	试液体积
常量分析	>0.1g	>10ml
半微量分析	0.1～0.01g	10～1ml
微量分析	0.01～0.0001g	1～0.01ml
超微量分析	<0.0001g	<0.01ml

通常化学定量分析多为常量分析，微量分析及超微量分析多采用仪器分析方法。

此外，根据试样中待测组分含量高低不同，又可分为常量组分分析（组分含量 >1%）、微量组分分析（组分含量为 0.01% ~ 1%）和痕量组分分析（组分含量 < 0.0l%）。需要注意此分类方法与试样用量多少的分类方法不同，一种是根据试样的质量或体积分类，另一种是根据组分的含量分类。痕量组分分析不一定是微量分析，因为测定痕量组分时，有时要取样千克以上。

四、根据定量分析的目的分类

定量分析中，根据分析目的不同，定量分析方法分为样品中杂质限量测定、药物中主成分含量测定、药物中主成分标示量含量测定、药物中主成分质量分数测定、药物中主成分体积分数测定和样品中有效成分含量测定等。

 知识链接

例行分析和仲裁分析

分析方法还可按分析工作性质和要求，分为例行分析和仲裁分析。一般化验室对日常生产流程中的产品质量指标进行检查控制的分析，称为例行分析（routine analysis）。当不同企业部门对产品质量和分析结果有争议时，请权威的分析测试部门进行裁判的分析，称为仲裁分析（arbitral analysis）。

各种分析方法都有其特点，也各有其局限性，具体工作时要根据被测物质的性质、含量、试样的组成和对分析结果准确度的要求等选用最合适的方法进行定量分析。对分析方法的选择通常应考虑以下几个方面：

1. 分析的具体要求，被测组分的性质及其含量范围。
2. 共存组分对测定的影响，拟定合适的分离富集方法，提高分析方法的选择性。
3. 对测定准确度、灵敏度的要求和对策。
4. 现有实验条件、测定成本和完成测定的时间要求等。

 实例分析

实例　葡萄糖注射液的含量测定

精密量取本品适量（约相当于葡萄糖 10g），置于 100ml 量瓶中，加氨试液 0.2ml（10% 或 10% 以下规格的本品可直接取样测定），用水稀释到刻度，摇匀，静置 10 分钟，在 25℃ 时，依法测定旋光度（《中国药典》2020 年版四部通则 0621），与 2.0852 相乘，即得供试量中含有 $C_6H_{12}O_6 \cdot H_2O$ 的重量（g）。

问题　1. 本品的测定方法按照分析任务分类属于哪类？
　　　　2. 本品含量测定根据取样量分类属于哪类？

答案解析

第五节　分析化学的发展和促进

分析化学是一门有着悠久历史的科学，在早期的化学发展过程中，一直处于化学的前沿和主要地位，它对元素的发现、相对原子质量的测定、倍比定律、酸碱当量定律等化学基本定律的确立、发现和鉴定新化合物、资源的勘探和利用等，都做出了重要贡献。

16 世纪，欧洲出现第一个使用天平的试金试验室和拉瓦锡进行氧化汞合成的试验，标志分析化学的诞生。直到 20 世纪，随着现代科学技术的飞速发展，学科间的相互渗透融合，工农业生产的发展，新型科学技术的发展，促进了分析化学的发展，分析化学逐渐发展成为一门独立的科学。在此期间，分析化学学科的发展经历了三次巨大的变革。

第一次变革 20 世纪初到 30 年代，由于物理化学及溶液理论的发展，四大平衡（酸碱平衡、沉淀溶解平衡、氧化还原平衡和配位平衡）的建立，为经典分析化学奠定了理论基础，使分析化学由一门技术发展为一门科学。

第二次变革 20 世纪 40 年代到 60 年代，随着物理学、电子学的发展，X 射线、原子光谱、极谱、红外光谱、放射性物质的广泛应用，促进了物理性质为基础的仪器分析方法的建立和发展。出现了以光谱分析、极谱分析为代表的简便、快速的各类仪器分析方法，同时丰富了这些分析方法的理论体系。各种仪器分析方法的发展和完善，使分析化学由化学分析为主的经典分析化学发展为仪器分析为主的现代分析化学。

第三次变革 自 20 世纪 70 年代以来，随着信息时代的到来和生命科学的发展，计算机、精密仪器制造、生命科学、环境科学、材料科学等的快速发展和人们生活水平的迅速改善，促使分析化学进入第三次变革时期。本阶段，现代分析化学已经突破了纯化学领域，分析化学发展成为一门建立在化学、数学、物理学、计算机、生物学及精密仪器制造科学等学科上的多学科性的综合性科学。在这一阶段，分析工作者最大限度地利用计算机和数学、化学计量学、物理学、化学、材料科学和工艺学等学科的最新知识，选择最优化的获得原子、分子信息的方法，使分析人员从单纯的数据提供者变成问题的解决者。

在此阶段，对分析化学的要求不再限于一般的"有什么"（定性分析）和"有多少"（定量分析）的范围，而是要求能提供物质更多的、更全面的多维信息：从常量到微量及微粒分析（分子、原子级水平以及纳米尺度的检测分析方法）；从组成分析到形态分析；从总体分析到微区分析；从宏观组分分析到微观结构分析；从整体分析到表面分析及逐层分析；从静态分析到快速反应追踪分析；从破坏试样分析到无损分析；从离线分析到在线分析等。同时要求能提供灵敏度、准确度、选择性、自动化及智能化更高的新方法（新仪器）与新技术。

化学计量学的先驱、美国著名分析化学家 B. R. Kowalski 提出，"分析化学已由单纯的提供数据，上升到从分析数据中获取有用的信息和知识，成为生产和科研中实际问题的解决者"。他认为，"分析化学是一门信息科学"。

综上所述，21 世纪的分析化学将广泛吸取当代科学技术的最新成就，利用物质一切可以利用的性质，建立各种分析化学的新方法与新技术，成为当代最富活力的学科之一。

目标检测

答案解析

一、选择题

（一）最佳选择题

1. 常量分析时，试样用量一般为

A. >10.0g
B. >1.0g
C. >0.1g
D. >0.01g
E. >0.001g

2. 下列按分析对象进行分类的方法是

    A. 仪器分析　　　　　　　　B. 化学分析　　　　　　　　C. 无机分析

    D. 仲裁分析　　　　　　　　E. 定量分析

3. 分析方法按任务不同可分为

    A. 化学分析和仪器分析　　　　　　　　B. 定性分析、定量分析和结构分析

    C. 常量分析和微量分析　　　　　　　　D. 例行分析和仲裁分析

    E. 无机分析和有机分析

4. 滴定分析法属于

    A. 仪器分析　　　　　　　　B. 化学分析　　　　　　　　C. 质量分析

    D. 仲裁分析　　　　　　　　E. 光学分析

5. 取 0.5ml 试样溶液测定被测组分含量，属于

    A. 常量分析　　　　　　　　B. 微量分析　　　　　　　　C. 半微量分析

    D. 超微量分析　　　　　　　　E. 微量组分分析

（二）配伍选择题

[6 ~ 10]

    A. 定量分析　　　　　　　　B. 定性分析　　　　　　　　C. 常量分析

    D. 化学分析　　　　　　　　E. 仪器分析

6. 以物质的化学反应为基础的分析方法是

7. 鉴定物质由哪些元素、离子、基团或化合物组成的分析方法是

8. 以物质的物理或物理化学性质为基础的分析方法是

9. 样品用量大于 0.1g 的分析方法是

10. 测定物质中某些组分的相对含量的分析方法是

（三）共用题干单选题

[11 ~ 13]

苯佐卡因（$C_9H_{11}NO_2$）原料药的含量测定：取本品约 0.35g，精密称定，照永停滴定法（《中国药典》2020 年版四部通则 0701），用亚硝酸钠滴定液（0.1mol/L）滴定。每 1ml 亚硝酸钠滴定液（0.1mol/L）相当于 16.52mg 的 $C_9H_{11}NO_2$。

11. 苯佐卡因的含量测定属于

    A. 定性分析　　　　　　　　B. 鉴别分析　　　　　　　　C. 鉴定分析

    D. 定量分析　　　　　　　　E. 结构分析

12. 苯佐卡因的含量测定根据取样量分类属于

    A. 微量分析　　　　　　　　B. 半微量分析　　　　　　　　C. 常量分析

    D. 痕量分析　　　　　　　　E. 超微量分析

13. 苯佐卡因使用的永停滴定法的原理属于

    A. 酸碱滴定　　　　　　　　B. 配位滴定　　　　　　　　C. 氧化还原滴定

    D. 沉淀滴定　　　　　　　　E. 非水滴定

（四）X 型题（多项选择题）

14. 下列分析方法属于仪器分析范畴的是

    A. 荧光分析法   B. 沉淀滴定法   C. 非水滴定法

    D. 气相色谱法   E. 质谱分析法

15. 仪器分析法的特点是

    A. 较准确   B. 灵敏   C. 快速

    D. 适用于常量分析   E. 适用于微量分析

16. 下列分析方法按分析对象分类的是

    A. 无机分析   B. 化学分析   C. 仪器分析

    D. 有机分析   E. 结构分析

二、简答题

17. 简述定性分析和定量分析方法的分类。

18. 简述分析化学对专业的作用。

书网融合……

      知识回顾   微课1   微课2   习题

（黄月君）

学习引导

　　在分析检验工作中，经常要用到称量仪器和容量仪器，如取样时常用电子天平进行精密称定；在滴定分析中常通过有准确刻度和体积的容量仪器测量溶液体积。能否正确的选择、校准、使用仪器直接关系到分析结果的准确度。因此，称量仪器和容量仪器的校准、使用，溶液的配制和滴定操作技术的训练是分析检验人员首要的工作任务。

　　本章主要介绍：定量分析实验中常用仪器（包括托盘天平、电子天平、移液管、吸量管、量瓶和滴定管）的选用、使用及保养，称量方法的选择及结果记录，滴定分析仪器的校准等。

📖 学习目标

　　1. **掌握**　电子天平、移液管、吸量管、量瓶、滴定管的基本仪器类型，合理选用和使用仪器；正确判断结果。

　　2. **熟悉**　称量的基本原理和方法；电子天平、移液管、吸量管、量瓶、滴定管的校准及保养；滴定管故障解决方法。

　　3. **了解**　托盘天平、电子天平的结构；应用数学表达式或推理过程进行取样量及溶液浓度的计算。

第一节　称量仪器简介和基本操作

PPT

一、常见天平简介

称量（weighing）：测量物体轻重的过程，是分析工作最基本的操作之一。

天平（balance）：利用作用在物体上的重力以平衡原理测定物体质量或确定作为质量函数的其他量值、参数或特性的仪器，是常用的称量仪器，常用天平有机械天平和电子天平。

（一）托盘天平

托盘天平（counter balance）即台秤，是机械天平中常用的一种，依据杠杆原理制成，精确度不高，用于粗略称量。精确度一般为 0.1g 或 0.2g。荷载有 100g、200g、500g、1000g 等。托盘天平示意图见图 2-1。

（二）电子天平

电子天平（electronic balance）是利用电子装置完成电磁力补偿调节，使称量物体在重力场中实现力平衡，或通过电磁力矩调节，使称量物在重力场中实现力矩平衡，并采用数字指示输出结果的计量器具。电子天平称量准确可信、显示快速清晰，具有自动检测系统、自动校准装置以及超载保护装置等特点。

分度值（感量）是电子天平可读数的最后一位，在定量分析中常用的电子天平有分度值1mg（千分之一天平）、0.1mg（万分之一天平）、0.01mg（十万分之一天平）等。电子天平示意图见图2-2。

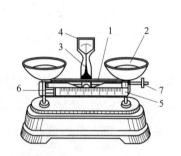

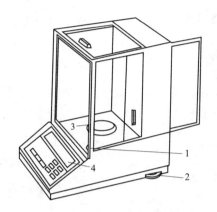

图2-1 托盘天平示意图   图2-2 电子天平示意图

1. 横梁 2. 托盘 3. 指针 4. 刻度盘   1. 水平仪 2. 水平调节脚 3. 秤盘 4. 显示屏

5. 游码标 6. 游码 7. 平衡螺丝

根据2008年5月20日开始实施的《电子天平检定规程》（JJG 1036—2008），电子天平按照检定分度值e和检定分度数n，划分成特种准确度级、高准确度级、中准确度级、普通准确度级四个准确度级。

二、常见天平操作、使用、保养

（一）托盘天平的使用

1. 调零 将托盘天平放置在水平的地方，游码归零，检查指针是否指在刻度盘中心线位置。若不在，可调节左或右平衡螺丝。当指针在刻度盘中心线左右等距离摆动，则表示托盘天平处于平衡状态，即指针在零点。

2. 称量 左盘放被称物体，右盘放砝码。被称物体放置左盘后，先用镊子向右盘加大砝码，再加小砝码，一般5g以内的物体质量，通过游码来添加，直至指针在刻度盘中心线左右等距离摆动（允许偏差1小格以内）。

3. 读数 砝码加游码的质量就是被称物体的质量。

4. 注意事项 托盘天平不能称量热的物体，称量物体一般不能直接放在托盘上，要根据被称物体性质和要求，将被称物体置于称量纸上、表面皿上或其他容器中称量。取放砝码，应用镊子，不能用手拿，砝码不得放在托盘和砝码盒以外其他任何地方。称量完毕后，应将砝码放回原砝码盒，并使托盘天平复原。

5. 保养 托盘天平及砝码用软刷清洁，并保持干燥。在使用期间每12个月检定计量性能以防失准，发现托盘天平损坏和称量不准时及时送相关部门检修或检定，另外注意加载或去载时避免冲击。被称物体质量不得超过核载质量，以免横梁断裂。

（二）电子天平的使用 微课1

1. 电子天平的选择 所选电子天平的称量范围、精确度、灵敏度、结构应满足称量要求。

试验中供试品与试药等"称重"的量，其准确度可根据数值的有效位数来确定，应选用相应准确度电子天平。如称取"2.00g"，系指称取质量可为 1.995 ~ 2.005g，可选用实际分度值 $d = 1mg$ 的千分之一电子天平。"精密称定"系指称取质量应准确至所取质量的千分之一；"称定"系指称取质量应准确至所取质量的百分之一；取用量为"约"若干时，系指取用量不得超过规定量的 ±10%。

万分之一电子天平常用于精密称量 100mg 以上的物质、炽灼残渣（坩埚）、干燥失重（称量瓶）和 500mg 以上的基准试剂；十万分之一电子天平常用于精密称量 10 ~ 100mg 物质和 500mg 及以下的基准试剂；百万分之一电子天平常用于精密称量少于 10mg 物质。

▶▶ 实例分析

> **实例** 葡萄糖酸钙：本品为 D - 葡萄糖酸钙一水合物。含 $C_{12}H_{22}CaO_{14} \cdot H_2O$ 应为 99.0% ~ 104.0%。
>
> **含量测定** 取本品 0.5g，精密称定，加水 100ml，微温使溶解，加氢氧化钠试液 15ml 与钙紫红素指示剂 0.1g，用乙二胺四醋酸二钠滴定液（0.05mol/L）滴定至溶液从紫色转变为纯蓝色。
>
> 每 1ml 乙二胺四醋酸二钠滴定液（0.05mol/L）相当于 22.42mg 的 $C_{12}H_{22}CaO_{14} \cdot H_2O$。
>
> **问题** 1. 称量葡萄糖酸钙试样需选用什么精度的天平？
> 　　　　2. 溶解葡萄糖酸钙试样加水 100ml，指的是什么水？
> 　　　　3. 加氢氧化钠试液 15ml 用哪种玻璃量具？
> 　　　　4. 加钙紫红素指示剂 0.1g 用哪种规格的天平称取？

答案解析

2. 电子天平的安装环境

（1）天平室的位置 应在阴面背光的地方，与外部直接接触的外墙最好不使用大面积玻璃门窗。

（2）天平室的面积 百万分之一及以上精度的电子天平：3 ~ 5m²；十万分之一及以下精度的电子天平：10 ~ 20m²。

（3）天平室的温度 工作温度应在 15 ~ 30℃，最好是 25℃ 恒温环境。

（4）天平室的湿度 相对湿度保持在 40% ~ 70%，室内应配备温湿度计以监控室内环境。

（5）天平室的光源 冷光源最佳，如日光灯、节能灯等。

（6）天平台 每台天平最好配备独立的水平、稳固、铺有缓冲垫的纯黑色大理石实验台。

（7）天平放置位置 避免距离热源、振源、磁源太近。

（8）水平调节 安装时要对天平进行水平调节。

（9）电源要求 电压相对稳定。

3. 电子天平的校准 在实验室环境（温度、湿度等）变化、天平安放位置变动、重新调节水平之后都需要进行校准工作。通常天平在使用之前都需要先进行校准，因为实验室的环境是随时在变化的。电子天平校准方法有内校准法和外校准法。具体参照说明书或请当地计量部门检定。

4. 电子天平操作步骤

（1）检查并调节水平调节脚，使水平仪内空气泡位于圆环中央。

（2）检查电源电压是否匹配，通电预热至所需时间。

（3）打开天平开关"ON"，系统自动实现自检功能。当显示器显示规定的有效数字位数时，自检完毕，即可称量。

（4）称量物体时将洁净称量纸（称量瓶）置于称量盘上，关上侧门，轻按一下"去皮"、"TAR"或"O/T"，天平自动清零，在称量盘中心加入待称物体，直到所需质量为止。

（5）被称物体的质量（g）是显示屏左下角出现"→"标志时，所显示的数值。

（6）称量结束，除去称量纸（称量瓶），关上侧门，关闭天平开关"OFF"，切断电源，用软毛刷清理天平，并做好使用情况登记。

 知识链接

天平预热时间

实际分度值 $d \geqslant 1mg$ 的电子天平大约 30 分钟；$d \geqslant 0.1mg$ 的电子天平大约 4 小时；

实际分度值 $d \geqslant 0.01mg$ 的半微量电子天平大约 12 小时；$d \geqslant 0.001mg$ 的超微量/微量电子天平大约 24 小时。

电子天平功能较多，称量方法除了直接称量法、固定质量称量法和减量法外，还有一些特殊的称量方法和数据处理显示方式，请参阅电子天平使用说明书。

5. 电子天平称量方法

（1）**直接称量法**　此法适用于称量洁净干燥的器皿（如小烧杯、称量瓶、坩埚、表面皿等）、砝码的称量等。

方法：将天平清零，将待称物体置于天平称量盘上，关上侧门，待天平读数稳定后，直接读出物体的质量。

（2）**固定质量称量法（增量法）**　此法适用于称量不易吸湿，在空气中性质稳定，要求某一固定质量的粉末状或细丝状物。优点是称量方法简单，称量速度快。

方法：将称量瓶或其他容器置于天平称量盘上，按"去皮"键，右手中指和大拇指持药匙取试样悬于称量容器正上方，右手食指轻击药匙，将药匙中试样慢慢振落于容器中，直到天平读数与所需质量一致，即为所取试样准确质量。

（3）**减量法（递减、差减称量法）**　此法适用于称量一定质量范围的粉末状物质，特别是在称量过程中试样易吸水、易氧化或易与 CO_2 反应的物质。由于称取试样的量是由两次称重质量之差求得，故此法称为减量法。优点是称量过程中供试品与空气接触时间短、不调零点、可连续称量多份、准确度高。缺点是操作复杂，步骤繁多，不容易控制取量。

方法：从干燥器中取出称量瓶及试样（注意：不要让手指直接接触称量瓶和瓶盖，需用小纸带夹住称量瓶或戴上洁净细纱手套）。用清洁的纸条叠成称量瓶高 1/2 左右的三层纸带，套在称量瓶上，左手拿住纸带两端，如图 2-3 所示，把称量瓶置于天平称量盘上，称出称量瓶加试样的准确质量 m_1。

将称量瓶取出，在接收器的上方，倾斜瓶身，用纸片夹取出瓶盖，用称量瓶盖轻轻敲瓶口上部使试样慢慢落入容器中，如图 2-4 所示。当倾出的试样接近所需量时，一边继续用瓶盖轻敲瓶口，一边逐渐将瓶身竖立，使黏附在瓶口上的试样落下，然后盖上瓶盖。把称量瓶放回天平称量盘上，准确称取其质量 m_2。

图 2 - 3　称量瓶拿法

图 2 - 4　从称量瓶中敲出试样

两次称量质量之差 $m_1 - m_2$，即为敲出试样的质量。按上述方法连续递减，可称量多份试样。倾样时，一般很难一次倾准，往往需几次（不超过 3 次）相同的操作过程，才能称取一份符合要求的样品。

称量完毕后应立即根据相关要求进行使用登记，样品如有遗撒应立即进行清理，天平周围与称量相关的样品和用具应随身带离。

6. 注意事项　同一个试验应在同一台电子天平上进行称量，以减少由称量产生的误差。天平、砝码应由计量部门按规定定期检定。

7. 天平保养　禁止将试样直接放置在天平称量盘上，如果不慎将称量物体洒落在称量盘上应立即进行清理。取、放被称物体时，可使用两侧门，开、关门时应轻缓。称量不得超过天平的最大载荷。电子天平内应放置干燥剂，常用变色硅胶，应定期更换。

保持天平内部清洁，必要时用软毛刷或绸布擦净或用无水乙醇擦净。

三、称量记录格式和要求

品名		环境条件	温度：　　℃　　RH：　　%
批号		仪器型号	
称　量　记　录			
序号	称量日期	称量质量	操作人

《药品生产质量管理规范》要求药品生产企业应当尽可能采用生产和检验设备（包括电子天平）自动打印的记录、图谱和曲线图等，并标明产品或样品的名称、批号和记录设备的信息，操作人应当签注姓名和日期。

第二节　取量工具简介和基本操作

PPT

一、常见取量工具简介

移液管和吸量管

移液管和吸量管是用于准确移取一定体积溶液的玻璃量器。

移液管形状如图 2 - 5a 所示，中部膨大且管颈上部有一环状刻度。在标明的温度下，使溶液弯月面最低点（有色溶液读水平面）与标线相切时，让溶液按一定的方法自由流出，则流出的体积与管上标明的体积相同。常用的规格有 1ml、2ml、3ml、5ml、10ml、20ml、25ml、50ml 等，移液管适用于量取其规定的某一体积溶液。

吸量管形状如图 2-5b 所示，直形且管上具有分刻度。它一般只用于量取小体积溶液。常用的规格有 0.1ml、0.2ml、0.5ml、1ml、2ml、5ml、10ml 等，吸量管适用于量取其刻度范围内的任意体积溶液。吸量管吸取溶液准确度不如移液管。

移液管、吸量管上必须标有下列产品标识：

标准容量：如 5、10、25　　　　容量单位符号：cm^3 或 ml

标准温度：20℃　　　　　　　　量出式符号：Ex

准确级别符号："A"或"B"　　　生产厂名或注册商标

滴定分析中使用的移液管、吸量管必须符合《常用玻璃量器检定规程》（JJG 196—2006）规定的要求。

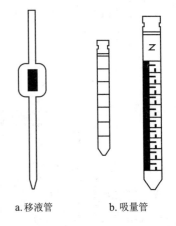

a.移液管　　b.吸量管

图 2-5　移液管和吸量管

知识拓展

完备的使用记录/日志是反映设备运行状态最原始的材料和依据，可以及时发现设备存在的问题，便于更快捷排查问题所在，也是规范实验室管理不可或缺的存档文件。

二、常见取量工具操作、使用、保养

（一）移液管和吸量管的选择

根据所取溶液的体积和要求选择合适规格的移液管和吸量管，滴定分析中移取液体一般使用"A"级移液管和吸量管。

（二）移液管和吸量管的操作

使用前，应检查移液管和吸量管的管口和尖嘴有无破损，若有破损不能使用。选择适当规格的洗耳球配合使用。

（三）移液管和吸量管的使用　微课2

1. 洗涤　移液管和吸量管是带有精确刻度的容量仪器，不宜用刷子刷洗。先用自来水淋洗，若内壁仍挂水珠，则用装有洗涤液的超声波洗涤，最后再用自来水和纯化水淋洗。

2. 润洗　移取溶液前，先用少量待吸溶液润洗 3 次。方法是：用左手持洗耳球（可根据个人习惯调整），将食指放在洗耳球上方，其他手指自然地握住洗耳球，右手拇指和中指拿住移液管或吸量管标线以上部分，食指靠近移液管或吸量管管口，无名指和小指辅助拿住移液管或吸量管。将洗耳球对准移液或吸量管管口，如图 2-6 所示，将管尖伸入溶液中吸取，待吸液吸至移液管或吸量管约 1/4 处（注意：勿使溶液流回，以免稀释待吸溶液）时，右手食指堵住管口，移出，将移液管或吸量管横置，左手托住没沾溶液部分，右手指松开，平移移液管或吸量管，让溶液润湿管内壁（注意：溶液不要超过管上部黄线），润洗过的溶液应从管尖放尽，不得从上口倒出。如此反复润洗 3 次。

图 2-6　用洗耳球吸液操作示意图

3. 吸液　移液管或吸量管经润洗后，移取溶液时，将管尖直接插入待吸液液面下 1~2cm 处。管尖不应伸入太浅，以免液面下降后造成吸空；也不应伸入太深，以免管外壁附有过多溶液。吸液时，应注意容器中液面和管尖位置，应使管尖随液面下降而下降，以免吸空。当洗耳球慢慢放松时，管中液面徐徐上升；当液面上升至标线以上时，迅速移去洗耳球，与此同时，用右手食指堵紧管口。

4. 调节液面 另取一洁净小烧杯，将移液管或吸量管管尖靠住小烧杯，移液管或吸量管垂直，烧杯倾斜，刻度线与视线水平。管尖紧贴烧杯内壁，右手食指微微松动（或微微转动），使液面缓慢稳定下降，直至视线平视时，液体弯月面最低点（有色溶液水平面）与刻度标线相切，迅速压紧食指。将移液管或吸量管提离液面，使管尖紧贴容器内壁，用滤纸迅速擦拭管尖外壁，以除去管外壁附有的溶液。

5. 放液 左手拿接受溶液容器，右手迅速将移液管或吸量管移入容器中，保持移液管或吸量管垂直，容器内壁紧贴管尖并倾斜成 30° 左右。然后放松右手食指，使溶液竖直自然顺壁流下，如图 2-7 所示。待溶液流尽，等 15 秒左右，移出移液管或吸量管（标有"快"字的移液管或吸量管不需等 15 秒）。这时，尚可见管尖部位仍留有少量溶液，除特别注明有"吹"字的移液管或吸量管以外，一般此管尖部位留存的溶液是不能吹入容器中的。

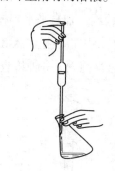

图 2-7 移液管操作示意图

6. 移液管或吸量管的放置 洗净管体，放置在管架上。

7. 注意事项 吸量管的分刻度，有的刻到末端收缩部分，有的只刻到距尖端 1~2cm 处，要看清刻度。在同一实验中，应尽量使用同一支吸量管的同一段，通常尽可能使用上面部分，而不用末端收缩部分。擦拭管尖外壁时，管尖内不应有气泡，否则重吸。

8. 保养 移液管、吸量管使用中注意保护尖嘴部位。

三、取量记录格式和要求

记录必须及时准确完整，液体样品取样记录格式如下：
××样品取样量：10.00ml（小数点后两位）

第三节 配液工具简介和基本操作

PPT

一、常见配液工具简介

容量瓶（量瓶）是一种细颈梨形的平底玻璃瓶，如图 2-8 所示，它用于把准确称量的物质配成准确浓度准确体积的溶液，或将准确体积和准确浓度的浓溶液稀释成准确浓度和准确体积的稀溶液。常用规格有 10ml、25ml、50ml、100ml、250ml、500ml、1000ml 等。容量瓶带有磨口玻璃塞或聚乙烯塞，用塑料绳或橡皮筋固定在瓶颈，有无色或棕色的量瓶。

容量瓶必须标有下列产品标识：

标称容量：如 25、50、100	容量单位符号：cm³ 或 ml
标准温度：20℃	量入式符号：In
准确级别符号："A" 或 "B"	生产厂名或注册商标

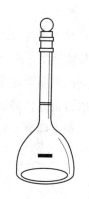

图 2-8 容量瓶

滴定分析中使用的容量瓶必须符合《常用玻璃量器检定规程》（JJG 196—2006）规定的要求。

二、常见配液工具操作、使用、保养

（一）容量瓶的选择

根据配制溶液的体积选择合适规格的容量瓶，滴定分析中准确配制一定浓度溶液一般使用"A"级容量瓶。另外，注意见光易分解的物质配制溶液时应选用棕色容量瓶。

（二）容量瓶的使用方法

1. 检漏 加自来水到标线附近，盖好瓶塞后，左手用食指按住塞子，其他手指拿住瓶颈标线以上部分，右手用指尖托住瓶底边缘，如图2-9所示。将瓶倒立2分钟，如不漏水，将瓶直立，转动瓶塞180°后，再倒立2分钟检查，如不漏水，方可使用。

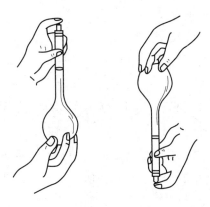

图2-9 容量瓶检漏

2. 洗涤 容量瓶先用自来水淌洗内壁，倒出水后，内壁如不挂水珠，即可用纯化水淌洗，备用。难溶污渍可用稀硝酸浸泡，超声处理后按上述步骤洗涤。

3. 溶解 固体样品溶解时，将已准确称量的固体置于容量瓶中，加入适量溶剂溶解。如果固体不易溶解，可先在小烧杯中溶解，然后定量转移至容量瓶中，也可根据物质性质选用超声法或加热法促使其溶解。液体样品稀释时，精密量取液体样品置容量瓶中，加入适量溶剂稀释至刻度。

4. 定量转移 转移在烧杯中配制的溶液时，烧杯口应紧靠玻棒，玻棒倾斜，下端紧靠量瓶瓶颈内壁，其上部不要碰到瓶口，使溶液沿玻棒和内壁流入瓶内，如图2-10所示。烧杯中溶液流完后，将烧杯沿玻棒稍微向上提起，同时使烧杯直立，再将玻棒放回烧杯中。用洗瓶吹洗玻棒和烧杯内壁，如前法将洗涤液转移至容量瓶中，一般应重复5次以上，以保证定量转移。当加水至容量瓶约3/4容积时，用手指夹住瓶塞，将容量瓶拿起，摇动几周，使溶液初步混匀（注意：此时不能加塞倒立摇动）。

5. 定容 加水至距离标线约1cm，等待2分钟，使附在瓶颈内壁的溶液流下后，再用胶头滴管加水（用洗瓶加水容易超过标线）。注意：滴管加水时，勿使滴管触及量瓶内的溶液。加水至溶液弯月面最低点与标线相切为止（有色溶液水平面）。定容必须在室温条件下，使用超声或加热等方式，必须放冷至室温再操作。

6. 混合 盖紧瓶塞，按图2-11的姿势，倒转容量瓶，反复摇动10次左右。放正容量瓶（此时，因一部分溶液附于瓶塞附近，瓶内液面可能略低于标线，不应补加水至标线），打开瓶塞，使瓶塞周围溶液流下，重新盖好塞子后，再倒转容量瓶，摇动2次，使溶液全部混匀。

如用容量瓶稀释溶液放热时，则用吸管移取一定体积浓溶液，在烧杯中稀释冷却后，定量转移至容量瓶中，加水稀释至标线。当浓溶液稀释不放热时，可将浓溶液直接放入容量瓶中加水稀释，其余操作同前。

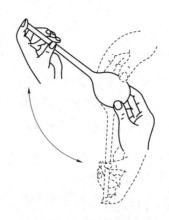

图 2-10　样品溶液定量转移　　　　　　图 2-11　混合均匀

7. 保养　容量瓶使用完毕后，应立即用水冲洗干净。如长时间不用，应用纸片将玻塞与磨口隔开，以免玻塞将来可能不易打开。配好的溶液如需保存，应转移至磨口试剂瓶中，不要把容量瓶当作试剂瓶贮存溶液。容量瓶清洗后不可在烘箱中加热烘干。

第四节　定性定量辅助器具

PPT

一、定性定量辅助器具简介

滴定管是滴定时准确测量流出标准溶液体积的玻璃量器，也是定量分析中常用的玻璃仪器。滴定管按结构一般分为三种：一种是下端带有玻璃活塞的酸式滴定管，如图 2-12a 所示；一种是下端连接一段乳胶管（内置玻璃珠）的碱式滴定管，如图 2-12b 所示；另一种是下端带有聚四氟乙烯材料活塞的四氟塞滴定管（又称酸碱两用滴定管），如图 2-12c 所示，能耐酸、碱标准溶液腐蚀，操作参照酸式滴定管。

根据长度和容量，滴定管可分为常量滴定管、半微量滴定管、微量滴定管。常量滴定管容积有 50ml、25ml，刻度最小 0.1ml，最小可读到 0.01ml；半微量滴定管容量 10ml，刻度最小 0.05ml，最小可读到 0.01ml；微量滴定管容积有 1ml、2ml、5ml、10ml，刻度最小 0.01ml，最小可读到 0.001ml。

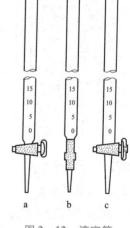

图 2-12　滴定管
a. 酸式滴定管　b. 碱式滴定管
c. 四氟塞滴定管

滴定管必须标有下列产品标识：

标称容量：如 25、50、100　　　　容量单位符号：cm³ 或 ml

标准温度：20℃　　　　　　　　　量出式符号：Ex

准确级别符号："A"或"B"　　　　生产厂名或注册商标

滴定分析中使用的滴定管必须符合《常用玻璃量器检定规程》（JJG 196—2006）规定的要求。

二、定性定量辅助器具操作、使用、保养

（一）滴定管的选择

根据所盛滴定液的性质和用量选择合适规格的滴定管，滴定分析中，滴定管一般使用"A"级。

（二）滴定管的使用方法

酸式滴定管装酸性、中性或氧化性溶液，但不宜装碱性溶液，因为碱性溶液会腐蚀玻璃的磨口和旋塞，放久了活塞不能旋转；碱式滴定管装碱性或无氧化性溶液，凡要与橡胶起反应的溶液，如高锰酸钾、碘、硝酸银等溶液，都不能用碱式滴定管。四氟塞滴定管可用来装酸性、碱性、中性及氧化性、还原性溶液。

滴定管规格最小为1ml，最大为100ml。常用50ml和25ml，其最小刻度0.1ml，最小刻度间可估计读数到0.01ml。

1. 检漏　使用前将装满纯化水的滴定管垂直夹在滴定管架上，放置5分钟，观察滴定管尖处是否有水滴滴下，活塞/胶管连接处是否有水渗出。若不漏，将活塞旋转180°，放置5分钟，再观察一次。

（1）酸式滴定管的检漏　酸式滴定管的漏液现象多由活塞与活塞套配合不紧密造成，需将活塞涂上凡士林或真空活塞油。操作如下：

①取下活塞小头处小橡皮套圈，取出活塞（注意：勿使活塞跌落）。

②用滤纸片将活塞和活塞套擦干净，擦拭活塞套时，可将滤纸片卷在玻棒上伸入活塞套内。

③在活塞两头均匀地涂一薄层凡士林，如图2－13a所示。凡士林涂得太少，活塞转动不灵活；凡士林涂得太多，容易堵塞活塞孔。凡士林涂得不好还会漏液。

④将活塞插入活塞套中，如图2－13b所示。插入时，活塞孔应与滴定管平行，径直插入活塞套内，不要转动活塞，这样可以避免将凡士林挤到活塞孔中。然后向同一方向不断旋转活塞，并轻轻用力向活塞小头部分挤，避免来回移动活塞，直到凡士林层中没有纹路，旋塞呈均匀透明状态。最后将橡皮套圈在活塞小头部分沟槽上。

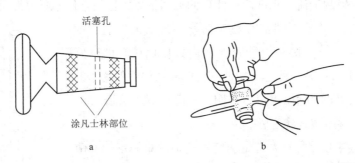

图2－13　酸式滴定管涂凡士林操作

⑤用水充满滴定管，垂直挂在滴定管架上，静置2分钟，观察有无水漏下。然后将活塞旋转180°，同法检漏。如果有水漏下，则重新涂凡士林。

（2）碱式滴定管的检漏　碱式滴定管漏液多因胶管老化及玻璃珠大小不合适造成。玻璃珠过大，不便操作；玻璃珠过小，则会漏水。如不合适应及时更换胶管。

（3）四氟塞滴定管的检漏　四氟塞滴定管漏液现象多由活塞两侧不紧密造成，建议旋紧活塞侧端的螺帽或检查螺帽内橡胶圈是否完好。

2. 洗涤　滴定管不宜用毛刷蘸洗涤剂刷洗，可用洗涤液泡洗。少量污垢，可装入适量洗涤液，双手平托滴定管两端，不断转动滴定管，使洗涤液润洗滴定管内壁，操作时，管口对准洗涤液瓶口，以防洗涤液外流。洗完后，将洗涤液分别由两端放出。最后用自来水、纯化水冲洗干净。要求洗至滴定管内壁为一层水膜而不挂有水珠。

3. 润洗　在正式装入操作溶液前，应用操作溶液先将滴定管润洗3次。第1次用10ml左右，润洗时，两手平端滴定管，边转动、边倾斜管身，使溶液洗遍全部内壁，大部分溶液可由上口放出；第2、

3次各用5ml左右，从下口放出。每次洗涤尽量放干残留液。最后，关闭活塞（注意：应使活塞柄与管身垂直）。对于碱式滴定管，应特别注意玻璃珠下方管尖嘴部分的洗涤。

4. 装液 将溶液装入滴定管前，应将试剂瓶或容量瓶中溶液摇匀，使凝结在瓶内壁的液滴混入溶液。混匀后溶液应直接倒入滴定管中，不得借助其他容器，否则既浪费操作溶液，也增加污染机会。

倒入操作溶液，直到充满到"0"刻度以上。转移溶液到滴定管时，用左手前三指持滴定管上部无刻度处，并倾斜，右手拿住试剂瓶，向滴定管倒入溶液。如果试剂瓶或容量瓶确实太大，滴定管口很小，也可先将操作溶液转移入烧杯（不过要用干燥、洁净的烧杯，并用操作溶液洗涤3次），再倒入滴定管。

5. 排气泡 装液后，应检查管的出口下部尖嘴部分是否充满溶液，是否留有气泡。酸式滴定管气泡一般很容易看见。有气泡时，右手拿滴定管上部无刻度部分，并使滴定管倾斜30°，左手迅速打开活塞至最大流速，使溶液冲出管口，反复数次，一般可除去气泡。

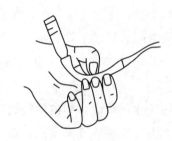

碱式滴定管排气泡，右手拿滴定管上端，并使管稍向右倾斜，左手指捏住玻璃珠侧上部位，使乳胶管向上弯曲翘起，挤捏乳胶管，使气泡随溶液排出，如图2-14所示，再一边捏乳胶管，一边把乳胶管放直，注意待乳胶管放直后，再松开拇指和食指，否则出口管仍会有气泡。

6. 调零 排气泡后，重新补充溶液至"0"刻度或接近"0"刻度的任一刻度。应将滴定管取下，视线与凹液面最低点水平观察并记录初读数。

图2-14 碱式滴定管排气泡操作

7. 滴定 滴定姿势：滴定时，将滴定管垂直地挂在滴定管架上。操作者面对滴定管，坐着也可站着，滴定管高度要适宜。左手控制滴定管，右手振摇锥形瓶。

酸式滴定管的操作：使用酸式滴定管时，左手握住滴定管，无名指和小指向手心弯，无名指轻轻靠住出口玻管，拇指和食指、中指分别放在活塞柄上、下，控制活塞转动，如图2-15所示。注意：不要向外用力，以免推出活塞造成漏液，应使活塞稍有一点向心的回力。当然也不要过分向里用力，以免造成活塞旋转困难。

碱式滴定管的操作：使用碱式滴定管时，左手握住滴定管，拇指在前，食指在后，其余三指辅助夹住出口管。拇指和食指指尖捏玻璃珠侧上部位。通常向右边捏玻璃珠侧偏上方的乳胶管（其实左右均可，通常向右比较省力），使溶液从玻璃珠旁空隙处流出，如图2-16所示。注意：不要从正中相反方向用力捏玻璃珠的中心位置，也不要使玻璃珠上下移动，也不要捏玻璃珠下部胶管，以免空气倒吸。在滴定过程中，始终要保持玻璃珠下部胶管和管尖没有气泡，否则影响读数结果。

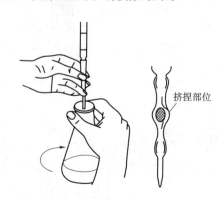

挤捏部位

图2-15 酸式滴定管操作　　　　图2-16 碱式滴定管操作

滴定操作可在锥形瓶（或烧杯）中进行。在锥形瓶中进行滴定时，用右手拇指、食指和中指拿住锥形瓶，其余两指在下侧辅助，使瓶底距滴定台2~3cm，滴定管下端伸入瓶口约1cm。左手握住滴定管，按前述方法，边滴加溶液，边用右手手腕旋转，边滴边振摇锥形瓶，使溶液作圆周运动。注意：滴定管尖不能碰到锥形瓶内壁。如果有滴定液溅在内壁上，要立即用少量水或相应溶剂（非水滴定）冲到溶液中。

半滴的控制和吹洗：快到滴定终点时，要一边振摇，一边逐滴地滴入，甚至是半滴加入。用酸式滴定管时，可轻轻转动旋塞，使溶液悬挂在管尖嘴上，形成半滴，用锥形瓶内壁将其沾落，再用洗瓶吹洗。对于碱式滴定管，加入半滴溶液时，应先轻挤乳胶管，使溶液悬挂在管尖嘴上，再松开拇指与食指，用锥形瓶内壁将其沾落，然后用洗瓶吹洗。

8. 读数　为了便于准确读数，在管装满或放出溶液后，必须等待片刻，使附着在内壁上溶液流下后，再读数。注意：读数时，滴定管管尖不能挂水珠，管尖嘴不能有气泡，否则无法准确读数。

读数时，将滴定管从滴定管架上取下，右手大拇指和食指捏住管上部无刻度处，其他手指辅助在旁，使滴定管保持垂直（也可将滴定管挂在滴定管架上），然后读数。必须确保滴定管垂直和准确读数。

由于水的附着力和内聚力的作用，滴定管内液面呈弯月形，无色或浅色溶液比较清晰，读数时，可读弯月面下缘实线最低点，视线、刻度与弯月面下沿实线最低点应在同一平面上，如图2-17a所示。对于有色溶液如高锰酸钾溶液、碘溶液等，其弯月面不够清晰，读数时，视线与弯月面两侧最高点相切，这样比较容易读准，如图2-17b所示。一定要注意初读数与终读数要采用同一视线标准。

读数时，必须读至小数点后第2位，即估计到0.01ml。滴定管两个小刻度之间为0.1ml，要求估计十分之一值。

初学者读数时，可将黑白板放在滴定管背后，使黑色部分在弯月面下面约1cm处，此时即可看到弯月面反射层全部成为黑色，然后读此黑色弯月面下沿最低点，如图2-17c所示。

当有蓝线的滴定管盛液后，从蓝线对面看，将会出现两个类似弯月面的蓝交叉点，此处即为读数正确位置，如图2-17d所示。蓝交叉点比弯月面最低点略高些。

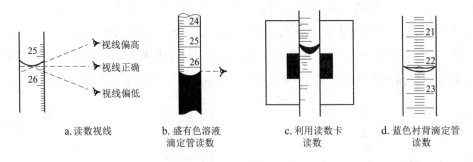

| a.读数视线 | b.盛有色溶液滴定管读数 | c.利用读数卡读数 | d.蓝色衬背滴定管读数 |

图2-17　滴定管的读数

即学即练

使用50ml滴定管时，读数正确的是

A. 28.2000ml　　　B. 28.24ml　　　C. 28.156ml　　　D. 28.2ml

答案解析

9. 滴定操作时其他注意事项

（1）每次滴定都应从0.00ml开始，这样可减少滴定管刻度不均引起误差。

（2）滴定时，左手始终不能离开活塞，不能"放任自流"。

（3）摇动锥形瓶时，应微动腕关节，使溶液向同一方向旋转，形成旋涡，不能前后或左右摇动，不应听到滴定管下端与锥形瓶内壁撞击声。摇动时，要求有一定速度，不能摇得太慢，以免影响反应速度。

（4）滴定时，要注意观察液滴落点周围颜色变化。不要只看滴定管刻度变化，而不顾滴定反应进行的程度。

（5）滴定速度控制。一般开始时，滴定速度可稍快，呈"见滴成线"，每秒3~4滴。接近终点时，用洗瓶吹洗锥形瓶内壁，并改为一滴一滴加入，即每滴加一滴摇几下。最后是每加半滴，摇几下，若溶液碰在内壁上要立即用洗瓶吹洗，直至溶液出现明显颜色变化。

滴定通常在锥形瓶中进行，而碘量法（碘滴定法）、溴酸钾法等要在碘量瓶中反应和滴定。

滴定结束后，滴定管内溶液应弃去，不要倒回原瓶中，以免沾污操作溶液。洗净滴定管，用纯化水充满全管，挂在滴定管架上，上口用一微量烧杯罩住，备用，或倒尽水后收在仪器柜中。

实践实训

实训一　电子天平的称量练习

PPT

【实训内容】

1. 熟悉电子天平的操作。

2. 用电子天平，采用减重法称量三份药品质量。

【实训目的】

1. 掌握递减称量法的操作方法。

2. 熟悉递减称量法的称量原理。

3. 了解常用的称量方法。

【实训原理】

递减称量法又称减重法，适用于称量一定范围质量的粉末状物质，特别是在称量过程中试样易吸水、易氧化或易与CO_2反应的物质。实际工作中标准品和样品的称量常用此法。

【实训仪器与试剂】

1. **仪器**　电子天平、称量瓶、药匙。

2. **试剂**　无水碳酸钠固体粉末。

【实训步骤】

1. **天平准备工作**　将天平预热一定时间，检查并调节天平水平仪，天平室内如果有残留物应清扫干净。

2. **布置任务**　减量法称取约0.2g的物体3份，质量在0.18~0.22g的无水碳酸钠。

3. 操作内容

（1）将盛有一定量碳酸钠粉末的称量瓶放于称量盘中心，读数稳定后记录初始质量 m_0。

（2）取出称量瓶，将称量瓶拿到接受容器上方，轻轻敲出少量试样后（试样不得落到容器之外），再置于称量盘上称量，当数值绝对值在 0.18~0.22g 时，记录质量 $m_1(g)$。$m_1 - m_0$ 即为敲出试样的质量。

（3）如此反复操作，可称量第 2 份、第 3 份样品，记录 m_2、m_3。

（4）操作结束　复原天平，清扫天平，填写使用登记，复位。

注意事项

1. 称量瓶不能直接用手接触，应用清洁的纸条或手套取放。

2. 称量瓶中试样量不可少于取样总量。

3. 敲出的质量超出所需范围不可倒回称量瓶。

4. 递减称量法每称量一份样品，添加样品次数应不大于 3 次。

【数据记录和结果处理】

①	②	③
$m_0(g)$	$m_1(g)$	$m_2(g)$
$-m_1(g)$	$-m_2(g)$	$-m_3(g)$

【实训结论】

1. ①称量结果：

2. ②称量结果：

3. ③称量结果：

【实践思考】

1. 减重法与直接称量法的本质区别是什么？

2. 减重法能否消除系统误差？为什么？

3. 减重法称量在电子天平上有几种数学处理法？

【实训体会】

实训二　精密量具的使用练习

PPT

【实训内容】

1. 吸量管的洗涤和使用。

2. 滴定管的洗涤和使用。

3. 终点颜色的观察和判定。

【实训目的】

1. 掌握吸量管、滴定管的正确使用方法。
2. 熟悉用指示剂确定滴定终点的方法。
3. 了解精密量具的种类及应用。

【实训原理】

盐酸溶液和氢氧化钠溶液是分析化学中常用的滴定液，通过练习一定浓度溶液的配制，熟悉量筒、试剂瓶、吸量管、烧杯、滴定管、锥形瓶等玻璃仪器的使用。通过观察盐酸溶液和氢氧化钠溶液发生中和反应过程中指示剂发生颜色改变，熟悉滴定终点判断。

【实训仪器与试剂】

1. 仪器 滴定管（50ml，酸式、碱式或两用）、锥形瓶（250ml）、量筒（10ml）、小烧杯（50ml）、小口试剂瓶（500ml）、吸量管（10ml）。

2. 试剂 浓盐酸、NaOH饱和溶液、酚酞指示剂、甲基橙指示剂。

【实训步骤】

1. 0.1mol/L盐酸溶液的配制 用量筒量取4.5ml浓盐酸，倒入试剂瓶中，加纯化水至500ml，盖上玻璃塞，摇匀，贴上标签。

2. 0.1mol/L氢氧化钠溶液的配制 用吸量管移取NaOH饱和溶液2.8ml至试剂瓶中，加纯化水至500ml，塞上胶塞，摇匀，贴上标签。

3. 酸碱滴定液浓度的比较

①滴定管检漏；②滴定管洗涤；③滴定管润洗；④将酸、碱滴定液分别装入酸式和碱式滴定管（或两用滴定管）中，调整0刻度，记录初读数，精密量取10ml NaOH溶液于锥形瓶中，加入甲基红指示剂1~2滴，用盐酸溶液滴至溶液由黄色变为橙色，半分钟不褪色，记录消耗盐酸溶液体积。计算氢氧化钠溶液与盐酸溶液的体积比。⑤精密量取10ml盐酸溶液置于锥形瓶中，加入甲基橙指示剂1~2滴，用NaOH溶液滴至溶液由红色变为橙色，半分钟不褪色，记录消耗氢氧化钠溶液体积，计算氢氧化钠溶液与盐酸溶液的体积比。

平行测定3次，每次滴定前，都要把酸式、碱式滴定管装到"0"刻度。

注意事项

1. 选择吸量管时，尖端不能有破损、顶部不能有缺陷，否则使用时会划伤手指，影响取量的准确性。

2. 酸式滴定管要预先检漏，合理正确处理，不可用手指堵住管口洗涤。

3. 碱式滴定管用铬酸钾硫酸洗液洗涤时，应拆下胶管部分，插入洗液中，用吸球吸取反复洗涤。

4. 递减称量法每称量一份样品，添加样品的次数应不大于3次。

5. 间接配制法配制溶液可选用量筒量取液体。

6. 容量瓶、锥形瓶不需干燥（非水滴定除外），移液管、滴定管需要用待装溶液润洗。

7. 每次滴定结束后，应该把滴定液补充至刻度"0.00"附近。

8. 滴定管读数时刻度应与视线相平，读至小数点后第2位。

【数据记录和结果处理】

测定次数	①	②	③
NaOH 溶液终读数（ml）			
NaOH 初读数（ml）			
V_{NaOH}（ml）			
V_{NaOH}/V_{HCl}			
盐酸溶液终读数（ml）			
盐酸溶液初读数（ml）			
V_{HCl}（ml）			
V_{NaOH}/V_{HCl}			
平均值			

【实训结论】

① $\dfrac{V_{NaOH}}{V_{HCl}} =$　　　　　　$\dfrac{V_{NaOH}}{V_{HCl}} =$

② $\dfrac{V_{NaOH}}{V_{HCl}} =$　　　　　　$\dfrac{V_{NaOH}}{V_{HCl}} =$

③ $\dfrac{V_{NaOH}}{V_{HCl}} =$　　　　　　$\dfrac{V_{NaOH}}{V_{HCl}} =$

【实践思考】

1. 以上操作如果比值相差甚远，是什么原因？

2. 哪些是常见的精密量具？量出式精密量具有哪些？量入式精密量具有哪些？

3. 操作碱式滴定管时，胶管里有气泡是怎样引起的？

【实训体会】

实训三　精密量具的校正操作

PPT

【实训内容】

1. 滴定管容量的校正。

2. 吸量管容量的校正。

3. 容量瓶容量的校正。

【实训目的】

1. 掌握精密量具校准的原理及方法。

2. 了解常用精密量具的允差。

【实训原理】

容量仪器（如滴定管、移液管、容量瓶等）都是具有刻度的玻璃量器，其容量可能会有一定的误差，即实际容量和标称容量之差。量器产品都允许有一定的容量误差（允差），误差大于允差会影响实验结果的准确度，因此在滴定分析中需要对容量仪器进行校正。校正的方法有容量比较法和衡量法。

1. 容量比较法（相对校准法）　当两种容积有一定比例关系的容量仪器配套使用且不需确定各自准确体积时，可使用相对校准法。例如，25ml 移液管与 100ml 容量瓶配套使用时，只要 25ml 移液管移取 4 次溶液，所得到的溶液总体积与 100ml 容量瓶所标示的容积相等即可。若不一致则将容量瓶刻度重新标记。经相对校准后两种仪器可配套使用。

2. 衡量法（绝对校准法）　容量仪器的实际容积均可采用绝对校准法（称量法），即用天平称得容量仪器容纳或放出纯化水的质量，再根据纯化水的密度计算出被校准量器的实际容积。实际工作中必须考虑纯化水的密度、玻璃容器随温度变化及质量受空气浮力的影响。为了便于计算，将此三项因素综合校准后所得值列于实训表 3 - 1。

实训表 3 - 1　不同温度下水的密度表

温度（℃）	相对密度（g/ml）	温度（℃）	相对密度（g/ml）	温度（℃）	相对密度（g/ml）
10	0.99839	17	0.99765	24	0.99639
11	0.99831	18	0.99750	25	0.99618
12	0.99823	19	0.99734	26	0.99594
13	0.99814	20	0.99718	27	0.99570
14	0.99804	21	0.99700	28	0.99545
15	0.99793	22	0.99680	29	0.99519
16	0.99780	23	0.99661	30	0.99492

【实训仪器与试剂】

1. 仪器　电子天平、滴定管（50ml 或 25ml，酸式、碱式或两用）、容量瓶、移液管、具塞锥形瓶（50ml）。

2. 试剂　纯化水。

【实训步骤】

1. 滴定管容积校准

（1）取内外壁清洁干燥的具塞锥形瓶，在天平上称量（称准至 0.01g）。

（2）将 50ml 滴定管洗净后，装入纯化水，排除尖嘴气泡，使之充满水，并使水的弯月面最低处与零刻度线重合，除去尖嘴外的水，并记录水温。

（3）以约 10ml/min 的流速由滴定管中放约 10ml 纯化水至锥形瓶中，盖紧瓶塞，称量。若为 25ml 滴定管，则每次从滴定管放出约 5ml 纯化水。

（4）称得水的质量与操作温度下的水的相对密度之商为滴定管中该部分管柱的实际容积。依此方法测定 0→20ml、0→30ml、0→40ml、0→50ml 管柱的实际容积，并根据要求求出其校准值，如实训表 3 - 2 滴定管校准示例表，符合实训表 3 - 3 的允差范围，该滴定管可使用。

2. 容量瓶容积的校准　将待校准容量瓶清洗干净，并自然干燥后，准确称其质量至 0.01g，加入已测过温度的纯化水至刻度线处，放置 10 分钟再称其质量，前后两次质量差即为瓶中水质量，用该温度时水的相对密度除水的质量，就得到容量瓶准确的容积。

重复 3 次，计算平均值即可，如果实测值与标称值间差值在允许偏差范围内（实训表 3-4），该容量瓶即可使用，否则将其实值记录在瓶壁上，以备计算时校准用。

3. 移液管容积的校准　在洗净的移液管内吸入纯化水并使水弯液面恰在最高标线处，然后把水放入预先称好质量（精确至 0.01g）的具塞小锥瓶中，塞好瓶塞后称取瓶和水总质量，根据水的质量、水的温度以及水的相对密度计算出移液管的转移体积，相应做 2~3 次，计算平均值。符合实训表 3-5 的允差范围，该滴定管可使用。

> **注意事项**
> 1. 校正滴定管时，具塞小锥瓶必须洗净并烘干。
> 2. 开始放水前，滴定管管尖不能挂水珠，外壁不能有水。
> 3. 校正滴定管时，每次要将水补充至 0.00ml。
> 4. 校正移液管时，放完水后，等 15 秒后拿出，尖嘴处残留最后一滴水不可吹出（B 级等待 8 秒，注有"吹"字的则要吹出）。

【数据记录和结果处理】

年　月　日

实训表 3-2　滴定管校准示例表（水的温度为 20℃，水的密度为 0.99718g/ml）

V_0 (ml)	$m_{瓶+水}$ (g)	$m_水$ (g)	V (ml)	ΔV (ml)
0.00	28.30（瓶）			
10.05	38.31	10.01	10.04	-0.01
20.08	48.30	20.00	20.06	-0.02
30.08	58.28	29.98	30.06	-0.02
40.07	68.23	39.93	40.04	-0.03
50.02	78.14	49.84	49.98	-0.04

实训表 3-3　A 级滴定管的允差

体积（ml）	5	10	25	50	100
允差（ml）	±0.010	±0.025	±0.04	±0.05	±0.10

实训表 3-4　A 级容量瓶的允差

体积（ml）	10	25	50	100	250	500
允差（ml）	±0.02	±0.03	±0.05	±0.10	±0.10	±0.15

实训表 3-5　A 级移液管的允差

体积（ml）	2	5	10	20	25	50	100
允差（ml）	±0.006	±0.01	±0.02	±0.03	±0.04	±0.05	±0.08

【实训结论】

    1. 滴定管容量的允差：

    2. 吸量管容量的允差：

    3. 容量瓶容量的允差：

【实践思考】

    1. 校正滴定管时，为什么每次都将水补充至0.00ml？

    2. 校正滴定管时，具塞小锥瓶为什么必须洗净并烘干？

【实训体会】

目标检测

答案解析

一、选择题

（一）最佳选择题

1. 检查电子天平是否处于水平位置的部件是

    A. 重心调节螺丝   B. 平衡调节螺丝   C. 水平仪

    D. 托盘   E. 天平脚

2. 用移液管移取溶液后，调节液面高度到标线时，移液管应

    A. 悬空在液面上   B. 置容器外   C. 管口浸在液面下

    D. 管口紧贴容器内壁   E. 倾斜30°

3. 下列哪种滴定液不能装于酸式滴定管

    A. 盐酸滴定液   B. 高锰酸钾滴定液   C. 氢氧化钠滴定液

    D. 硫代硫酸钠滴定液   E. 醋酸滴定液

（二）配伍选择题

[4~6]

    A. 滴定管   B. 移液管   C. 容量瓶

    D. 锥形瓶   E. 吸量管

4. 可以配制准确浓度的量器为

5. 用前不需要校准的量器为

6. 可用于测定待测物含量的量器为

（三）共用题干单选题

取盐酸9ml，加水适量使成1000ml，摇匀，待标定。取干燥至恒重的基准无水碳酸钠0.15~0.25g，加50ml纯化水溶解。

7. 取盐酸9ml选择的量器是

    A. 量筒   B. 移液管   C. 锥形瓶

D. 吸量管　　　　　　　　E. 烧杯

8. 加水适量使成1000ml，"水"指的是

　　A. 自来水　　　　　　　B. 纯化水　　　　　　　C. 饮用水

　　D. 注射用水　　　　　　E. 去离子水

9. 取干燥至恒重的基准无水碳酸钠约0.2g，精密称定时选择天平的分度值为

　　A. 十万分之一　　　　　B. 百分之一　　　　　　C. 千分之一

　　D. 万分之一　　　　　　E. 百万分之一

（四）X型题（多项选择题）

10. 精密称定无水碳酸钠时应用

　　A. 直接称量法　　　　　B. 增量法　　　　　　　C. 减量法

　　D. 固定质量称量法　　　E. 递减称量法

11. 使用前需要进行润洗的仪器为

　　A. 滴定管　　　　　　　B. 移液管　　　　　　　C. 烧杯

　　D. 容量瓶　　　　　　　E. 量筒

12. 称量前需要进行清零的称量方法有

　　A. 直接称量法　　　　　B. 增量法　　　　　　　C. 减量法

　　D. 固定质量称量法　　　E. 递减称量法

二、填空题

13. 用电子天平称量样品的方法有_____、_____、_____。

14. 精密量取液体选用_____、_____。

三、判断题

15. 减量法称量物体要调节天平零点。

16. 移液管量取后都要把余下的液体吹出来。

17. 移液管读数为5ml，记录为5.0ml。

四、简答题

18. 简述移液管的放液方法。

19. 简述容量瓶定容方法。

20. 简述减量法适用范围。

书网融合……

知识回顾　　　　微课1　　　　微课2　　　　习题

（胡清宇）

第三章 分析结果的误差及有效数据

学习引导

在定量分析中，会测得一系列数据，需要对少量或有限次实验测量数据进行合理分析，那么如何对数据分析得出正确的结果、科学的评价？结果用什么样的方式进行表示呢？

本章主要介绍：准确度与误差、精密度与偏差、准确度与精密度的关系，有效数字的准确记录，修约和运算法则，原始数据的检验记录，分析数据的取舍，分析结果的表示方式和结果表达。

学习目标

1. **掌握** 误差的来源和分类，误差的减免方法，分析结果的评判方法；有效数字的修约规则和运算法则。
2. **熟悉** 实验数据的记录方法，误差的克服和消除方法。
3. **了解** 误差存在的客观性。

定量分析的目的是测定样品中有效成分的含量，要求测定结果具有一定的准确度。但在实际定量分析工作中，由于主、客观因素的存在如抽样的代表性、分析方法的选择、仪器和试剂、分析工作者对分析方法和测定仪器的熟练程度、工作环境等因素的制约，使得测定结果和真实值之间不可能完全一致，而伴随着误差的存在。即使技术很熟练的分析工作者，用最完善的分析方法和最精密的分析仪器，并对同一样品进行反复多次分析，也不可能得到绝对准确的分析结果，表明在分析过程中误差是客观存在的。测定的结果只能无限趋近于被测组分的真实含量，而不是被测组分的真实含量。因此分析工作者要充分了解分析过程中误差的产生原因、特点及其出现的规律，采取相应的措施尽量减小误差，并对所测得的数据进行归纳、取舍等一系列处理，使测定结果尽量接近客观真实值，从而提高分析结果的准确度。

第一节 误 差

一、误差的种类

定量分析中的误差就其来源和性质的不同，可分为系统误差、偶然误差。

（一）系统误差

系统误差又称可定误差，是由某种固定原因造成的误差。系统误差具有大小、正负可以确定，局域重复性和单向性的特点。系统误差在同一条件下多次测量时会重复出现，使测定结果总是偏高或偏低。根据系统误差的产生原因，系统误差可以分为方法误差、仪器误差和试剂误差及操作误差4种。

1. 方法误差 指分析方法本身不完善所造成的误差，该误差对分析结果的准确度将产生较大的影响。如质量分析法中沉淀的溶解，共沉淀现象；滴定分析中反应进行不完全，由指示剂引起的终点与化学计量点不符合以及发生副反应等，使测定结果偏高或偏低。

2. 仪器误差和试剂误差 仪器本身不够精确所引起的误差为仪器误差。如天平两臂不等长，砝码长期使用受到腐蚀，容量仪器体积不准确等。试剂不纯或溶剂中含有微量杂质或待测组分等使测定结果引入的误差为试剂误差。

3. 操作误差 指由于分析工作人员的分析操作不准确或某些主观原因造成的误差，如滴定管读数时视线平视或仰视；滴定终点时终点颜色偏深或偏浅。操作误差的大小可能因人而异，但对于同一操作者往往是恒定的。

在同一次测定过程中，以上4种误差可能同时存在。

（二）偶然误差

偶然误差又称为随机误差或不可定误差，是由某些不确定的偶然因素造成的误差，如环境温度、大气压力、空气湿度、仪器工作性能的微小变动、试样处理条件的微小差异等，都可能使测定结果产生波动而异于正常值。

偶然误差的大小和正负都不固定，不能用加校正值的方法减免。偶然误差的大小和正负无法控制，在消除系统误差的条件下，进行多次测量，可发现偶然误差的分布服从统计规律，即大误差出现的概率小，小误差出现的概率大，绝对值相同的正负误差出现的概率相等。因此可以通过增加平行测定次数取结果的平均值，以减小偶然误差，使正、负误差相互完全抵消或部分抵消。

在分析测定过程中，除系统误差和偶然误差外，还有因人为疏忽或差错而引起的"过失误差"，但其本质不属于误差的范畴，是一种错误，如器皿不洁净、丢损试液、加错试剂、看错砝码、记录或计算错误等。这些都属于不应有的过失，会给分析结果带来影响，必须注意避免。因此在实验过程中必须严格遵守实验操作规程，恪守操作规范，养成良好的实验习惯，避免"过失"的出现。若发现存在因操作错误得出的测定结果，应该将该次测定结果舍弃，不能参加计算平均值。

二、误差的量度

（一）准确度

准确度是指测量值与真实值接近的程度，用于表示分析结果的准确性和分析方法的可靠性。分析结果的准确度的高低一般采用误差来表示。误差的计算和表示主要有两种：绝对误差（E）与相对误差（RE）。

（二）绝对误差

误差的绝对值越小，测量值越接近真实值，准确度越高，反之准确度低。绝对误差（absolute error）指测量值与真实值的差。若以X代表测量值，μ代表真值，绝对误差E为：

$$E = X - \mu$$

当测量值大于真值时，误差为正值，反之为负值，绝对误差的单位与测量值的单位相同。

例 3-1　称得某一物体的质量为 2.5370g，而该物体的真实质量为 2.5371g，则其绝对误差为：$E = 2.5370 - 2.5371 = -0.0001g$。若有另一物体的真实质量为 0.2538g，实际称量结果为 0.2537g，则称量的绝对误差为：$E = 0.2537 - 0.2538 = -0.0001g$。

两个物体的实际称量相差 10 倍，但其测量的绝对误差都为 -0.0001g，因此误差的大小在测定结果中所占的比例难以准确反映出来，故测量结果的准确度常用相对误差大小表示。

（三）相对误差

相对误差（relative error）是指绝对误差在真实值中所占的百分率。

$$相对误差\ RE = \frac{E}{\mu} \times 100\% = \frac{X - \mu}{\mu} \times 100\%$$

在例 3-1 中，相对误差分别等于 $\frac{-0.0001}{2.5371} \times 100\% = -0.00394\%$ 和 $\frac{-0.0001}{0.2538} \times 100\% = -0.0394\%$。

由此可见，虽然两物体称量的绝对误差相等，但它们的相对误差并不相同。在绝对误差大小相同的情况下，当被测物体真实质量较大时，其相对误差较小，测定结果的准确度较高。

如果不知道真值，知道测量的绝对误差，可用测量值 X 代替真值 μ 来计算相对误差。

（四）真值与标准参考物质

由于任何测量都存在误差，因此实际测量不可能得到真值，而只能逼近真值。真值一般有三类：理论真值、约定真值及相对真值。

1. 理论真值　如三角形的内角和为 180°，化合物的化学组成等。

2. 约定真值　国际计量大会定义的单位（国际单位）及我国的法定计量单位是约定真值，如长度进率、时间、质量、物质的量、各元素的原子量等都是约定真值。

3. 相对真值　指在分析工作中，采用可靠的分析方法和精密的分析仪器，经过不同分析实验室和分析工作人员反复多次测定，并将测定值经过统计学方法分析处理后得到的分析结果即为相对真值，一般可用该相对真值表示此方法结果的真值，如药物分析或中药分析中的标准品或对照品。

三、误差的产生和危害

分析测定方法一般包括一系列的分析测定步骤，在分析测试的每一步将引入测量误差，若干个直接测量的数据，按照一定的方式计算出分析结果，每一测量步骤所产生的误差都将传递到最终的分析结果中去，将影响分析结果的准确度，即个别测量步骤中的误差将传递到最后的分析结果中。因此必须了解每一步的测量误差对分析结果的影响，即误差的传递。系统误差的传递与偶然误差的传递规律有所不同。

（一）系统误差的传递

对于系统误差的传递规律可概括为：和、差的绝对误差等于各测量值绝对误差的和、差；积、商的相对误差等于各测量值相对误差的和、差。

对于加减法运算，如测量值为 A、B、C，得出的分析结果 R：

$$R = A + B + C$$

则根据数学推导可知，分析结果最大可能的绝对误差 $(\Delta R)_{max}$ 为：

$$(\Delta R)_{\max} = \Delta A + \Delta B + \Delta C$$

对于乘除法运算，若测定值为 A、B、C，得出的分析结果 R 为：

$$R = AB/C$$

则分析结果最大可能的相对误差为 $\left(\dfrac{\Delta R}{R}\right)_{\max}$：

$$\left(\frac{\Delta R}{R}\right)_{\max} = \frac{\Delta A}{A} + \frac{\Delta B}{B} - \frac{\Delta C}{C}$$

各测量数据的误差相互累加，但在实际分析过程中，各测量值的误差可能会部分相互抵消，使得分析结果的误差比按上述计算的误差要小些。

（二）偶然误差的传递

偶然误差的分布服从统计学规律，偶然误差的传递一般利用统计学规律来估计测量结果的偶然误差，即标准偏差法。而且只要测定次数足够多，就可使用本方法计算出各测量值的标准偏差。

偶然误差的传递规律可概括为：和、差的标准偏差的平方等于各测量的标准偏差的平方和；积、商的相对标准偏差等于各测量值的相对标准偏差的平方和。

对于加减法运算，分析结果的方差（即标准偏差的平方）为各测量值的方差之和。如 $R = A + B - C$，则 $S_R^2 = S_A^2 + S_B^2 + S_C^2$（$S$ 为标准偏差，S_A 为 A 的标准偏差，S_B 为 B 的标准偏差，S_C 为 C 的标准偏差）。

对于乘除法运算，分析结果的相对标准偏差的平方等于各测定量的相对标准偏差平方之和。如 $R = AB/C$，则

$$\left(\frac{S_R}{R}\right)^2 = \left(\frac{S_A}{A}\right)^2 + \left(\frac{S_B}{B}\right)^2 + \left(\frac{S_C}{C}\right)^2$$

在定量分析中，各步测量产生的系统误差和偶然误差多是混合在一起的，因而分析结果的误差也包含了两部分误差。标准偏差法只考虑了偶然误差的传递，因此当用标准偏差法计算分析结果的误差确定分析结果的准确度时，必须先消除系统误差。

在一般分析中，不要求对各类误差的传递进行定量计算。在一系列的分析步骤中，若某一测量环节引入 1% 的误差或标准偏差，而其余几个测量环节即使都保持 0.1% 的误差或标准偏差，最后分析结果的误差或标准偏差仍将在 1% 以上。因此在分析测定中，要使每个测量环节的误差或标准偏差接近一致或保持相同的数量级，这对于定量分析结果的准确度是非常重要的。

四、误差的克服和消除

（一）选择恰当的分析方法，消除方法误差

不同的分析方法其准确度和灵敏度不同。化学分析法，准确度较高（$-0.1\% \leqslant$ 滴定误差 $\leqslant +0.1\%$），灵敏度较低，一般用于高含量组分的测定；仪器分析法，灵敏度高，绝对误差小，相对误差较大，一般用于微量组分或痕量组分的测定。因此化学分析法主要用于常量组分的分析，微量组分或痕量组分的测定则主要采用仪器分析方法。

在分析方法的选择中，除了要考虑待测组分的含量外，还要考虑样品中共存物质的性质和对分析结果的要求，合理选择恰当的分析方法。

（二）减小测量误差

在分析化学中，测量的步骤主要是样品质量的称量和样品溶液体积的量取。因此为保证分析结果的

准确度，必须尽量减小各分析步骤的测量误差。

如果分析天平的称量误差为 ±0.0001g，样品的称量一般采用两次称量法（减重法），可能引起的最大误差为 ±0.0002g，要使称量的相对误差控制在 ±0.1%，试样的质量不能太小，必须满足下列条件：

$$试样质量 \geqslant \frac{\pm 0.0002}{\pm 0.1\%} = 0.2g$$

由此可见在常量分析中，试样的质量必须大于或等于 0.2g，才能保证测定结果的相对误差控制在 ±0.1% 以内。

在滴定分析中，常量分析滴定管每次读数误差为 ±0.01ml，完成一次滴定过程需读数两次，可能产生的最大误差为 ±0.02ml，为使滴定结果的相对误差控制在 ±0.1%，则消耗滴定液的体积至少为：

$$滴定液体积 \geqslant \frac{\pm 0.02}{\pm 0.1\%} = 20ml$$

在实际滴定中消耗的滴定液的体积不能超过滴定管的最大容积，所以滴定液的体积一般控制在 20~40ml。

（三）增加平行测定次数，减小偶然误差

根据偶然误差的分布规律，在消除系统误差的前提下，平行测定次数越多，平均值越接近于真值。因此增加平行测定次数可减小偶然误差，但测定次数不能太多。一般的分析测定，平行测定 2~6 次即可。

（四）消除或减小测定中的系统误差

在分析过程中，某些实验数据大小非常接近，但通过显著性检验发现测定结果实际上存在较大的系统误差，甚至因此引起严重的实验差错。因此在实验过程中要对系统误差进行检验并加以消除。

1. 校准仪器，消除测量仪器不准引起的系统误差 测量仪器的状态可能随着时间、环境等条件的变化而发生变化，因此试验用天平、砝码、移液管、滴定管和容量瓶等仪器需定期校正或检定，以减小仪器误差。

2. 做空白试验，消除由于试剂、纯化水以及仪器器皿引入的杂质所造成的系统误差 直接测定法中的空白试验指在不加试样的情况下，按照试样分析步骤和分析条件进行分析的试验，试验所得结果即为"空白值"。从试样分析结果中扣除"空白值"后，得到比较可靠的测定结果，消除试剂误差。剩余滴定法做空白试验，可以消除操作中各种因素引起的系统误差。

3. 做对照试验，检验测定过程中是否存在系统误差 对照试验一般可以分为两种：一种是用待检验的分析方法分析测定某一已知含量的标准品或基准物质，将测定结果与标准值进行比较，并用统计学检验方法确定分析方法有无系统误差；另一种是用标准分析方法与所选分析方法同时测定同一试样进行对照，以判断分析过程中是否存在系统误差。对照方法必须选用国家颁布的标准分析方法或公认的经典方法。

4. 做回收试验，检验是否存在方法误差 回收试验指在已测定待测组分含量的试样中，加入已知量被测组分的纯物质或标准品，然后用与测定待测试样相同的分析方法进行测定，根据试验结果，计算回收率：

$$回收率\% = \frac{加入纯物质或标准品后的测定结果 - 加入纯物质或标准品前的测定结果}{纯物质或标准品的加入量} \times 100\%$$

一般回收率越接近 100%，表明分析方法的系统误差越小，分析方法的准确度越高。

5. 遵守操作规程，消除操作误差　在实验操作过程中，严格按照实验操作规程进行实验操作，杜绝或消除操作误差的存在。

第二节　精密度与偏差

一、精密度的量度和计算

（一）精密度的量度

精密度（precision）指一组平行测量值相互之间的接近程度，用偏差来衡量。精密度的高低能体现分析方法的稳定性和重现性。偏差越大，分析结果的精密度越低。

（二）精密度的计算

1. 偏差（deviation）和相对平均偏差（relative average deviation，$R\overline{d}$）

绝对偏差 d：
$$d_i = X_i - \overline{X} \tag{3-1}$$

平均偏差 $\overline{d}$：
$$\overline{d} = \frac{\sum_{i=1}^{n} |X_i - \overline{X}|}{n} \tag{3-2}$$

相对平均偏差 $R\overline{d}$：
$$R\overline{d} = \frac{\overline{d}}{\overline{X}} \times 100\% \tag{3-3}$$

例 3-2　某药厂测定一批样品的含镁量，共测定 3 次，测定结果分别为 21.41%、21.37%、21.47%，试计算其结果平均值、偏差、平均偏差和相对平均偏差。

解：

$$\overline{X} = \frac{21.41\% + 21.37\% + 21.47\%}{3} = 21.42\%$$

$$d_1 = 21.41\% - 21.42\% = -0.01\%$$

$$d_2 = 21.37\% - 21.42\% = -0.05\%$$

$$d_3 = 21.47\% - 21.42\% = 0.05\%$$

$$\overline{d} = \frac{|d_1| + |d_2| + |d_3|}{3} = \frac{0.01\% + 0.05\% + 0.05\%}{3} = 0.037\%$$

$$R\overline{d} = \frac{\overline{d}}{\overline{X}} \times 100\% = \frac{0.037\%}{21.42\%} \times 100\% = 0.2\%$$

测量值与测量结果平均值的接近程度，常用平均偏差和相对平均偏差来表示，测定结果的偏差大，精密度低。

2. 标准偏差（standard deviation，S）和相对标准偏差（relative standard deviation，RSD）

由于在一系列测定值中，偏差小的测定值总是占多数，因此按总测定次数计算平均偏差时会使得所得结果的偏差偏小，大偏差值将得不到充分反映。在数理统计中，一般不采用平均偏差和相对平均偏差来表示精密度，采用标准偏差来衡量测定数据的精密度高低，以突出测定结果偏差的影响。当进行有限次测定（$n \leqslant 20$）时，标准偏差 S 的定义式为：

$$S = \sqrt{\frac{\sum_{i=1}^{n}(X_i - \overline{X})^2}{n-1}} \qquad (3-4)$$

对某一试样做甲、乙两组平行测定，结果如下：

组别	测量数据	平均值	平均偏差	标准偏差
甲	10.3、10.4、9.8、10.0、9.6、9.7、10.2、10.2、10.1、9.7	10.0	0.24	0.28
乙	10.0、9.8、10.1、10.5、9.3、9.8、10.2、10.3、9.9、9.9	10.0	0.24	0.33

乙组数据有两个较大的误差，数据较为分散，但两组的平均偏差一样，未能辨出精密度的差异，而标准偏差则可反映出甲组的精密度好于乙组。

标准偏差与这一组测量结果的平均值的比值称为相对标准偏差，又称为变异系数（coefficient of variation，CV）。

$$\mathrm{RSD} = \frac{S}{\overline{X}} \times 100\% = \frac{\sqrt{\dfrac{\sum_{i=1}^{n}(X_i - \overline{X})^2}{n-1}}}{\overline{X}} \times 100\% \qquad (3-5)$$

标准偏差的单位与测量数据的单位相同，相对标准偏差无单位。计算相对标准偏差时一般保留 1~2 位有效数字。

在用偏差表示分析结果的精密度高低时，标准偏差比平均偏差具有更多的统计意义，能更好地说明分析数据的分散程度，常用标准偏差和变异系数来表示分析结果的精密度；精密度的高低与待测物质的浓度水平有关，应取两个或两个以上不同浓度水平的样品进行分析方法精密度的检查；同时要有足够的测定次数以降低偶然误差对分析结果精密度的影响。

二、准确度与精密度的关系

测定结果应从准确度与精密度两个方面进行衡量。例如：甲、乙、丙、丁四个分析工作者，分析同一试样，每人分别测定 6 次，所测得结果如图 3-1 所示。可见，甲所测得结果的精密度高，但准确度较低，在分析测试过程中可能存在系统误差；乙的准确度和精密度均较好，系统误差和偶然误差均较小，测定结果可靠；丙的各测定值的平均值虽然比较接近真实值，但各测定数据比较分散，精密度较差，存在较大的正负误差并相互抵消，从而使得测定值的平均值接近真实值，但这纯属巧合，测定结果不可靠，准确度低；而丁的准确度与精密度均很低，因为存在系统误差和偶然误差。

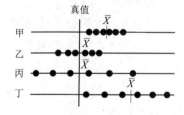

图 3-1　准确度与精密度关系示意图
$\overline{X}$ 表示平均值

对于准确度与精密度的关系，可以得出以下结论：

（1）准确度表示分析结果的正确性，而精密度表示分析结果的重复性。

（2）分析结果准确度高，精密度一定高。分析结果精密度高，准确度不一定高。只有在消除了系统误差的前提下，精密度好，准确度才会高。

（3）精密度是保证准确度的先决条件。

（4）准确度与精密度的差别主要是由于系统误差的存在。

实例分析

案例 某实验室标定某盐酸溶液的浓度，4 次测定结果分别为 0.2041mol/L、0.2049mol/L、0.2039mol/L 和 0.2043mol/L。

问题 试计算该盐酸溶液标定结果的平均值、平均偏差、相对平均偏差、标准偏差、相对标准偏差。

答案解析

第三节　有效数字 微课

一、有效数字的准确记录

在实际工作中，为了得到准确的分析结果，不仅要准确地进行测定，而且还要正确地记录数据和计算结果。分析结果的数值不仅表示试样中被测成分的含量，而且还反映了测定的准确程度，因此必须正确记录测定的数据。

有效数字是指在分析工作中实际上能测量到的并且有意义的数字。其位数由全部准确数字和最后一位欠准（可疑）数字组成，作用是既能表示数值的大小，又能反映测量的准确度。如试样质量 8.5734g，为 5 位有效数字；溶液体积 24.41ml，为 4 位有效数字。质量在数值上是 8.5734g，显然使用的测量仪器是分度值（感量）为 0.0001g（绝对误差）的分析天平。溶液的体积在数值上是 24.41ml，则表明滴定管的可读读数最少为（绝对误差）0.01ml。故上述试样质量应是（8.5734 ± 0.0001）g，溶液的体积应是（24.41 ± 0.01）ml。

有效数字的位数，还直接与测定的相对误差有关。例如，直接称得某物质的质量为 0.5180g，它表示该物实际质量是 0.5180 ± 0.0001g，其相对误差为：$\dfrac{0.0001}{0.5180} \times 100\% = 0.02\%$，如果少取一位有效数字，则表示该物实际质量是 0.518 ± 0.001g，其相对误差为 $\dfrac{0.001}{0.518} \times 100\% = 0.2\%$，因此在分析过程中要正确记录所测得的数据。

必须指出，如果数据中有"0"时，根据具体情况确定数据中哪些"0"是有效数字位数，哪些"0"不是有效数字位数。从第一个非零数字起，以后的所有数字就是有效数字的位数，如 1.0005、30.003、23405 为 5 位有效数字，1.501g、30.05%、6.003×10^2 为 4 位有效数字；第一个非 0 数字前面的 0 只起到定位作用，非 0 数字后面的所有 0 都是有效数字位数，0.0540、0.800 为 3 位有效数字；0.0054、0.40% 为 2 位有效数字。

同时还要注意对数值的有效数字位数仅取决于小数点后部分数字，因整数部分只说明该数十的方次。例如，pH = 12.68，即 $[H^+] = 2.1 \times 10^{-13}$ mol/L，其有效数字位数为 2 位，而不是 4 位。

即学即练

下面数值中，有效数字为四位的是（　　　）

答案解析　　A. $\omega_{CaO} = 25.30\%$　　　　B. pH = 11.50　　　　C. π　　　　D. 10.0

二、有效数字的修约和运算法则

（一）有效数字的修约规则

在数据处理过程中，各测量值有效数字的位数可能不同，在运算时按一定的规则舍入多余的尾数，可以避免误差累计。按运算法则确定有效数字的位数后，舍入多余的尾数，称为有效数字修约，有效数字修约规则如下。

1. 按照"四舍六入五成（留）双"的规则进行数字的修约　该规则规定：测量值中被修约的那个数≤4时，舍弃；≥6时，进位；等于5时，且"5"的后面尾数全部是"0"或无数字，则根据5前面的数字是奇数还是偶数（包括0）进行舍弃，即采用"奇进偶舍"原则进行修约，当"5"的前面一位是奇数，则进位，把单数变成偶数，如13.23500修约成13.24；当"5"的前面一位是偶数，则5后面包括5的数舍弃，如16.26500→16.26；若"5"的后面尾数不是"0"，无论"5"的前面一位是奇数还是偶数，均进位，如32.23530修约成32.24，23.26501→23.27。

2. 禁止分次修约　修约数字时，只允许对原测量值一次修约至所需位数，不能分次修约，否则将得到错误的结果。如2.2451修约为3位数，不能先修约成2.245，再修约为2.24，只能一次修约成2.25。

3. 标准偏差和相对误差的修约　标准偏差和相对标准偏差的修约，其结果应使准确度降低，通常取1~2位有效数字。如某组测定数据的标准偏差计算结果为0.241，取2位有效数字修约成0.25，取1位有效数字修约成0.3。对于相对误差、相对偏差、标准偏差及相对标准偏差，其结果值无论后面的数字是多少，都进1，如计算出的RSD为0.226%修约为0.3%。

（二）有效数字的运算规则

在分析结果的计算中，每个测量值的误差都将传递到最后的测定结果中，因此有效数字的计算必须遵循以下的运算规则。

1. 加减法　当几个有效数字相加或相减时，它们的和或差的有效数字位数的保留，应以有效数字小数点后位数最少（即绝对误差最大的）的数据为依据，如0.0121、25.64及1.05782三数相加。因25.64中的4已是可疑数字，0.0121修约为0.01，1.05782修约为1.06，则三者之和为0.0121 + 25.64 + 1.05782 = 0.01 + 25.64 + 1.06 = 26.71，一般是计算结果后按有效数字修约规则再修约。

2. 乘除法　几个有效数字相乘除时，积或商的有效数字位数的保留，应以有效数字相对误差最大的那个数，即有效数字位数最少的那个数为依据，如求0.0121、25.64和1.05782三数相乘。第一个数是三位有效数字，其相对误差最大，应以此数据为依据，确定其他数据的位数，然后相乘，即0.0121 × 25.64 × 1.05782 = 0.328。

例 3 - 3　计算

（1）0.0532 + 26.54 + 1.0767 = 27.67

（2）14.82 × 0.0212 × 1.9643 = 0.617

3. 在对数运算中，所取对数位数应与真数有效数字位数相等。

4. 在所有计算式中，常数 π、e 的数值以及乘除因子如 $\sqrt{2}$、1/2 及倍数等的有效数字位数，可认为无限制，即在计算过程中，根据需要确定位数。

第四节 检验原始数据的记录

一、检验原始数据记录的要求和规范

滴定液的配制按《化学试剂标准滴定溶液的制备》（GB/T 601—2016）和《中国药典》（2020年版四部通用技术要求）及《中国药品检验标准操作规范》（2019年版）的规定进行配制、标定。滴定液标定应由两人完成，分别平行操作，各做4份，每人四平行测定结果极差的相对值不得大于重复临界极差〔CrR95（4）〕的相对值0.15%，两人共八平行标定结果极差的相对值不得大于重复临界极差〔CrR95（8）〕的相对值0.18%。取两人八平行测定结果的平均值为测定结果，浓度值取四位有效数字。

容量分析法具有快速准确、仪器操作简便、仪器要求低的特点，相对平均偏差一般在2%以下。

熔点：每一供试品应至少测定3次，取其平均值，并加温度计的校正值；两次测得值相差不超过0.5℃，取两次平均值，按规定修约（0.1、0.2℃舍去，0.3 ~ 0.7℃修约为0.5℃，0.8 ~ 0.9℃进为1.0℃）为测定结果。

平行试验允许的RSD规定　紫外分光光度法：化学药品测定计算结果RSD≤0.75%，中药测定计算结果RSD≤1.5%；比色法：化学药品测定计算结果RSD≤1.0%，中药测定计算结果RSD≤2.0%。

薄层扫描法平行试验测定计算结果允许的RSD≤3.0%。需显色的或特殊情况测定计算结果RSD≤5.0%。

气相色谱法积分峰面积值：安捷伦仪器取5位有效数字；岛津和WATERS仪器读数全取。平行试验测定计算结果允许的RSD≤2.0%，中药特殊情况测定计算结果RSD≤3.0%。

高效液相色谱法积分峰面积值：安捷伦仪器取5位有效数字；岛津和WATERS仪器读数全取。平行试验测定计算结果允许的RSD≤2.0%，中药特殊情况测定计算结果RSD≤3.0%。

二、分析化学中常用法定计量单位

1. 质量法定计量单位　千克（kg）、克（g）、毫克（mg）等。

2. 物质的量法定计量单位　摩尔（mol）、毫摩尔（mmol）等。

物质的量是量的名称，物质B的物质的量 n_B 是以 Avogadro（A）常数为计数单位来表示物质的指定的基本单元是多少的一个物理量。

物质的量的单位名称是摩尔，它所包含的基本单元数与 0.012kg ^{12}C 的原子数目（约为 6.023×10^{23}）相等，在使用摩尔时应指明基本单元：原子、离子、分子、电子等粒子，或是这些粒子的特定组合。

摩尔质量（M）的定义：物质的质量除以该物质的物质的量即 $M = m/n$，其单位为 kg/mol、g/mol。

3. 物质的量浓度　物质B的物质的量浓度定义为：物质B的物质的量 n_B 与溶液体积 V 之比，符号为 c_B。法定单位为：mol/m³、mol/L、mmol/L 等。

4. 体积法定计量单位　立方米（m³）、升（L）、毫升（ml）等。

第五节　数据分析和结果表达

一、分析数据的取舍

在分析工作中通常对试样进行平行测定，在测得的一组数据中，可能会出现个别数据与其他数据相差较大，这种数据称为可疑值或逸出值。如果此数据确定是由于实验中的过失造成，则可舍去，否则可应用统计学方法进行检验，决定其取舍。目前常用的统计方法是 Q 检验法和 G 检验法。

（一）Q 检验法

Q 检验法又称舍弃商法。在测定次数较少时（ n 为 $3\sim10$ ），用 Q 检验法决定可疑值的弃舍是比较合理的方法。其检验步骤如下：

1. 将所有测量数据按从小到大顺序排列，算出测定值的极差（即最大值与最小值之差）。

2. 计算出可疑值与其邻近值之差的绝对值。

3. 按照式（3-5）计算 $Q_{计}$。

$$Q_{计} = \frac{|X_{可疑} - X_{临近}|}{X_{最大} - X_{最小}} \qquad (3-5)$$

4. 查 Q 值表（表 3-1）得到 $Q_{表}$，如果 $Q_{计} > Q_{表}$，将可疑值舍去，否则应当保留。

表 3-1　不同置信度下的 Q 值表

n	3	4	5	6	7	8	9	10
$Q_{90\%}$	0.94	0.76	0.64	0.56	0.51	0.47	0.44	0.41
$Q_{95\%}$	0.97	0.84	0.73	0.64	0.59	0.54	0.51	0.49
$Q_{99\%}$	0.99	0.93	0.82	0.74	0.68	0.63	0.60	0.57

（二）G 检验法

G 检验法是适用范围较广的检验方法，具体步骤如下：

1. 计算出包括可疑值在内的平均值及标准偏差。

2. 按式（3-6）计算 $G_{计}$。

$$G_{计} = \frac{|X_{可疑} - \overline{X}|}{S} \qquad (3-6)$$

3. 查 G 值表（表 3-2）得到 $G_{表}$，如果 $G_{计} > G_{表}$，将可疑值舍去，否则应当保留。

表 3-2　95% 置信度的 G 临界值表

n	3	4	5	6	7	8	9	10
G	1.155	1.481	1.715	1.887	2.020	2.126	2.215	2.290

二、分析结果的表示方式和结果表达

在定量分析中，由于偶然误差难以避免，在减小或消除系统误差的情况下，测定结果只能是接近真实值，而不可能是被测组分的真实值。因此在表示分析结果时，必须说明测量值与真实值的接近程度及其真实值所处的范围与可靠性。在定量分析中，由于测定目的不同，要求不同，表示结果的方式也不同，一般有下面几种方式。

（一）一般分析结果的表示

在试样的定量分析实验中，在忽略系统误差的情况下，对于常规或验证性试验，一般每种试样平行测定 2~3 次，先计算测定结果的平均值，再计算出相对平均偏差，若 $R\overline{d} \leqslant 0.2\%$，可认为符合要求，取其平均值作为最后的测定结果。否则，认为此次实验不符合要求，需要重做。

在实际工作中，开展科学研究或制定标准等工作更多用测定数据的相对标准偏差 RSD 来判断 测量结果是否符合要求。

（二）分析结果的统计处理方法

如果制定分析标准、开展科研工作以及涉及重大问题的试样分析等需要精确数据，则需要对试样进行多次平行测定，并用统计方法处理测定结果。

在要求准确度较高的分析工作中，提出分析报告时，需对总体平均值（在消除系统误差时为真实值）做出估计，即推断在某个范围内包含总体平均值 μ 的概率是多少，就是在总体平均值 μ 的估计值 x 两端各定出一个界限，称为置信限，两个置信限之间的区间，称为置信区间，并指明这种估计的可靠性或概率（表 3-3），将总体平均值落在此范围内的概率称为置信概率或置信度（P）。

$$\mu = x \pm u\sigma \qquad\qquad (3-7)$$

式中，（$x \pm u\sigma$）为置信区间。置信区间是在一定的置信度时以测量结果为中心包括总体平均值在内的可信范围。

表 3-3　置信区间与置信概率

置信限（$u\sigma$）	范围（$x \pm u\sigma$）	置信概率
1σ	$x \pm 1\sigma$	68.3%
1.96σ	$x \pm 1.96\sigma$	95.0%
2σ	$x \pm 2\sigma$	95.5%
2.58σ	$x \pm 2.58\sigma$	99.0%
3σ	$x \pm 3\sigma$	99.7%

从上可看出置信度越高，置信区间就越宽，判断失误的概率越小，反之置信度越低，置信区间就越窄，判断失误的概率越大。根据统计学原理，一般情况下对某事件做出判断时，若有 95% 的把握，就认为判断是基本可靠的。

若用多次测量的样本平均值来估计 μ 值的取值范围，则称为总体平均值的置信区间。进行有限次数试样测量的平均值的置信区间可表示为：

$$\mu = \overline{x} \pm t_{(p,f)} \cdot \frac{S}{\sqrt{n}} \qquad\qquad (3-8)$$

根据不同的置信度 P 和自由度 f 算出的 t 值分布表（表 3-4）。

表 3 - 4 t 值分布表

置信度 ＼ 自由度	90%	95%	99%
1	6.31	12.71	63.66
2	2.92	4.30	9.92
3	2.35	3.18	5.84
4	2.13	2.78	4.60
5	2.01	2.57	4.03
6	1.94	2.45	3.71
7	1.90	2.36	3.50
8	1.86	2.31	3.36
9	1.83	2.26	3.25
10	1.81	2.23	3.17

增加置信度可扩大置信区间。此外，在相同的置信度下，增加测量次数，可缩小置信区间。

三、显著性检验

在定量分析中，由于系统误差和偶然误差的存在，常会遇到这样的情况：标准试样或纯物质的量平均值与标准值或真值不一致；采用两种不同的分析方法或不同分析人员对同一试样进行分析，获得的两组数据的平均值不一致。因此，必须对分析结果的准确度或精密度是否存在显著性差异进行判断。在定量分析中最常用 F 检验法和 t 检验法，分别检验两组分析结果是否存在着显著性差异。

（一）F 检验法

F 检验法是比较两组数据的方差 S^2（标准偏差的平方），以确定它们的精密度是否有显著性差异，即两组分析结果的偶然误差是否有显著不同。

具体步骤如下：

1. 计算出两个样本的方差 S_1^2 和 S_2^2，然后按下式计算方差比 $F_计$：

$$F_计 = \frac{S_1^2}{S_2^2} \quad (S_1 > S_2) \tag{3-9}$$

2. 查表 3 - 5，95% 置信度（自由度）时的 F 值分布表，比较 $F_计$ 与 $F_表$。若 $F_计 < F_表$，则表示两组数据的精密度无显著性差异；反之，则有显著性差异。使用表 3 - 5 时要注意 f_1 为大方差数据的自由度，f_2 为小方差数据的自由度。

表 3 - 5 95% 置信度时的 F 值分布表

f_1 ＼ f_2	2	3	4	5	6	7	8	9	10	∞
2	19.000	19.16	19.25	19.30	19.33	19.35	19.37	19.38	19.40	19.50
3	9.55	9.28	9.12	9.01	8.94	8.89	8.85	8.81	8.79	8.53
4	6.94	6.59	6.39	6.26	6.16	6.09	6.04	6.00	5.96	5.63
5	5.79	5.41	5.19	5.05	4.95	4.88	4.82	4.77	4.74	4.36
6	5.14	4.76	4.53	4.39	4.28	4.21	4.15	4.10	4.06	3.67
7	4.74	4.35	4.12	3.97	3.87	3.79	3.73	3.68	3.64	3.23

续表

f_1＼f_2	2	3	4	5	6	7	8	9	10	∞
8	4.46	4.07	3.84	3.69	3.58	3.50	3.44	3.39	3.35	2.93
9	4.26	3.86	3.63	3.48	3.37	3.29	3.23	3.18	3.14	2.71
10	4.10	3.71	3.48	3.33	3.22	3.14	3.07	3.02	2.98	2.54
∞	3.00	2.60	2.37	2.21	2.10	2.01	1.94	1.88	1.83	1.00

（二）t 检验法

t 检验法是通过比较平均值与标准值或比较两组平均值，判断某种分析方法或操作过程中是否存在较大的系统误差。

1. 平均值 $\bar{x}$ 与标准值 μ 的比较　具体步骤如下：

（1）计算分析结果的平均值和标准偏差 S，按式（3-10）计算 $t_{计}$：

$$t_{计} = \frac{|\bar{x} - \mu|}{S}\sqrt{n} \tag{3-10}$$

（2）查表 3-4 t 值分布表，得 $t_{表}$。若 $t_{计} \geq t_{表}$，则平均值与标准值之间存在显著性差异，表示该方法或该操作过程有系统误差；反之，则无显著性差异。虽然平均值与标准值有差异，但这种差异不是由于系统误差引起的，而是偶然误差造成的。

2. 两组平均值的比较　具体用于：同一试样由不同分析人员或同一分析人员采用不同分析方法、不同分析仪器、不同时间所得不同结果的平均值；两个试样含有同一成分，用相同方法测得两组数据的平均值。

两组平均值的比较用式（3-11）计算 $t_{计}$：

$$t_{计} = \frac{|\bar{x}_1 - \bar{x}_2|}{S_R}\sqrt{\frac{n_1 n_2}{n_1 + n_2}} \tag{3-11}$$

式中，S_R 为合并标准偏差或组合标准偏差。若已知 S_1 和 S_2 之间无显著性差异（F 检验无差异），可由式（3-12）计算 S_R：

$$S_R = \sqrt{\frac{S_1^2(n_1 - 1) + S_2^2(n_2 - 1)}{(n_1 - 1) + (n_2 - 1)}} \tag{3-12}$$

注意：若要判断两组数据之间是否存在系统误差，通常是先进行 F 检验并确定它们的精密度无显著性差异后，再进行检验，否则会得出错误的结论。

四、结果相关性分析

在分析测定中，在探索各个变量间的关系时，常用回归分析来讨论，用相关系数衡量两个变量间是否存在线性关系——相关性。相关与回归（correlation and regression）是研究变量之间相关关系的统计学方法，包括相关分析与回归分析。

（一）相关分析

在分析测定过程中，由于各种误差的存在，使得待测组分含量与所测试样物理量之间往往不存在确定的函数关系，而仅呈相关关系。因此在实际研究中，讨论两个变量 x 和 y 之间的相关关系时，最常用的方法就是将它们画在坐标图上，x、y 各占坐标轴，每对数据在图上对应一个点，将各个点连接成一条直线或曲线以显示两个变量之间的相关关系。若两个变量所得各点连接成一条直线，表明 x、y 之间具有较好的线性关系；如果不成直线甚至杂乱无章，则表明 x、y 之间的线性关系较差。

统计学中为了定量的描述两个变量的相关性，一般用相关系数 R 来描述 x、y 两个变量之间相关的密切程度，并定量描述两个变量之间的相关性。

设两个变量 x 和 y 的 n 次测量值分别为 (x_1, y_1)、(x_2, y_2)、$(x_3, y_3) \cdots (x_n, y_n)$，可按式 $(3-13)$ 计算相关系数 r 值。

$$r = \frac{\sum_{i=1}^{n} (x_i - \bar{x})(y_i - \bar{y})}{\sqrt{\sum_{i=1}^{n} (x_i - \bar{x})^2 \sum_{i=1}^{n} (y_i - \bar{y})^2}} \qquad (3-13)$$

相关系数 r 是一个介于 0 和 ± 1 之间的数值，即 $0 < |r| < 1$。当 $r = +1$ 或 -1 时，表示 (x_1, y_1)、(x_2, y_2)、$(x_3, y_3) \cdots (x_n, y_n)$ 处于一条直线上，此时 x 与 y 完全线性相关；当 $r = 0$ 时，表示 (x_1, y_1)、(x_2, y_2) $(x_3, y_3) \cdots (x_n, y_n)$ 呈杂乱无章的非线性关系，x 与 y 无任何关系；$r > 0$ 时，称为正相关；$r < 0$ 时，称为负相关。相关系数的大小反映 x 与 y 两个变量间相关的密切程度。

一般 $0.90 < r < 0.95$，表示两个变量之间存在一条平滑的直线；$0.95 < r < 0.99$，表示两个变量之间存在一条良好的直线；当 $r > 0.99$，表示两个变量之间线性关系很好。在实际分析测定工作中，一般要求 $r > 0.999$。但在生物样品分析中，因干扰因素较多，线性关系较差，一般要降低要求。

（二）回归分析

在实际分析测定中，判断两个变量 x、y 之间是否具有显著的相关性，单凭目测一般是不准确的。因此较好的方法就是对数据进行回归分析（regression analysis），求出回归方程，从而得到对各数据误差最小的一条线性直线，即回归线。

设 x 为自变量，y 为因变量。对于某一值 (x, y) 的多次测量值可能有波动，但服从一定的分布规律。回归分析就是要找出 y 的平均值 $\bar{y}$ 与 x 之间的关系。

通过相关系数的计算，如果知道 $\bar{y}$ 与 x 之间呈线性相关关系，就可以简化为线性回归。用最小二乘法解出回归系数 a（截距）与 b（斜率），如式 $(3-14)$ 和式 $(3-15)$ 所示：

$$a = \frac{\sum_{i=1}^{n} y_i - b \sum_{i=1}^{n} x_i}{n} \qquad (3-14)$$

及

$$b = \frac{n \sum_{i=1}^{n} x_i y_i - \frac{1}{n} \sum_{i=1}^{n} x_i \sum_{i=1}^{n} y_i}{n \sum_{i=1}^{n} x_i^2 - \frac{1}{n} \left(\sum_{i=1}^{n} x_i \right)^2} \qquad (3-15)$$

将实验测定数据分别代入式 $(3-14)$ 和式 $(3-15)$，求出回归系数 a 与 b，确定回归方程式：$y = ax + b$。

例 3-4　用紫外-可见分光光度法测定不同浓度溶液的吸光度，见下表。

标准系列溶液浓度（mg/ml）	0.0	1.0	2.0	3.0	4.0	5.0
标准系列溶液吸光度	0.000	0.122	0.247	0.369	0.499	0.618

若测得已知样品吸光度为 0.308，计算样品浓度？

1. 用 Excel 2007 绘制和评价标准曲线

（1）输入上表中数据，选中数据。

（2）在菜单栏中选择插入→图表→散点图。

（3）在得到的散点图中，用右键点击任一散点，选择弹出菜单中的"添加趋势线"。

（4）在弹出的对话框中，选择"线性"，再勾选"显示公式"和"显示 R 平方值"。

（5）得到线性回归方程和拟合优度值 R^2。

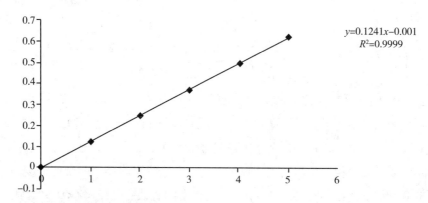

（6）根据作出的标准曲线图，查找样品含量；也可以利用回归方程，计算出样品含量。

2. 用 Origin 8.0 绘制和评价标准曲线

（1）输入例 3-4 中数据，选中数据。

（2）画散点图，此处可有 3 种方法完成散点图。

方法①：选中数据后，直接点击快捷工具栏中的按钮，可以直接得到散点图。

方法②：点击菜单栏中的"Plot→symbol→scatter"，可以得到散点图。

方法③：在数据选中区中点右键，依次选择"Plot→symbol→scatter"，可以得到散点图。

（3）弹出散点图后，点中散点图，选择菜单栏中的"analysis→fitting→fit linear→open dialog…"，打开拟合处理数据对话框，点击 OK。

（4）在弹出的对话框中，选择"yes"后，会弹出一个数据窗口，包含有很多有用的统计分析结果。双击"Graph"，即出现标准曲线窗口。

（5）在弹出的标准曲线窗口中的数据表格中会有拟合优度值 R^2 和线性回归方程的 a、b 项数值。

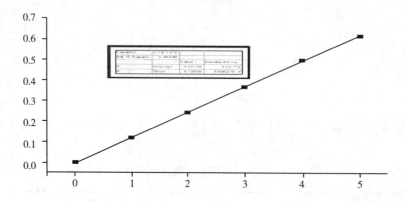

（6）双击上图的数据表格，可进入编辑模式。也可以通过双击上述第（4）步中的"Table"直接跳到第（6）步。

	A	B	C	D
1	Equation	y = a + b*x		
2	Adj. R-Square	0.99989		
3			Value	Standard Error
4	B	Intercept	-0.00105	0.00172
5	B	Slope	0.12409	5.69521E-4

经计算后得到的回归方程为 $y = 0.12409x - 0.00105$，$r^2 = 0.99989$。一般认为，Origin 得出的结果比 Excel 要可靠。

（7）可以根据作出的标准曲线图，查找样品含量；也可以利用回归方程，计算出样品含量。

除了上述两种软件之外，国际上被称为三大统计软件包的 BMDP、SAS、SPSS 软件也能完成标准曲线的绘制。

答案解析

目标检测

一、选择题

（一）最佳选择题

1. 两位分析人员对同一含 SO_4^{2-} 的试样用质量法进行分析，得到两组数据，要判断两人分析的精密度有无显著性差异，可应用下述哪种方法

   A. Q 检验法　　　　　　　B. F 检验法　　　　　　　C. G 检验法

   D. t 检验法　　　　　　　E. 极值检验法

2. 可用于减少测量过程中偶然误差的方法是

   A. 进行对照试验　　　　　　B. 进行空白试验　　　　　　C. 进行仪器校准

   D. 增加平行试验的次数　　　E. 做回收试验

3. 用 25ml 移液管移出的溶液体积应记录为

   A. 25ml　　　　　　　　　　B. 25.0ml　　　　　　　　　C. 25.00ml

   D. 25.000ml　　　　　　　　E. 25.0000ml

4. 滴定分析法要求相对误差为 $\pm 0.1\%$，若称取试样的绝对误差为 0.0002g，则一般至少称取的试样质量为

   A. 0.1g　　　　　　　　　　B. 0.2g　　　　　　　　　　C. 0.3g

   D. 0.4g　　　　　　　　　　E. 2.0g

5. 已知某规格微量滴定管的读数误差为 ± 0.002ml，为使分析结果误差小于 0.2%，一次至少应用滴定剂的体积是

   A. 20ml　　　　　　　　　　B. 10ml　　　　　　　　　　C. 5ml

   D. 2ml　　　　　　　　　　E. 1ml

6. 下列数字中，为四位有效数字的是

   A. pH = 10.56　　　　　　　B. 0.0501g　　　　　　　　C. $[H^+] = 0.0056$mol/L

   D. 25.08ml　　　　　　　　E. 5001

（二）配伍选择题

[7～12]

A. 减小偶然误差   B. 消除系统误差   C. 判断过失误差

D. 系统误差   E. 偶然误差

7. 天平零点漂移

8. 做回收试验

9. 水银温度计毛细管不均匀

10. 增加平行测定次数

11. 进行 Grubbs 检验（G 检验）

12. 做空白试验

（三）共用题干单选题

[13～16]

    维生素 C 注射液的含量测定（规格：2ml：0.5g）：精密称取本品适量（相当于维生素 C 0.2g），加水 15ml 与丙酮 2ml，摇匀，放置 5 分钟，加稀醋酸 4ml 与淀粉指示液 1ml，用碘滴定液（0.04980mol/L）滴定，滴定至溶液显蓝色并持续 30 秒钟不褪色。每 1ml 碘滴定液（0.05mol/L）相当于 8.806mg 的 $C_6H_8O_6$。平行测定 3 份，分别消耗碘滴定液 22.78ml、22.84ml、22.73ml。

13. 维生素 C 注射液规格：2ml：0.5g 分别为多少位有效数字

A. 不确定   B. 2、1   C. 3、2

D. 4、1   E. 1、1

14. 每 1ml 碘滴定液（0.05mol/L）相当于 8.806mg 的 $C_6H_8O_6$，为约定真值的是

A. 0.05   B. 1   C. 不确定

D. 8.806   E. ABD 都是

15. 上述题干中有效数字为四位的个数是

A. 五   B. 四   C. 三

D. 二   E. 一

16. 22.78ml、22.84ml、22.73ml 相对误差大的是

A. 22.78   B. 22.73   C. 一样大

D. 22.84   E. 不确定

（四）X 型题（多项选择题）

17. 以下哪些是系统误差的特点

A. 误差可以估计其大小

B. 数值随机可变

C. 误差大小是可以测定的

D. 在同一条件下重复测定，正负误差出现的概率相等，具有抵消性

E. 通过多次测定，均出现正误差或负误差

18. 为了得到较准确的分析结果，在实际工作中应注意的问题是

A. 选择合适的分析方法   B. 减小测量误差   C. 减小偶然误差

D. 消除系统误差   E. 多操作仪器

二、填空题

19. 测量值越接近真实值，_____越高，反之，准确度低。准确度的高低，可用_____表示。误差又分为_____和_____。

20. 在有效数字弃去多余数字的修约过程中，所使用的修约规则为"_____"。

书网融合……

知识回顾　　　微课　　　习题

（侯轶男）

第二篇
化学分析法

PPT

化学分析法又称容量分析法、经典分析法、滴定分析法，它依赖于特定的化学反应及其相互关系，根据发生的化学现象和反应物与生成物之间的量效关系（直接或间接关系），从而确定样品的组成、比例、含量等，是对物质进行系统分析的一种化学方法。容量分析法具有快速准确、设备单一、操作简便的特点，相对误差可以控制在 ±0.1% 以内。

化学分析法起源早、发展速度快、使用范围广，是分析化学的基础，为仪器分析奠定了很好的理论基础。

根据分析任务不同，化学分析法可分为定性分析、定量分析、结构分析等。就化学定量分析而言，根据其化学反应的方式和使用仪器不同，分为重量分析法和滴定分析法；根据介质不同，化学分析法可分为以水为介质的化学分析法和以非水为介质的化学分析法（如非水酸碱滴定法、费休氏法）；根据化学反应原理不同，化学分析法可分为无电子转移的化学分析法和有电子转移的化学分析法（如酸碱滴定法、碘量法）。

无论何种化学分析法，学习化学分析的人员都要保持高度逻辑思维敏捷性，紧紧抓住要分析目标或靶点，理清脉络，解析实际操作过程的量效关系包括溶剂或介质，梳理分析过程中影响主从关系的各物质纯杂程度、数量等，利用专业特点找出直接或间接的关系量，达到分析的最终目的。例如将 0.2500g 样品置于 100ml 小烧杯中，分次加入 20ml 左右的纯化水，溶解后分别转移至 250ml 的容量瓶中，加水稀释至刻度。精密量取此溶液 25ml，置于 250ml 锥形瓶中，加指示剂适量，用 XXX 滴定液滴定至终点，消耗此滴定液 V ml，这就是最简单的化学分析法，100ml 烧杯与分析量效无关，因为 0.2500g 样品全部转移至 250ml 容量瓶中，实际分析样品用量为 $0.2500 \times \dfrac{25.00}{250.00}$g；实际分析用量与锥形瓶的容积无关系，只与操作有关。

在本篇的学习过程中一定要弄清楚定量分析的过程、器具、量效关系，才能很好地找出目的量。

化学分析法能够让我们对于一种事物真正领悟和正确理解，如碳酸钠与硫酸滴定液的反应 $Na_2CO_3 + H_2SO_4 \xlongequal{} Na_2SO_4 + H_2O + CO_2\uparrow$，以甲基红为指示剂，反应完全时，当碳酸钠是纯物质或基准物质或对照品时其含量如果为 100%，此时碳酸钠全部参与了反应，作为此反应计算的量；如果碳酸钠含量不是 100%，则不能用碳酸钠的称量全部参与此化学反应的计算，只有与硫酸滴定液反应的碳酸钠才能参与计算，按照碳酸钠与硫酸的物质的量之比为 1∶1 计算。在整个化学分析法中，学习者一般难于想像或忽略的是：不一定所取样品全部参与化学反应的量效计算，而是样品中与滴定液发生反应的组分。

化学分析法通常用于测定相对含量在 1% 以上的常量组分，准确度相当高（一般情况下，测定结果的相对误差为 ±0.1% 内）。重量分析法在药品检验中用于药物干燥失重、炽灼残渣、灰分及不挥发物的测定及《中国药典》中某些药物的含量测定等。

在许多领域，化学分析法作为常规的分析方法，发挥着重要的作用，由于科学技术的飞跃发展，分析化学已经融合自动化、智能化、一体化、在线化，它与各种仪器分析紧密结合，发挥快速分析的特点，为食品、化工、兽药和药品的质量控制提供了有力的技术支撑。

（王益平）

第四章　滴定分析基本原理和方法

化工、制药、冶金、食品等样品的质量控制，除鉴定和检查外，常常需要测定其含量，其含量的表示方法可用质量分数表示，也可用百分含量或标示量百分含量表示。测定，记录数据，根据什么原理？如何计算结果？结果如何处理呢？

本章主要介绍：滴定分析的滴定液的配制和标定，基准物质的识别和使用，试剂、试液、指示剂的配制，滴定分析的计算原理和计算依据、计算过程，样品百分含量或质量分数、标示量百分含量的计算，滴定分析仪器和器具的选择使用。

学习目标

1. **掌握**　滴定分析基本术语和滴定分析的基本条件；滴定分析的量效关系；滴定分析的计算原理和技巧；滴定液的配制和标定的计算与操作；样品含量的计算方法和数据处理，结果判断和生产过程调整。

2. **熟悉**　常见的基准物质及基准物质应具备的条件；滴定分析所用仪器和试剂的选用。

3. **了解**　滴定分析中配制试剂规范。

法国的物理学家兼化学家盖 – 吕萨克（Gay – Lussac，1778—1850）是滴定分析的创始人，被称为"滴定分析之父"。1824 年他发表漂白粉中有效氯的测定，用磺化靛青作指示剂；随后他用硫酸滴定草木灰，又用氯化钠滴定硝酸银；后来他又在有机合成、化工制药等多个领域做出了卓越的贡献。

滴定分析是化学分析中最常用的定量分析方法，其设备简单、成本低廉、操作容易、适用范围广、分析结果准确度高，一般情况下相对误差在 $-0.1\% \leqslant RE \leqslant +0.1\%$，适用于常量分析及常量组分分析，广泛用于冶金、化工、食品、药品等领域。

第一节　滴定分析基本原理和方法

PPT

一、滴定分析术语及滴定分析条件

（一）滴定分析术语

滴定分析法又称容量分析法，是将已知准确浓度的溶液即滴定液（标准溶液），滴加到待测物质溶液中，直至滴定液与待测组分按照确定的化学计量关系恰好完全反应，根据滴定液的浓度和体积，计算待测组分含量的一种化学定量分析方法。

将滴定液通过滴定管滴加到待测物质溶液中的操作过程称为滴定。当滴入的滴定液与待测组分恰好按照配平的化学反应式的化学计量关系反应完全时，为反应到达了化学计量点，此数据最准确。滴定过程中，绝大多数反应并没有显著的外部特征变化。为了能比较准确地掌握化学计量点的到达，在实际滴定操作时，常在待滴定的溶液中加入一种辅助试剂，借助其颜色的变化，作为化学计量点到达的信号指示，这种辅助试剂称为指示剂。滴定过程中，指示剂颜色发生突变之点称为滴定终点。实际的滴定分析中，滴定终点与化学计量点不一定能完全吻合，由此造成的误差称为滴定误差或终点误差，它属于系统误差。

（二）滴定分析条件

滴定分析法是以化学反应为基础的定量分析方法，但不是所有的化学反应都可用于滴定分析。能应用于滴定分析的化学反应，应满足以下 4 个条件。

1. 快　指用于滴定分析的化学反应速率要快或创造条件使其反应速率快，滴定反应要求瞬间完成。

2. 全　指用于滴定分析的化学反应进行的程度要完全，完全反应的程度达到 99.9% 以上。化学反应单向进行或逆反应程度极小，在计算中不影响结果的准确性。

3. 量　指反应必须按照一定的化学计量关系定量进行，并且没有副反应发生，参与化学反应的各物质应该是纯物质，这是滴定分析定量计算的基础。

4. 终　有适宜简便的方法指示确定滴定终点。

二、滴定分析方法分类

（一）按操作原理分类

滴定分析法根据化学反应类型的不同，可分为酸碱滴定法、沉淀滴定法、配位滴定法和氧化还原滴定法。

1. 酸碱滴定法　以质子传递反应（即酸碱中和反应）为基础的滴定分析法。常用碱作滴定液测定酸或酸性物质，也可用酸作滴定液测定碱或碱性物质。滴定反应式：

$$H^+ + OH^- \Longrightarrow H_2O$$

$$OH^- + HA \Longrightarrow A^- + H_2O$$

$$H^+ + BOH \Longrightarrow B^- + H_2O$$

2. 沉淀滴定法　以沉淀反应为基础的滴定分析法。银量法是沉淀滴定法中应用最广泛的方法，常用于测定卤化物、硫氰酸盐、银盐等物质的含量。滴定反应式：

$$Ag^+ + X^- \Longrightarrow AgX\downarrow$$

X^- 代表 Cl^-、Br^-、I^-、SCN^- 等。

3. 配位滴定法　以配位反应为基础的滴定分析法。目前广泛使用氨羧配位剂（常用 EDTA – 2Na）作为滴定液，可测定多种金属离子。滴定反应式：

$$M(金属离子) + Y(EDTA – 2Na) \Longrightarrow MY(配合物)$$

4. 氧化还原滴定法　以氧化还原反应为基础的滴定分析法。可直接测定氧化性物质或还原性物质，也可间接测定本身不具氧化还原性的物质。目前应用较多的有高锰酸钾法、碘量法及亚硝酸钠法、重铬酸钾法、溴量法等。例如用高锰酸钾滴定液滴定草酸，其反应式为：

$$2MnO_4^- + 5H_2C_2O_4 + 6H^+ \Longrightarrow 2Mn^{2+} + 10CO_2 + 8H_2O$$

（二）按操作形式分类

滴定分析法根据操作形式不同可分为直接滴定法、返滴定法、置换滴定法和间接滴定法。

1. 直接滴定法　凡是能满足上述快、全、量、终四个条件的反应，可直接用滴定液滴定待测组分，这种方法称为直接滴定法。直接滴定法具有简便、快速、误差小的特点，是最常用、最基本的滴定操作方法。例如，用 NaOH 滴定液滴定盐酸溶液，用 EDTA‒2Na 滴定液滴定 Ca^{2+} 溶液。当化学反应不能满足上述四个条件时，可采用下述其他滴定操作方法。

2. 返滴定法 也称回滴定法或剩余滴定法。当滴定液与待测组分反应速度较慢，或反应物难溶于水，或没有适当指示剂时，可先在待测溶液中准确加入定量且过量的第一种滴定液，待反应完全后，再用第二种滴定液返滴剩余的第一种滴定液。例如，碳酸钙的含量测定，由于试样是固体且不溶于水，可先准确加入定量过量的 HCl 滴定液，反应完全后，再用 NaOH 滴定液返滴剩余的 HCl 滴定液，即可测定碳酸钙的含量。反应如下：

$$CaCO_3(s) + 2HCl(滴定液1)(定量过量) \rightleftharpoons CaCl_2 + CO_2 + H_2O$$

$$HCl(滴定液1)(剩余) + NaOH(滴定液2) \rightleftharpoons NaCl + H_2O$$

3. 置换滴定法 对于滴定剂与待测组分不按确定的反应式进行（如伴有副反应）的化学反应，可先加入定量过量的试剂与待测组分反应，定量置换出另一种可被直接滴定的物质，再用滴定液滴定，此法称为置换滴定。例如硫代硫酸钠不能直接滴定重铬酸钾，因为无确定的化学计量关系，可先将 $K_2Cr_2O_7$ 与定量过量的 KI 发生氧化还原反应，定量置换出 I_2，再用 $Na_2S_2O_3$ 滴定液直接滴定 I_2。反应如下：

$$Cr_2O_7^{2-} + 6I^- + 14H^+ \rightleftharpoons 2Cr^{3+} + 3I_2 + 7H_2O$$

$$I_2 + 2S_2O_3^{2-} \rightleftharpoons 2I^- + S_4O_6^{2-}$$

4. 间接滴定法 待测组分不能与滴定液直接反应时，可先通过一定的化学反应，再用滴定液滴定反应产物，此法称为间接滴定法。例如：Ca^{2+} 的含量测定，由于 Ca^{2+} 没有还原性，不能直接用 $KMnO_4$ 滴定，若将 Ca^{2+} 沉淀为 CaC_2O_4，过滤洗涤后溶于 H_2SO_4 中，再用 $KMnO_4$ 滴定液滴定生成的 $H_2C_2O_4$，则可间接测定 Ca^{2+} 的含量。反应如下：

$$Ca^{2+} + C_2O_4^{2-} \rightleftharpoons CaC_2O_4 \downarrow$$

$$CaC_2O_4 + 2H^+ \rightleftharpoons H_2C_2O_4 + Ca^{2+}$$

$$2MnO_4^- + 5H_2C_2O_4 + 6H^+ \rightleftharpoons 2Mn^{2+} + 10CO_2 \uparrow + 8H_2O$$

在滴定分析中，由于采用了返滴定法、置换滴定法、间接滴定法等滴定操作方法，大大扩展了滴定分析的应用范围。

（三）按操作介质分类

滴定分析法根据操作介质不同可分为水溶液滴定法和非水溶液滴定法。

1. 水溶液滴定法 是在以水为溶剂的溶液中进行滴定的方法。根据反应类型不同，可分为水溶液中酸碱滴定法、沉淀滴定法、配位滴定法和氧化还原滴定法。

2. 非水溶液滴定法 是在除水以外其他溶剂的溶液中进行滴定的方法。包括上述四大滴定法。在食品、药物分析中应用较多的是测定弱酸弱碱的非水溶液酸碱滴定法。

三、滴定分析量效关系

（一）滴定液与待测物直接反应的量效关系

凡是能满足快、全、量、终 4 个条件的反应，可将滴定液直接滴加到待测物溶液中与之反应，按照配平的反应方程式直接确定量效关系。

以 NaOH 滴定液直接滴定醋酸溶液为例加以说明，滴定反应如下：

$$NaOH + HAc \rightleftharpoons NaAc + H_2O$$

量效关系：NaOH 与 HAc 完全反应的化学计量系数为 1 : 1（摩尔数之比）即 $n_{NaOH} : n_{HAc} = 1 : 1$。氢氧化钠的摩尔数可根据其浓度和滴定至终点消耗的体积计算摩尔数，即 $n = cV$，$mol/L \times L = mol$；醋酸物质的质量与化学式量之比为其摩尔数，即 $n = m/M$，$g/(g/mol) = mol$。

（二）滴定液与待测物间接反应的量效关系

若滴定液不能与待测组分直接反应时，可先通过一系列配平的化学反应方程式，建立滴定液与待测物之间的量效关系。

以 $KMnO_4$ 滴定液间接滴定 $CaCl_2$ 溶液，测定 Ca^{2+} 的含量为例，经过一系列定量完成的反应，可建立如下关系：

$$2MnO_4^- \longrightarrow 5H_2C_2O_4 \longrightarrow 5CaC_2O_4 \longrightarrow 5CaCl_2$$

量效关系：$n_{KMnO_4} : n_{CaCl_2} = 2 : 5$，根据 $n = cV$，$n = \dfrac{m}{M}$，计算出需要的量。

四、样品取量与滴定分析方法的关系

滴定分析所用样品成分数量应与滴定液消耗的体积联系，一般采用 50ml 滴定管，消耗滴定液体积控制在 20ml 以上，依此估算样品取量，才能使滴定结果的相对误差达到 $-0.1\% \leqslant RE \leqslant +0.1\%$。非水滴定法滴定液消耗体积控制在 5~8ml。

（一）固体样品取量与滴定分析方法的关系

电子天平（万分之一或十万分之一）称量读数记录一次的绝对误差为其灵敏度或最小读数。如果绝对误差为 0.0001g，为使称量的相对误差控制在 ±0.1% 以内，万分之一天平用减重法称量所称试样量至少不能小于 0.2g。根据估算量，精密称定，记录有效数字位数的读数。

（二）液体样品与滴定分析方法的关系

液体样品一般用移液管或微量移液管精密量取，必要时进行稀释再取量。取量读数一次绝对误差为其灵敏度或最小分度读数。根据相对误差的要求计算应该取样量的最小值。

> **知识拓展**
>
> 如果用 25ml 的滴定管测定常量组分，如果使滴定结果相对误差达到 $-0.1\% \leqslant RE \leqslant 0.1\%$，则根据消耗体积在 20ml 以上确定样品取量。

第二节 试剂的配制

PPT

一、试剂配制规范

（一）试剂的等级

化学试剂是进行化学研究、成分分析的相对标准物质，广泛用于物质的合成、分离、定性和定量分析。常用化学试剂有一般试剂、基准试剂和特殊试剂，还有色谱用试剂、生化试剂、高纯试剂等。

表4-1列出一般化学试剂的规格及主要用途。

表4-1 化学试剂的规格及用途

等级	名称	代号（瓶签颜色）	纯度	适用范围
基准	基准试剂	PT（绿色）	99.99%	适用于滴定液的配制和标定
一级品	优级纯	GR（绿色）	≥99.8%	适用于精密科学研究和分析实验
二级品	分析纯	AR（红色）	≥99.7%	适用于一般科学研究和分析实验
三级品	化学纯	CP（蓝色）	≥99.5%	适用于工矿、学校一般分析工作
四级品	实验试剂	LR（黄色、棕色）	≥99%	适用于一般化学实验和合成制备

分析工作者应根据实际工作需要合理选择试剂：配制滴定液可采用分析纯、化学纯试剂或基准物质，但标定滴定液必须用基准试剂；直接配制法配制滴定液必须采用基准试剂；配制杂质限度检查用的标准溶液采用优级纯或分析纯试剂；配制试液与缓冲液等可采用分析纯或化学纯试剂。

（二）试剂配制要求

1. 配制试剂前，先检查试剂原料瓶应完好、封口严密、无污染，仔细查看标签，在规定的有效期内使用，符合规格要求。

2. 严格按照配制操作规程《化学试剂滴定溶液的制备》（GB/T 601—2016）和《中国药典》（2020年版四部）及《中国药品检验标准操作规范》2019年版的规定进行配制、标定。进行配制时，及时建立配制记录档案。

3. 配好的滴定液，按规定程序进行平行标定4份，其结果应符合相关规定，并由第二人平行复标4份，标定与复标的结果应符合相关规定，否则重新标定。

4. 配制、标定、复核标定的操作应有记录，配制过程有状态标识。

5. 滴定液自配制日期起每隔一段时间（根据滴定液的性质和稳定性）需进行一次复标即复核标定。

6. 复核标定合格的滴定液须贴标签，内容包括：品名、浓度、配标日期、复标者、复标日期、有效期、编号、配制标定人、复核者等。试液标签内容：品名、浓度、配制人、复核人、配制日期等。

（三）试剂的稳定性及保存期限

化学试剂在贮存、运输过程中受温度、光照、空气和水分等外在因素的影响，容易发生潮解、变色、分解、聚合、氧化、挥发和升华等物理化学变化使其失效而无法使用。判断化学试剂的稳定性，可遵循以下几个原则：

1. 无机化合物，只要妥善保管、包装完好无损，可以长期使用。

2. 有机小分子量化合物一般挥发性较强，包装的密闭性要好，可以长时间保存。

3. 易氧化、易潮解、受热分解、易聚合等的物质，在避光、阴凉、干燥的条件下，只能短时间（1~5年）内保存，具体要看包装和储存条件是否合乎规定。

4. 有机大分子物质，尤其是油脂、多糖、蛋白、酶、多肽等生命材料，极易受到微生物、温度、光照的影响，而失去活性，或变质腐败，故此，要冷藏（冻）保存，而且时间也较短。

5. 基准物质、标准物质和高纯物质，原则上要严格按照保存规定来保存，确保包装完好无损，避免受到化学环境的影响，而且保存时间不宜过长。一般情况下，基准物质必须在有效期内使用。

6. 试剂应有完整、清晰的标签，以确保品名正确，并在贮存期内使用。

7. 除另有规定外，试液、缓冲液、指示剂（液）的有效期均为半年，HPLC用的流动相、纯化水有效期为 15 天。

8. 检验用试剂的有效期：必须在贮存期内，且除另有规定外，液体试剂开启后一年内有效，固体试剂开启后 3 年内有效。在有效期内的液体试剂如发现有分层、浑浊、变色、发霉等变异现象，固体试剂如发现吸潮、变色等变异现象则应停止使用。

二、试剂配制

试剂和滴定液按《化学试剂滴定溶液的制备》（GB/T 601—2016）和《中国药典》（2020 年版四部）及《中国药品检验标准操作规范》（2019 年版）的规定进行配制、标定。

醋酸 – 醋酸钠缓冲溶液（pH4.6）：取醋酸钠 5.4g，加水 50ml 使溶解，用冰醋酸调节 pH 至 4.6，再加水稀释至 100ml，混合均匀，即得。

分析：用百分之一感量天平（最小分度值 0.01g）称取醋酸钠 5.4g，置于 100ml 量杯中，加入 50ml 水使醋酸钠溶解，滴加冰醋酸并用电位法测定其溶液 pH4.6 时，停止滴加冰醋酸，再加水至 100ml，搅拌均匀，转移至试剂瓶中，贴签即得。

PPT

第三节　滴定液的配制

一、滴定液浓度的表示和相关计算

（一）物质的量浓度

物质的量浓度是指单位体积溶液中所含溶质的物质的量，用符号 c 表示，即：

$$c = \frac{n}{V} \tag{4-1}$$

式（4-1）中，n 是溶质的物质的量，单位为 mol；V 是溶液的体积，单位为 L；c 是溶质的物质的量浓度，简称浓度，单位为 mol/L。

$$n = \frac{m}{M} \tag{4-2}$$

故

$$c = \frac{m}{MV} \tag{4-3}$$

式（4-3）中，m 是溶质的质量，常用单位为 g；M 是溶质的摩尔质量，常用单位为 g/mol。

（二）单一组分溶液质量体积浓度

单一组分溶液质量体积浓度即每毫升某溶液中含某一组分（A）的质量数，单位为 g/ml 或 mg/ml，符号用 ρ_A 表示。它可以和某一组分（A）的物质的量浓度互换，如果 ρ_A（g/ml），某一组分的摩尔质量为 M_A，则

$$c_A = \frac{\rho_A}{M_A \times 1 \times 10^{-3}} \tag{4-4}$$

用 ρ_A 可以计算本身含量，或与其他物质反应完全后，其他物质的某一组分的含量（或标示量含量）。

例 4-1　已知 $\rho_{HCl} = 0.003647$g/ml，计算 c_{HCl}。（$M_{HCl} = 36.47$g/mol）

解：根据式（4-4）计算：

$$c_{HCl} = \frac{\rho_{HCl} \times 10^{-3}}{M_{HCl}} = \frac{0.003647 \times 10^3}{36.47} = 0.1000 \text{ (mol/L)}$$

（三）滴定度

滴定液与其他物质直接或间接完全发生化学反应并且有确定的化学计量关系，这时滴定液与待测物中组分的质量可以用滴定度来表示，即每毫升滴定液（一定浓度）A 相当于被测组分 B 的质量数，可用 $T_{B/A}$ 表示，下标 A、B 分别表示一定浓度 1ml 滴定液和被测组分中的溶质。常用单位为 mg/ml，是行业分析中常用的一种表示方式，一般用文字表示，如以酚酞为指示剂，每 1ml 硫酸滴定液（0.5mol/L）相当于 40.00mg 的 NaOH 或 106.0mg 的 Na_2CO_3。滴定度的计算必须依赖于符合滴定分析的配平化学反应方程式的计量系数。

例 4 - 2　求每 1ml HCl（0.075mol/L）溶液相当于氢氧化钠（NaOH）多少克？

解：$HCl + NaOH \rightleftharpoons NaCl + H_2O$，根据此配平的化学反应方程式可知，HCl 和 NaOH 的化学计量系数即物质的量（mol）之比为 1：1，氢氧化钠的摩尔质量 $M = 40.00$g/mol，根据盐酸浓度和体积计算氯化氢的 $n = cV$，当 $V = 1$ml 时所对应同氢氧化钠的质量 m 此时记为 $T_{NaOH/HCl}$，则氢氧化钠的

$$n = \frac{T_{NaOH/HCl}}{M_{NaOH}}。$$

$$HCl（滴定液） + NaOH（待测组分） \rightleftharpoons NaCl + H_2O$$
$$1（a） \qquad\qquad 1（b）$$
$$1 \times 10^{-3} \times 0.075 \qquad \frac{T_{NaOH/HCl}}{40.00}$$

$$1（a）：1（b） = 1 \times 10^{-3} \times 0.075：\frac{T_{NaOH/HCl}}{40.00}$$

$$T_{NaOH/HCl} = \frac{1（b）}{1（a）} \times 1 \times 10^{-3} \times 0.075 \times 40.00 = 0.0030 \text{g/ml}$$

即 $T_{NaOH/HCl} = 0.0030$g/ml，表示 1ml 盐酸滴定液（0.075mol/L）相当于 0.0030g NaOH。滴定度可以推广为：

$$T_{B/A} = \frac{b}{a} \times 1 \times 10^{-3} \times M_B \times c_A \qquad\qquad (4-5)$$

式中，$T_{B/A}$ 为 1ml A 滴定液相当于待测物 B 的质量即滴定度（g/ml），b 为待测物参加化学反应配平的计量系数，a 为滴定液参加化学反应配平的计量系数，M_B 为待测物的摩尔质量 g/mol，1×10^{-3} 表示滴定液体积单位为 1L，滴定液浓度为 c_A 单位为 mol/L，把此浓度视为规定浓度 $c_{A规定浓度}$，实际操作或工作时该滴定液的浓度为实际浓度记为 $c_{A实际浓度}$，后者浓度与前者浓度的比例为浓度校正因子 $F = \frac{c_{A实际浓度}}{c_{A规定浓度}}$。如果已知滴定度及滴定中消耗实际浓度的滴定液体积，即可计算出被测物质的实际质量，可表示：

$$m_B = V_A T_{B/A} F_A = V_A T_{B/A} \frac{c_{A实际浓度}}{c_{A实际浓度}} \qquad\qquad (4-6)$$

样品中 B 组分含量 $= \dfrac{m_B}{S_{供试品}} = \dfrac{V_A T_{B/A} \dfrac{c_{A实际浓度}}{c_{A实际浓度}}}{S_{供试品}}$，用百分比表示可在结果后乘 100% 即可。

二、滴定液配制

滴定液又叫标准溶液，用于样品定量分析的浓度在一定时期内是准确值。其配制方法有两种，即直

接配制法和间接配制法。

（一）标准溶液（滴定液）配制

1. 直接配制法 精密称取一定量的基准物质 m 克（其摩尔质量为 M），溶于适量溶剂的小烧杯后，用玻璃棒搅拌溶解后定量转入容量瓶（Vml）中，以溶剂用胶头滴管稀释至刻度，根据称取基准物质的质量和容量瓶的体积，即可计算出该滴定液的准确浓度（通常要求四位有效数字）$c = \dfrac{m}{MV}$。此种配制方法称直接配制法。

能用于直接配制滴定液或标定滴定液的物质称为基准物质。基准物质应具备以下 4 个条件：

（1）纯度高，试剂的纯度一般应在 99.9% 以上，杂质总含量应小于 0.1%。

（2）试剂组成和化学式完全相符，若含结晶水，其含量也应与化学式相符。

（3）性质稳定，加热干燥时不发生分解，称量时不吸收水分、CO_2，不与空气中的氧气反应。

（4）试剂最好有较大的摩尔质量，可减少称量误差。

即学即练 4 - 1

以下哪些物质可以用直接配制法配制滴定液

答案解析　A. 重铬酸钾　　B. 草酸　　C. 三氧化二砷　　D. 氯化钠

滴定分析中常用的基准物质及其干燥条件、应用范围见表 4 - 2。

表 4 - 2　常用的基准物质

基准物质	化学式	干燥条件	标定对象
无水碳酸钠	Na_2CO_3	270 ~ 300℃	酸
硼砂	$Na_2B_4O_7 \cdot 10H_2O$	放在装有 NaCl 和蔗糖饱和液的干燥器中	酸
邻苯二甲酸氢钾	$KHC_8H_4O_4$（KHP）	105 ~ 110℃	碱、高氯酸
氧化锌	ZnO	800 ~ 1000℃	EDTA - 2Na
锌	Zn	室温、干燥器	EDTA - 2Na
草酸钠	$Na_2C_2O_4$	105 ~ 130℃	氧化剂
重铬酸钾	$K_2Cr_2O_7$	140 ~ 150℃	还原剂
氯化钠	NaCl	500 ~ 600℃	$AgNO_3$

2. 间接配制法 又称标定法。有许多物质不符合基准物质的要求（如 NaOH、HCl、I_2 等），只能采用间接法配制其滴定液。通常是先按所需浓度，固体用百分之一感量天平称取、液体用量筒量取，用量筒或量杯溶解或稀释至规定的体积。将试剂配制成近似浓度的溶液，再用基准物质或另一种滴定液来测定该溶液的准确浓度。这种利用基准物质或其他准确浓度的滴定液来测定待测滴定液浓度的操作过程，称为标定。标定方法通常有以下两种：

（1）**基准物质标定法** 准确称取一定量的基准物质，溶解后，用待标定的溶液滴定，根据所称取的基准物质的质量和待标定溶液所消耗的体积，按照确定的化学计量系数关系即可计算出待标定溶液的准确浓度。大多数滴定液是用基准物质标定，此法又叫多次称量法。

也可采用移液管法。精密称取一定量基准物质，用容量瓶定容后，再精密量取一定体积此溶液，用待标定的溶液进行滴定，按照确定的化学计量系数关系计算滴定液浓度。

（2）比较标定法　用待标定溶液与另外一种已知准确浓度的滴定液相互滴定，按照确定的化学计量系数关系，根据两溶液消耗的体积和已知浓度滴定液，计算出待标定溶液的准确浓度。这种用滴定液来测定待标定溶液准确浓度的操作过程称为比较法。

（二）滴定液配制的应用

1. 直接配制法及准确浓度的计算

例 4 - 3　准确称取基准物质 NaCl 1.4610g，溶解后定量转移至 250ml 容量瓶中，定容后摇匀，试计算此滴定液的浓度。（$M_{NaCl} = 58.44g/mol$）

解：根据式（4 - 3）得：$c_{NaCl} = \dfrac{m}{MV} = \dfrac{1.4610}{58.44 \times 250.00 \times 10^{-3}} = 0.1000mol/L$

例 4 - 4　如何配制 0.01000mol/L $K_2Cr_2O_7$ 滴定液 1000ml？（$M_{K_2Cr_2O_7} = 294.19g/mol$）

解：根据式（4 - 3）计算：

$m = cVM = 0.01000 \times 1.000 \times 294.19 = 2.9419g$

操作：准确称取 $K_2Cr_2O_7$ 基准物 2.9419g，置烧杯中溶解后定量转移至 1000ml 容量瓶中，加溶剂稀释至刻度摇匀即可。此法配制的 $K_2Cr_2O_7$ 滴定液的浓度即为 0.01000mol/L。

2. 间接配制法及准确浓度计算

例 4 - 5　如何配制和标定 0.05mol/L EDTA - 2Na 滴定液 1000ml？

解：根据式（4 - 3）计算：

$m = cVM = 0.05 \times 1.000 \times 336.23 = 16.8g$

EDTA - 2Na 滴定液的配制：称取 $Na_2H_2Y \cdot 2H_2O$（$M_{Na_2H_2Y \cdot 2H_2O} = 336.23g/mol$）17g，溶于 300ml 的温纯化水中，冷却后用纯化水稀释至 1L，摇匀贮存于聚乙烯瓶中待标定（近似浓度为 0.05mol/L）。

标定：精密称取基准 ZnO（$M_{ZnO} = 81.40g/mol$）0.1208g，加稀盐酸使溶解，加纯化水中 25ml，加 pH = 10 的 $NH_3 - NH_4Cl$ 缓冲溶液 10ml，再加铬黑 T 指示剂少量，用 EDTA - 2Na 滴定液滴定至溶液由紫红色变为纯蓝色即为终点，消耗 EDTA - 2Na 体积为 29.50ml。

滴定反应式：

$$Zn^{2+} + Y^{4-} =\!=\!= ZnY^{2-}$$

根据：$n_{Zn^{2+}} : n_{Y^{4-}} = 1 : 1$

$$1 : 1 = \dfrac{0.1208}{81.40} : 29.5 \times 10^{-3}c$$

$$c = \dfrac{0.1208}{81.40 \times 29.50 \times 10^{-3}} = 0.05031mol/L$$

此法配制的 EDTA - 2Na 滴定液的准确浓度为 0.05031mol/L。

即学即练 4 - 2

答案解析

$$Cr_2O_7^{2-} + 6I^- （大量过量） + 14H^+ =\!=\!= 2Cr^{3+} + 3I_2 + 7H_2O$$

$$I_2 + 2S_2O_3^{2-} （滴定液） =\!=\!= 2I^- + S_4O_6^{2-}$$

根据上述化学反应原理，有 m 克基准重铬酸钾，其化学式量为 M（g/mol），硫代硫酸钠滴定液消耗的体积为 Vml，则硫代硫酸钠滴定液的浓度 c 为：

A. $\dfrac{m}{MV}$　　　B. $\dfrac{m \times 10^3}{MV}$　　　C. $\dfrac{6m \times 10^3}{MV}$　　　D. $\dfrac{m \times 10^3}{6MV}$

三、常用的滴定液

滴定分析中常用的滴定液见表4–3。

表4–3 常用的滴定液

化学式	浓度（mol/L）	有效期	贮存方法
NaOH	0.1	2	置聚乙烯塑料瓶中，密封保存
HCl	0.1	2	置具塞玻璃瓶中
$AgNO_3$	0.1	2	置具塞的棕色玻璃瓶中，密闭保存
NH_4SCN	0.1	2	置具塞玻璃瓶中
EDTA–2Na	0.05	2	置具塞玻璃瓶中
$ZnSO_4$	0.05	2	置具塞玻璃瓶中
$KMnO_4$	0.02	2	置具塞的棕色玻璃瓶中，密闭保存
$NaNO_2$	0.1	2	置具塞的棕色玻璃瓶中，密闭保存
$K_2Cr_2O_7$	0.1	2	置具塞玻璃瓶中
$Na_2S_2O_3$	0.1	2	置具塞玻璃瓶中
I_2	0.1	2	置具塞的棕色玻璃瓶中，密闭，在凉处保存

第四节 滴定分析计算 微课

PPT

一、滴定分析计算依据

在滴定分析中，用滴定液（A）滴定被测物质（B）时，反应物之间或反应物与生成物之间及生成物之间存在着确定可以配平的化学反应方程式，而且各物质均是纯品也就是化学式本身。各物质的化学计量关系是滴定分析定量计算的依据。例如对于任意滴定反应：

$$aA（滴定液）+bB（被测物质）\xlongequal{\quad\quad}pP（生成物）+qQ（生成物）$$

a	b	p	q
n_A	n_B	n_P	n_Q

反应到达化学计量点时，a mol 的 A 与 b mol 的 B 完全反应，生成 p mol 的 P 和 q mol 的 Q，M 为相对分子质量，m 为质量，a、b、p、q 为配平的化学计量系数，即：

$a:b=n_B:n_B$，或 $aM_A:bM_B=m_A:m_B$；$b:p=n_B:n_P$，$bM_B:pM_P=m_B:m_P$。
以此类推。

二、滴定分析基本公式及其应用

将以上化学反应的滴定分析计算依据按照以下几个方面具体分析：

1. 当 B 为基准物时 $n_B = \dfrac{m_B}{M_B}$，A 为滴定液时 $n_A = c_A V_A$（体积单位为 L），通过此种关系可以计算下式中三个任意量 m、c、V 之一，a、b 和 M_B 为已知数据。

$$\frac{m_B}{M_B} = \frac{b}{a} c_A V_A \qquad (4-7)$$

式中，当 V_A 为 1ml 时，m_B 就是滴定度 $T_{B/A}$，见式（4-5）。

2. 当 B 为未知浓度溶液时，$n_B = c_B V_B$，A 为滴定液时，$n_A = c_A V_A$，通过此种关系可以计算下式中 4 个任意量之一。

$$c_B V_B = \frac{b}{a} c_A V_A \qquad (4-8)$$

3. 当 B 为未知含量样品时，A 为滴定液时，$n_A = c_A V_A$，通过式（4-7）可以计算样品组分 B 的纯质量 m_B。进而可以计算含量或标示量含量（单位实际含量与标示量之比）。

$$样品中某组分 B 的百分含量 = \frac{m_B}{S_{供试品}} \times 100\% = \frac{\frac{b}{a} \times c_A \times V_A \times M_B}{S_{供试品}} \times 100\% \qquad (4-9)$$

式中，供试品为固体样品，单位为 g；供试品为液体样品，单位为 ml；上述滴定液体积为 L。

4. 已知滴定度 $T_{B/A}$ 时，求样品中 B 的含量可用下式计算。

对于 $$2NaOH + H_2SO_4 \longrightarrow Na_2SO_4 + 2H_2O$$

由以上反应式可知，1mol 硫酸与 2mol（2×40.00g）氢氧化钠完全反应，每 1ml 硫酸液（0.5mol/L）含硫酸 0.5×10^{-3}mol 与氢氧化钠 1×10^{-3}mol，即 $40 \times 1 \times 10^{-3}$g 相当。在实际计算过程中是以"每 1ml 硫酸液（0.5mol/L）相当于氢氧化钠 40.00×10^{-3}g 的 NaOH"为依据推导出计算含量的所有式子。这里的 0.5mol/L 是规定浓度，如果硫酸实际浓度为 0.5015mol/L，推演过程如下：

每 1ml 硫酸液（0.5mol/L）相当于 40.00×10^{-3}g 氢氧化钠（T_{NaOH/H_2SO_4}）；

每 1ml 硫酸液（0.5015mol/L）相当于 $\dfrac{0.5015}{0.5} \times 40.00 \times 10^{-3}$g 氢氧化钠；

Vml 硫酸液（0.5015mol/L）相当于 $V \times \dfrac{0.5015}{0.5} \times 40.00 \times 10^{-3}$g 氢氧化钠；

$S_{供试品}$（g）与 V（ml）硫酸液（0.5015mol/L）完全反应时样品中氢氧化钠的百分含量为：

$$\frac{V \times 40.00 \times 10^{-3} \times \dfrac{0.5015}{0.05}}{S_{供试品}} \times 100\%$$

可以推广如下：

$$样品中某组分 B 的百分含量 = \frac{V_A T_{B/A} F_A}{S_{供试品}} \times 100\% = \frac{V_A T_{B/A} \dfrac{c_{A实际浓度}}{c_{A规定浓度}}}{S_{供试品}} \times 100\% \qquad (4-10)$$

式中，浓度校正因子 F 和滴定度 T 为同一滴定液，V 单位为 ml，滴定度单位为 g/ml。

例 4-6 取浓度约为 0.1mol/L 的 HCl 溶液 25.00ml，加酚酞指示剂 3 滴，用 0.1032mol/L NaOH 滴定液滴定至终点，消耗 NaOH 滴定液 24.50ml，计算该 HCl 溶液的浓度。

解：滴定反应为：

$$HCl + NaOH \Longrightarrow NaCl + H_2O$$

根据式（4-8）得：

$$c_{HCl} = \frac{c_{NaOH} \times V_{NaOH}}{V_{HCl}} = \frac{0.1032 \times 24.50}{25.00} = 0.1011 \, mol/L$$

例4-7 用基准物质邻苯二甲酸氢钾（KHP）标定 NaOH 滴定液，称取基准 KHP 0.4867g，加水 50ml，溶解后加酚酞指示剂 3 滴，用 NaOH 滴定液滴定至终点时，消耗 NaOH 滴定液 23.50ml，试计算 NaOH 滴定液的浓度。（$M_{KHP} = 204.2g/mol$）

解：滴定反应为：

$$KHP + NaOH \rightleftharpoons NaKP + H_2O$$

由式（4-7）导出：

$$c_{NaOH} = \frac{m_{KHP}}{M_{KHP} \times V_{NaOH} \times 10^{-3}} = \frac{0.4867}{204.2 \times 23.50 \times 10^{-3}} = 0.1014 \, mol/L$$

例4-8 已知 $c_{HCl} = 0.1000mol/L$，计算 $T_{CaO/HCl}$。（$M_{CaO} = 56.00g/mol$）

解：滴定反应为：

$$2HCl + CaO \rightleftharpoons CaCl_2 + H_2O$$

$$n_{CaO} = \frac{1}{2} n_{HCl}$$

根据式（4-5）得：

$$T_{CaO/HCl} = \frac{1}{2} c_{HCl} \times M_{CaO} \times 1 \times 10^{-3}$$

$$= \frac{1}{2} \times 0.1000 \times 56.00 \times 1 \times 10^{-3}$$

$$= 0.002800 \, g/ml$$

 实例分析

实例 碳酸锂片：本品含碳酸锂（Li_2CO_3）应为标示量的95.0%~105.0%。

含量测定：取本品 10 片，精密称定，研细，精密称取适量（约相当于含碳酸锂 1g），加水 50ml，精密加硫酸滴定液（0.5mol/L）50ml，缓缓煮沸使二氧化碳除尽，冷却，加酚酞指示液，用氢氧化钠滴定液（1mol/L）滴定，并将滴定的结果用空白试验校正。每 1ml 硫酸滴定液（0.5mol/L）相当于 36.95mg 的 Li_2CO_3。

问题 1. 什么是标示量？如何计算标示量百分含量？

2. 按照滴定方式分类确定本法属于哪一种滴定方法？

3. 做空白实验的目的是什么？

4. 碳酸锂分子量为 73.89g/mol，计算每 1ml 硫酸滴定液（0.5mol/L）相当于多少毫克的 Li_2CO_3？

5. 精密称取适量（约相当于含碳酸锂 1g），如何计算？称量范围怎么计算？

操作记录、数据处理及结果、结论

天平型号：SQP Quintix 224-1CN 编号：××

取本品 10 片，精密称量（样品规格即标示量为 0.25g）3.2538g，研细称取：①1.2837g；②1.2921g；分别置 250ml 锥形瓶中，精密加硫酸滴定液（0.5mol/L）50ml 缓缓煮沸除尽二氧化碳后，加酚酞指示液 3 滴，用氢氧化钠滴定液（1.0017mol/L）滴定至终点，并将滴定的结果用空白试验校正。每 1ml 硫酸滴定液（0.5mol/L）相当于 36.95mg 的 Li_2CO_3。

消耗氢氧化钠滴定液（1.0017mol/L）的总体积：

空白　　①49.95ml　　　②49.96ml　　　滴定管校正值 +0.02

平均 49.96ml，因此实际值为 49.96 + 0.02 = 49.98ml

供试品①23.52ml　　　②22.98ml　　　滴定管校正值 +0.01

按下式计算碳酸锂片剂标示量百分含量：

$$标示量百分含量 = \frac{\dfrac{c_{NaOH}}{2 \times 0.5} \times (V_{空白} - V_{供试品})_{NaOH} \times T \times \overline{W}}{S_{样品} \times S_{标示量}} \times 100\%$$

6. 本品含碳酸锂（Li_2CO_3）标示量百分含量是否符合规定？

答案解析

PPT

第五节　滴定分析的对象分析

一、滴定分析仪器选用

滴定分析是专业工作者必备的一项最基本的操作技术，器具选用得当，分析结果的准确度就会提高，因此正确选用滴定分析的器具是提高分析结果准确度的必备条件。

（一）滴定管种类、颜色及使用滴定液类型

常量分析一般选用 50ml 滴定管，读数准确性较高的为蓝色衬背滴定管。遇光不稳定或易被氧化的滴定液如硝酸银滴定液，在滴定操作中应该选用棕色玻塞滴定管或棕色两用滴定管。对胶管有腐蚀性的滴定液如碘滴定液，用玻塞滴定管或两用滴定管。半微量分析如非水滴定法，一般选用 10ml 滴定管。对玻塞有腐蚀性的碱性滴定液，选用碱式滴定管。

（二）待测物盛放的玻璃器具要求和条件

待测物具有不同的化学结构，稳定性各异，在滴定分析中，合理使用盛具，可以减少误差，需要快速滴定的操作，一般选用开口较大的敞开盛具，如烧杯；对于易挥发性的待测物，一般选用可以密闭的盛具如碘量瓶；边操作边振摇的滴定分析，一般选用锥形瓶防止待测物液体飞溅；对于自动操作的滴定分析选用专门配置的盛具。

二、滴定分析的溶剂选用

滴定分析中，试剂使用环节必不可少，溶剂的选用及样品的溶解稀释方法，都将可能影响滴定分析结果的准确性。易被氧化的待测物，使用的溶剂既不能具有氧化性也不能具有还原性，因为氧化性溶剂要与还原性待测物反应，使含量测定结果偏低，产生负误差；还原性溶剂要消耗氧化性滴定液，使含量测定结果偏高，产生正误差，因此最好选用新煮沸冷的纯化水。选用的溶剂不能与待测物发生化学反

应，也不能与滴定液发生化学反应，选用的溶剂必须环保、易于消除或清除。

（一）溶解样品的要求

固体样品在进行滴定分析前，往往要加一定量的溶剂先行溶解，也可取溶解后的一定体积的溶液，因为滴定必须要在一定的介质中才能定量进行，溶剂不能与待测物或滴定液发生化学反应。

（二）稀释样品的溶剂要求

液体样品取量太少，滴定分析产生负误差，所以要加一定量溶剂稀释，有时需要取稀释后的溶液，进行滴定分析。待测液的溶剂（稀释剂）有时可采用极性不同的混合溶剂，总之待测液稀释后的取量液体，既要满足滴定误差的最低要求，又要满足 RSD 要求。

（三）溶剂使用量

溶剂使用量一般为 50~100ml，溶剂用量过多，颜色浅，影响终点观察，产生正误差，反之亦然。

（四）指示剂的使用量

一般指示剂用量为每 50ml 待测溶液 2~5 滴。指示剂用量以未滴定前待测液颜色肉眼能看清楚为基准，颜色过深或颜色过浅都影响滴定结果。如配位滴定法测定钙离子加入钙紫红素少许，是指使溶液显紫红色（酒红色）即可，一般不称量。

三、滴定分析过程解析

滴定分析中，一般要求滴定终点时，结果控制在 $-0.1\% \leqslant RE \leqslant 0.1\%$。化学计量系数为摩尔数。因此各量都要以摩尔为单位，分别应用式（4-1）、式（4-2）计算。

（一）化学计量点（滴定终点与化学计量点一致时 RE = 0）

把化学计量点消耗滴定液体积记为准确值（理论真实值），用 V_{SP} 表示。例如在稀硫酸酸性条件下用 0.02000mol/L KMnO$_4$ 滴定液滴定 0.1250g 基准草酸钠（M 为 124.10g/mol），化学计量点消耗的 0.02000mol/L KMnO$_4$ 体积按下式计算：

$$2KMnO_4 + 5Na_2C_2O_4 + 8H_2SO_4 \Longrightarrow 2MnSO_4 + K_2SO_4 + 5Na_2SO_4 + 10CO_2\uparrow + 8H_2O$$

上式中高锰酸钾与草酸钠的量效关系如下：

$2KMnO_4$ ————————————$5Na_2C_2O_4$

2 　　　　　　　　　　　　5

$0.02000 \times V_{SP} \times 10^{-3}$ 　　　$\dfrac{0.1250}{124.10}$

$2:5 = 0.02000 \times V_{SP} \times 10^{-3} : \dfrac{0.1250}{124.10}$

$V_{SP} = 20.15ml$（理论真实值 μ）

（二）化学计量点前（RE = -0.1%）

化学计量点前，当 RE = -0.1% 时，消耗 0.02000mol/L KMnO$_4$ 体积为：

$$RE = \frac{V - \mu}{\mu} \qquad V = \mu(1 - 0.1\%) = 20.15 \times 99.9\% = 20.13ml$$

（三）化学计量点后（RE = +0.1%）

化学计量点前，当 RE = -0.1% 时，消耗 0.02000mol/L $KMnO_4$ 体积为：

$$RE = \frac{V-\mu}{\mu} \qquad V = \mu(1+0.1\%) = 20.15 \times 100.1\% = 20.17ml$$

从上述计算不难看出，V_{SP} 前后相差的滴定液体积为 0.04ml，不到半滴，因此在滴定分析操作中，一定要注意化学计量点前后 RE = ±0.1% 时，待测液中颜色的密切变化，尤其是颜色突变点，只有当化学计量点前后（RE = ±0.1%）之间滴定液的体积确定为含量测定结果计算的体积，才能保证结果的准确度。在此条件下的符合要求的精密度才有实际意义。

目标检测

答案解析

一、选择题

（一）最佳选择题

1. 标定叙述正确的是

    A. 标定等于滴定分析

    B. 标定只能用基准物质

    C. 标定是确定滴定液的准确浓度的滴定过程

    D. 标定是含量测定

    E. 标定所采用的滴定液浓度准确

2. 以水为介质的常量分析采用滴定管的规格一般是

    A. 50ml   B. 25ml   C. 15ml

    D. 10ml   E. 5ml

3. 化学试剂的等级是

    A. 1   B. 2   C. 3

    D. 4   E. 5

4. 化学试剂纯度最高的是

    A. 优级纯   B. 分析纯   C. 化学纯

    D. 实验试剂   E. 以上都不是

5. 标定滴定液的固体物质必须是

    A. 优级纯   B. 分析纯   C. 化学纯

    D. 实验试剂   E. 基准物质

6. 滴定液标定方法有

    A. 1 种   B. 2 种   C. 3 种

    D. 4 种   E. 5 种

7. 滴定液浓度一般为

    A. 0.1 ~ 1mol/L   B. 0.5 ~ 1mol/L   C. 0.02 ~ 0.1mol/L

    D. 0.02 ~ 1mol/L   E. 0.02 ~ 0.5mol/L

8. 滴定分析用于含量测定的结果计算依据是

    A. 化学计量点　　　　　　B. 化学计量系数　　　　　　C. 指示剂变色的点

    D. 指示剂的变色范围　　　E. 电流为零的点

9. 硝酸银滴定液在滴定分析时盛于

    A. 碱式滴定管　　　　　　B. 酸式滴定管　　　　　　C. 玻塞滴定管

    D. 棕色酸式滴定管　　　　E. 容量瓶

10. 重铬酸钾标定对象为

    A. 酸性滴定液　　　　　　B. 碱性滴定液　　　　　　C. 碘滴定液

    D. 高锰酸钾滴定液　　　　E. 硫代硫酸钠滴定液

（二）配伍选择题

[11～14]

    A. 滴定　　　　　　　　　　B. 标定　　　　　　　　　　C. 化学计量点

    D. 滴定终点　　　　　　　　E. 基准物质

11. 用近似浓度的溶液滴定固定质量基准物质，测定该溶液准确浓度的过程是

12. 滴定液与待测组分恰好按照配平的化学反应式所表示的化学计量关系反应完全时的点是

13. 将滴定液通过滴定管滴加到待测物质溶液中的操作过程是

14. 滴定液的标定可用

15. 在滴定分析过程中指示剂颜色明显转变而停止滴定时的点是

（三）共用题干单选题

取适量颜色深的食用醋加少许活性炭，搅拌均匀，用干燥中性滤纸过滤，使滤液至无色。精密量取续滤液 25ml，放入 250ml 容量瓶中，加新沸放冷的纯化水稀释至刻度，摇匀，备用。精密量取上述稀释液 25ml 置于 250ml 锥形瓶中，滴加 2～3 滴酚酞指示剂，用（0.1mol/L）氢氧化钠滴定液滴定至微红色并在 30 秒内不褪色即为终点，记录消耗的体积。平行测定 2 份，测定结果的相对平均偏差不大于 0.1%。

16. 本滴定法为

    A. 酸碱滴定法　　　　　　B. 配位滴定法　　　　　　C. 沉淀滴定法

    D. 氧化还原滴定法　　　　E. 非水滴定法

17. 化学试剂三级品标签颜色为

    A. 绿色　　　　　　　　　　B. 红色　　　　　　　　　　C. 蓝色

    D. 黄色　　　　　　　　　　E. 棕色

（四）X 型题（多项选择题）

18. 用 m（g）基准硼砂（$Na_2B_4O_7 \cdot 10H_2O$）标定近似浓度盐酸，以甲基橙为指示剂，终点时消耗盐酸 Vml，则盐酸准确浓度（mol/L）的计算方式为（硼砂的分子量为 M）（$Na_2B_4O_7 \cdot 10H_2O + 2HCl \Longrightarrow NaCl + 4H_3BO_3 + 5H_2O$）

    A. $c = \dfrac{2m}{MV}$　　　　　　B. $c = \dfrac{m}{2MV}$　　　　　　C. $c = \dfrac{m}{2MV \times 10^{-3}}$

    D. $c = \dfrac{2m \times 10^3}{MV}$　　　E. $c = \dfrac{2m}{MV}$（L）

二、填空题

19. 滴定分析中以水为介质滴定液一般控制在_____ml 以上。

20. 固体样品用滴定分析测定含量时，往往要加入一定量的_____。

书网融合……

知识回顾　　　　　微课　　　　　习题

（冉启文）

PPT

学习引导

酸碱滴定法是以酸碱中和反应为基础的滴定分析方法。能与酸碱直接或间接发生完全反应的物质，可以用酸碱滴定法进行含量测定。因此，酸碱滴定法是应用很广泛的一种滴定分析方法。它不仅应用于科学研究和工农业生产中，而且也常用于药品、食品分析。酸碱滴定法的主要步骤有哪些？需要哪些药品和仪器？除了以水作溶剂外，还需要用到哪些溶剂？

本章主要介绍酸碱指示剂的作用原理、指示剂的选择、酸碱滴定法的用途、非水酸碱滴定中溶剂的选择、酸碱滴定法的应用。

学习目标

1. **掌握**　酸碱滴定曲线及滴定突跃范围；酸碱指示剂的选择原则；滴定液的配制；酸碱滴定分析的操作过程及计算；非水酸碱滴定法中溶剂的选择。
2. **熟悉**　酸碱指示剂的变色原理、变色范围；酸碱滴定法和非水酸碱滴定法的应用。
3. **了解**　常见的酸碱指示剂；多元酸（碱）的滴定条件及指示剂的选择；非水溶剂的性质。

第一节　酸碱指示剂

一、酸碱指示剂的变色原理和变色范围

在酸碱滴定反应时，通常不会有明显的反应现象，肉眼更看不出反应在何时达到终点。因此必须借助某种指示剂颜色的突变来指示滴定终点。我们将酸碱滴定中用以指示滴定终点的试剂称为酸碱指示剂。

酸碱指示剂一般是一些有机弱酸或有机弱碱，它们的共轭酸碱对具有不同的结构，且颜色也各不相同。在酸碱滴定过程中，当溶液的 pH 值改变时，指示剂获得质子转化为共轭酸，或者失去质子转化为共轭碱，使指示剂的结构发生了改变，从而引起溶液的颜色变化。例如，酚酞是有机弱酸，其 $pK_a = 9.1$。其酸式结构常用 HIn 表示，呈现的颜色称为酸色（即无色）。其碱式结构常用 In^- 表示，呈现的颜色称为碱色（即红色）。酚酞在水溶液中的解离平衡式如下：

$$HIn \rightleftharpoons H^+ + In^-$$

酸式　　　　　碱式
（无色）　　　（红色）

从解离平衡式可知,增大溶液的碱性,平衡向右移动,即酚酞的酸式结构向碱式结构转变,使其溶液中酸色浓度降低,碱色浓度增大,酚酞酸色转变为碱色,即溶液的颜色由无色变为红色。反之,增大溶液的酸性,溶液的颜色由红色变为无色。

以上所知,酸碱指示剂发生颜色变化,不仅是因为自身能够解离出具有不同颜色的共轭酸碱对,还因为共轭酸碱对的浓度变化与溶液的 pH 值有关。根据指示剂的解离平衡式,可以得出溶液的 pH 值与指示剂共轭酸碱浓度的关系:

$$pH = pK_{HIn} - \lg \frac{[HIn]}{[In]} \tag{5-1}$$

一般情况下,指示剂在溶液中应呈现两种互变异构体的混合色。只有当两种颜色的浓度比在 10 以上时,人的肉眼看到的只是浓度较大的那种结构的颜色。因此:

当 $[HIn]/[In^-] \geq 10$ 时,$pH \leq pK_{HIn} - 1$,溶液呈酸色;

当 $[HIn]/[In^-] \leq 0.1$ 时,$pH \geq pK_{HIn} + 1$,溶液呈碱色。

由此可见,只有当溶液的 pH 值在 $pK_{HIn} - 1$ 到 $pK_{HIn} + 1$ 之间变化时,人的肉眼才能看到指示剂的颜色变化。我们把此范围称为指示剂的变色范围,用 $pH = pK_{HIn} \pm 1$ 表示。

当溶液中 $[HIn]/[In] = 1$ 时,$pH = pK_{HIn}$,此时溶液呈现的是酸色和碱色的混合色,即称为指示剂的理论变色点。由于在同一温度时,不同指示剂的解离常数的负对数(pK_{HIn})不同,因此各种指示剂的变色范围也不相同。

从理论上讲,指示剂的变色范围都有 2 个 pH 单位。但实验测得的指示剂变色范围并不都是 2 个 pH 单位,而是略有改变。这是因为实验测得的指示剂变色范围是人的肉眼目视测定的,由于人眼对不同颜色的敏感不同,如人眼对黄色中出现红色就比对红色中出现黄色要敏锐得多。红色在无色中格外明显,而无色在红色中却不明显。指示剂的变色范围,应该由实验测定,即人眼观察到的变色范围。常用的酸碱指示剂的变色范围及颜色情况,见表 5-1。

表 5-1　常用的酸碱指示剂(室温)

指示剂	变色范围(pH)	酸色	碱色	变色点 pK_{HIn}
百里酚蓝	1.2~2.8	红	黄	1.7
甲基橙	3.1~4.4	红	黄	3.45
溴甲酚绿	3.8~5.4	黄	蓝	4.9
甲基红	4.4~6.2	红	黄	5.1
溴百里酚蓝	6.2~7.6	黄	蓝	7.3
中性红	6.8~8.0	红	黄橙	7.4
酚红	6.7~8.4	黄	红	8.0
酚酞	8.0~10.0	无	红	9.1
百里酚酞	9.6~10.6	无	蓝	10.0

指示剂的变色范围越窄越好,因为在滴定过程中,pH 稍有改变,待测液立即由一种颜色变成另一种颜色。指示剂变色敏锐,有利于提高测定的准确度。

即学即练 5-1

在 pH 为 7 的溶液中,滴入两滴甲基橙指示剂,溶液将呈现什么颜色?

答案解析　A. 红色　　　B. 黄色　　　C. 橙色　　　D. 紫色

二、影响酸碱指示剂变色范围的因素

1. 温度　指示剂的变色范围与指示剂的 pK_{HIn} 值有关，而 pK_{HIn} 值与温度有关。因此，当温度改变时，指示剂的变色范围也跟着改变。如甲基橙在室温下的变色范围是 3.1～4.4，在 100℃时为 2.5～3.7。

2. 指示剂的用量　根据指示剂变色的平衡关系可以得出：

$$HIn \rightleftharpoons H^+ + In^-$$

如果指示剂的浓度小，加入少量碱标准溶液即可使 HIn 转变为 In^-，故颜色变化灵敏。如果指示剂的浓度大，则变色范围加宽，变色迟钝，终点难以判断。因此，指示剂的用量少一点为好，一般在 50～100ml 溶液中滴加 2～3 滴即可。但也不能太少，否则会影响颜色变化的观察效果。

对指示剂变色范围的影响还有溶剂、滴定程序等其他因素。

三、混合酸碱指示剂

某些酸碱滴定中，pH 突跃范围很窄，使用一般的指示剂难以判断终点，可以采用混合指示剂。

混合指示剂可以分为两类。

一类是在某种指示剂中加入一种惰性染料。后者不是酸碱指示剂，颜色不随 pH 改变而变化，变色范围不变，但因颜色互补使变色更敏锐。例如由甲基橙和靛蓝组成的混合指示剂，靛蓝不随 pH 变化，只作为甲基橙的蓝色背景。在 pH > 4.4 的溶液中，混合指示剂显绿色（黄与蓝）；在 pH < 3.1 的溶液中，混合指示剂显紫色（红与蓝）；在 pH = 4 的溶液中，混合指示剂显浅灰色（几乎无色），终点颜色变化非常敏锐。

另一类是由两种酸碱指示剂混合而成。由于颜色互补的原理使变色范围变窄，颜色变化更敏锐。例如溴甲酚绿和甲基红按 3 : 1 混合后，使溶液在 pH < 4.9 时显橙红色（黄与红），在 pH > 5.1 时显绿色（蓝与黄），而在 pH = 5.0 时两者颜色发生互补，呈灰色。此混合指示剂的变色范围明显变窄，pH 为 4.9～5.1。当溶液 pH 由 4.9 变为 5.1 时，颜色突变，由橙红色变为绿色，变色十分敏锐。

第二节　酸碱滴定原理

酸碱滴定中滴定终点的判断是借助于酸碱指示剂的颜色变化来确定的，而指示剂的变色是由于溶液的 pH 发生了变化。为了减少实验误差，指示剂应尽量靠近化学计量点变色，这就需要了解滴定过程中特别是化学计量点前后溶液的 pH 变化情况，以便选择合适的指示剂。

酸碱滴定曲线是以滴加滴定液（酸或碱）的物质的量或体积为横坐标，以滴定过程中溶液的 pH 为纵坐标，来绘制的曲线。此曲线从理论上解释了滴定过程中溶液的 pH 随着滴定液加入量的变化规律，对正确选择指示剂具有指导意义。由于各种不同类型的酸碱滴定过程中，H^+ 浓度的变化规律各不相同，因此必须分别加以讨论。本书主要讨论以下 3 种类型：强酸（碱）的滴定；一元弱酸（碱）的滴定；多元酸（碱）的滴定。

一、强酸（碱）的滴定

这类滴定的基本反应为：

$$H^+ + OH^- \rightleftharpoons H_2O$$

这种酸碱反应程度最高，最容易得到准确的滴定结果。下面以 0.1000mol/L NaOH 标准溶液滴定 20.00ml 0.1000mol/L HCl 溶液为例，说明在滴定过程中溶液的 pH 变化规律。该滴定过程可分为以下四个阶段。

1. 滴定开始前 由于 HCl 是强酸，所以溶液的 pH 由盐酸溶液的原始浓度决定，即

$$[H^+] = c_{HCl} = 0.1000mol/L$$

$$pH = -lg[H^+] = -lg0.1000 = 1.00$$

2. 滴定开始至化学计量点前 此时溶液的 pH 由剩余 HCl 溶液的浓度决定，即

$$[H^+] = \frac{c_{HCl} \times V_{剩余}}{V_{HCl} + V_{NaOH}}$$

例如，当滴入 18.00ml NaOH 溶液时，反应后剩余 HCl 溶液 2.00ml，此时溶液的 pH 为：

$$[H^+] = \frac{0.1000 \times 0.02000}{20.00 + 18.00} = 5.26 \times 10^{-3}$$

$$pH = -lg(5.26 \times 10^{-3}) = 2.28$$

当滴入 19.98ml NaOH 溶液时，反应后剩余 HCl 溶液 0.02ml，此时溶液的 pH 为：

$$[H^+] = \frac{0.1000 \times 0.02000}{20.00 + 19.98} = 5.00 \times 10^{-5}$$

$$pH = -lg(5.00 \times 10^{-5}) = 4.30$$

3. 化学计量点时 当滴入 20.00ml NaOH 溶液时，溶液中的 HCl 全部被中和，溶液呈中性。此时溶液的 pH 为：

$$[H^+] = [OH^-] = 1.0 \times 10^{-7}$$

$$pH = -lg(1.0 \times 10^{-7}) = 7.00$$

4. 化学计量点后 此时溶液的 pH 由过量 NaOH 溶液的浓度决定，即

$$[OH^-] = \frac{c_{NaOH} \times V_{过量}}{V_{HAc} + V_{NaOH}}$$

例如，当滴入 20.02ml NaOH 溶液时，过量 NaOH 溶液 0.02ml，此时溶液的 pH 为：

$$[OH^-] = \frac{0.1000 \times 0.02000}{20.00 + 20.02} = 5.00 \times 10^{-5}$$

$$pH = 14 - pOH = 14 + lg(5.00 \times 10^{-5}) = 9.70$$

根据以上方法，可以计算滴定过程中加入任意体积 NaOH 溶液时溶液的 pH，其结果列于表 5-2 中。

表 5-2 用 0.1000mol/L NaOH 标准溶液滴定 20.00ml 0.1000mol/L HCl 溶液的 pH 变化

加入 NaOH 溶液的体积（ml）	剩余 HCl 的体积（ml）	过量 NaOH 的体积（ml）	[H+]（mol/L）	pH
0.00	20.00		1.00×10^{-1}	1.00
18.00	2.00		5.26×10^{-3}	2.28
19.80	0.20		5.03×10^{-4}	3.30
19.98	0.02		5.00×10^{-5}	4.30
20.00	0.00		1.00×10^{-7}	7.00
20.02		0.02	2.00×10^{-10}	9.70
20.20		0.20	2.00×10^{-11}	10.70
22.00		2.00	2.10×10^{-12}	11.68
40.00		20.00	3.00×10^{-13}	12.59

如果以表 5 - 2 中的 NaOH 溶液加入体积为横坐标，以 pH 的变化为纵坐标作图，可以得到一条曲线，即为强碱滴定强酸的滴定曲线，如图 5 - 1 所示。

由表 5 - 2 和图 5 - 1 可以得出以下结论：

（1）从滴定开始至加入 NaOH 溶液 19.98ml，溶液的 pH 只改变 3.30 个单位，变化较慢，曲线形状比较平坦。

（2）在化学计量点附近加入 1 滴 NaOH 溶液（从 19.98ml 到 20.02ml 之间相差 0.04ml，约相当于 1 滴），就使得溶液的 pH 从 4.30 突然上升到 9.70，改变了 5.40 个单位，曲线形状骤然变陡。这种在化学计量点附近溶液 pH 的突变，称为滴定突跃。突跃所对应的 pH 范围称为滴定突跃范围。上述用 0.1000mol/L NaOH 标准溶液滴定 0.1000mol/L HCl 溶液，滴定突跃范围为 pH4.30 ~ 9.70。若在此突跃范围内停止滴定，滴定误差不超过 ±0.1%。

（3）化学计量点后继续滴加 NaOH 溶液，溶液的 pH 变化又比较缓慢，曲线形状再趋于平坦。

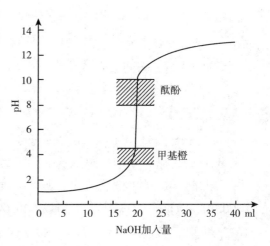

图 5 - 1　用 0.1000mol/L NaOH 溶液滴定
0.1000mol/L HCl 溶液的滴定曲线

滴定突跃是选择指示剂的依据。凡是变色范围全部或部分落在滴定突跃范围内的指示剂，都可以用作该滴定方法的指示剂，这是指示剂的选择原则。从图 5 - 1 可以看出，用 0.1000mol/L NaOH 标准溶液滴定 0.1000mol/L HCl 溶液时，其滴定突跃范围是 pH4.30 ~ 9.70，所以酚酞、甲基橙和甲基红等都可以用来指示滴定终点。

必须指出，滴定突跃范围的大小与酸碱的浓度有关。

从图 5 - 2 可以看出，若用 0.01000mol/L NaOH 标准溶液滴定 0.01000mol/L HCl 溶液时，则滴定突跃范围变成 pH 5.30 ~ 8.70，此时甲基橙指示剂就不能再用了。可见溶液浓度越大，滴定突跃范围越宽，可供选择的指示剂也就越多；溶液的浓度越小，滴定突跃范围越窄，指示剂的选择就受到限制。当溶液浓度稀至一定限度时，则没有明显的滴定突跃，也就无法准确滴定了。在一般测定中，标准溶液的浓度不能太小，试样也不能制成太稀的溶液，否则会造成较大的滴定误差。通常以 0.01 ~ 0.2mol/L 为宜。

如果用 0.1000mol/L HCl 标准溶液滴定 0.1000mol/L NaOH 溶液，则滴定曲线的形状恰好与 NaOH 标准溶液滴定 HCl 溶液的曲线对称，pH 变化方向相反，滴定突跃范围相同。

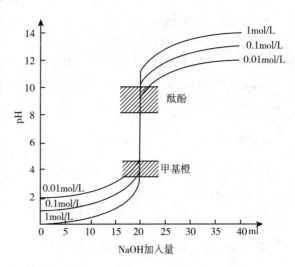

图 5 - 2　各种不同浓度的 NaOH 溶液滴定
HCl 溶液的滴定曲线

实例分析

实例 绝大多数食品中都含有植物油。植物油在空气中放置一定时间，会缓慢发生氧化反应而变质。国家食品分析标准中规定可以通过测定食品中的酸度来反映食品的变质程度。

问题 1. 为什么测定食品的酸度可以反映食品的变质程度？

2. 测定食品的酸度与测定强酸的酸度有什么区别？应该选择哪种指示剂？

答案解析

二、一元弱酸（碱）的滴定

由于弱酸（碱）的电离不完全，所以用强酸滴定弱碱或用强碱滴定弱酸的反应完全程度相对较差。下面以 0.1000mol/L NaOH 标准溶液滴定 20.00ml 0.1000mol/L HAc 溶液为例，说明在滴定过程中溶液的 pH 变化规律。该滴定过程也可分为以下四个阶段。

1. 滴定开始前 由于 HAc 是弱酸，所以溶液的 $[H^+]$ 主要来自于 HAc 的解离，其浓度可按最简式进行计算，即

$$[H^+] = \sqrt{K_a c_a} = \sqrt{1.76 \times 10^{-5} \times 0.10} = 1.33 \times 10^{-3} \text{mol/L}$$

$$pH = -\lg[H^+] = -\lg(1.33 \times 10^{-3}) = 2.88$$

2. 滴定开始至化学计量点前 由于 NaOH 的滴入，溶液中未被中和的 HAc 和反应产物 Ac^- 同时存在，构成缓冲体系。溶液的 pH 可由缓冲溶液公式计算，即

$$pH = pK_a + \lg \frac{[Ac^-]}{[HAc]}$$

例如，当滴入 18.00ml NaOH 溶液时，反应后剩余 HAc 溶液 2.00ml，反应产物 Ac^- 可按 18.00ml 计算，此时溶液的 pH 为：

$$pH = 4.75 + \lg \frac{18.00}{2.00} = 5.70$$

当滴入 19.98ml NaOH 溶液时，反应后剩余 HAc 溶液 0.02ml，反应产物 Ac^- 可按 19.98ml 计算，此时溶液的 pH 为：

$$pH = 4.75 + \lg \frac{19.98}{0.02} = 7.75$$

3. 化学计量点时 当滴入 20.00ml NaOH 溶液时，溶液中的 HAc 全部被中和为 Ac^-，溶液呈碱性。此时溶液的 pH 为：

$$[OH^-] = \sqrt{K_b c_b} = 5.33 \times 10^{-6}$$

$$pH = 14 + \lg(5.33 \times 10^{-6}) = 8.73$$

4. 化学计量点后 此时溶液中存在过量的 NaOH，它抑制了 Ac^- 的水解，溶液的 pH 由过量 NaOH 溶液的浓度决定，即

$$[OH^-] = \frac{c_{NaOH} \times V_{过量}}{V_{HAc} + V_{NaOH}}$$

例如，当滴入 20.02ml NaOH 溶液时，过量 NaOH 溶液 0.02ml，此时溶液的 pH 为：

$$[OH^-] = \frac{0.1000 \times 0.02}{20.00 + 20.02} = 5.00 \times 10^{-5}$$

$$pH = 14 - pOH = 14 + lg\ (5.00 \times 10^{-5}) = 9.70$$

根据以上方法，可以计算滴定过程中加入任意体积 NaOH 溶液时溶液的 pH，其结果列于表 5 - 3 中。

如果以表 5 - 3 中的 NaOH 溶液加入体积为横坐标，以 pH 的变化为纵坐标作图，可以得到一条曲线，即为强碱滴定弱酸的滴定曲线，如图 5 - 3 所示。

表 5 - 3 用 0.1000mol/L NaOH 标准溶液滴定 20.00ml 0.1000mol/L HAc 溶液的 pH 变化

加入 NaOH 溶液的体积（ml）	剩余 HAc 的体积（ml）	过量 NaOH 的体积（ml）	溶液组成	pH
0.00	20.00		HAc	2.88
18.00	2.00		NaAc 和 HAc	5.70
19.80	0.20		NaAc 和 HAc	6.75
19.98	0.02		NaAc 和 HAc	7.75
20.00	0.00		NaAc	8.73
20.02		0.02	NaAc 和 NaOH	9.70
20.20		0.20	NaAc 和 NaOH	10.70
22.00		2.00	NaAc 和 NaOH	11.68
40.00		20.00	NaAc 和 NaOH	12.59

我们比较图 5 - 1 和图 5 - 3，可以得出强碱滴定弱酸的滴定曲线有以下特点：

（1）由于弱酸的不完全电离，滴定曲线的起点 pH 较高，为 2.88，比图 5 - 1 中高出约 2 个 pH 单位。

（2）滴定过程中 pH 的变化规律不同于图 5 - 1。从滴定开始至化学计量点前，滴定曲线斜率变化为两头大、中间小。滴定开始时存在同离子效应，NaAc 抑制了 HAc 的电离，使〔H^+〕迅速降低，pH 上升较快。随着 NaOH 溶液的加入，溶液中形成 NaAc 和 HAc 缓冲对，pH 变化缓慢，曲线平坦。在接近化学计量点时，缓冲作用减弱，pH 又较快上升。化学计量点后，滴定曲线与图 5 - 1 中的曲线基本吻合。

（3）化学计量点时的溶液 pH 大于 7，呈碱性。这是由于 NaAc 的水解造成的。

（4）滴定突跃范围变窄，pH 为 7.75 ~ 9.70，pH 仅相差约 2 个单位，比图 5 - 1 中的 5.4 个 pH 单位窄得多。此时不能用甲基橙，而必须选用在碱性区域变色的指示剂，如酚酞等。

在弱酸的滴定中，突跃范围的大小除了与溶液浓度有关外，还与弱酸的强度有关。用 0.1000mol/L NaOH 标准溶液滴定 20.00ml 0.1000mol/L 不同强度的一元酸时，其滴定曲线如图 5 - 4 所示。

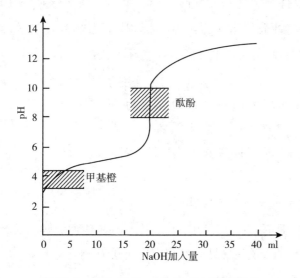

图 5 - 3 用 0.1000mol/L NaOH 溶液滴定
0.1000mol/L HAc 溶液的滴定曲线

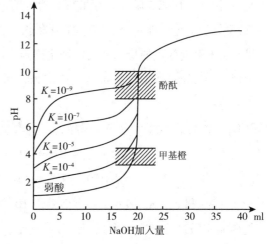

图 5 - 4 用 0.1000mol/L NaOH 溶液滴定
不同强度酸溶液的滴定曲线

从图 5-4 中可以看出，当酸的浓度一定时，K_a 值越大，滴定突跃范围也越宽。当 $K_a < 10^{-9}$ 时，已经没有明显的滴定突跃了，无法利用一般的指示剂来指示滴定终点。

实践证明，要使人眼能借助指示剂的变色来判断滴定终点，滴定突跃范围至少要 0.3 个 pH 单位。若要使分析结果的相对误差 <0.1%，只有当弱酸的 $c_a \cdot K_a \geqslant 10^{-8}$ 时，才能用强碱滴定液直接准确地进行滴定。例如，阿司匹林为芳酸酯类结构，在溶液中离解出 H^+，其 pK_a 为 3.49，故可用 NaOH 滴定液直接滴定，用酚酞作指示剂。

即学即练 5-2

酸碱滴定曲线的滴定突跃范围与下列哪些因素有关?

A. 酸碱的浓度　　　　B. 酸碱的强度　　　　C. 指示剂　　　　D. 滴定程序

答案解析

若用强酸滴定弱碱，滴定曲线的形状与强碱滴定弱酸时基本相似，仅 pH 变化方向相反，突跃范围的大小取决于弱碱的强度和浓度。例如用 0.1000mol/L HCl 标准溶液滴定 20.00ml 0.1000mol/L $NH_3 \cdot H_2O$ 溶液，其滴定曲线见图 5-5。计量点时生成铵盐，水解后呈弱酸性，突跃范围在酸性区域（pH 4.30 ~ 6.30）。因此只能选择酸性区域变色的指示剂，如甲基红、甲基橙等来指示滴定终点。

同理，只有弱碱的 $c_b \cdot K_b \geqslant 10^{-8}$ 时，才能用强酸滴定液直接准确地进行滴定。

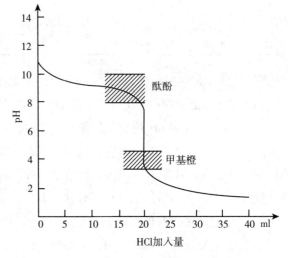

图 5-5　用 0.1000mol/L HCl 溶液滴定 0.1000mol/L $NH_3 \cdot H_2O$ 溶液的滴定曲线

三、多元弱酸（碱）的滴定

多元弱酸（碱）在溶液中存在分步解离平衡，每一级解离产生的 H^+ 或 OH^- 被直接准确滴定的条件与上述一元弱酸（碱）相同，即 $c_a \cdot K_a \geqslant 10^{-8}$ 或 $c_b \cdot K_b \geqslant 10^{-8}$。在此基础上，如果相邻两级的解离平衡常数之比 $\geqslant 10^4$ 时，则这两级解离产生的 H^+ 或 OH^- 能被分步滴定，即整个滴定过程中将产生两个独立的滴定突跃。在实际工作中，选择在每一步化学计量点 pH 附近变色的指示剂指示滴定终点。

下面以 0.1000mol/L HCl 标准溶液滴定 20.00ml 0.1000mol/L Na_2CO_3 溶液为例，来分析其滴定曲线及指示剂的选择。

Na_2CO_3 是碳酸的钠盐，为二元弱酸，水溶液呈碱性。其两级解离平衡常数分别为：

$$CO_3^{2-} + H^+ \rightleftharpoons HCO_3^- \qquad K_{b1} = 1.79 \times 10^{-4}$$

$$HCO_3^- + H^+ \rightleftharpoons H_2CO_3 \qquad K_{b2} = 2.38 \times 10^{-8}$$

由于 $c_b \cdot K_{b1}$ 和 $c_b \cdot K_{b2}$ 都大于或近似等于 10^{-8}，且 K_{b1}/K_{b2} 约等于 10^4，因此 Na_2CO_3 两级解离的碱不仅能被盐酸滴定液准确滴定，而且还能分步滴定，有两个滴定突跃。其滴定反应式为：

$$HCl + Na_2CO_3 \longrightarrow NaHCO_3 + NaCl$$

$$HCl + NaHCO_3 \longrightarrow CO_2 \uparrow + H_2O + NaCl$$

其滴定曲线如图5-6所示。

当达到第一化学计量点时，Na_2CO_3 全部反应生成 $NaHCO_3$，其溶液的pH为8.31，可以选择碱性区域变色的指示剂，如酚酞，也可选择甲酚红和百里酚酞混合指示剂来指示滴定终点。

当达到第二化学计量点时，$NaHCO_3$ 全部反应生成 CO_2 和 H_2O，其溶液为碳酸的饱和溶液，浓度约为 0.04mol/L，pH为3.89，可以选择酸性区域变色的指示剂来指示滴定终点，如甲基橙、溴酚蓝。

值得注意的是，滴定接近第二化学计量点时，为防止形成 CO_2 的过饱和溶液，使溶液的酸度稍有增大，终点过早出现。因此，滴定至终点附近时，应剧烈摇动或煮沸溶液，以加速分解 H_2CO_3，除去 CO_2，使终点明显。

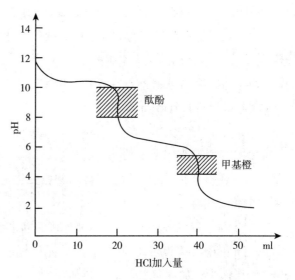

图5-6 用 0.1000mol/L HCl 溶液滴定
0.1000mol/L Na_2CO_3 溶液的滴定曲线

知识链接

混合碱的分析

药用氢氧化钠在放置过程中，易吸收空气中的 CO_2 使部分 NaOH 变成 Na_2CO_3，形成 NaOH 和 Na_2CO_3 的混合物。用双指示剂法可以很方便地来测定它们的含量。

准确称取试样 m_s(g)，加适量水溶解后，以酚酞为指示剂，用浓度为 c 的 HCl 标准溶液滴定至红色刚刚消失，记下消耗的 HCl 标准溶液的体积 V_1(ml)。这时 NaOH 全部被中和，而 Na_2CO_3 则中和至 $NaHCO_3$。然后加入甲基橙指示剂，继续用 HCl 标准溶液滴定至溶液由黄色变为橙色，记下又用去的 HCl 标准溶液的体积 V_2(ml)。因为 Na_2CO_3 被中和至 $NaHCO_3$ 和 $NaHCO_3$ 被中和至 H_2CO_3，所消耗的 HCl 标准溶液的体积是相等的，所以可以分析出 HCl 标准溶液消耗在 Na_2CO_3 上的体积为 $2V_2$，而消耗在 NaOH 上的体积为 $(V_1 - V_2)$。其含量的计算公式为：

$$样品中碳酸钠百分含量 = \frac{c \times V_2 \times M_{Na_2CO_3} \times 10^{-3}}{S_{样品}} \times 100\%$$

$$样品中氢氧化钠百分含量 = \frac{c \times (V_1 - V_2) \times M_{NaOH} \times 10^{-3}}{S_{样品}} \times 100\%$$

第三节 酸碱滴定法的应用

一、盐酸标准溶液的配制与标定

1. 盐酸标准溶液的配制 在滴定分析法中常用盐酸标准溶液作为滴定液，其浓度一般在 0.1mol/L 左右。盐酸价格低廉，易于得到，稀盐酸性质相对稳定，因此用得较多。浓盐酸易挥发，其浓度不准确，故用间接法配制盐酸标准溶液，再用基准物质标定，确定其准确浓度。

市售浓盐酸浓度约12mol/L，在配制过程中，浓盐酸会挥发出有毒的 HCl 气体，最好在通风橱中进行，将量好的浓盐酸注入盛有一定量蒸馏水的烧杯中，再定容，转移至试剂瓶，贴标签。

2. 盐酸标准溶液的标定 标定酸溶液的基准物质有无水碳酸钠（Na_2CO_3）和硼砂（$Na_2B_4O_7 \cdot 10H_2O$），其中最常用的是无水碳酸钠。

标定前，应将无水碳酸钠在 270～300℃高温炉中灼烧至恒重，然后放干燥器中冷却备用。采用无水 Na_2CO_3 为基准物质来标定时，滴定反应为

$$Na_2CO_3 + 2HCl \Longrightarrow 2NaCl + H_2O + CO_2 \uparrow$$

达到化学计量点时溶液的 pH 为 3.9，可用甲基橙、甲基红和溴甲酚绿 – 甲基红等指示终点，若以甲基橙或甲基红作指示剂，滴定终点的颜色变化是由黄色至橙色。若以溴甲酚绿 – 甲基红为指示剂，终点颜色变化是由绿色至暗红色。

标定方法：准确称取 1.1～1.3g（准确至 0.1mg）无水 Na_2CO_3 一份，置于小烧杯中，加蒸馏水溶解，溶解后定量转移至 250ml 容量瓶中，稀释至标线，摇匀，备用。准确移取 25.00ml Na_2CO_3 溶液置于 250ml 锥形瓶中，加蒸馏水 25ml，再加 2 滴甲基橙指示剂，用 0.1mol/L 的 HCl 溶液缓慢滴定至由黄色变为橙色，记录所消耗 HCl 溶液的体积。

按下式计算 HCl 标准溶液的浓度：

$$c_{HCl} = \frac{2m_{Na_2CO_3} \times \dfrac{25.00}{250.0}}{M_{Na_2CO_3} V_{HCl} \times 10^{-3}}$$

式中，浓度单位为 mol/L，质量单位为 g，体积单位为 ml。

由于硼砂易风化失去结晶水，故不能存放于盛有干燥剂的干燥器内，应存放在湿度为 60% 密闭容器中，实验室常采用在干燥器底部装入食盐和蔗糖的饱和水溶液。硼砂标定盐酸的滴定反应为：

$$Na_2B_4O_7 \cdot 10H_2O + 2HCl \Longrightarrow 4H_3BO_3 + 2NaCl + 5H_2O$$

与盐酸反应化学计量点 pH = 5.1，可选指示剂甲基红等，终点时溶液颜色由黄变红，变色较为明显。

盐酸滴定液的浓度一般为 0.1mol/L，要使消耗盐酸的体积在 20～30ml，根据滴定反应可计算出称取的碳酸钠质量为 0.11～0.16g，或者硼砂质量为 0.38～0.57g，由于碳酸钠摩尔质量较小，故称量误差较大，通常采用大份即稀释法标定，选用硼砂作基准物质时，采用小份标定。但硼砂价格高于碳酸钠。

二、氢氧化钠标准溶液的配制与标定

1. 氢氧化钠标准溶液的配制 由于 NaOH 在空气中易潮解，易与空气中 CO_2 反应，故不能用直接法配制标准溶液，只能用间接法配制。

一般先将市售的氢氧化钠制备成饱和溶液，如称取 NaOH 110g，溶于 100ml 无 CO_2 的蒸馏水中，冷却，于聚乙烯瓶中贮存，放置至澄清。在饱和溶液中，碳酸钠不溶解，吸取一定量的上层清液，用无 CO_2 的蒸馏水稀释定容。如要配制 1L 0.1mol/L 的 NaOH 溶液，需要吸取 5.4ml 上述澄清饱和 NaOH 溶液。

2. 氢氧化钠标准溶液的标定 标定 NaOH 溶液的基准物质有邻苯二甲酸氢钾（$C_6H_4COOHCOOK$，简写 KHP）和草酸（$H_2C_2O_4 \cdot 2H_2O$），也可用酸标准溶液进行标定。

邻苯二甲酸氢钾容易制得纯品，不含结晶水，在空气中性质稳定，摩尔质量大，是较好的基准物质。使用前应在 105～110℃ 干燥 2～3h。标定反应如下：

$$C_6H_4COOHCOOK + NaOH \Longrightarrow H_2O + C_6H_4COONaCOOK$$

化学计量点时，溶液 pH 约为 9.1，可用酚酞作指示剂。以氢氧化钠标准溶液滴定邻苯二甲酸氢钾溶液，终点时颜色变化由无色至浅红色，且 30 秒内不褪色。根据 KHP 的质量及消耗 NaOH 溶液的体积，可计算出 NaOH 溶液的准确浓度。

标定方法：用电子天平准确称量 KHP 0.4～0.6g 置于锥形瓶中，加约 50ml 水溶解完全，加入 2 滴酚酞指示剂，用待标定的 0.1mol/L 的 NaOH 溶液滴定至颜色由无色至淡红色，并在 30s 内不褪色，记录耗用 NaOH 的体积。

根据下式计算 NaOH 标准溶液浓度：

$$c_{NaOH} = \frac{m_{KHP} \times 1000}{M_{KHP} V_{NaOH}} \qquad (5-2)$$

式中，浓度单位为 mol/L，质量单位为 g，体积单位为 ml。

草酸（$H_2C_2O_4 \cdot 2H_2O$）易提纯，稳定性好，也常用来标定 NaOH 溶液。标定反应如下：

$$H_2C_2O_4 + 2NaOH =\!=\!= Na_2C_2O_4 + 2H_2O$$

化学计量点时，溶液呈弱碱性，可选用酚酞指示剂。终点颜色变化是由无色至浅红色，并且 30 秒内不褪色。

三、硼酸含量测定

（一）原理

硼酸酸性较弱（$K_{a1} = 7.3 \times 10^{-10}$），不能直接被酸碱滴定，加入甘露醇（也可用其他多元醇）后，能与硼酸生成较强的配合酸（与甘露醇生成的配合酸 $K_{a1} = 5.5 \times 10^{-5}$），从而能被碱液直接滴定。由于是强碱滴定弱酸，化学计量点在碱性范围内，故以酚酞为指示剂，滴定至显粉红色为终点。

（二）操作记录、数据处理及结果、结论

1. 天平型号　SQP　Quintix 224-1CN　编号：××

精密称取本品① 0.1022g② 0.1058g 置 150ml 锥形瓶中，加 20% 的中性甘露醇溶液（对酚酞指示液显中性）25ml，微温使溶解，迅速放冷，加酚酞指示液 3 滴，用氢氧化钠滴定液（0.1mol/L）滴定。每 1ml 氢氧化钠滴定液（0.1mol/L）相当于 6.183mg 的 H_3BO_3。（样品的干燥失重为 0.12%）

2. 滴定度　每 1ml 氢氧化钠滴定液（0.1mol/L）相当于 6.183mg 的 H_3BO_3。

3. 消耗氢氧化钠滴定液（0.1012mol/L）的总体积

供试品①16.28ml　　②16.80ml　　　　滴定管校正值 +0.02

计算

①样品硼酸的百分含量 $= \dfrac{VTF}{S_{样品}} \times 100\% = \dfrac{16.30 \times 6.183 \times 10^{-3} \times \dfrac{0.1012}{0.1}}{0.1022 \times (1-0.12\%)} \times 100\% = 99.92\%$

②样品硼酸的百分含量 $= \dfrac{VTF}{S_{样品}} \times 100\% = \dfrac{16.82 \times 6.183 \times 10^{-3} \times \dfrac{0.1012}{0.1}}{0.1058 \times (1-0.12\%)} \times 100\% = 99.60\%$

平均值：99.76%；修约为 99.8%。

标准规定：本品按干燥品计算，含 H_3BO_3 不少于 99.5%。

结论：本品含硼酸（H_3BO_3）为 99.8%，符合规定。

四、鱼石脂软膏含量测定

（一）原理

本品为磺酸铵盐，加水溶解后，加石蜡和过量氢氧化钠溶液进行蒸馏，氨随馏液导入盐酸液中，加甲基红指示液，用氢氧化钠液滴定剩余的酸。同时作空白试验校正。

加石蜡的目的是消除在蒸馏氨时的发泡，从而避免氢氧化钠带入盐酸中。

（二）操作记录、数据处理及结果、结论

1. 天平型号 SQP Quintix 224－1CN 编号：××

精密称取本品①4.0112g②3.9985g置150ml锥形瓶中，加沸水约20ml，水浴加热10分钟，时时搅拌，放冷至室温，置冰箱冷却至上层凝结，取出后用装有脱脂棉的漏斗过滤，收集滤液置100ml量瓶中，凝结部分加适量沸水后重复以上操作，至水层几乎无色，合并滤液，用水稀释至刻度，摇匀。精密量取50ml，加石蜡1.5g和氢氧化钠溶液（5mol/L）10ml，蒸馏。精密量取盐酸滴定液（0.1mol/L）10ml置锥形瓶中，收集约25ml馏出液，加甲基红指示液2滴，用氢氧化钠滴定液（0.1mol/L）滴定至溶液自粉红色变为黄色，并将滴定的结果用空白试验校正。

2. 滴定度 每1ml盐酸滴定液（0.1mol/L）相当于1.703mg的NH_3。每1ml盐酸滴定液（0.1mol/L）相当于1ml氢氧化钠滴定液（0.1mol/L），所以每1ml氢氧化钠滴定液（0.1mol/L）相当于1.703mg的NH_3。

3. 消耗氢氧化钠滴定液（0.1012mol/L）的总体积

空白①10.02ml ②10.04ml 滴定管校正值+0.01

平均10.03ml，实际体积为10.03＋0.01＝10.04ml

供试品①6.92ml ②6.90ml 滴定管校正值+0.01

$$①鱼石脂软膏中氨百分含量 = \frac{(10.04-6.93) \times 1.703 \times 10^{-3} \times \dfrac{0.1012}{2 \times 0.05}}{4.0112 \times \dfrac{50.00}{100.0}} \times 100\% = 0.267\%$$

$$②鱼石脂软膏中氨百分含量 = \frac{(10.04-6.91) \times 1.703 \times 10^{-3} \times \dfrac{0.1012}{2 \times 0.5}}{3.9985 \times \dfrac{50.00}{100}} \times 100\% = 0.270\%$$

平均值：0.268%；修约为0.27%。

标准规定：本品含鱼石脂按氨（NH_3）计不得少于0.25%。

结论：本品含鱼石脂按氨（NH_3）计为0.27%，符合规定。

第四节 非水酸碱滴定法简介

酸碱滴定一般是在水溶液中进行的，但存在着一定的局限性：

1. 许多弱酸弱碱，当$c_a \cdot K_a < 10^{-8}$或$c_b \cdot K_b < 10^{-8}$时，不能准确滴定；

2. 有些有机酸或有机碱在水中的溶解度较小，使滴定无法进行。

若以非水溶剂（有机溶剂和不含水的无机溶剂）作为滴定介质，不仅能增大有机化合物的溶解度，而且能改变弱酸弱碱的解离强度，使在水中不能进行滴定反应的物质，在非水溶剂中能够顺利进行，从

而扩大了酸碱滴定分析法的应用范围。

非水滴定除溶剂比较特殊外，也具有一般滴定分析法的优点，如准确、快速、设备简单等。该方法可用于酸碱滴定、氧化还原滴定、配位滴定和沉淀滴定，在药物分析中应用最为广泛。常用非水酸碱滴定法测定有机碱及其氢卤酸盐、有机酸盐、有机酸碱金属盐类药物的含量。同时也用于测定某些有机弱酸药物的含量。

一、非水溶剂

（一）溶剂的分类

按质子酸碱理论，非水溶剂可以分为质子溶剂和无质子溶剂两大类。

1. 质子溶剂 凡是能给出或接受质子的溶剂称为质子溶剂。根据其接受质子能力的大小，又可以分为酸性溶剂、碱性溶剂和两性溶剂三种。

酸性溶剂是指给出质子能力较强的溶剂。例如冰醋酸、丙酸等，适合作为滴定弱碱性物质的介质。

碱性溶剂是指接受质子能力较强的溶剂。例如乙二胺、乙醇胺等，适合作为滴定弱酸性物质的介质。

两性溶剂是指既能接受质子、又能给出质子的溶剂。其酸碱性与水相似，并能在溶剂分子间发生质子自递反应。例如甲醇、乙醇、异丙醇等，主要用作滴定不太弱的酸或碱的溶剂。

2. 无质子溶剂 相同分子间不能发生质子自递反应的溶剂称为无质子溶剂。根据接受质子能力的不同，可以分为偶极亲质子性溶剂和惰性溶剂两种。

偶极亲质子性溶剂分子中没有可给出的质子，但却有较弱的接受质子倾向和形成氢键的能力。例如酮类、酰胺类、吡啶类等，具有一定碱性却无酸性，适合作为弱酸的滴定介质。

惰性溶剂是指既不能给出质子又不能接受质子，不参与酸碱反应的溶剂。例如苯、四氯化碳、三氯甲烷等，能起溶解、分散和稀释溶质的作用。

将质子溶剂和惰性溶剂混合使用，即称混合溶剂。混合溶剂可使样品易于溶解，增大滴定突跃，并使指示剂的终点变色更敏锐。常见的混合溶剂有：由二醇类与烃类或卤代烃组成的溶剂，用于溶解有机酸盐、生物碱和高分子化合物；冰醋酸－醋酐、冰醋酸－苯混合溶剂，用于弱碱性物质的滴定；苯－甲醇混合溶剂，可用于羧酸类物质的滴定。

即学即练 5-3

下列哪种溶剂不属于质子溶剂？

答案解析

A. 冰醋酸　　　B. 甲醇　　　C. 乙二胺　　　D. 三氯甲烷

（二）质子溶剂的性质

当溶质溶解于溶剂中，其酸碱性都将受到溶剂的酸碱性、离解性和极性等因素的影响。因此，了解溶剂的性质有助于选择适当溶剂，达到增大滴定突跃和改变溶质酸碱性的目的。

1. 溶剂的酸碱性 溶剂的酸碱性可以影响溶质的酸性强度。实践证明：酸在溶剂中的表观酸强度，取决于酸的自身酸度和溶剂的碱度。同理，碱在溶剂中的表观碱强度，取决于碱的自身碱度和溶剂的酸度。例如硝酸在水溶液中给出质子能力较强，即表现出强酸性，而醋酸在水溶液中给出质子能力较弱，而表现出弱酸性。若将硝酸溶于冰醋酸中，由于 HAc 的酸性比 H_2O 强，即 Ac^- 的接受质子的能力比

OH⁻弱，导致硝酸在冰醋酸溶液中给出质子的能力比在水中弱，而表现出弱酸性。

因此，一种酸（碱）在溶液中的酸（碱）性强弱，不仅与酸（碱）本身给出（接受）质子能力大小有关，还与溶剂接受（给出）质子能力有关。即酸碱的强度具有相对性。弱酸溶解于碱性溶剂中，可以增强其酸性；弱碱溶解于酸性溶剂中，可以增强其碱性。非水酸碱滴定法就是根据此原理，通过选择不同酸碱性的溶剂，达到增强溶质酸碱强度的目的。例如碱性很弱的胺类，在水中难以进行滴定，若改用冰醋酸作溶剂，则使胺的碱性增强，可以用高氯酸的冰醋酸溶液进行滴定。

2. 溶剂的离解性　常用的非水溶剂中，只有惰性溶剂不能离解，其他溶剂均有不同程度的离解。它们与水一样，能发生质子自递反应，即一分子作酸，另一分子作碱，质子的传递是在同一种溶剂分子之间进行。若以 SH 表示质子性溶剂，则溶剂间发生的质子自递反应为：$SH + SH \rightleftharpoons SH_2^+ + S^-$

$$K_S = \frac{[SH_2^+][S^-]}{[SH]^2} \tag{5-3}$$

式中，K_S 为溶剂的自身离解常数，也称质子自递常数。

在一定温度下，不同溶剂因离解程度不同而具有不同的质子自递常数。几种常见溶剂的 pK_S 见表 5-4。

表 5-4　几种常见溶剂的质子自递常数（pK_S）和介电常数（25℃）

溶剂	pK_S	介电常数
水	14.0	78.5
甲醇	16.7	31.5
乙醇	19.1	24.0
冰醋酸	14.45	6.13
醋酐	14.5	20.5
乙二胺	15.3	14.2
乙腈	28.5	36.6
吡啶	—	12.3
苯	—	2.3
三氯甲烷	—	4.81

溶剂质子自递常数的大小对酸碱滴定突跃范围的改变有一定影响。例如，以乙醇（$pK_S = 19.1$）和水（$pK_S = 14.0$）分别作为强碱滴定同一强酸的滴定介质。在以水为介质的溶液中滴定，其滴定突跃只有 5.4 个 pH 单位的变化，而在以乙醇为介质的溶液中滴定，其滴定突跃有 10.5 个单位的变化。由此可见，溶剂的自身离解常数越小，滴定突跃范围越大，表明反应进行更完全。因此，原来在水中不能滴定的酸碱，在乙醇中有可能被滴定。

3. 溶剂的极性　溶剂的极性与介电常数（ε）有关，不同的溶剂其介电常数不同，如表 6-5 所示。极性强的溶剂，其介电常数较大。

极性强的溶剂，介电常数大，对离子对的作用就越大，有利于离子对的离解；极性弱的溶剂，介电常数小，对离子对的作用也就越小，溶质分子较难发生离解。因此，同一溶质，在极性不同的溶剂中，因离解的难易程度不同而表现出不同的酸碱度。例如，醋酸在水中的酸度比在乙醇中大。

4. 均化效应和区分效应　实验证明：$HClO_4$、H_2SO_4、HCl、HNO_3 的自身酸强度是有差别的，其强度顺序为：$HClO_4 > H_2SO_4 > HCl > HNO_3$。但在水溶液中，它们的酸强度几乎相同，均属强酸。它们在水溶液中存在如下平衡：

$$HClO_4 + H_2O \rightleftharpoons H_3O^+ + ClO_4^-$$

$$H_2SO_4 + H_2O \rightleftharpoons H_3O^+ + HSO_4^-$$

$$HCl + H_2O \rightleftharpoons H_3O^+ + Cl^-$$

$$HNO_3 + H_2O \rightleftharpoons H_3O^+ + NO_3^-$$

上述反应进行得十分完全，它们溶于水后，其固有的酸强度就显示不出来了，都被拉平为水合质子（H_3O^+）的强度水平。这种将各种不同强度的酸均化到溶剂合质子水平，使其酸强度相等的效应，称为均化效应。具有均化效应的溶剂称为均化性溶剂。水是上述四种酸的均化性溶剂。在水中能够存在的最强酸的形式是 H_3O^+，最强碱的形式是 OH^-。

若将上述四种酸分别溶解在冰醋酸溶剂中，由于冰醋酸接受质子的能力比水弱，它们就不能将其质子全部转移给冰醋酸，并且在程度上有差别。

$$HClO_4 + HAc \rightleftharpoons H_2Ac^+ + ClO_4^- \qquad pK_a = 5.8$$

$$H_2SO_4 + HAc \rightleftharpoons H_2Ac^+ + HSO_4^- \qquad pK_a = 8.2$$

$$HCl + HAc \rightleftharpoons H_2Ac^+ + Cl^- \qquad pK_a = 8.8$$

$$HNO_3 + HAc \rightleftharpoons H_2Ac^+ + NO_3^- \qquad pK_a = 9.4$$

从 pK_a 可以看出，这四种酸的强度从上到下依次减弱。这种能区分酸（碱）强弱的效应，称为区分效应。具有区分效应的溶剂称为区分性溶剂。冰醋酸是上述四种酸的区分性溶剂。

溶剂的均化效应和区分效应，实质是溶剂与溶质之间发生质子转移的强弱的结果。一般来说，酸性溶剂是碱的均化性溶剂，而是酸的区分性溶剂；碱性溶剂是酸的均化性溶剂，而是碱的区分性溶剂。例如，HAc 是 $HClO_4$、H_2SO_4、HCl、HNO_3 的区分性溶剂，是乙胺、乙二胺的均化性溶剂。

在非水滴定中，经常利用均化效应来测定混合酸（碱）的总量，利用区分效应来测定混合酸（碱）中各组分的含量。

二、滴定条件的选择

（一）碱的测定

1. 溶剂的选择 利用改变溶剂来提高弱酸弱碱的强度是非水酸碱滴定法的基本原理。滴定弱碱通常选用酸性溶剂，以增强弱碱的强度，使滴定突跃更加明显。同时选择溶剂还应考虑以下几个原则：

①溶剂能完全溶解样品及滴定产物，一种溶剂不能溶解时，可采用混合溶剂；

②溶剂不能引起副反应；

③溶剂的纯度要高（不含水分）；

④溶剂应安全、价廉、黏度小、挥发性低，并易于回收和精制等。

冰醋酸提供质子的能力较强，性质稳定，是滴定弱碱的理想溶剂。但市售的一级或二级冰醋酸都含有少量的水分，而水分是非水滴定中的干扰杂质，影响滴定，因此在使用时必须除去水分。通常加入一定量的醋酐，使之与水反应变成醋酸。反应式如下：

$$(CH_3CO)_2O + H_2O \rightleftharpoons 2CH_3COOH$$

从反应式可知，醋酐与水是等物质的量反应，可根据等物质的量原则，计算加入醋酐的量。

2. 滴定液 在冰醋酸溶剂中，只有高氯酸的酸性最强，且绝大多数有机碱的高氯酸盐易溶于有机溶剂，对滴定有利，因此常用高氯酸是冰醋酸溶液作为滴定弱碱的滴定液。

市售的高氯酸通常为含 $HClO_4$ 70.0% ~72.0% 的水溶液，相对密度为 1.75。为除去水分，应加入适量的醋酐。高氯酸与有机物接触、遇热易引起爆炸，和醋酐混合会发生剧烈反应，并放出大量的热。因此在配制高氯酸的冰醋酸溶液时，不能把醋酐直接加到高氯酸溶液中，应先用无水冰醋酸将高氯酸稀释后，在不断搅拌下缓缓加入适量的醋酐。测定一般样品时，醋酐稍微过量不影响测定结果。若所测样品为芳香伯胺或芳香仲胺，醋酐过量会导致酰化反应发生，使测定结果偏低。

高氯酸标准溶液浓度的标定，常用邻苯二甲酸氢钾为基准物质，以结晶紫为指示剂。其滴定反应式如下：

水的膨胀系数较小，而冰醋酸等有机溶剂的膨胀系数较大，以有机溶剂为介质的滴定液的体积随温度变化较大。《中国药典》规定若高氯酸的冰醋酸溶液滴定样品和标定时的温度超过 10℃，应重新标定，未超过 10℃，可按照下式将标准溶液的浓度加以校正：

$$c_1 = \frac{c_0}{1 + 0.0011(t_1 - t_0)}$$

式中，t_0、c_0 为标定时的温度和浓度；t_1、c_1 为测定样品时的温度和浓度；0.0011 为冰醋酸的膨胀系数。

在非水溶剂中进行标定时，还需同时对滴定结果做空白试验校正。

3. 指示剂 在非水酸碱滴定中，对弱碱的滴定常用结晶紫、喹哪啶红及 α - 萘酚苯甲醇作指示剂。其中最常用的是结晶紫。其酸式色为黄色，碱式色为紫色。在不同的酸度下变色较为复杂，由碱区到酸区的颜色变化为：紫、蓝紫、蓝、蓝绿、绿、黄绿、黄。在滴定不同强度的碱时，终点颜色不同。滴定较强的碱，以蓝色或蓝绿色为终点；滴定较弱的碱，以蓝绿色或绿色为终点，并做空白试验以减少终点误差。

目前，在非水酸碱滴定中，除用指示剂指示终点外，还可用电位滴定法确定终点。

4. 应用 在《中国药典》中，采用高氯酸滴定液测定碱性药物的实例较多，主要有以下几类：

（1）有机弱碱类 在水溶液中有机弱碱（如胺类、生物碱类等）$K_b > 10^{-10}$，都能在冰醋酸介质中选用合适的指示剂，用高氯酸标准溶液进行滴定。若是滴定 $K_b < 10^{-12}$ 的极弱酸，则需选择一定比例的冰醋酸 - 醋酐的混合溶液为溶剂，加入适宜的指示剂，用高氯酸标准溶液滴定，例如咖啡因的测定。

（2）有机酸的碱金属盐 由于有机酸的酸性较弱，其共轭碱在冰醋酸中显较强的碱性，故可用高氯酸的冰醋酸溶液滴定。例如，邻苯二甲酸氢钾、苯甲酸钠、水杨酸钠、乳酸钠、枸橼酸钠等属于此类。

（3）有机碱的氢卤酸盐 因生物碱类药物难溶于水，且不稳定，常以氢卤酸盐的形式存在。由于氢卤酸在冰醋酸溶液中呈较强的酸性，使反应不能进行完全，需加入 $Hg(Ac)_2$ 使形成难电离的卤化汞，而生物碱以醋酸盐的形式存在，即可用高氯酸标准溶液滴定。此类型滴定在药物分析中应用较广泛。

（4）有机碱的有机酸盐 此类盐在冰醋酸或冰醋酸 - 醋酐的混合溶剂中碱性增强。因此可用高氯酸的冰醋酸溶液滴定，以结晶紫为指示剂。属于此类的药物有枸橼酸维静宁、重酒石酸去甲肾上腺素等。

（二）酸的测定

测定不太弱的酸时，可用醇类作溶剂；测定弱酸和极弱酸时，可用碱性溶剂乙二胺或无质子亲质子性溶剂二甲基甲酰胺作溶剂；测定混合酸时，可选用甲基异丁酮作为区分性溶剂。也常常使用混合溶剂如甲醇 – 苯、甲醇 – 丙酮等。

测定有机酸常用的滴定液是甲醇钠的甲醇溶液。甲醇钠是由甲醇和金属钠反应制得，其浓度的确定常用苯甲酸作基准物质来标定。指示剂可以选择百里酚蓝、偶氮紫和溴酚蓝等。

📝 实践实训

实训四　盐酸滴定液的配制与标定

【实训内容】

1. 间接法配制盐酸滴定液。
2. 基准物质标定法标定盐酸滴定液。

【实训目的】

1. 掌握盐酸滴定液的配制与标定的方法。
2. 熟悉滴定管的使用和操作方法。
3. 了解甲基橙指示剂判断滴定终点。

【实训原理】

盐酸滴定液的配制只能用间接配制法。先将浓盐酸稀释至 0.1mol/L，再用无水 Na_2CO_3 作基准物质来标定其准确浓度。无水 Na_2CO_3 应在标定前置于 270 ~ 300℃ 的干燥箱内加热，除去 $NaHCO_3$ 和水。Na_2CO_3 可以看成二元碱，其两级离解常数均大于或近似等于 10^{-8}，因此可以用盐酸滴定液直接滴定。反应式为：

$$2HCl + Na_2CO_3 == 2NaCl + CO_2 \uparrow + H_2O$$

当反应达到第二计量点时，溶液为碳酸饱和溶液，pH 为 3.89。可选用甲基橙作指示剂来指示滴定终点。但滴定至终点附近时，应剧烈摇动或煮沸溶液，以加速分解 H_2CO_3，除去 CO_2，使终点变化更加明显。

盐酸滴定液的浓度计算公式为：

$$c_{HCl} = \frac{2m_{Na_2CO_3} \times 1000}{M_{Na_2CO_3} V_{HCl}}$$

【实训仪器与试剂】

1. **仪器**　电子天平、称量瓶、酸式滴定管、玻璃棒、量筒（10ml）、锥形瓶（250ml）、试剂瓶（500ml）、烧杯（500ml）、铁架台、蝴蝶夹。

2. **试剂**　浓盐酸、基准 Na_2CO_3、甲基橙指示剂。

【实训步骤】

1. **0.1mol/L 盐酸滴定液的配制**　根据溶液稀释公式 $c_1 V_1 = c_2 V_2$，计算配制 0.1mol/L 盐酸溶液 500ml，需要取浓盐酸（12mol/L）的体积。

用量筒量取所需体积的浓盐酸，置于 500ml 烧杯中，再加纯化水稀释至 500ml，摇匀后转移至

500ml 试剂瓶中，贴上标签。

2. 0.1mol/L 盐酸滴定液的标定　用减量法精密称取干燥至恒重的基准 Na_2CO_3 四份，每份约 0.2g，分别置于 250ml 锥形瓶中，并在锥形瓶上标记 1、2、3、4 号。在锥形瓶中加入约 50ml 纯化水，将固体 Na_2CO_3 完全溶解后，加甲基橙指示剂 2～3 滴，用待标定的盐酸滴定液滴定至溶液由黄色变为橙色，停止滴定，将锥形瓶在水浴箱内加热至 90℃，溶液将变回黄色。冷却后继续滴定至溶液呈橙色，记录所消耗的盐酸滴定液的体积。平行测定 4 次。

注意事项

1. 量取纯化水应选量筒或量杯。

2. 浓盐酸有挥发性，在空气中溶液形成酸雾。

3. 每份应精密称取基准碳酸钠约 0.2g，保证消耗滴定液在 20ml 以上。

4. 滴定管需要用待标定的盐酸滴定液润洗 2～3 次，保证滴定管内溶液浓度与原浓度一致。

【数据的记录与处理】

年　　月　　日

实训序号	①	②	③	④
基准 Na_2CO_3 的质量（g）				
HCl 滴定液终读数（ml）				
HCl 滴定液初读数（ml）				
V_{HCl}（ml）				
HCl 滴定液的浓度（mol/L）				
HCl 滴定液的平均浓度（mol/L）				
相对平均偏差 $\overline{Rd}$（%）				

【实训结论】

计算公式：$c_{HCl} = \dfrac{m_{Na_2CO_3}}{M_{Na_2CO_3} \times V_{HCl} \times 10^{-3}}$

①$c =$

②$c =$

③$c =$

④$c =$

$\overline{c}_{HCl} =$

$\overline{Rd} =$

【实践思考】

1. 量取纯化水应选哪种量器？为什么？

2. 盐酸滴定液为什么不能采用直接配制法？

3. 每份应精密称取基准碳酸钠约 0.2g，为什么？如果称取基准碳酸钠的量过多或过少会导致什么问题？

4. 滴定管需要用待标定的盐酸滴定液润洗 2～3 次，这样做的目的是什么？否则会对实验结果造成什么影响？

5. 滴定近终点时应加热锥形瓶中的溶液，这样做的目的是什么？

【实训体会】

实训五　氢氧化钠滴定液的配制与标定

【实训内容】

1. 氢氧化钠滴定液的间接配制。

2. 邻苯二甲酸氢钾的称量。

3. 氢氧化钠滴定液的标定。

【实训目的】

1. 掌握 NaOH 滴定液的配制与标定的方法。

2. 熟悉酚酞指示剂判断滴定终点。

3. 了解标定氢氧化钠滴定液的原理。

【实训原理】

NaOH 极易吸收空气中的水和 CO_2，因此也只能采用间接配制法。由于 NaOH 易吸收 CO_2 而生成 Na_2CO_3，为除去 Na_2CO_3，通常将 NaOH 配成饱和溶液，Na_2CO_3 在 NaOH 饱和溶液中的溶解度很小，会沉淀在溶液底部。取上层清液稀释即可得纯净的 NaOH 溶液。

标定 NaOH 滴定液的基准物质有多种，常采用邻苯二甲酸氢钾。邻苯二甲酸氢钾为一元弱酸，其与 NaOH 的反应式为：

当达到化学计量点时，溶液呈碱性，pH 约为 9.1。可选用酚酞作指示剂来指示滴定终点。

NaOH 滴定液的浓度计算公式为：

$$c_{NaOH} = \frac{m_{KHP} \times 1000}{M_{KHP} V_{NaOH}}$$

【实训仪器与试剂】

1. 仪器　电子天平、托盘天平、称量瓶、碱式滴定管、玻棒、量筒（10ml）、锥形瓶（250ml）、试剂瓶（500ml）、烧杯（500ml）、铁架台、蝴蝶夹。

2. 试剂　氢氧化钠固体、基准邻苯二甲酸氢钾、酚酞指示剂等。

【实训步骤】

1. 0.1mol/L NaOH 滴定液的配制　用托盘天平称取固体 NaOH 约 120g，倒入装有 100ml 纯化水的烧杯中，搅拌使之溶解，即得到饱和 NaOH 溶液。

用量筒取饱和 NaOH 溶液 3ml，置于 500ml 烧杯中，再加纯化水稀释至 500ml，摇匀后转移至 500ml 试剂瓶中，贴上标签。

2. 0.1mol/L NaOH 滴定液的标定 用减量法精密称取干燥至恒重的邻苯二甲酸氢钾 4 份，每份约 0.5g，分别置于 250ml 锥形瓶中，并在锥形瓶上标记 1、2、3、4 号。在锥形瓶中加入约 50ml 纯化水，将固体基准物质完全溶解后，加酚酞指示剂 1~2 滴，用待标定的 NaOH 滴定液滴定至溶液由无色变为粉红色，并保持 30 秒不褪色，记录所消耗的 NaOH 滴定液的体积。平行测定 4 次。

注意事项

1. 不能用酸式滴定管盛装氢氧化钠滴定液，因为玻塞溶液被腐蚀。

2. 氢氧化钠易吸收空气中的二氧化碳，所以用间接法配制。

3. 每份应精密称取基准邻苯二甲酸氢钾约 0.2g，保证消耗滴定液在 20ml 以上。

4. 滴定管需要用待标定的氢氧化钠滴定液润洗 2~3 次，保证滴定管内溶液浓度与原浓度一致。

【数据的记录与处理】

年　月　日

实训序号	①	②	③	④
基准 $KHC_8H_4O_4$ 的质量（g）				
NaOH 滴定液终读数（ml）				
NaOH 滴定液初读数（ml）				
V_{NaOH}（ml）				
NaOH 滴定液的浓度（mol/L）				
NaOH 滴定液的平均浓度（mol/L）				
相对平均偏差 $\overline{Rd}$（%）				

【实训结论】

计算公式：$c_{NaOH} = \dfrac{m_{KHP} \times 1000}{M_{KHP} V_{NaOH}}$

①$c =$

②$c =$

③$c =$

④$c =$

$\overline{c}_{NaOH} =$

$\overline{Rd} =$

【实践思考】

1. 能否用酸式滴定管装 NaOH 溶液？为什么？

2. 滴定过程中溶液出现粉红色，且马上褪去，是否需要继续滴定？若滴定过程中溶液出现粉红色，放置一段时间后颜色褪去，是否还需要继续滴加滴定液？

【实训体会】

实训六 食用醋总酸度的测定

【实训内容】

1. 食用醋的取量。
2. 食用醋的滴定。

【实训目的】

1. 掌握食用醋中总酸量的测定原理和方法。
2. 熟悉有色食用醋除色的处理原理和过程。
3. 了解强碱滴定弱酸的基本原理及指示剂的选择原则。

【实训原理】

食用醋的主要成分是乙酸（CH_3COOH），俗称醋酸，其化学式常简写成 HAc，此外还含有少量的其他有机弱酸。有些醋还含有有色物质，会影响指示剂的颜色变化观察结果。当用 NaOH 滴定液滴定食用醋时，其中的酸性成分有乙酸和乳酸等。乙酸（$K_a = 1.76 \times 10^{-5}$）和乳酸（$K_a = 1.4 \times 10^{-4}$）的 $c_a K_a$ 均大于 10^{-8}，因此本法测定的是总酸量，但分析结果通常用乙酸来表示其含量。乙酸与氢氧化钠的化学反应式为：

$$CH_3COOH + NaOH === CH_3COONa + H_2O$$

乙酸与氢氧化钠的化学计量系数（物质的量）为 1 : 1，根据氢氧化钠滴定液消耗的体积和浓度，就可以计算出食用醋中以乙酸计数的百分含量，用 c、V 分别表示氢氧化钠滴定液的浓度（mol/L）和体积（ml）、M 表示乙酸分子化学式量、$S_{样品}$ 表示与滴定时对应的食用醋取量体积（ml）。

$$食用醋中乙酸百分含量 = \frac{m_{乙酸}}{S_{样品}} \times 100\% = \frac{c \times V \times 10^{-3} \times M}{S_{样品}} \times 100\%$$

由于这是强碱滴定弱酸，当达到化学计量点时生成乙酸钠，其溶液的 pH 约是 8.7，而我们常见的指示剂的 pK 值与之 pH ± 1 接近的为酚红、酚酞、百里酚蓝，所以本法选酚酞为指示剂，但在操作过程中要注意二氧化碳对本法所产生的滴定误差。对于液体样品含量测定，通常用移液管（吸量管）量取而不是称取质量，因此在结果表示时就是以 100ml 食用醋中乙酸的质量来表示的。

食用醋如果有颜色，会影响滴定终点颜色的观察引起误差，所以要经稀释或加入活性炭脱色后，再进行滴定。

测定含量用的食用醋必须是保质期内的产品。

【实训仪器与试剂】

1. **仪器** 碱式滴定管（50ml）、移液管（25ml）、容量瓶（250ml）、锥形瓶（250ml）、洗耳球、玻璃棒、铁架台、蝴蝶夹、烧杯、漏斗、中性滤纸。

2. **试剂** 0.1mol/L 氢氧化钠滴定液（要求实训前新标定）、KHP（邻苯二甲酸氢钾基准物质）、0.2% 酚酞乙醇溶液、活性炭、食用醋（白醋）样品。

【实训步骤】

1. 样品的处理　取适量食用醋加少许活性炭，搅拌均匀，用干燥中性滤纸过滤，至滤液无色。若食用醋为无色，则省略此步骤。用移液管（25ml）精密量取滤液 25.00ml，放入 250ml 容量瓶中，加新沸冷的纯化水稀释至刻度，摇匀，备用。

2. 操作内容　精密量取上述稀释液 25.00ml 置于 250ml 锥形瓶中，滴加 1～2 滴酚酞指示剂，用氢氧化钠滴定液滴定至微红色并在 30 秒内不褪色即为终点，记录消耗的体积。平行测定 2 份。（M_{CH_3COOH} = 60.05g/mol）

注意事项

1. 有色食用醋要先消色，采用活性炭。

2. 氢氧化钠滴定液滴定至终点应该是滴定至微红色并在 30 秒内不褪色即为终点。

3. 两份平行取量。

【数据记录和结果处理】

年　　月　　日

实训序号	①	②
氢氧化钠滴定液浓度 $c_{实际浓度}$		
NaOH 滴定液终读数（ml）		
NaOH 滴定液初读数（ml）		
V_{NaOH}（ml）		
食用醋中总酸度（%）		
食用醋中总酸度平均值		
食用醋中总酸度修约值		
相对平均偏差 $R\bar{d}$（%）		

【实训结论】

$$食用醋中乙酸百分含量 = \frac{m_{乙酸}}{S_{样品}} \times 100\% = \frac{c \times V \times 10^{-3} \times M}{S_{样品}} \times 100\%$$

①食用醋中乙酸百分含量 =

②食用醋中乙酸百分含量 =

食用醋中乙酸百分含量平均值：　　　　　　　　平均值的修约值：

n =　　　　　　　　　　　　　　　　　　　$R\bar{d}$ =

【实践思考】

1. 测定食用白醋时，为什么选用酚酞作为指示剂，指示剂能否选用甲基橙或甲基红？

2. 酚酞指示剂由无色变为红色时，待测溶液的 pH 约为多少？变红的溶液露置空气中后又会变为无色的原因是什么？

【实训体会】

实训七　乳酸钠注射液的测定

【实训内容】

1. 乳酸钠注射液的取样。

2. 高氯酸滴定乳酸钠注射液的操作。

【实训目的】

1. 掌握用非水酸碱滴定法测定乳酸钠注射液含量的方法。

2. 熟悉非水酸碱滴定法的操作方法。

3. 了解结晶紫指示剂判断滴定终点。

【实训原理】

乳酸钠（$C_3H_5NaO_3$）为有机酸盐，呈弱碱性。但其 $pK_b = 10.15$，不能用盐酸滴定液在水溶液中测定。用冰醋酸作溶剂可提高乳酸钠的碱性，因此乳酸钠注射液的测定需采用非水酸碱滴定法，在冰醋酸溶液中用高氯酸滴定液进行滴定。

取供试品置锥形瓶中，在105℃干燥1小时，除去水分，加冰醋酸与醋酐，加热使溶解，放冷，以结晶紫作指示液，用高氯酸滴定液（约0.1mol/L）滴定至溶液显蓝绿色。根据高氯酸滴定液的使用量，计算注射液中乳酸钠的含量。

乳酸钠注射液含量的计算公式为：

$$乳酸钠注射液百分含量 = \frac{c_{HClO_4} \times \left[V_{HClO_4(样品)} - V_{HClO_4(空白)} \right] \times 10^{-3} \times M_{乳酸钠}}{S_{样品}} \times 100\%$$

【实训仪器与试剂】

1. **仪器**　恒温干燥箱、酸式滴定管（10ml）、玻璃棒、吸量管（2ml）、洗耳球、锥形瓶（250ml）。

2. **试剂**　高氯酸滴定液、乳酸钠注射液、结晶紫指示液、冰醋酸、醋酐。

【实训步骤】

1. **样品的处理**　用吸量管（2ml）精密量取2份乳酸钠注射液样品，精密称定，每份2.00ml，分别置于锥形瓶中，在105℃干燥箱中干燥1小时，以除去水分。加冰醋酸15ml与醋酐2ml，加热使之完全溶解，冷却。

2. **含量的测定**　在上述装有样品的锥形瓶中加结晶紫指示液1滴，用高氯酸滴定液滴定至溶液显蓝绿色，记录消耗高氯酸滴定液的体积（ml）。另取干燥的锥形瓶，加入冰醋酸15ml与醋酐2ml，加结晶紫指示液1滴，用高氯酸滴定液滴定至溶液显蓝绿色，记录消耗高氯酸滴定液的体积（ml）。

> **注意事项**
>
> 1. 操作中所有器具保持相对无水，减少测量误差。
>
> 2. 待测样品有大量水分，先烘干。
>
> 3. 必须做空白试验以消除试剂和水产生的误差。
>
> 4. 操作时注意戴上医用手套，以免损伤皮肤。

【数据的记录与处理】

年　月　日

实训序号	①	②
注射液样品的体积（ml）		
HClO₄滴定液消耗体积（ml）		
HClO₄滴定液空白值（ml）		
HClO₄滴定液空白值（ml）平均值		
乳酸钠注射液实际消耗 V_{HClO_4}（ml）		
乳酸钠的含量（%）		
乳酸钠的平均含量（%）		
乳酸钠的平均含量（%）修约值		
相对平均偏差 $R\bar{d}$（%）		

【实训结论】

$$乳酸钠注射液百分含量 = \frac{c_{HClO_4} \times \left[V_{HClO_4(样品)} - V_{HClO_4(空白)} \right] \times 10^{-3} \times M_{乳酸钠}}{S_{样品}} \times 100\%$$

①乳酸钠注射液百分含量 =

②乳酸钠注射液百分含量 =

乳酸钠注射液百分含量平均值：　　　　　　　　平均值的修约值：

$n =$　　　　　　　　　　　　　　　　　　　　$R\bar{d} =$

【实训思考】

1. 为什么冰醋酸能提高乳酸钠的碱性？

2. 非水滴定操作时需要注意什么问题？

3. 为什么要先把注射液样品加热除去水分？

【实训体会】

目标检测

答案解析

一、选择题

（一）单项选择题

1. 已知下列各碱溶液的浓度均为0.1mol/L，哪种碱能用盐酸标准溶液直接滴定

　　A. 六次甲基四胺，$K_b = 1.5 \times 10^{-9}$　　　　B. 乙醇胺，$K_b = 2.4 \times 10^{-5}$

　　C. 联胺，$K_b = 3.5 \times 10^{-15}$　　　　　　　D. 苯胺，$K_b = 1.8 \times 10^{-10}$

2. 能用于酸碱滴定的反应应具备的条件中不包括

  A. 反应迅速   B. 反应完全

  C. 要有沉淀生成   D. 有合适的确定滴定终点的方法

3. 下列哪种固体物质不溶于水，需用酸来溶解

  A. 碳酸钠   B. 氢氧化钠   C. 氯化铵

  D. 氧化锌

4. 根据滴定突跃范围，用氢氧化钠滴定液滴定盐酸时，可选用下列哪种指示剂

  A. 甲基橙   B. 酚酞   C. 两者均可

  D. 两者均不可

5. 用 0.1mol/L 的盐酸滴定 0.1mol/L 的氢氧化钠溶液，当滴定至化学计量点时，溶液的 pH 为

  A. 7.0   B. 4.3   C. 9.7

  D. 13

6. 酸碱指示剂一般属于

  A. 无机物   B. 有机弱酸或弱碱   C. 有机酸

  D. 有机碱

7. 决定酸碱指示剂发生颜色变化的直接因素是

  A. 溶液的温度   B. 溶液的黏度   C. 溶液的电离度

  D. 溶液的酸碱度

8. 下列可作为标定 HCl 滴定液的基准物质是

  A. NaOH   B. Na_2CO_3 C. HAc

  D. $AgNO_3$

9. 下列可作为标定 NaOH 溶液的基准物质是

  A. HAc   B. HCl   C. $KHC_8H_4O_4$

  D. Na_2CO_3

10. 用 NaOH 滴定液测定 HAc 含量时应选择的指示剂是

  A. 百里酚蓝   B. 甲基橙   C. 酚酞

  D. 甲基红

11. 用 HCl 滴定液滴定 $NH_3 \cdot H_2O$ 溶液时应选择的指示剂是

  A. 甲基橙   B. 酚酞   C. 百里酚酞

  D. 中性红

12. 非水碱量法测定氢卤酸的生物碱盐的含量，为了使反应进行完全，常需要在溶液中加入

  A. 醋酐   B. 氯化汞   C. 醋酸汞

  D. 醋酸

13. 用强酸滴定弱碱时，其化学计量点的 pH 是

  A. pH < 7   B. pH > 7   C. pH = 7

  D. 无法确定

14. 下列溶剂中属于两性溶剂的是

  A. 甲醇   B. 冰醋酸   C. 四氯化碳

D. 乙二胺

15. 在非水滴定法中加入少量醋酐的目的是

    A. 提高精密度   B. 提高准确度   C. 消除系统误差

    D. 除去水分

(二)多项选择题

16. 影响酸碱滴定突跃范围的因素有

    A. 滴定程序   B. 浓度   C. 温度

    D. 酸碱的离解常数   E. 滴定速度

17. 影响酸碱指示剂变色范围大小的因素有

    A. 滴定速度   B. 温度   C. 滴定程序

    D. 溶剂   E. 指示剂用量

18. 下列哪些物质可用酸碱滴定法直接滴定

    A. NH_4Cl B. $NaOH$ C. $NaAc$

    D. Na_2CO_3 E. HAc

二、计算题

1. 用基准无水 Na_2CO_3 标定近似浓度为 0.1mol/L 的 HCl 溶液。若消耗 HCl 溶液 20ml，应称取基准无水 Na_2CO_3 的质量为多少克？

2. 用氢氧化钠溶液测定食醋中乙酸的含量。取食醋 4.32g，加少量水稀释，用 0.1108mol/L 的氢氧化钠溶液滴定至终点，消耗碱液 28.75ml，试计算食醋中乙酸的百分含量。

书网融合……

    知识回顾   微课   习题

(许 标)

第六章 沉淀滴定法

学习引导

人们平常打点滴（静脉滴注）用的氯化钠注射液浓度为 0.9%（g/ml），其渗透压与人体血浆相等，又称为生理盐水。大输液时，氯化钠注射液的浓度不能太高，也不能太低。所以，在生产氯化钠注射液时，要严格控制其浓度在国家标准规定范围内。《中国药典》（2020 年版二部）规定：本品为氯化钠的等渗灭菌水溶液。含氯化钠（NaCl）应为 0.850% ~ 0.950%（g/ml）。那么如何测定其含量呢？测定原理是什么呢？

本章主要介绍：沉淀滴定法分类、原理、测定条件及适用范围，沉淀滴定法滴定液的配制和标定，沉淀滴定法分析仪器和器具的选择。

学习目标

1. **掌握** 铬酸钾指示剂法、铁铵矾指示剂法、吸附指示剂法的概念、原理及测定条件；银量法滴定液的配制及标定。

2. **熟悉** 银量法的概念、分类。

3. **了解** 沉淀滴定反应必须满足的条件。

法国的物理学家兼化学家盖 – 吕萨克（Gay – Lussac，1778—1850）是滴定分析的创始人，1824 年，他提出的银量法至今仍在应用。沉淀滴定法在盖 – 吕萨克银量法的启发下有了较大发展，其中最重要的是，1856 年，莫尔（Karl Friedrich Mohr，1808—1879）提出以铬酸钾为指示剂的银量法，这便是广泛应用于测定氯化物的"莫尔法"；1874 年，佛尔哈德（Jacob Volhard，1834—1910）报告了硫氰酸盐滴定法测定银以及间接测定能被银定量沉淀的氯、溴、碘化物，此法在酸性介质中进行，使用可溶性指示剂，优于莫尔法，与盖 – 吕萨克银量法相比，结果同样精确而简便，速度则远过之；沉淀滴定法的另一个关键进展是，法扬司（K. Kasimir Fajans，1887—1975）1923 年发现，荧光黄及其衍生物能清楚地指示银离子溶液滴定卤化物样品的终点。

第一节 沉淀滴定法

PPT

一、概述

沉淀滴定法是以沉淀反应为基础的一类滴定分析方法。虽然能生成沉淀的反应很多，但是能用于沉淀滴定的反应并不多。用于沉淀滴定的反应必须满足以下要求：

（1）生成沉淀的溶解度必须很小（$S \leqslant 10^{-6}$ g/ml），以保证被测组分反应完全。

（2）沉淀反应必须迅速、定量地进行，且被测组分和滴定液之间具有确定的化学计量关系。

（3）沉淀的吸附作用不影响滴定结果及终点判断。

（4）有适当的方法确定滴定终点。

能够满足滴定分析要求的沉淀反应有生成难溶性银盐的反应、$NaB(C_6H_5)_4$ 与 K^+、$K_4[Fe(CN)_6]$ 与 Zn^{2+}、$Ba^{2+}(Pb^{2+})$ 与 SO_4^{2-}、Hg^{2+} 与 S^{2-} 的反应。

目前应用较为广泛的是生成难溶性银盐的反应。例如：

$$Ag^+ + Cl^- \rightleftharpoons AgCl\downarrow$$
$$Ag^+ + SCN^- \rightleftharpoons AgSCN\downarrow$$

这种以生成难溶银盐沉淀的反应为基础的沉淀滴定法，称为银量法。银量法以硝酸银和硫氰酸铵为滴定液，可用于测定含有 Cl^-、Br^-、I^-、SCN^- 及 Ag^+ 等离子的无机化合物，也可以测定经过处理能定量转化为这些离子的有机物。

银量法按照指示剂的不同分为铬酸钾指示剂法、铁铵矾指示剂法及吸附指示剂法。

 知识链接

硫酸钡沉淀滴定法测定 SO_4^{2-}

在含 SO_4^{2-} 的待测液中加入适量的茜素红 S 指示剂（pH 3.7~5.2，黄色→紫色）和乙醇，再用 0.1mol/L 盐酸调节溶液至 pH 2.3~2.7（溶液由紫色变为柠檬黄色再过量数滴），用 $BaCl_2$ 滴定液滴定，Ba^{2+} 与 SO_4^{2-} 生成沉淀，稍过量的 Ba^{2+} 与茜素红 S 生成配合物，同时被 $BaSO_4$ 沉淀吸附，溶液由黄色变为粉红色即为终点。滴定在 30%~40% 乙醇溶液中进行，可使终点颜色变化较明显。

四苯硼酸钠季铵盐滴定法测定 K^+：在中性、碱性或乙酸溶液中，加入已知过量的 $NaB(C_6H_5)_4$ 标准溶液，K^+ 与 $NaB(C_6H_5)_4$ 生成稳定的 $KB(C_6H_5)_4$（四苯硼酸钾）沉淀。过量的四苯硼酸钠，以溴酚蓝为指示剂，用季铵盐进行滴定，生成难溶的四苯硼季铵盐沉淀，终点时稍过量的季铵盐与溴酚蓝生成蓝色的化合物指示终点。

亚铁氰化钾滴定法测定 Zn^{2+}：在一定温度下，用硫酸铵作缓冲液，二苯胺作指示剂，用 $K_4[Fe(CN)_6]$ 滴定液滴定，与 Zn^{2+} 生成 $K_2Zn_3[Fe(CN)_6]_2$ 沉淀。滴定至紫蓝色突然消失并呈现黄绿色即为终点。

二、银量法的器具处理

1. 滴定管选择　银量法所用的滴定液有硝酸银（$AgNO_3$）滴定液和硫氰酸铵（NH_4SCN）滴定液两种。

硝酸银溶液显弱酸性，见光易分解，且有较强的氧化性，对橡胶管有一定的腐蚀性。所以滴定时不可选用碱式滴定管，而应选用棕色酸式滴定管，也可用棕色聚四氟乙烯酸碱两用滴定管。

硫氰酸铵溶液显弱酸性，滴定时应选用无色的酸式滴定管或聚四氟乙烯酸碱两用滴定管。

2. 仪器的洗涤　银量法用过的滴定管，直接用纯化水洗净，不可用饮用水洗涤，因为饮用水中的氯离子会与硝酸银发生沉淀反应而吸附在滴定管壁上，这时只有用氨水洗涤后处理。时间久了试剂瓶会变黑，这是因为有部分硝酸银分解生成了银单质（颗粒非常细小时显黑色）。洗涤时加入少量稀硝酸，即可除去黑色。

3. 银量法实验废液处理　银量法实验废液中含有重金属银离子，如果这些废液不经处理直接排放，会造成环境的污染，所以银量法实验废液都需要回收处理。

第二节　铬酸钾指示剂法

PPT

铬酸钾指示剂法也称莫尔法（Mohr 法），是以铬酸钾（K_2CrO_4）为指示剂的银量法。主要用于以硝酸银（$AgNO_3$）为滴定液，在中性或弱碱性溶液中，直接滴定 Cl^- 或 Br^- 的反应。

一、滴定液

1. 硝酸银滴定液（0.1mol/L）的配制　硝酸银滴定液可以用硝酸银基准物质直接配制，但大多采用分析纯配制成近似浓度后再进行标定。

2. 硝酸银滴定液的标定　硝酸银滴定液一般用间接配制法配制，用基准氯化钠进行标定，标定的原理属于吸附指示剂法（具体标定方法见第四节）。

二、待测物

铬酸钾指示剂法主要在中性或弱碱性条件下测定 Cl^-、Br^-，在弱碱性条件下也可用于测定 CN^-。

本法不适用于 I^- 和 SCN^- 的测定，因为 AgI 和 AgSCN 沉淀能强烈吸附 I^- 和 SCN^-，即使剧烈振摇也无法完全释放被吸附的 I^- 和 SCN^-，致使终点颜色变化不明显，滴定终点提前，滴定结果偏低。

三、原理和测定条件

（一）原理

以测定 NaCl 含量为例讨论其测定原理。

由于 AgCl 的溶解度（1.33×10^{-5} mol/L）小于 Ag_2CrO_4 的溶解度（6.54×10^{-5} mol/L），根据分步沉淀的原理，溶解度小的先沉淀，即先析出白色的 AgCl 沉淀。随着 $AgNO_3$ 滴定液的不断加入，AgCl 沉淀不断生成，溶液中的 Cl^- 浓度越来越小，当溶液 Cl^- 完全沉淀后，稍过量的 $AgNO_3$ 就会使溶液中的 $[Ag^+]^2[CrO_4^{2-}] \geq K_{sp,Ag_2CrO_4}$，从而立即出现砖红色的 Ag_2CrO_4 沉淀，指示滴定终点。其反应式为：

终点前：$Ag^+ + Cl^- \rightleftharpoons AgCl \downarrow$（白色）

终点时：$2Ag^+ + CrO_4^{2-} \rightleftharpoons Ag_2CrO_4 \downarrow$（砖红色）

（二）测定条件

1. 指示剂的用量　实验要求，当到达化学计量点后，稍过量的 $AgNO_3$ 滴定液立即与指示剂中的 CrO_4^{2-} 反应生成砖红色沉淀而指示终点。显然，溶液中的指示剂 CrO_4^{2-} 浓度的大小与滴定终点出现的早晚有着密切的关系，并直接影响分析结果。根据溶度积原理，可以计算出计量点时恰好析出 Ag_2CrO_4 沉淀所需的 CrO_4^{2-} 浓度的理论值。

计量点时，Ag^+ 与 Cl^- 的物质的量恰好相等，即溶液中 $[Ag^+] = [Cl^-]$，由于 $[Ag^+] \cdot [Cl^-] =$

$K_{sp,AgCl} = 1.80 \times 10^{-10}$，则 $[Ag^+]^2 = K_{sp,AgCl} = 1.80 \times 10^{-10}$，此时，要求刚好析出 Ag_2CrO_4 沉淀以指示终点，溶液中的 CrO_4^{2-} 浓度为：

$$[Ag^+]^2[CrO_4^{2-}] = K_{sp,Ag_2CrO_4} = 2.0 \times 10^{-12}$$

$$则 [CrO_4^{2-}] = \frac{K_{sp,Ag_2CrO_4}}{[Ag^+]^2} = \frac{2.0 \times 10^{-12}}{1.8 \times 10^{-10}} = 1.1 \times 10^{-2} mol/L$$

由计算可知，只要控制滴定终点时溶液中的 CrO_4^{2-} 浓度为 $1.1 \times 10^{-2} mol/L$，到达终点时，稍过量的 $AgNO_3$ 恰好能和 CrO_4^{2-} 作用产生砖红色的 Ag_2CrO_4 沉淀指示终点。但在实际滴定中，如此高浓度的 CrO_4^{2-} 黄色太深，在终点时不易观察到砖红色的 Ag_2CrO_4 沉淀，所以指示剂的实际用量要略低于理论值。另外，考虑到只有当溶液中析出的 Ag_2CrO_4 沉淀达到一定量时，才能观察到明显的颜色变化而确定终点。实验表明，滴定终点时控制 CrO_4^{2-} 浓度约为 $5 \times 10^{-3} mol/L$ 比较合适。在实际滴定中，一般终点时溶液的总体积约为 $50 \sim 100 ml$，通常需要加入 5% 的 K_2CrO_4 溶液 $1 \sim 2 ml$ 作为指示剂。

即学即练 6 – 1

答案解析

铬酸钾指示剂法在终点前先生成 AgCl 沉淀，终点时才生成砖红色的 Ag_2CrO_4 沉淀。在终点前 AgCl 比 Ag_2CrO_4 先沉淀的原因是（　　　）

A. AgCl 颗粒比 Ag_2CrO_4 小　　　　　　B. AgCl 颗粒比 Ag_2CrO_4 大

C. AgCl 溶解度比 Ag_2CrO_4 小　　　　　D. AgCl 溶解度比 Ag_2CrO_4 大

E. AgCl 溶度积比 Ag_2CrO_4 小

---

2. 溶液的酸度　铬酸钾指示剂法应在近中性或弱碱性溶液中进行。

若溶液的酸度过高，CrO_4^{2-} 与 H^+ 结合，使 $[CrO_4^{2-}]$ 降低，引起滴定终点推迟甚至不能生成 Ag_2CrO_4 来指示终点，导致测定结果偏高。

$$2CrO_4^{2-} + 2H^+ \rightleftharpoons Cr_2O_7^{2-} + H_2O$$

若溶液碱性太强，又将生成 Ag_2O 沉淀。

$$2Ag^+ + 2OH^- \rightleftharpoons 2AgOH \qquad AgOH \rightleftharpoons Ag_2O\downarrow + H_2O$$

故铬酸钾指示剂法适宜的酸度范围为 pH6.5 ~ 10.5。若溶液的酸性过强，可以加入 $NaHCO_3$ 或 $CaCO_3$ 等中和，或改用铁铵矾指示剂法；若溶液的碱性太强，可用稀 HNO_3 中和。

若溶液中有铵盐（NH_4^+），则在 pH 较大时会有 NH_3 生成，AgCl 和 Ag_2CrO_4 沉淀都能与 NH_3 反应生成银氨离子（$[Ag(NH_3)_2]^+$）而溶解，使 AgCl 和 Ag_2CrO_4 溶解度增大，测定准确度降低。实验表明：当 $[NH_3] < 0.05 mol/L$ 时，控制溶液的 pH 在 6.5 ~ 7.2 范围内可以得到满意的结果；当 $[NH_3] > 0.15 mol/L$ 时，控制酸度已不能消除其影响，需在滴定前将大量铵盐除去。

3. 滴定时应充分振摇　铬酸钾指示剂法滴定时，由于生成的沉淀的吸附作用，使 Cl^-、Br^- 浓度降低，因此滴定速度不能太快，以防止局部过量而使 Ag_2CrO_4 砖红色提前出现，滴定时应充分振摇，使被吸附的 Cl^-、Br^- 及时解吸出来，防止终点提前。

4. 干扰离子的排除　应用铬酸钾指示剂法测定卤离子有很大的局限性，铬酸钾指示剂法只能在中性或弱碱性条件下进行。另外，若溶液中含有能与 CrO_4^{2-} 生成沉淀的阳离子（如 Ba^{2+}、Pb^{2+}、Bi^{3+} 等）、能与 Ag^+ 生成沉淀的阴离子（如 S^{2-}、PO_4^{3-}、CO_3^{2-}、$C_2O_4^{2-}$ 等）、在中性或弱碱性溶液中易水解的离子（如 Fe^{3+}、Al^{3+} 等）以及大量的 Cu^{2+}、Co^{2+} 等有色离子均会干扰滴定，应在滴定前预先分离，否则不能用本法测定。

 实例分析 6-1

口服补液盐散（Ⅱ）中总氯含量测定

实例　口服补液盐散（Ⅱ）：规格每包 5.58g（氯化钠 0.7g，氯化钾 0.3g，枸橼酸钠 0.58g，无水葡萄糖 4g），含总氯（Cl）应为 0.510~0.624g。

总氯　取本品约 2.8g，精密称定，置 100ml 量瓶中，加水溶解并稀释至刻度，摇匀，精密量取 10ml，加铬酸钾指示液 3~5 滴，用硝酸银滴定液（0.1mol/L）缓缓滴定至终点。每 1ml 硝酸银滴定液（0.1mol/L）相当于 3.545mg 的 Cl。

操作记录、数据处理及结果、结论

1. 取本品① 2.8013g、② 2.8018g，置 100ml 量瓶中，加水溶解并稀释至刻度，摇匀，精密量取 10ml，加铬酸钾指示液 3~5 滴，用硝酸银滴定液（0.1045mol/L）滴定。

2. 滴定度：每 1ml 硝酸银滴定液（0.1mol/L）相当于 3.545mg 氯（Cl）。

3. 消耗硝酸银滴定液（0.1045mol/L）的体积

供试品　① 7.67ml　　　② 7.68ml　　　滴定管校正值 +0.01

$$规格每包 5.58g 总氯含量 = \frac{V \times T \times 10^{-3} \times \dfrac{c_{AgNO_3(实际)}}{0.1} \times \dfrac{100.00}{10.00}}{S_{样品}} \times 5.58g$$

问题　1. 本法属于银量法的哪一种滴定方法？

2. 滴定时，如何判断滴定终点？

3. 滴定度"每 1ml 硝酸银滴定液（0.1mol/L）相当于 3.545mg 的氯（Cl）"是如何计算得出的？

4. 计算本品每包含总氯（Cl）为多少克？是否符合标准规定？

答案解析

第三节　铁铵矾指示剂法

PPT

铁铵矾指示剂法也称佛尔哈德法（Volhard 法）。铁铵矾指示剂法是以铁铵矾 $[NH_4Fe(SO_4)_2 \cdot 12H_2O]$ 为指示剂，用 NH_4SCN 或 $KSCN$ 为滴定液，测定可溶性银盐或卤化物的方法。本法根据测定对象不同，分为直接滴定法和剩余滴定法。

一、滴定液

铁铵矾指示剂法以 NH_4SCN 或 $KSCN$ 为滴定液，常用 NH_4SCN 滴定液。

1. 硫氰酸铵滴定液（0.1mol/L）的配制　硫氰酸铵易吸湿，且常含有杂质，所以硫氰酸铵滴定液不能直接配制，通常先配成近似浓度的溶液，再进行标定。具体配制方法如下：取硫氰酸铵 8.0g，加水使溶解成 1000ml，摇匀。

2. 硫氰酸铵滴定液的标定 《中国药典》（2020年版四部通则8006）中的硫氰酸铵滴定液（0.1mol/L）的标定：

精密量取硝酸银滴定液（0.1mol/L）25ml，加水50ml、硝酸2ml与硫酸铁铵指示液2ml，用本液滴定至溶液显淡棕红色；经剧烈振摇后仍不褪色，即为终点。根据本液的消耗量算出本液的浓度，即得。

硫氰酸铵滴定液的物质的量浓度计算式为：$c_{NH_4SCN} = \dfrac{c_{AgNO_3} V_{AgNO_3}}{V_{NH_4SCN}}$

硫氰酸钠滴定液（0.1mol/L）或硫氰酸钾滴定液（0.1mol/L）均可作为本液的代用品。

二、待测物

铁铵矾指示剂法可在强酸性条件下进行滴定。直接滴定法用于测定可溶性银盐，剩余滴定法用于测定 Cl^-、Br^-、I^-、SCN^-、CN^- 等。

三、原理和测定条件

（一）原理

1. 铁铵矾指示剂直接滴定法 铁铵矾指示剂直接滴定法是在酸性条件中，以铁铵矾作为指示剂，以硫氰酸铵（NH_4SCN）或硫氰酸钾（$KSCN$）为滴定液，直接滴定测定 Ag^+ 的含量。

滴定时，随着硫氰酸铵（NH_4SCN）滴定液的不断加入，AgSCN 沉淀不断生成，溶液中的 Ag^+ 浓度越来越小，当溶液 Ag^+ 完全沉淀后，稍过量的 SCN^- 就会与溶液中的 Fe^{3+} 反应生成红色的 $[Fe(SCN)]^{2+}$ 配离子，从而指示滴定终点。其反应式为：

终点前：$Ag^+ + SCN^- \rightleftharpoons AgSCN\downarrow$（白色）

终点时：$Fe^{3+} + SCN^- \rightleftharpoons [Fe(SCN)]^{2+}$（红色）

2. 铁铵矾指示剂剩余滴定法 铁铵矾指示剂剩余滴定法是在酸性溶液中，首先向含有 X^- 或 SCN^- 的待测液中加入定量且过量的 $AgNO_3$ 标准溶液，使 X^- 或 SCN^- 生成银盐沉淀后，再加入铁铵矾 $[NH_4Fe(SO_4)_2]$ 溶液作为指示剂，用 NH_4SCN 滴定液滴定剩余的 $AgNO_3$，其反应如下：

加 $AgNO_3$ 标准溶液时：Ag^+（已知量且过量）$+ X^- \rightleftharpoons AgX\downarrow$（白色）

终点前：Ag^+（剩余）$+ SCN^- \rightleftharpoons AgSCN\downarrow$（白色）

终点时：$Fe^{3+} + SCN^- \rightleftharpoons [Fe(SCN)]^{2+}$（红色）

📱 **知识拓展**

铁铵矾指示剂剩余滴定法测定 I^- 时，指示剂必须在加入过量 $AgNO_3$ 溶液之后才能加入，切不可先加指示剂再加入过量的 $AgNO_3$ 标准溶液，以免产生误差。

因为若先加指示剂，则铁铵矾指示剂中的 Fe^{3+} 会与待测溶液中的 I^- 发生如下反应：

$$2Fe^{3+} + 2I^- \rightleftharpoons I_2 + 2Fe^{2+}$$

（二）测定条件

1. 指示剂的用量 实验要求，当到达化学计量点后，稍过量的 NH_4SCN 滴定液立即与指示剂中的

Fe^{3+} 反应而使溶液变色指示终点。显然，终点出现的早晚，与溶液中的 Fe^{3+} 浓度有关。

计量点时，Ag^+ 与 SCN^- 的物质的量恰好相等，即溶液中 $[Ag^+] = [SCN^-]$，由于 $[Ag^+] \cdot [SCN^-] = K_{sp,AgSCN} = 1.0 \times 10^{-12}$，则

$$[SCN^-] = \sqrt{S_{sp(AgSCN)}} = \sqrt{1.0 \times 10^{-12}} = 1.0 \times 10^{-6} \text{mol/L}$$

实验表明，当溶液中 $[Fe(SCN)]^{2+}$ 的浓度达到 6.4×10^{-5} 时，可以观察到明显的红色而确定终点。

溶液中的 Fe^{3+} 浓度为：$K_{Fe(SCN)^{2+}} = \dfrac{[Fe(SCN)^{2+}]}{[Fe^{3+}][SCN^-]} = 200$

则

$$[Fe^{3+}] = \dfrac{[Fe(SCN)^{2+}]}{K_{sp[Fe(SCN)^{2+}]}[SCN^-]} = \dfrac{6.4 \times 10^{-5}}{200 \times 1.0 \times 10^{-6}} = 0.32 \text{mol/L}$$

实际滴定时，一般控制终点时 $[Fe^{3+}]$ 约为 0.015mol/L，约为理论计算值的 1/20。为了能在滴定终点观察到明显的红色，通常加入 40% 的铁铵矾指示剂 1ml。

2. 溶液的酸度　滴定应在 $0.1 \sim 1\text{mol/L}$ 的 HNO_3 中进行。若酸度太低，则指示剂中的 Fe^{3+} 会水解而影响滴定终点的确定。

$$Fe^{3+} + 3H_2O \rightleftharpoons Fe(OH)_3 \downarrow + 3H^+$$

铁铵矾指示剂法的最大优点是可以在强酸性条件下进行测定，许多弱酸根离子（如 PO_4^{3-}、CO_3^{2-} 等）都不会产生干扰，因而选择性高，应用范围广。

3. 滴定时应充分振摇　滴定反应生成的 AgSCN 沉淀具有强烈的吸附作用，滴定过程中要充分振摇，使被沉淀吸附的 Ag^+ 解吸，防止终点提前。

剩余滴定法测定氯化物时，由于 AgCl 沉淀的溶解度比 AgSCN 沉淀的溶解度大，当剩余的 Ag^+ 被滴定完毕后，过量的 SCN^- 将与 AgCl 发生沉淀转化反应：$AgCl + SCN^- \rightleftharpoons AgSCN \downarrow + Cl^-$，该反应使得本应产生的 $[Fe(SCN)]^{2+}$ 红色不能及时出现，或已经出现的红色随着摇动而又消失。因此，要想得到持久的红色就必须继续滴入 SCN^-，直到建立平衡。此时，终点与计量点将会相差较远而产生较大误差。为了避免上述沉淀转化反应的发生，须在 $AgNO_3$ 滴加完毕后，先将已生成的 AgCl 沉淀滤去，或者在剩余滴定前向溶液中加入少量有机溶剂（如硝基苯、异戊醇、邻苯二甲酸二丁酯等），并强烈振摇，使其包裹在沉淀颗粒的表面上，再用硫氰酸铵（NH_4SCN）滴定液滴定剩余的硝酸银。这样做的作用是可以避免 AgCl 沉淀在剩余滴定过程中转换为 AgSCN 沉淀，造成滴定终点推迟，产生较大的误差。临近终点时，摇动不能太剧烈，以免发生沉淀的转化。

测定溴化物或碘化物时，由于 AgBr 和 AgI 沉淀的溶解度都比 AgSCN 沉淀的溶解度小，不会发生沉淀转化，所以无需加硝基苯等有机溶剂。

即学即练 6-2

答案解析

应用铁铵矾指示剂剩余滴定法测定氯化钠含量时，先加入定量且过量的 $AgNO_3$ 标准溶液，然后加入硝基苯、铁铵矾指示剂，再用 NH_4SCN 进行滴定。临近终点时，摇动不能太剧烈，否则会发生沉淀转化，造成测定结果（　　　）

A. 偏高　　　B. 偏低　　　C. 准确　　　D. 不影响

---

4. 干扰的消除　铁铵矾指示剂法在滴定时，溶液中的强氧化剂、氮的氧化物、铜盐、汞盐等，均

可与 SCN^- 作用而干扰测定，必须预先除去。

 实例分析 6-2

磺胺嘧啶银含量测定

实例　本品为 N-2-嘧啶基-4-氨基苯磺酰胺银盐。按干燥品计算，含 $C_{10}H_9AgN_4O_2S$ 不得少于 98.0%。

【含量测定】取本品约 0.5g，精密称定，置具塞锥形瓶中，加硝酸 8ml 溶解后，加水 50ml 与硫酸铁铵指示液 2ml，用硫氰酸铵滴定液（0.1mol/L）滴定。每 1ml 硫氰酸铵滴定液（0.1mol/L）相当于 35.71mg 的 $C_{10}H_9AgN_4O_2S$。

操作记录、数据处理及结果、结论

1. 取本品①0.4998g、②0.5006g，加硝酸，加水溶解后，加硫酸铁铵指示液，用硫氰酸铵滴定液滴定。

2. 滴定度：每 1ml 硫氰酸铵滴定液（0.1mol/L）相当于 35.71mg 的 $C_{10}H_9AgN_4O_2S$。

3. 干燥失重：0.4%。

4. 消耗硫氰酸铵滴定液（0.1023mol/L）的体积

供试品① 13.60ml　　② 13.62ml　　滴定管校正值 +0.01

$$磺胺嘧啶银百分含量 = \frac{VT\frac{c_{NH_4SCN(实际浓度)}}{c_{NH_4SCN(规定浓度)}}}{S_{样品} \times (1-干燥失重)} \times 100\%$$

问题　1. 本法属于银量法的哪一种滴定方法？

　　　　2. 滴定时，如何判断滴定终点？

　　　　3. 实验中所加硝酸的体积为 8ml，硝酸的体积是如何确定的？

　　　　4. 按干燥品计算，含磺胺嘧啶银（$C_{10}H_9AgN_4O_2S$）为标示量的百分之几？是否符合规定？

答案解析

 实例分析 6-3

三氯叔丁醇的含量测定

实例　三氯叔丁醇　本品为 2-甲基-1,1,1-三氯-2-丙醇半水合物。按无水物计，含 $C_4H_7Cl_3O$ 不得少于 98.5%。

【含量测定】取本品约 0.1g，精密称定，加乙醇 5ml 使溶解，加 20% 氢氧化钠溶液 5ml，加热回流 15 分钟，放冷，加水 20ml 与硝酸 5ml，精密加硝酸银滴定液（0.1mol/L）30ml，再加邻苯二甲酸二丁酯 5ml，密塞，强力振摇后，加硫酸铁铵指示液 2ml，用硫氰酸铵滴定液（0.1mol/L）滴定，并将滴定的结果用空白试验校正。每 1ml 硝酸银滴定液（0.1mol/L）相当于 5.915mg 的 $C_4H_7Cl_3O$。

操作记录、数据处理及结果、结论

1. 取本品①0.1015g，②0.1015g，加乙醇5ml使溶解，加20%氢氧化钠溶液5ml，加热回流15分钟，放冷，加水20ml与硝酸5ml，精密加硝酸银滴定液（0.1045mol/L）30ml，再加邻苯二甲酸二丁酯5ml，密塞，强力振摇后，加硫酸铁铵指示液2ml，用硫氰酸铵滴定液（0.1023mol/L）滴定，并将滴定的结果用空白试验校正。

2. 滴定度：每1ml硝酸银滴定液（0.1mol/L）相当于5.915mg的$C_4H_7Cl_3O$。

3. 水分：5.1%。

4. 消耗硫氰酸铵滴定液（0.1023mol/L）的体积

供试品① 14.91ml　　　② 14.93ml　　　滴定管校正值+0.01

空白值 0.06ml

$$三氯叔丁醇百分含量 = \frac{\dfrac{c_{AgNO_3}V_{AgNO_3} - c_{NH_4SCN}\left[V_{NH_4SCN(样品)} - V_{NH_4SCN(空白)}\right]}{c_{AgNO_3(实际浓度)}} \times \dfrac{c_{AgNO_3(实际浓度)}}{c_{AgNO_3(规定浓度)}} \times T}{S_{样品} \times (1-水分)} \times 100\%$$

$$= \frac{\left\{c_{AgNO_3}V_{AgNO_3} - c_{NH_4SCN}\left[V_{NH_4SCN(样品)} - V_{NH_4SCN(空白)}\right]\right\}T}{c_{AgNO_3(规定浓度)} \times S_{样品} \times (1-水分)} \times 100\%$$

问题　1. 本法属于银量法的哪一种滴定方法？

2. 本实验的空白试验应如何测定？

3. 本实验中将有机卤化物转变成无机卤离子应用的是什么方法？反应原理如何？

4. 实验中为什么要加邻苯二甲酸二丁酯？

5. 按无水物计，含$C_4H_7Cl_3O$为多少？是否符合规定？

答案解析

🔖 **知识拓展** ────────────────

药品检验中，无机卤化物（如NaCl、KCl、NaBr、KBr、KI、NaI等）、有机碱的氢卤酸盐（如盐酸丙卡巴肼等）、银盐（如磺胺嘧啶银等）、有机卤化物（如水合氯醛、林旦等）以及能形成难溶性银盐的非含卤素有机化合物（如苯巴比妥等），都可用银量法测定。

对于无机卤化物和有机碱的氢卤酸盐，由于在溶液中可直接解离出卤素离子，故可溶解后根据测定要求，从3种银量法中选择一种方法进行测定。

测定有机卤化物的含量时，实质上是测定有机卤化物中卤素原子的含量，因此测定前需进行适当的处理，使有机卤化物中的有机卤素（—C—X）以无机卤离子（X^-）形式进入溶液后，再用银量法测定。使有机卤素转变为无机卤素离子的方法有碱（氢氧化钠、氢氧化钾）水解法、氧瓶燃烧法等。

PPT

第四节　吸附指示剂法

吸附指示剂法又称为法扬司法（Fajans法），是以$AgNO_3$为滴定液滴定卤素离子，用吸附指示剂确定滴定终点的银量法。

一、滴定液

1. 硝酸银滴定液（0.1mol/L）的配制　取硝酸银17.5g，加水适量使溶解成1000ml，摇匀，即可。

2. 硝酸银滴定液的标定　《中国药典》（2020年版四部）收载的硝酸银滴定液（0.1mol/L）的标定方法如下：

取在110℃干燥至恒重的基准氯化钠约0.2g，精密称定，加水50ml使溶解，再加糊精溶液（1→50）5ml、碳酸钙0.1g与荧光黄指示液8滴，用本液滴定至浑浊溶液由黄绿变为微红色。每1ml硝酸银滴定液（0.1mol/L）相当于5.844mg的氯化钠。

硝酸银滴定液的准确浓度可由称取基准氯化钠的重量和终点时消耗滴定液的体积计算得知，其物质的量浓度计算式为：

$$c_{AgNO_3} = \frac{m_{NaCl}}{M_{NaCl} \times V_{AgNO_3} \times 10^{-3}}$$

3. 硝酸银滴定液的贮存　由于硝酸银性质不稳定，见光易分解。因此，为保持浓度的稳定，硝酸银滴定液应置棕色玻瓶中，密闭保存。标定后的滴定液存放一段时间后需重新标定。

二、待测物

吸附指示剂法可用于 Cl^-、Br^-、I^-、SCN^- 和 Ag^+ 等离子的测定。测定不同的离子需选用不同的吸附指示剂。

三、原理和测定条件

（一）原理

吸附指示剂是一类有色的有机化合物，属于有机弱酸弱碱。吸附指示剂的离子被带异电荷的胶体沉淀微粒表面吸附之后，结构会发生改变而导致颜色变化，从而指示滴定终点。

如用 $AgNO_3$ 滴定液滴定 Cl^- 时，可用荧光黄作指示剂。荧光黄（$K_a \approx 10^{-8}$）是一种有机弱酸，用 HFIn 表示，它在溶液中存在如下平衡：

$$HFIn \rightleftharpoons FIn^- （黄绿色） + H^+$$

滴定开始前，溶液显示荧光黄阴离子（FIn^-）的黄绿色，如图 6-1A 所示。

在计量点前，$AgNO_3$ 滴定液与被测液中的 Cl^- 反应生成 AgCl 沉淀，此时溶液中 Cl^- 过量，AgCl 沉淀吸附 Cl^- 而带负电荷，

计量点前：$Ag^+ + Cl^- \rightleftharpoons AgCl\downarrow \quad AgCl + Cl^- \rightleftharpoons AgCl \cdot Cl^-$

而荧光黄电离产生的 FIn^- 离子不被吸附，溶液呈现 FIn^- 离子的黄绿色，如图 6-1B 所示。

在计量点后，稍过量的 $AgNO_3$ 就使 AgCl 沉淀吸附 Ag^+ 而生成带正电荷的 $AgCl \cdot Ag^+$，它会强烈吸附 FIn^- 离子。

计量点后：$AgCl + Ag^+ \rightleftharpoons AgCl \cdot Ag^+$

$AgCl \cdot Ag^+ + FIn^- \rightleftharpoons AgCl \cdot Ag^+ \cdot FIn^- （粉红色）$

荧光黄离子被 AgCl 胶状沉淀吸附后，结构发生变化而呈粉红色，从而指示滴定终点，如图 6-1C所示。

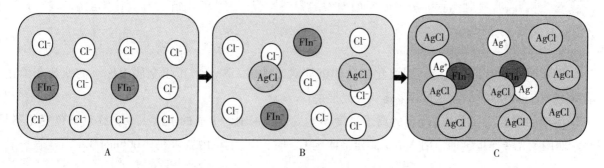

图 6-1　吸附指示剂法示意图

A. 吸附指示剂滴定前　B. 吸附指示剂终点前　C. 吸附指示剂终点时

（二）测定条件

1. 测定时要加胶体保护剂防止胶体凝聚　吸附指示剂颜色的变化是发生在沉淀表面，胶体沉淀颗粒很小，比表面积大，吸附的指示剂阴离子多，颜色明显。为使沉淀保持胶体状态具有较大的吸附表面，防止沉淀凝聚，应在滴定前加入糊精、淀粉等亲水性高分子化合物等胶体保护剂，使卤化银沉淀呈胶体状态。

2. 应控制适宜的酸度　吸附指示剂多为有机弱酸，被吸附而变色的则是其共轭碱阴离子型。因此必须控制适宜的酸度，使指示剂在溶液中保持其阴离子状态，以起到指示剂的作用。适宜的酸度与指示剂的 K_a 有关，K_a 越大，允许的酸度越高，pH 越小。常见吸附指示剂适用的 pH 范围及变色情况见表 6-1。

表 6-1　常用的吸附指示剂

吸附指示剂名称	被测组分	指示液颜色	被吸附后颜色	适宜的 pH 范围
荧光黄	Cl^-	黄绿色	粉红色	7~10
二氯荧光黄	Cl^-	黄绿色	红色	4~10
曙红	Br^-、I^-、SCN^-	橙色	红色	2~10
二甲基二碘荧光黄	I^-	橙红色	蓝红色	中性

3. 吸附能力　吸附指示剂法通常要求胶体沉淀对指示剂离子的吸附能力应略小于对被测离子的吸附能力。若胶体沉淀对指示剂离子的吸附能力大于对被测离子的吸附能力，则在计量点前，指示剂离子即取代被吸附的待测离子而使溶液变色，滴定终点提前，测定结果偏低。但若沉淀对指示剂离子的吸附能力太弱，则会在到达计量点时不能被吸附变色，使滴定终点推迟，测定结果偏高。卤化银胶体对卤素离子和几种常用指示剂的吸附力的大小次序为：

$$I^- > SCN^- > Br^- > 曙红 > Cl^- > 荧光黄$$

因此，在滴定 Cl^- 时应选用荧光黄为指示剂而不选曙红，但滴定 Br^-、I^-、SCN^- 时宜选用曙红为指示剂。

即学即练6-3

应用吸附指示剂法测定 NaCl 样品含量时，若选用曙红作指示剂，则测定结果（　　）

A. 偏高　　　　B. 偏低　　　　C. 不影响　　　　D. 不一定

4. 滴定时要避免强光照射　因卤化银胶体沉淀对光敏感，易分解析出金属银使沉淀变为灰黑色，影响滴定终点的观察，故滴定过程要避免强光照射。

5. 溶液的浓度　溶液中被测定的离子浓度不能太低，否则，生成的沉淀太少，终点颜色变化不易观察。如用荧光黄作指示剂，用 AgNO₃ 滴定液滴定 Cl⁻ 时，Cl⁻ 的浓度要求在 0.006mol/L 以上。

 知识拓展

应用法扬司法标定硝酸银滴定液以及测定氯化钠含量时，通常都需要加入一定量的糊精、硼砂或碳酸钙。

加入糊精可以起到保护胶体的作用，避免 AgCl 沉淀的聚集，有利于吸附。

加入一定量2.5% 硼砂溶液可以调节 pH 使之呈弱碱性（pH7～10），增大荧光黄的电离度，使终点颜色变化明显，便于观察。

加入碳酸钙是为了维持溶液的微碱性（pH7～10），有利于荧光黄阴离子的形成，使终点颜色变化明显，便于观察。

》 实例分析6-4

实例　氯化钠注射液（规格 100ml：0.9g）：本品为氯化钠的等渗灭菌水溶液，含氯化钠（NaCl）应为 0.850%～0.950%（g/ml）。

【含量测定】精密量取本品 10ml，加水 40ml、2% 糊精溶液 5ml、2.5% 硼砂溶液 2ml 与荧光黄指示液 5～8 滴，用硝酸银滴定液（0.1mol/L）滴定。每 1ml 硝酸银滴定液（0.1mol/L）相当于 5.844mg 的 NaCl。

操作记录、数据处理及结果、结论

1. 精密量取本品 10ml，置 250ml 锥形瓶中，加水 40ml、2% 糊精溶液 5ml、2.5% 硼砂溶液 2ml 与荧光黄指示液 5～8 滴，用硝酸银滴定液（0.1mol/L）滴定。

2. 滴定度：每 1ml 硝酸银滴定液（0.1mol/L）相当于 5.844mg 的 NaCl。

3. 消耗硝酸银滴定液（0.1045mol/L）的体积

供试品①14.80ml　　　②14.81ml　　　滴定管校正值 +0.01

$$氯化钠注射液百分含量 = \frac{V_{AgNO_3} \times T_{NaCl/AgNO_3} \times \dfrac{c_{AgNO_3(实际浓度)}}{c_{AgNO_3(规定浓度)}}}{S_{样品}} \times 100\%$$

问题　1. 本法属于银量法的哪一种滴定方法？

2. 滴定时，如何判断滴定终点？

3. 实验中要加入糊精溶液和硼砂溶液，为什么？分别起什么作用？

4. 计算氯化钠注射液中氯化钠的百分含量为多少？是否符合规定？

实践实训

实训八 氯化钠注射液中氯化钠的含量测定 微课

【实训内容】

1. 硝酸银滴定液（0.1mol/L AgNO₃）的标定。

2. 氯化钠注射液中氯化钠含量测定。

【实训目的】

1. 掌握吸附指示剂法的原理、方法、要求和测定过程。

2. 熟悉移液管、滴定管的使用并规范进行滴定操作。

【实训原理】

氯化钠注射液为氯化钠的等渗灭菌水溶液，含氯化钠（NaCl）应为 0.850% ~ 0.950%（g/ml）。可以通过银量法，用硝酸银来滴定其中的氯离子（Cl^-），计算氯化钠的含量。

$$Ag^+ + Cl^- \longrightarrow AgCl \downarrow$$

硝酸银和氯化钠反应的化学计量系数比为 1:1，根据硝酸银滴定液消耗的体积和浓度，计算出氯化钠注射液中氯化钠的百分含量。

$$氯化钠注射液中氯化钠的百分含量 = \frac{V_{AgNO_3} \times T_{NaCl/AgNO_3} \times \dfrac{c_{AgNO_3(实际浓度)}}{c_{AgNO_3(规定浓度)}}}{S_{样品}} \times 100\%$$

【实训仪器与试剂】

1. 仪器 万分之一分析天平、棕色酸式滴定管（50ml）、移液管（10ml）、洗耳球、滤纸片、铁架台、蝴蝶夹、锥形瓶（250ml）、洗瓶、量筒（10ml、50ml）、烧杯、胶头滴管、称量瓶。

2. 试剂 硝酸银滴定液（0.1mol/L）、基准氯化钠（110℃ 干燥至恒重）、碳酸钙、2% 糊精溶液、2.5% 硼砂溶液、荧光黄指示液。

【实训步骤】

1. 硝酸银溶液的标定 用减量法精密称取干燥至恒重的基准氯化钠约 0.2g，置锥形瓶中，加水50ml 使溶解，再加糊精溶液（1→50）5ml、碳酸钙 0.1g 与荧光黄指示液 8 滴，用硝酸银溶液滴定至溶液由黄绿变为微红色，即为终点。记录消耗的体积。

两人标定滴定液中，每人四平行测定结果极差的相对值不得大于重复临界极差〔CrR95(4)〕的相对值 0.15%，两人共八平行标定结果极差的相对值不得大于重复临界极差〔CrR95(8)〕的相对值 0.18%。取两人八平行测定结果的平均值为测定结果，浓度值取四位有效数字。

每 1ml 硝酸银滴定液（0.1mol/L）相当于 5.844mg 的 NaCl。

2. 氯化钠注射液中氯化钠含量测定 用 10ml 移液管精密量取氯化钠注射液 10ml，放入 250ml 锥形瓶中，加水 40ml、2% 糊精溶液 5ml、2.5% 硼砂溶液 2ml 与荧光黄指示液 5 ~ 8 滴，用硝酸银滴定液（0.1mol/L）滴定至溶液由黄绿色变为粉红色，即为终点。记录消耗的体积。平行测定 2 份，要求每次测定结果或复测结果的相对平均偏差不大于 0.1%。每 1ml 硝酸银滴定液（0.1mol/L）相当于 5.844mg

的 NaCl。

【数据记录与处理】

1. 硝酸银溶液的标定记录

年　月　日

测定份数 n		①	②	③	④
基准 NaCl 的质量 m（g）		$m_1 =$	$m_2 =$	$m_3 =$	$m_4 =$
		$m_2 =$	$m_3 =$	$m_4 =$	$m_5 =$
		$\Delta m_1 =$	$\Delta m_2 =$	$\Delta m_3 =$	$\Delta m_4 =$
AgNO₃ 滴定液的体积 V（ml）	初始读数（ml）				
	终点读数（ml）				
	V（ml）				
AgNO₃ 滴定液的浓度 c_{AgNO_3}（mol/L）					
平均浓度 $\bar{c}_{AgNO_3}$（mol/L）					
绝对偏差 d					
平均偏差 $\bar{d}$					
相对平均偏差 $R\bar{d}$					

计算公式：$c_{AgNO_3} = \dfrac{m_{NaCl}}{M_{NaCl} \times V_{AgNO_3} \times 10^{-3}}$

①$c =$

②$c =$

③$c =$

④$c =$

$\bar{c}_{AgNO_3} =$

$R\bar{d} =$

2. 氯化钠注射液中氯化钠含量测定记录

年　月　日

测定份数 n		①	②
硝酸银滴定液浓度 c_{AgNO_3}（mol/L）			
氯化钠注射液体积 $V_{样品}$（ml）			
硝酸银滴定液的体积 V（ml）	初始读数（ml）		
	终点读数（ml）		
	V（ml）		
氯化钠注射液百分含量			
氯化钠注射液百分含量平均值			
氯化钠注射液百分含量平均值修约值			
绝对偏差 d			
平均偏差 $\bar{d}$			
相对平均偏差 $R\bar{d}$			

$$\text{氯化钠注射液中氯化钠的百分含量} = \dfrac{V_{AgNO_3} \times T_{NaCl/AgNO_3} \times \dfrac{c_{AgNO_3(\text{实际浓度})}}{c_{AgNO_3(\text{规定浓度})}}}{S_{\text{样品}}} \times 100\%$$

①氯化钠注射液中氯化钠的百分含量 =

②氯化钠注射液中氯化钠的百分含量 =

氯化钠注射液中氯化钠的百分含量平均值 =

氯化钠注射液中氯化钠的百分含量平均值修约为：

【实训结论】

1. 硝酸银滴定液的标定

$n =$ $\overline{c}_{AgNO_3} =$ $\overline{Rd} =$

2. 氯化钠注射液中氯化钠含量测定

$n =$ $\overline{c}_{NaCl} =$ $\overline{Rd} =$

【实践思考】

1. 法扬司法标定硝酸银和测定氯化钠含量时，为什么要加入一定量的糊精、硼砂或碳酸钙？

2. 硝酸银滴定液为什么要用棕色试剂瓶贮存和棕色酸式滴定管取用？

3. NaCl 为什么要在 110℃ 干燥至恒重？

4. 为什么标定时每份实验要求精密称定 NaCl 基准物约 0.2g？为什么含量测定时每份要精确移取样品 10ml？

【实训体会】

目标检测

答案解析

一、选择题

（一）最佳选择题

1. 沉淀滴定法的分类依据是

    A. 卤化银的溶解度不同
               B. 卤化银的相对分子质量不同

    C. 卤化银的沉淀形式不同
               D. 所用指示剂不同

    E. 加入 $AgNO_3$ 滴定液的量不同

2. 用铬酸钾指示剂法测定 Cl^- 含量时，要求溶液的 pH 在 6.5 ~ 10.5 范围内。若溶液的酸度过高，会导致

    A. AgCl 沉淀不完全
               B. AgCl 沉淀易形成胶状沉淀

    C. AgCl 沉淀对 Cl^- 的吸附能力增强
         D. Ag_2CrO_4 沉淀不易形成

    E. AgCl 沉淀对 Ag^+ 的吸附能力增强

3. 用铁铵钒指示剂法测定 Cl^- 时，若不加硝基苯等保护沉淀，分析结果会

    A. 偏高　　　　　　　　　B. 偏低　　　　　　　　　C. 准确

    D. 无影响　　　　　　　　E. 不一定

4. 下列物质中，被卤化银吸附最强的是

    A. Cl^-　　　　　　　　　B. Br^-　　　　　　　　　C. I^-

    D. SCN^-　　　　　　　　E. 荧光黄

5. 用标准溶液滴定氯化物，以荧光黄为指示剂，最适宜的酸度条件是

    A. pH7 ~ 10　　　　　　　B. pH4 ~ 6　　　　　　　C. pH2 ~ 10

    D. pH1. 5 ~ 3. 5　　　　　E. pH > 10

6. 溶液中同时含有相同浓度的 Cl^-、Br^- 和 I^-，用 $AgNO_3$ 溶液连续滴定，首先析出沉淀的是

    A. AgI　　　　　　　　　B. AgCl　　　　　　　　　C. AgBr

    D. 同时析出　　　　　　　E. 不一定

7. 标定硝酸银标准溶液的基准物是

    A. Na_2CO_3　　　　　　　B. 邻苯二甲酸氢钾　　　C. NaCl（P. T）

    D. 硼砂　　　　　　　　　E. NaCl（A. R）

8. 若用含有少量惰性杂质的 NaCl 作为基准物标定 $AgNO_3$ 溶液，会使标定结果

    A. 偏高　　　　　　　　　B. 偏低　　　　　　　　　C. 准确

    D. 误差在允许范围内　　　E. 误差的大小不定

（二）配伍选择题

    A. 糊精　　　　　　　　　B. 曙红　　　　　　　　　C. 荧光黄

    D. 二甲基二碘荧光黄　　　E. 铁铵矾

9. 在 pH 为 7 ~ 10 的溶液中，可作为银量法沉淀氯化物的指示剂是

10. 在吸附指示剂法中，为了防止卤化银胶粒聚沉，常加入的试剂是

11. 在 pH 为 4 ~ 6 的溶液中，用吸附指示剂法测定溴化物含量，选择的最佳指示剂是

12. 在中性溶液中测定碘化物含量，选择的最佳指示剂是

（三）X 型题（多项选择题）

13. 下列离子是铬酸钾指示剂法的干扰离子的是

    A. Ba^{2+}　　　　　　　　B. Cl^-　　　　　　　　　C. CO_3^{2-}

    D. Na^+　　　　　　　　　E. NO_3^-

14. 由于有机卤化物中卤素不是以离子形式存在，必须经过适当处理转变成卤素离子后，再用银量法沉淀，常用的转化方法有

    A. NaOH 水解法　　　　　B. Na_2CO_3 熔融法　　　C. 氧瓶燃烧法

    D. 中和法　　　　　　　　E. 沉淀法

15. 吸附指示剂法的滴定条件是

    A. 滴定前加入糊精或淀粉保护胶体

    B. 应适当控制溶液的 pH

    C. 沉淀对指示剂阴离子的吸附能力应稍大于对指示剂离子的吸附能力

    D. 溶液的浓度不能太稀

    E. 滴定时指示剂不同应避免强光照射

二、填空题

16. 银量法分为_____、_____和_____三类，分类方法的依据是_____。

17. 铬酸钾指示剂法应在_____或_____溶液中进行，铁铵矾指示剂法须在_____溶液中进行。

18. 佛尔哈德法按滴定方式分为_____和_____。

19. 吸附指示剂是一类_____的有机化合物。吸附指示剂法滴定前应向溶液中加入_____等_____性高分子化合物等胶体保护剂，使卤化银沉淀呈_____状态。

20. 硝酸银滴定液见光易分解，应储存于_____试剂瓶中，存放一段时间后需_____。

书网融合……

知识回顾　　　微课　　　习题

（许瑞林）

第七章　重量分析法

学习引导

重量分析法是经典分析方法之一，是根据生成物的质量确定待测组分含量的方法，包括挥发法、萃取法和沉淀法。

本章主要介绍：重量分析法的基本原理、测定过程和结果计算。

学习目标

1. **掌握**　沉淀法对沉淀形式和称量形式的要求；晶型沉淀和非晶型沉淀的条件；换算因数和待测组分含量的计算；沉淀法的操作过程；干燥失重测定法。
2. **熟悉**　重量分析法的概念、分类；挥发法和萃取法的定义、基本原理。
3. **了解**　不同类型沉淀的特点与沉淀的形成过程。

第一节　概　述

重量分析法（gravimetric analysis）是通过物理或化学反应将试样中的待测组分与其他组分分离后，转化为一定的称量形式，然后用称量的方法称得待测组分或它的难溶化合物的质量，计算出待测组分在试样中的百分含量。重量分析法实际包括了分离和称量两个过程。根据待测组分与其他组分分离方法的不同，重量分析法可分为挥发重量法、萃取重量法和沉淀重量法。

重量分析法的全部数据都是直接用分析天平称量而获得分析结果，不需要标准试样或基准物质进行比较，因此对于高含量组分的测定，重量分析法具有准确度较高的优点，测定的相对误差一般不大于0.1%。但是，该法操作繁琐，耗时较长，使用面窄，不适用于微量、痕量组分的测定。目前尚有一些药物的分析检查项目仍用重量分析法，如某些组分的含量测定、干燥失重、炽灼残渣及中药灰分的测定等，《中国药典》作为法定的测定方法收载。

实验项目不同，所使用的仪器和器具也不相同，重量分析法主要使用的仪器和器具有：分析天平、电热干燥箱、扁形称量瓶、干燥器、万用电炉、坩埚、坩埚钳、蒸发皿、分液漏斗、泥三角、玻璃漏斗、马弗炉、表面皿、定量滤纸等。

第二节 挥发重量法

一、原理和测定

挥发重量法简称挥发法（volatilization method），该法是利用待测组分具有挥发性或将其转化成挥发性物质，称取挥发前后挥发组分的质量，计算其含量。挥发法根据称量对象的不同可分为直接挥发法和间接挥发法。

（一）直接挥发法

直接挥发法是利用加热或其他方法使试样中的待测组分逸出，用适宜的吸收剂将其吸收至吸收剂恒重，然后测定吸收剂增加的重量来计算该组分含量的方法。由于在最后的称量中有待测组分存在，故称为直接挥发法。例如，试样中水分的测定，是将试样加热到适当的温度，以高氯酸镁为吸收剂，将逸出的水分吸收，则高氯酸镁增加的质量就是试样中水分的质量。

测定中若有几种挥发性物质并存时，应选用合适的吸收剂，以适当的吸收次序分别加以吸收，从而达到分别测量的目的。例如，有机化合物中的元素分析，取一定的试样，将其在氧气流中燃烧，其中的碳和氢分别生成 CO_2 和 H_2O，用碱石灰吸收 CO_2，用高氯酸镁吸收 H_2O，最后分别称量各吸收剂的质量，根据各吸收剂增加的质量，即可计算出试样中的含氢量和含碳量。此外，在许多有机物的灰分和炽灼残渣的测定中，虽然测定是经高温灼烧后残留下来的不挥发性物质，但是由于称量的是被测物质，所以也属于直接挥发法。灰分、炽灼残渣和不挥发性物质的测定，是卫生检验、药物检验和环境监测的重要项目之一。

（二）间接挥发法

间接挥发法是利用加热或其他方法使试样中的待测组分挥发逸出至试样恒重，然后根据试样减轻的重量，计算试样中该组分含量的方法。因为在最后被称量的质量中没有被测物质，所以称为间接挥发法。

测定试样中的水分时，其水分必须是试样中唯一可挥发的物质，而且脱水后的物质应该是稳定的。试样中水分挥发的难易程度取决于水在试样中的存在状态，其次取决于环境空间的干燥程度。固体试样中水分存在的形式主要有以下 3 种。

（1）结晶水　即结合在化合物中的水，是物质的一个组成部分。水分子的数量与该化合物中其他组分之间有一定的比例，如 $CuSO_4 \cdot 5H_2O$ 中有 5 个结晶水。这种水与物质牢固地结合在一起，只有加热到一定的温度时，使物质的结晶体破坏，才能使这种结晶水释放出来。在干燥过程中，这种水分是不能靠蒸发除去的，所以在干燥过程的计算中不考虑结晶水。

（2）湿存水　即物质从空气中所吸收的水，存在于固体表面，其含量随空气湿度、表面积大小的变化而变化。当湿度越大、固体的表面积越大时，固体的含水量也越大。一般来讲，该状态的水在不太高的温度下即可失去。

（3）吸着水　一些具有亲水胶体性质的物质，如硅胶、纤维素、淀粉等，内部有很大的膨胀性，内表面积也很大，能大量吸收水分，这些水分称为吸着水。吸着水一般在 100～110℃下不易除尽，有时需采用 70～100℃真空干燥。

二、挥发重量法的应用

（一）干燥失重测定法 📱微课

在药物的纯度检查中，经常用干燥失重法测定药物中水分及挥发性物质的含量。

干燥失重测定法就是应用挥发法测定药物在规定条件下，经干燥至恒重后所减失的质量，通常以百分率表示，主要用于控制药物中的水分或挥发性物质（如乙醇等）。

恒重系指供试品连续两次干燥或炽灼后称重的差异在 0.3mg 以下的重量。

在干燥失重测定中，应根据试样的性质和水在试样中存在的状态不同，采用不同的干燥方式。测定干燥失重常用的干燥方法有以下 3 种：

1. 恒温常压干燥法 恒温常压干燥法所使用的仪器为恒温干燥箱，适用于受热稳定的药物。例如，硫酸钡、青霉素钠、维生素 B_1 等的干燥失重，可在 105℃干燥至恒重。对于某些吸湿性强或水分不易除去的试样，可适当提高温度或延长加热时间，如门冬氨酸鸟氨酸的干燥失重在 120℃进行干燥至恒重。

有些试样因结晶水的存在而有较低的熔点，在加热干燥时未达规定的干燥温度时即发生熔化。测定这类物质的水分时，应先在较低温度下干燥，当大部分水分除去后，再升高温度至测定温度下进行干燥。例如测定磷酸二氢钠（$NaH_2PO_4 \cdot H_2O$）的干燥失重，先在 60℃干燥 2 小时后，再在 105℃干燥至恒重。

2. 恒温减压干燥法 恒温减压干燥法是在恒温减压干燥器中进行的，适用于受热不稳定、熔点低或难驱除水分的药物。《中国药典》（2020 年版四部）规定，温度为 60℃时，除另有规定外，压力应在 2.67kPa（20mmHg）以下。

在减压条件下，水或其他挥发性物质沸点降低，大大缩短干燥时间、降低干燥温度。像口服补液盐散（Ⅱ）等物质在常压下因受热时间过长或温度过高而分解变质，可用恒温减压干燥法。

3. 干燥器干燥法 干燥器干燥法适用于能升华或不能加热干燥的药物，干燥器干燥法又分常压、减压两种。例如氯化铵干燥失重：取本品，置硫酸干燥器中干燥至恒重。若常压下干燥，水分不易除去，可置于减压干燥器中干燥。例如布洛芬干燥失重：取本品，以五氧化二磷为干燥剂，在 60℃减压干燥至恒重，减失重量不得过 0.5%。

另外，盛有干燥剂的干燥器，在重量分析中经常被用作短时间存放刚从烘箱或高温炉取出的热的干燥器皿或试样，目的是在低湿度的环境中冷却，减少吸水，以便称量。但十分干燥的试样不宜在干燥器中长时间放置，尤其是很细的粉末，由于表面吸附作用，可吸收水分。

即学即练7－1

干燥失重测定法常采用＿＿＿＿＿＿、＿＿＿＿＿＿和＿＿＿＿＿＿。

答案解析

实例分析

甲硝唑的干燥失重检查

实例 取本品，在105℃干燥至恒重，减失重量不得过0.5%（《中国药典》2020年版四部通则0831）。

问题 1. 什么是干燥失重？干燥失重的测定方法有哪几种？甲硝唑的干燥失重检查属于哪一种？

2. 什么是恒重？

3. 某同学称取甲硝唑0.9966g，置于扁形称量瓶中，在规定条件下经过多次干燥、冷却、称量至恒重，恒重时的重量为0.9934g，判断甲硝唑的干燥失重是否符合规定。

答案解析

（二）中药灰分的测定

药物中有机物在高温和有氧条件下灰化氧化，挥散后所残留的不挥发性物质所占试样的百分率称为灰分。《中国药典》中灰分是控制中药材质量的检验项目之一。

例如，《中国药典》（2020年版一部）规定中药甘草浸膏需测定总灰分。按《中国药典》（2020年版四部通则2302）测定，供试品2~3g，置炽灼至恒重的坩埚中，称定重量（准确至0.01g），缓缓炽热，注意避免燃烧，至完全炭化时，逐渐升高温度至500~600℃，使完全灰化并至恒重。根据残渣重量，计算供试品中总灰分的含量（%）。将结果与《中国药典》（2020年版一部）规定（甘草浸膏总灰分不得过12.0%）比较。

第三节 萃取重量法

萃取重量法简称萃取法（extraction method），该法是采用不相溶的两种溶剂，将待测组分从一种溶剂萃取到另一种溶剂中来，然后将萃取液中的溶剂蒸去，干燥至恒重后称重，再计算出待测组分的含量。应用萃取法可从固体或液体混合物中萃取出所需要的物质，如天然产物中各种生物碱、脂肪、蛋白质，芳香油和中草药的有效成分等都可用萃取的方法从动植物中获得。

萃取分离物质的操作步骤：把用来萃取（提取）溶质的溶剂加入到盛有溶液的分液漏斗后，立即充分振荡，使溶质充分转溶到加入的溶剂中，然后静置分液漏斗。待液体分层后，再进行分液。如要获得溶质，可把溶剂蒸馏除去，就能得到纯净的溶质。

一、原理和测定

物质在水相和与水互不相溶的有机相中都有一定的溶解度，在液-液萃取分离时，待萃取物质在有机相和水相中的浓度之比称为分配比，用 D 表示，分配比随着溶质和有关溶剂的浓度而改变。

$$D = \frac{c_{\text{有机相}}}{c_{\text{水相}}}$$

当两液相体积相等时，若 $D>1$，说明经萃取后进入有机相的物质量比留在水中的物质量多。在实际工作中,一般要求至少 $D > 10$。若 D 较小时,应采用少量多次连续萃取以提高萃取率。

二、萃取重量法的应用

昆明山海棠片是一种生物碱制剂,溶于水,其游离生物碱本身不溶于水,但溶于有机溶剂,故可用有机溶剂萃取。

《中国药典》(2020 年版一部)规定其含量测定如下:取本品,除去包衣,精密称定,研细,取适量,加硅藻土适量,混匀,经乙醇、盐酸处理后得滤液,加氨试液使溶液呈碱性,使生物碱游离,用乙醚分数次萃取,用水振摇洗涤,乙醚液滤过,滤液在水浴上蒸干,干燥至恒重,称定重量,即可计算出供试品中总生物碱的含量。

第四节 沉淀重量法

沉淀重量法简称沉淀法(precipitation method),是重量分析的主要方法。该法是利用沉淀反应使待测组分生成溶解度很小的沉淀,将沉淀过滤、洗涤后,烘干或灼烧成组成一定的物质,然后称量其质量,计算待测组分的含量。

一、原理和测定

(一)沉淀法对沉淀形式和称量形式的要求

在沉淀重量法中,向试液中加入适当的沉淀剂,使待测组分沉淀出来,这样获得的沉淀称为沉淀形式。沉淀形式经过滤、洗涤、烘干或灼烧后,供最后称量的物质,称为称量形式。沉淀形式和称量形式的化学组成可以相同,也可以不同。

例如,用 $BaSO_4$ 沉淀法测定 SO_4^{2-} 的含量,沉淀形式和称量形式都是 $BaSO_4$,两者相同。

$$\text{试样} \xrightarrow{\text{溶解}} SO_4^{2-} \xrightarrow{\text{沉淀剂}} \underset{\text{(沉淀形式)}}{BaSO_4 \downarrow} \xrightarrow{\text{过滤、洗涤}} \xrightarrow{800℃\text{灼烧}} \underset{\text{(称量形式)}}{BaSO_4 \downarrow}$$

但用 CaC_2O_4 沉淀重量法测定 Ca^{2+} 的含量时,沉淀形式是 $CaC_2O_4 \cdot H_2O$,经灼烧后称量形式为 CaO,沉淀形式和称量形式不同。

$$\text{试样} \xrightarrow{\text{溶解}} C_2O_4^{2-} \xrightarrow{\text{沉淀剂}} \underset{\text{(沉淀形式)}}{CaC_2O_4 \cdot H_2O} \xrightarrow{\text{过滤、洗涤}} \xrightarrow{800℃\text{灼烧}} \underset{\text{(称量形式)}}{CaO \downarrow}$$

1. 对沉淀形式的要求

(1)沉淀的溶解度必须足够小,这样才能保证待测组分沉淀完全。通常要求分析过程中沉淀的溶解损失不超过 0.2mg。

(2)沉淀必须纯净,尽量避免其他杂质的玷污。

(3)沉淀形式应易于过滤和洗涤,易于转化为称量形式,这样可以降低能耗和简化操作,应是沉淀选择的理想目标。

2. 对称量形式的要求

（1）组成确定且与化学式完全相符，否则无法计算分析结果。

（2）稳定性要高，不易吸收空气中的水分和二氧化碳，不易被空气中的氧所氧化。

（3）摩尔质量要大，这样可增大称量形式的质量，减小称量的相对误差，提高分析结果的准确度。

（二）沉淀条件的选择

在重量分析法中，为了获得准确的分析结果，要求沉淀完全、纯净且易于过滤洗涤。因此，要根据沉淀的形态，选择不同的沉淀条件。沉淀根据其物理性质的不同，大致分为晶形沉淀和非晶形沉淀（无定形沉淀）两大类。

1. 晶形沉淀的沉淀条件 晶形沉淀如 $BaSO_4$，是指具有一定形状的晶体，由较大的沉淀颗粒组成，内部排列规则有序，结构紧密，吸附杂质少，极易沉降，有明显的晶面，易于过滤和洗涤。但是，晶形沉淀的溶解度通常都比较大，所以要注意沉淀的溶解损失。

（1）应在适当稀的热溶液中进行沉淀 一方面可降低溶液的相对过饱和度，以减少成核数量，使聚集速率减小，得到颗粒大的晶形沉淀；另一方面又能减少杂质的吸附，有利于得到纯净的沉淀。为了防止沉淀在热溶液中的溶解损失，应当在沉淀作用完毕后，将溶液冷却至室温再过滤，以减少沉淀损失。对溶解度较大的沉淀，溶液不能太稀。

（2）在不断搅拌的情况下慢慢加入沉淀剂 可使沉淀剂有效地分开，避免溶液局部形成过饱和溶液而产生大量细小的晶粒。

（3）过滤前应进行陈化处理 陈化是指在沉淀生成后，为了减少吸附和夹带的杂质离子，经放置或加热得到易于过滤的粗颗粒沉淀的过程。沉淀经陈化作用后，沉淀晶体颗粒长大，而且沉淀更为纯净，因为晶体颗粒长大总表面积变小，吸附杂质的量就少了。

2. 非晶形沉淀的沉淀条件 非晶形沉淀如 $Fe_2O_3 \cdot xH_2O$，是指无晶体结构特征的一类沉淀，它是由许多聚集在一起的微小颗粒组成的，内部排列杂乱无序、结构疏松，易胶溶，常常是体积庞大的絮状沉淀，不能很好地沉降，无明显的晶面，不易过滤和洗涤。

非晶形沉淀的溶解度一般很小，因此溶液中相对过饱和度相当大，很难通过降低溶液的相对过饱和度来改变沉淀的物理性质。为了获得较紧密的沉淀，对非晶形沉淀主要是设法破坏胶体，防止胶溶，加速沉淀微粒的凝聚。

（1）应在较浓的溶液中进行沉淀，加入沉淀剂的速度可适当加快。这样得到的沉淀结构较紧密。在较浓的溶液中进行沉淀，吸附的杂质较多，故在沉淀反应完毕后，应立即加入较大量热水冲稀并搅拌，使吸附的部分杂质转入溶液。

（2）应在热溶液中进行沉淀。这样可以防止胶体的生成，减少沉淀表面对杂质的吸附。

（3）溶液中应加入适当的电解质。带电的胶体粒子相互凝聚，加快沉降速度，有利于形成较紧密的沉淀。

（4）趁热过滤、洗涤，不必陈化，否则非晶形沉淀因放置时间较长失去水分，聚集得更紧，使吸附的杂质难以洗去。在进行洗涤时，为防止沉淀重新变为难以过滤和洗涤的胶体，一般选用热的稀的电解质溶液作洗涤液。

非晶形沉淀吸附杂质较严重，若一次沉淀不纯净，必要时应进行再沉淀。

知识拓展

沉淀的形成过程

沉淀的形成是一个复杂的过程，一般经过晶核形成和晶核长大两个过程。晶核的形成有两种情况：一种是均相成核，即在过饱和溶液中，构晶离子通过静电作用而缔合，从溶液中自发地产生晶核的过程。溶液越饱和，均相成核的数目越多，生成的沉淀颗粒就越小。另一种是异相成核，指沉淀介质和容器中不可避免存在的一些外来固体微粒，它们起到晶种的作用，诱导构晶离子在其周围排列形成晶核的过程。固体微粒越多，异相成核数目越多。

当晶核形成后，溶液中的构晶离子向晶核表面扩散，并沉积在晶核上，晶核逐渐长大成沉淀颗粒。沉淀颗粒大小由聚集速度和定向速度的相对大小决定。如果定向速度大于聚集速度，即离子较缓慢地聚集成沉淀，有足够的时间进行晶格排列，得到的是晶形沉淀，如 $BaSO_4$、CaC_2O_4 等。如果聚集速度大于定向速度，即离子很快地聚集成沉淀微粒，来不及进行晶格排列，沉淀就已生成，这样得到的沉淀为非晶形沉淀，如 $Fe(OH)_3$、$Al(OH)_3$ 等。

晶形沉淀和非晶形沉淀的沉淀颗粒大小不同，晶形沉淀的颗粒直径 $0.1 \sim 1\mu m$，非晶形沉淀颗粒直径一般小于 $0.02\mu m$。

（三）沉淀法的操作过程

1. 溶解 将试样溶解制成溶液的过程称为溶解。试样溶解的方法取决于试样及待测组分的性质。应确保待测组分全部溶解而无损失，加入的试剂不应干扰以后的分析。

2. 沉淀 在适宜的条件下，向上述溶液中加入适当的沉淀剂，使其与待测组分发生沉淀反应，生成沉淀并析出的过程称为沉淀。沉淀是称量分析最重要的一步操作，应根据沉淀的性质采用不同的沉淀条件和操作方式。

3. 过滤和洗涤 使沉淀与母液分离的过程称为过滤。一般采用无灰滤纸或微孔玻璃过滤器过滤。对于需要灼烧的沉淀常用滤纸过滤，而对于过滤后只需烘干即可称重的沉淀，可用微孔玻璃坩埚或漏斗过滤。洗涤沉淀是为了除去不挥发的盐类杂质和母液。洗涤沉淀时应遵循"少量多次"的原则。

4. 烘干或灼烧 烘干通常是在 $105 \sim 120℃$ 烘干至恒重，除去沉淀中的水分和挥发性物质得到沉淀的称量形式。沉淀在烘箱烘干后，取出置于干燥器中冷却至室温后称量。反复烘干、称量，直至恒重为止。

灼烧是在 $800℃$ 以上，彻底去除水分和挥发性物质，并使沉淀分解为组成恒定的称量形式。灼烧是在预先已烧至恒重的瓷坩埚中进行的。每次灼烧完毕都应该在空气中稍冷再移入干燥器中，冷却至室温后称量。多次灼烧、冷却、称量，直至恒重。

如 $BaSO_4$ 沉淀水分不易除去、$Fe(OH)_3 \cdot xH_2O$ 沉淀形式组成不固定，再经高温 $800℃$ 以上灼烧至恒重后转变成组成固定的形式 $BaSO_4$、Fe_2O_3，方可进行称量。

（四）分析结果的计算

沉淀重量分析中，多数情况下称量形式与待测组分的形式不同，这就需要将称得的称量形式的质量换算成待测组分的质量。

试样中待测组分含量按下式计算：

$$试样中待测组分百分含量 = \frac{称量形式的质量 \times 换算因数}{试样的质量} \times 100\%$$

换算因数又称化学因数，可用 F 表示。F 是指待测组分的摩尔质量与称量形式的摩尔质量之比，是一常数。

$$F = \frac{a \times 待测组分的摩尔质量}{b \times 称量形式的摩尔质量}$$

式中，a、b 为待测组分和称量形式的系数，乘以系数后使得分子与分母中含待测元素的原子数相等。几种常见沉淀的换算因数见表 7-1。

表 7-1 几种常见沉淀的换算因数

待测组分	沉淀形式	称量形式	换算因数
Ag^+	$AgCl$	$AgCl$	$Ag^+/AgCl$
Cl^-	$AgCl$	$AgCl$	$Cl^-/AgCl$
Fe	$Fe(OH)_3 \cdot xH_2O$	Fe_2O_3	$2Fe/Fe_2O_3$
MgO	$MgNH_4PO_4$	$Mg_2P_2O_7$	$2MgO/Mg_2P_2O_7$
Na_2SO_4	$BaSO_4$	$BaSO_4$	$Na_2SO_4/BaSO_4$

例 7-1 测定某试样中 P_2O_5 的含量时，在氨溶液中用 $MgCl_2$ 和 NH_4Cl 使 P 沉淀为 $MgNH_4PO_4$，最后灼烧成 $Mg_2P_2O_7$ 称量，试求 $Mg_2P_2O_7$ 对 P_2O_5 的换算因数。

解：$P_2O_5 \longrightarrow Mg_2P_2O_7$

$$F = \frac{M_{P_2O_5}}{M_{Mg_2P_2O_7}} = \frac{141.94}{222.55} = 0.6378$$

即学即练 7-2

将 $BaCl_2 \cdot 2H_2O$ 换算为 $BaCl_2$ 的换算因数为（　　　　）。

答案解析　　A. 0.8525　　　B. 0.5622　　　C. 0.7614　　　D. 0.8324

例 7-2 测定某试样中 MgO 的含量时，在先将 Mg^{2+} 沉淀为 $MgNH_4PO_4$，再灼烧成 $Mg_2P_2O_7$ 称量。若试样质量为 0.1200g，得到 $Mg_2P_2O_7$ 的质量为 0.0965g，计算试样中 MgO 的质量分数是多少？

解：$Mg_2P_2O_7$ 对 MgO 的换算因数为

$$F = \frac{2M_{MgO}}{M_{Mg_2P_2O_7}} = \frac{2 \times 40.31}{222.55} = 0.3623$$

$$\omega_{MgO} = \frac{m_{Mg_2P_2O_7} \times F}{S_{样品}} = \frac{0.0965 \times 0.3623}{0.1200} \times 100\% = 29.13\%$$

二、沉淀重量法的应用

有些中药中无机化合物的含量可用沉淀法测定。例如，芒硝为硫酸钠的天然矿物经加工精制而成的结晶体，该药性咸、苦、寒，归胃、大肠经。功效泻下通便，润燥软坚，清热消肿。芒硝作为中药应用广泛，很多疾病的治疗都会用到芒硝。中药芒硝中 Na_2SO_4 的含量测定，芒硝的主要成分是 Na_2SO_4，以 $BaCl_2$ 为沉淀剂，$BaSO_4$ 称量形式。

例如，《中国药典》（2020 年版一部）规定中药芒硝中硫酸钠的含量测定方法如下：取本品，置 105℃ 干燥至恒重后，取约 0.3g，精密称定，加水 200ml 溶解后，加盐酸 1ml，煮沸，不断搅拌，并缓缓加入热氯化钡试液（约 20ml），至不再生成沉淀，置水浴上加热 30 分钟，静置 1 小时，用无灰滤纸或称定重量的古氏坩埚滤过,沉淀用水分次洗涤,至洗液不再显氯化物的反应,干燥,并炽灼至恒重,精密称定,与 0.6086(换算因数)相乘,即得供试品中含有硫酸钠(Na_2SO_4)的重量。

✍ 实践实训

实训九　葡萄糖酸亚铁胶囊中水分及挥发性物质的测定

【实训内容】

　　1. 扁形称量瓶干燥至恒重。

　　2. 葡萄糖酸亚铁胶囊内容物干燥失重测定。

【实训目的】

　　1. 掌握干燥失重测定法的操作技术、恒重的概念及操作方法。

　　2. 熟悉和巩固电热干燥箱、分析天平等仪器的使用方法。

　　3. 了解药物中干燥失重检查的意义。

【实训仪器和试剂】

　　1. 仪器　分析天平(0.1mg)、电热干燥箱、干燥器、扁形称量瓶。

　　2. 试剂　葡萄糖酸亚铁胶囊。

【实训原理】

　　应用挥发重量法,将样品在温度为105℃的电热干燥箱内干燥,使其水分及挥发性物质逸去后,根据样品的失重计算干燥失重。干燥失重通常以百分率表示。

【实训步骤】

　　1. 将洗涤洁净的扁称量瓶瓶盖半开,置于105℃电热干燥箱中干燥1小时左右,取出扁形称量瓶,盖好,置干燥器中冷却至室温,精密称定;重复上述操作(干燥约30分钟)至恒重,记录恒重扁形称量瓶空瓶重为 m_0。

　　2. 在上述恒重扁形称量瓶中加入葡萄糖酸亚铁胶囊内容物约1.0g,内容物平铺,精密称定,总重为 m_1。将装有供试品的扁形称量瓶放入电热干燥箱中,瓶盖半开,常压恒温干燥5小时,盖好取出,置干燥器中冷却至室温,称重。

　　3. 再次将装有供试品的扁形称量瓶(瓶盖半开)放入电热干燥箱中,相同条件下干燥约1小时,盖好取出,置干燥器中冷却至室温,称重。直至前后两次质量的差值不大于0.3mg,即为恒重,记录为 m_2。计算干燥失重,减失重量不得过11.0%。

$$干燥失重(\%) = \frac{m_1 - m_2}{m_1 - m_0} \times 100\%$$

注意事项

　　1. 称量瓶及样品在干燥器中冷却至室温的时间应依据环境温度设定,冬季冷却时间可为15分钟,夏季冷却时间要稍长些。注意每个实验的几次冷却时间要一致。

　　2. 供试品中若有较大的结晶,要迅速捣碎使成2mm以下的小粒。

【数据记录与处理】

年　　月　　日

	恒重次数	质量（g）	质量差值（g）
扁形称量瓶（g）	1		—
	2		
	3		
恒重扁形称量瓶 m_0（g）			
扁形称量瓶＋样品总重（g）	1		—
	2		
	3		
m_1（g）			
m_2（g）			
干燥失重率			

【实训结论】

扁形称量瓶质量：

药物质量：

药物减失质量：

干燥失重率 = ＿＿＿＿＿＿＿

葡萄糖酸亚铁胶囊内容物干燥失重不得过 11.0%，检查结果为＿＿＿＿＿，＿＿＿＿＿符合规定。

【实践思考】

1. 为什么空扁形称量瓶要干燥至恒重？

2. 供试品装入扁形称量瓶时应注意什么？

3. 供试品干燥结束后，扁形称量瓶的瓶盖可以半开着放入干燥器吗？为什么？

【实训体会】

目标检测

答案解析

一、选择题

（一）最佳选择题

1. 将 $BaCl_2 \cdot 2H_2O$ 换算为 Ba 的换算因数为

    A. 0.5622　　　　　　　　　B. 0.8623　　　　　　　　　C. 0.7614

    D. 0.8324　　　　　　　　　E. 0.7325

2. 使晶形沉淀更纯净的是

    A. 在较浓的溶液中进行沉淀　　　　　　B. 在热溶液中及电解质存在的条件下沉淀

C. 进行陈化
D. 趁热过滤、洗涤、不必陈化

E. 滴加沉淀剂无需搅拌

3. 重量法分析中所使用的仪器一定有

A. 分析天平
B. 台秤
C. 漏斗

D. 滴定管
E. 移液管

4. 在下列杂质离子存在下，以 Ba^{2+} 沉淀 SO_4^{2-} 时，沉淀首先吸附

A. Fe^{3+}
B. Cl^-
C. OH^-

D. NO_3^-
E. Ba^{2+}

5. 恒重系指供试品连续两次干燥或灼烧后称重的差异在（　　）以下的重量

A. 0.1mg
B. 0.2mg
C. 0.3mg

D. 0.4mg
E. 0.5mg

（二）配伍选择题

[6～9]

下列情况的测定结果

A. 偏低
B. 偏高
C. 无影响

6. $BaSO_4$ 沉淀法测定试样中 Ba^{2+} 的含量时，沉淀中包埋了 $BaCl_2$。

7. Fe_2O_3 沉淀法测定试样中 Fe 的含量时，灼烧过程中部分 Fe 损失。

8. $Mg_2P_2O_7$ 沉淀法测定试样中 MgO 的含量时，在热的稀溶液中逐滴加入沉淀剂。

9. 用 $C_2O_4^{2-}$ 作沉淀剂，重量法测定 Ca^{2+}、Mg^{2+} 混合溶液中 Ca^{2+} 含量。

（三）共用题干单选题

[10～12]

用沉淀重量法测定芒硝试样中 Na_2SO_4 的含量，操作步骤如下：称取芒硝试样适量，溶解后加入过量的沉淀剂 $BaCl_2$，将 SO_4^{2-} 沉淀为 $BaSO_4$，过滤，洗涤，将沉淀在 800℃ 灼烧至恒重，称量，计算得到样品溶液中的 SO_4^{2-} 含量。

10. 下列操作中错误的是

A. 在热的溶液中进行沉淀
B. 在稀溶液中进行沉淀

C. 沉淀剂一次加入试液中
D. 在不断搅拌下向试液中逐滴加入沉淀剂

E. 对生成的沉淀进行陈化

11. 加入过量的沉淀剂 $BaCl_2$ 溶液的原因是

A. 利用同离子效应，减小 $BaSO_4$ 的溶解度
B. 减少共沉淀现象

C. 利用盐效应，增大 $BaSO_4$ 的溶解度
D. 使生成小颗粒沉淀

E. 利用盐效应，减小 $BaSO_4$ 的溶解度

12. 若过滤时，从定量滤纸撕下的小角在擦完玻棒和烧杯后，忘记放入坩埚中，就灼烧灰化了，则最终结果

A. 偏小
B. 偏大
C. 无影响

D. 无法判断

（四）X 型题（多项选择题）

13. 在称量分析中，称量形式应具备的条件是
    A. 摩尔质量大
    B. 组成与化学式相符
    C. 不受空气中 O_2、CO_2 的影响
    D. 与沉淀形式组成一致
    E. 不受空气中水的影响

14. 下列选项中，属于形成晶形沉淀的操作有
    A. 在浓溶液中进行沉淀
    B. 在不断搅拌下向试液中逐滴加入沉淀剂
    C. 沉淀剂一次加入试液中
    D. 对生成的沉淀进行水浴加热或存放一段时间
    E. 在热的溶液中进行沉淀

15. 沉淀完全后进行陈化是为了
    A. 使无定形沉淀转化为晶形沉淀
    B. 使沉淀更为纯净
    C. 加速沉淀作用
    D. 使沉淀颗粒变大
    E. 使沉淀颗粒变小

16. 非晶形沉淀的沉淀条件有
    A. 在浓溶液中进行沉淀
    B. 反应易在热溶液中进行
    C. 在稀溶液中进行沉淀
    D. 应在不断搅拌下迅速加入沉淀剂
    E. 沉淀要陈化

二、填空题

17. 重量分析法一般可分为_____、_____和_____。

18. 用 Fe_2O_3（$M = 159.69g/mol$）沉淀形式称重，测定 FeO（$M = 71.85g/mol$）时，其换算因数为_____。

19. 晶形沉淀用_____水洗涤，非晶形沉淀用_____水洗涤。

三、计算题

20. 测定某试样中铁的含量时，称取样品质量为 0.1250g，经处理后得沉淀形式为 $Fe(OH)_3$，然后灼烧为 Fe_2O_3，称得其质量为 0.1245g，求此试样中铁的质量分数为多少？

书网融合……

知识回顾　　　微课　　　习题

（潘立新）

PPT

第八章　配位滴定法

学习引导

葡萄糖酸钙口服溶液是临床上常用的药物，可用于治疗因缺钙引起的疾病，包括骨质疏松、手足抽搐症、骨发育不全、佝偻病、妊娠妇女和哺乳期妇女、绝经期妇女钙的补充，小儿生长发育迟缓，食欲缺乏，厌食症，复发性口腔溃疡以及痤疮等的补钙药。那么怎样检测葡萄糖酸钙口服液中钙的含量？

配位滴定法是以配位反应为基础的滴定分析方法，主要用于检测金属离子的含量。本章主要介绍用于测定金属离子含量的配位滴定法，包括滴定剂 EDTA - 2Na 的性质、配位平衡、金属指示剂、实例分析四个部分。

📖 学习目标

1. **掌握**　EDTA - 2Na 的性质及其配合物的特点；金属指示剂变色原理、具备条件和常见金属指示剂的使用；EDTA - 2Na 滴定液的配制和标定。

2. **熟悉**　影响配位平衡的主要因素；配位滴定的酸度条件选择；配位滴定法在医药分析中的应用。

3. **了解**　副反应、副反应系数及其条件稳定常数的意义；指示剂的封闭现象及消除方法。

维尔纳（Alfred Werner，1866—1919），瑞士无机化学家。维尔纳的理论是现代无机化学发展的基础，并为化合价的电子理论开辟了道路。他抛弃了凯库勒关于化合价恒定不变的观点，1893 年大胆地提出了副价的概念，创立了配位理论。他因创立配位化学于 1913 年获得诺贝尔化学奖。

配位滴定法（compleximetry）是通过金属离子与配位剂作用形成配位化合物进行滴定的分析方法，又称为络合滴定法。生成配位化合物的配位反应很多，只有具备一定条件的配位反应才能用于滴定分析，这些条件有：

（1）配位反应迅速，能瞬间完成。

（2）配位反应按一定化学反应式定量地完全进行。

（3）生成的配位化合物必须是可溶于水的，且具有足够的稳定性。

（4）有适当的方法指示化学计量点。

配位反应中的配位剂分为无机配位剂和有机配位剂两种，许多无机配位剂与金属离子生成的配合物稳定常数普遍偏小，且存在逐级配位现象，难以确定反应的计量关系。故大多数无机配位剂与金属离子的配位反应一般不能用于配位滴定。而有机配位剂和金属离子配位时，配位数稳定，生成的配合物稳定性高，容易达到明显的滴定终点。因此，配位滴定分析中常以有机配位剂作为配位剂，目前使用较多的是氨羧配位剂。

氨羧配位剂是一类既有氨基又有羧基的有机配位剂的总称，这些配位剂以氨基二乙酸为基体，配位能力强，几乎能与所有金属离子定量完全配位反应。目前氨羧配位剂有几十种，其中应用最广泛的是乙二胺四乙酸二钠（Disodium ethylenediamine tetraacetate），简称为 EDTA – 2Na，常用于金属离子的含量测定。

第一节　乙二胺四乙酸二钠盐及其配合物 📱微课1

一、乙二胺四乙酸二钠的性质

乙二胺四乙酸（EDTA）的结构式为：

$$\begin{array}{c} \text{HOOCH}_2\text{C} \\ \text{HOOCH}_2\text{C} \end{array}\!\!\diagdown\!\!\text{N}-\text{CH}_2-\text{CH}_2-\text{N}\!\!\diagup\!\!\begin{array}{c} \text{CH}_2\text{COOH} \\ \text{CH}_2\text{COOH} \end{array}$$

从结构式看，它是四元有机羧酸，可用化学式 H_4Y 表示，分子中 N 原子上有一对孤对电子，在酸性较强的溶液中，分子中的 2 个 N 原子还可以接受两个 H^+ 形成 H_6Y^{2+}，结构式如下：

$$\begin{array}{c} \text{HOOCH}_2\text{C} \\ \text{HOOCH}_2\text{C} \end{array}\!\!\diagdown\!\!\overset{H^+}{\text{N}}-\text{CH}_2-\text{CH}_2-\overset{H^+}{\text{N}}\!\!\diagup\!\!\begin{array}{c} \text{CH}_2\text{COOH} \\ \text{CH}_2\text{COOH} \end{array}$$

H_6Y^{2+} 为六元酸，其六级解离平衡可表示如下：

$$H_6Y^{2+} \underset{+H^+}{\overset{+H^+}{\rightleftarrows}} H_5Y^+ \underset{+H^+}{\overset{+H^+}{\rightleftarrows}} H_4Y \underset{+H^+}{\overset{+H^+}{\rightleftarrows}} H_3Y^- \underset{+H^+}{\overset{+H^+}{\rightleftarrows}} H_2Y^{2-} \underset{+H^+}{\overset{+H^+}{\rightleftarrows}} HY^{3-} \underset{+H^+}{\overset{+H^+}{\rightleftarrows}} Y^{4-}$$

H_6Y^{2+} 的各级解离平衡的 pK_a 为：

$pK_{a1} = 0.9$　$pK_{a2} = 1.6$　$pK_{a3} = 2.0$　$pK_{a4} = 2.67$　$pK_{a5} = 6.16$　$pK_{a6} = 10.26$

EDTA 的 7 种存在形式为 H_6Y^{2+}、H_5Y^+、H_4Y、H_3Y^-、H_2Y^{2-}、HY^{3-}、Y^{4-}，其中只有 Y^{4-} 能直接和金属离子配合。依据酸碱平衡的原理，显然这些存在形式的浓度取决于溶液 pH，不同 pH 下 EDTA 的主要存在形式见表 8 – 1。

表 8 – 1　不同 pH 下 EDTA 的主要存在形式

pH	<0.9	0.9 ~1.6	1.6 ~2.0	2.0 ~2.67	2.67 ~6.16	6.16 ~10.26	>10.26
形式	H_6Y^{2+}	H_5Y^+	H_4Y	H_3Y^-	H_2Y^{2-}	HY^{3-}	Y^{4-}

乙二胺四乙酸为白色粉末状晶体，无毒，不吸潮，在水中溶解度很小，难溶于酸和一般有机溶剂，易溶于氨水和氢氧化钠等碱性溶液，生成相应的盐溶液。由于它在水中的溶解度很小（室温下，每 100ml 水中只能溶解 0.02g，浓度为 6.4×10^{-4} mol/L），常量分析消耗溶液体积太多，误差很大，因此不能作为滴定液。在配位滴定中，常用其含有两分子结晶水的二钠盐，即乙二胺四乙酸二钠盐（$Na_2H_2Y \cdot 2H_2O$，简称 EDTA – 2Na）为配位剂（一般用 Y 表示）。EDTA – 2Na 盐是白色粉末状结晶，在水中的溶解度较大（室温下，每 100ml 水中能溶解 11.2g，浓度为 0.3mol/L）。由于 EDTA – 2Na 盐水溶液中主要是 H_2Y^{2-}，所以溶液 pH 接近于 $(pK_{a4} + pK_{a5})/2 = (2.67 + 6.16)/2 = 4.42$，为弱酸性溶液。在配制其溶液时，应注意先用温热水溶解。

二、乙二胺四乙酸二钠与金属离子配位反应的特点

EDTA – 2Na 和金属离子进行配位反应时具有如下特点。

1. 化学计量系数简单 一般情况下，EDTA – 2Na 与大多数金属离子形成的配位化合物的配位比（生成物）和反应计量系数比（反应物）在一般情况下都是 1∶1，其反应可简化为：

$$M + Y \Longrightarrow MY$$

2. 配合物稳定性好 EDTA – 2Na 分子中有两个氨氮和四个羧氧，共有六个配位原子，为六齿配位剂，能与金属离子形成螯合物（chelate），其立体结构见图 8 – 1。

这种配合物中含有多个五元环，稳定性高，因此金属离子与 EDTA – 2Na 形成的配合物的稳定常数一般都很大（碱金属离子除外）。

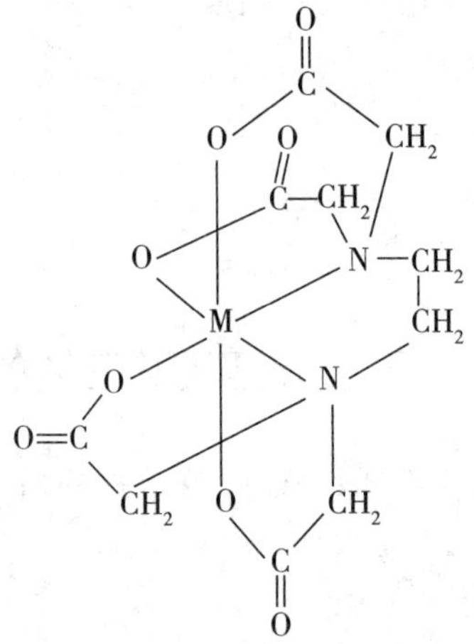

3. 配位反应速度快 EDTA – 2Na 与大多数金属离子的配位反应瞬间完成，速度快（除少数金属离子外），形成的配合物大多数带电荷，水溶性好，使滴定可以在水溶液中进行。

图 8 – 1　EDTA – 2Na 与金属离子 M
形成的螯合物的立体结构

4. 配合物颜色 有色的金属离子与 EDTA – 2Na 形成配合物的颜色比金属离子更深，其他大多数配合物是无色的，便于指示剂指示终点。

表 8 – 2　几种有色金属离子 EDTA – 2Na 配合物的颜色

配合物	颜色	配合物	颜色
CoY^-	紫红	$Fe(OH)Y^{2-}$	棕（pH = 6）
CrY^-	深紫	FeY^-	黄
$Cr(OH)Y^-$	蓝（pH > 10）	MnY^{2-}	紫
CuY^{2-}	深蓝	NiY^{2-}	蓝紫

由此可见，EDTA – 2Na 与金属离子配合反应符合配位滴定的反应条件，广泛用于滴定分析。

第二节　配位平衡

一、乙二胺四乙酸二钠配合物稳定常数

金属离子 M 与 EDTA – 2Na 的反应 $M + Y \Longrightarrow MY$，反应平衡时的化学平衡常数，即配合物的稳定常数（stability constant）K_{MY} 可表达为

$$K_{MY} = \frac{[MY]}{[M][Y]} \tag{8 – 1}$$

在一定温度下，金属离子 EDTA – 2Na 配合物的稳定常数 K_{MY} 越大，配合物越稳定。不同金属离子 EDTA – 2Na 配合物的稳定常数，见表 8 – 3。

表 8 – 3 EDTA – 2Na 配合物的 lg$K_{稳}$

金属离子	lg$K_{稳}$	金属离子	lg$K_{稳}$	金属离子	lg$K_{稳}$
Na$^+$	1.66	Li$^+$	2.79	Ag$^+$	7.32
Ba^{2+}	7.86	Mg^{2+}	8.69	Ca^{2+}	10.69
Mn^{2+}	13.87	Fe^{2+}	14.33	Al^{3+}	16.30
Co^{2+}	16.31	Cd^{2+}	16.46	Zn^{2+}	16.50
Pb^{2+}	18.30	Ni^{2+}	18.56	Cu^{2+}	18.80
Hg^{2+}	21.70	Sn^{2+}	22.10	Bi^{3+}	27.94
Cr^{3+}	23.40	Fe^{3+}	25.10	Co^{3+}	36.00

在适当条件下，lg$K_{稳}$ > 8 就可以准确配位滴定。

二、副反应与副反应系数

在配位滴定时，除了被测金属离子 M 与 Y 之间的主反应外，还存在溶液中 H$^+$、OH$^-$、其他配体 L、其他阳离子 N 等引起的副反应，表示如下

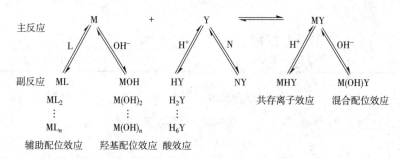

依据化学平衡的原理，这些副反应的发生将对主反应产生影响。其中与反应物 M、Y 发生的副反应对配位滴定不利。这些副反应包括 EDTA – 2Na 与干扰离子之间的配位效应和酸效应；金属离子与其他配体发生的配位效应以及羟基效应；与生成物 MY 发生的副反应，则有利于配位滴定，包括了生成酸式或碱式配合物的反应，但是因为这类反应的影响较小，一般忽略不计。

显然，副反应的发生使得实际情况下的配位反应并非简单地按照主反应进行，副反应的影响大小可以通过副反应系数定量计算，因此，要引入副反应系数（side reaction coefficient）的概念。上述不同的副反应分别有相应的副反应系数。

（一）EDTA – 2Na 发生的副反应

1. 酸效应　如前所述，EDTA – 2Na 的存在形式有 7 种，其浓度大小取决于溶液 pH。其中真正能与金属离子配位的是 Y^{4-} 离子，它既是配位体，也是能接受质子的碱，能与溶液中 H$^+$ 发生副反应。这就使 Y 参加主反应能力降低，这种现象称为酸效应（acid effect）。酸效应系数则可以用来定量衡量酸效应的大小，用 $\alpha_{Y(H)}$ 表示。其定义为：在一定 pH 下，未与金属配位的 EDTA – 2Na 的总浓度 [Y′]（[Y′] = [Y^{4-}] + [HY^{3-}] + [H$_2$Y^{2-}] + [H$_3$Y$^-$] + [H$_4$Y] + [H$_5$Y$^+$] + [H$_6$Y^{2+}]）与平衡浓度 [Y]（即 [Y^{4-}]）之比，即

$$\alpha_{Y(H)} = \frac{[Y']}{[Y]} = \frac{[H^+] + [HY^{3-}] + [H_2Y^{2-}] + \cdots + [H_6Y^{2+}]}{[Y^{4-}]}$$

$$= 1 + \frac{[H^+]}{K_{a_6}} + \frac{[H^+]^2}{K_{a_6}K_{a_5}} + \cdots + \frac{[H^+]^6}{K_{a_6}K_{a_5}K_{a_4}K_{a_3}K_{a_2}K_{a_1}} \qquad (8-2)$$

可见 $\alpha_{Y(H)}$ 是 $[H^+]$ 的函数，当溶液中 $[H^+]$ 增加，即溶液酸度增强，溶液 pH 下降时，$\alpha_{Y(H)}$ 增大，酸效应增强，副反应干扰严重；反之，则酸效应减弱，副反应干扰较小。当 $\alpha_{Y(H)} = 1$ 时，$[Y'] = [Y]$，表示 EDTA-2Na 未发生副反应。

同时可以看到，$\alpha_{Y(H)}$ 仅为溶液 $[H^+]$ 的函数，当溶液 pH 一定时，$\alpha_{Y(H)}$ 亦为一定值。不同 pH 时 EDTA-2Na 的 $\lg\alpha_{Y(H)}$，值见表 8-4。

表 8-4 不同 pH 下 EDTA-2Na 的酸效应系数

pH	$\lg\alpha_{Y(H)}$	pH	$\lg\alpha_{Y(H)}$	pH	$\lg\alpha_{Y(H)}$
1.0	18.01	5.0	6.45	8.5	1.77
1.5	15.55	5.4	5.69	9.0	1.29
2.0	13.51	5.5	5.51	9.5	0.83
2.5	11.90	6.0	4.65	10.0	0.45
3.0	10.60	6.4	4.06	10.5	0.20
3.4	9.70	6.5	3.92	11.0	0.07
3.5	9.48	7.0	3.32	11.5	0.02
4.0	8.44	7.5	2.78	12.0	0.01
4.5	7.44	8.0	2.26	13.0	0.00

2. 共存离子效应 当溶液中存在干扰离子 N 时，Y 与 N 之间也可以形成配合物，同样使得 Y 参加主反应的能力降低，这就是共存离子效应。其影响可用副反应系数 $\alpha_{Y(N)}$ 表示。类似于酸效应系数，$\alpha_{Y(N)}$ 的计算公式如下：

$$\alpha_{Y(N)} = \frac{[Y']}{[Y]} = \frac{[Y] + [NY]}{[Y]} = 1 + K_{NY}[N] \qquad (8-3)$$

可见 $\alpha_{Y(N)}$ 的大小取决于干扰离子 N 的浓度和干扰离子 N 与 EDTA-2Na 的稳定常数 K_{NY}。

（二）金属离子发生的副反应

金属离子 M 上有空轨道，如溶液中其他配位剂 L 或 OH^-（也是配体）浓度高时，M 可以与这些配体或 OH^- 发生副反应，形成 ML 或金属羟基配合物 MOH。这种由于 L 或 OH^- 的存在，使 M 与 Y 进行主反应的能力降低的现象，称为配位效应（coordination effect）。其影响用副反应系数 $\alpha_{M(L)}$ 表示，如用 $[M']$ 表示未与 Y 配位的金属离子各种形式的总浓度（$[M'] = [M] + [ML] + [ML_2] + \cdots + [ML_n]$），$[M]$ 表示游离金属离子浓度，$K_1 \sim K_n$ 表示 $[ML] \sim [ML_n]$ 各级配合物的稳定常数，则可得到 $\alpha_{M(L)}$，计算公式如下：

$$\alpha_{M(L)} = \frac{[M']}{[M]} = \frac{[M] + [ML] + [ML_2] + \cdots + [ML_n]}{[M]}$$

$$= 1 + K_1[L] + K_1K_2[L]^2 + \cdots + K_1K_2\cdots K_n[L]^n \qquad (8-4)$$

滴定时所用的缓冲剂如 NH_3 与 NH_4Cl，防止金属离子水解所加的辅助配位剂，为了消除干扰而加的掩蔽剂等，均可能产生配位效应。在高 pH 下滴定时，L 为 OH^-。

由于 MY 与 H^+、OH^- 发生的副反应，生成物 MHY 和 M(OH)Y，多数情况下不太稳定，因此计算时可忽略不计。

三、配合物条件稳定常数

从前面的描述中可以看到，在实际进行配位滴定时，由于各方面的因素导致实际发生的反应非常复杂。在这样的条件下，金属离子 M 与 EDTA – 2Na 的主反应进行的真实程度无法用稳定常数 K_{MY} 来表示，必须将副反应因素的影响考虑在内。根据实际情况，用发生的副反应对应的副反应系数对 K_{MY} 进行校正，可以获得实际情况下的稳定常数，称为配合物的条件稳定常数（conditional stability constant），用 K'_{MY} 表示。其表达式与 K_{MY} 的形式一致，只是将式中的 MY、M、Y 分别以 MY′、M′、Y′代替，即

$$K'_{MY} = \frac{[MY']}{[M'][Y']} \tag{8-5}$$

条件稳定常数和稳定常数关系为

$$K'_{MY} = \frac{[MY']}{[M'][Y']} = \frac{\alpha_{MY}[MY]}{\alpha_M[M]\alpha_Y[Y]} = K_{MY}\frac{\alpha_{MY}}{\alpha_M\alpha_Y} \tag{8-6}$$

两边取对数则有

$$\lg K'_{MY} = \lg K_{MY} - \lg\alpha_M - \lg\alpha_Y + \lg\alpha_{MY} \tag{8-7}$$

可以将金属离子、EDTA – 2Na 以及金属离子 EDTA – 2Na 配合物可能发生的副反应对 K_{MY} 进行了校正。K'_{MY} 是在实际条件下有副反应发生时主反应进行的真实程度。因此，K'_{MY} 称为条件稳定常数。在给定条件下，K'_{MY} 为常数，是实际稳定常数。

副反应主要是酸效应和配位效应对主反应有较大影响，尤其是酸效应，则式（8-7）可简化为

$$\lg K'_{MY} = \lg K_{MY} - \lg\alpha_{Y(H)} \tag{8-8}$$

综上所述，在实际条件下由于副反应的发生，导致了配合物的实际稳定常数发生变化。特别是当酸效应、配位效应、共存离子效应等增强时，配位平衡向左进行，使 M 与 Y 主反应程度降低，将影响滴定分析结果准确度。因此，在实际配位滴定中，需控制适当的滴定条件，尤其是酸度条件。

四、配位滴定条件的选择

如金属离子 M 能被 EDTA – 2Na 准确滴定，则意味着测定结果能够满足配位滴定分析对终点误差的要求，一般来说，相对误差应≤0.1%。设 M 和 Y 的起始浓度为 0.02mol/L，则等体积滴定至化学计量点时溶液中生成的 MY 的总浓度约为 0.02/2 = 0.010mol/L。相对误差≤0.1%，即是在计量点时，待测溶液中游离 M 和 Y 的总浓度应≤0.1% ×0.01mol/L = 10^{-5} mol/L。代入条件稳定常数则有

$$K'_{MY} = \frac{[MY']}{[M'][Y']} \geqslant \frac{0.01}{10^{-5} \times 10^{-5}} = 10^8 \tag{8-9}$$

因此配位滴定要获得准确的分析结果需要反应的条件稳定常数 $K'_{MY} \geqslant 10^8$，即 $\lg K'_{MY} \geqslant 8$，如再考虑被测金属离子浓度（c_M），则应满足 $\lg c_M K'_{MY} \geqslant 6$。而要满足这一条件，需控制酸效应、配位效应及共存离子效应等因素，选择合适的配位滴定条件。

（一）酸度的选择

在副反应中，酸效应和羟基配位效应其实都取决于溶液 pH（酸度），pH 小（酸度大）则酸效应强，pH 大（酸度小）则羟基配位效应强，对主反应不利，因此需要控制溶液 pH（酸度）在适当范围。

1. 配位滴定的最低 pH（最高酸度） 当溶液酸度高时，副反应以酸效应为主，条件稳定常数符合式（8-8），要获得准确分析结果，要求：

$$\lg K'_{MY} = \lg K_{MY} - \lg\alpha_{Y(H)} \geq 8$$

$$\lg\alpha_{Y(H)} \leq \lg K_{MY} - 8 \qquad (8-10)$$

在特定 pH 下，$\alpha_{Y(H)}$ 为特定数值，对给定的金属离子其 K_{MY} 为定值，因此从式（8-10）可以计算出溶液 pH 最低值，超过这一值，酸效应过强，将使其条件稳定常数 $\lg K'_{MY}$ 小于 8，配合物不稳定，不能准确滴定。这一最低允许 pH，称为最低 pH（或最高酸度）。

例 当 0.010mol/L EDTA-2Na 滴定液滴定 0.010mol/L Zn^{2+} 溶液时，溶液 pH 不能低于多少？已知 $\lg K_{MY} = 16.50$。

解： 由式（8-10）得 $\qquad \lg\alpha_{Y(H)} \leq 16.50 - 8 = 8.50$

查表 8-4，$\lg\alpha_{Y(H)} = 8.50$ 时，pH = 4.0，因此，要确保准确滴定，应控制溶液 pH 不低于 4.0。

不同金属离子与 EDTA-2Na 形成配合物的 $\lg K_{MY}$ 不同。为了使 $\lg K'_{MY}$ 达到 8 的最低 pH 也不同。若以不同的 $\lg K_{MY}$ 对相应的最低 pH 作图，就得到酸效应曲线，如图 8-2 所示。利用酸效应曲线，可查到各种金属离子的最高允许酸度（最低 pH）。

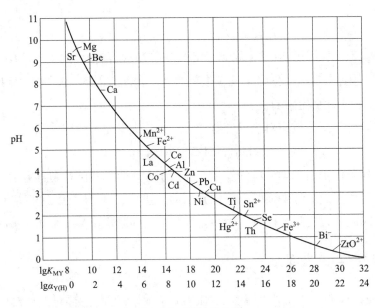

图 8-2 酸效应曲线

2. 配位滴定的最高 pH（最低酸度） 如溶液 pH 太高（酸度太低），酸效应影响减小，但羟基配位效应增强，金属离子易水解。因此，溶液 pH 不能高于一定数值，即最高 pH（最低酸度），否则金属离子水解形成羟基配合物，甚至析出 $M(OH)_n$ 沉淀。为避免生成 $M(OH)_n$ 沉淀，则需保证溶液中 $[OH^-]$：

$$[OH^-] \leq \sqrt[n]{\frac{K_{sp}}{c_M}} \qquad (8-11)$$

式中，K_{sp} 为 $M(OH)_n$ 沉淀的溶度积。由此可以计算出滴定所需要最高 pH。

综上所述，配位滴定酸度应控制在最低 pH 和最高 pH 之间，这一范围称为配位滴定适宜 pH 范围（适宜酸度范围）。不同金属离子有着不同的适宜 pH 范围。因此，可以通过控制溶液 pH 的方法，选择性地让某种或某几种金属离子发生配位反应，其他金属离子不发生配位反应。

（二）掩蔽和解蔽作用

EDTA-2Na 配位能力强，应用广泛，但其选择性不高。通过控制酸度可以将适宜 pH 范围相差较大的共存离子（干扰离子）的消除。当干扰离子与 EDTA-2Na 形成配合物与被测离子与 EDTA-2Na 形成的配合物的稳定性接近时，就无法用控制酸度的办法消除共存离子的影响，这时向被测试样中加入某种能与干扰离子 N 发生反应的试剂，使得 N 转变成其他稳定的化合物，降低 N 的游离浓度，使 M 可以单独滴定，这种方法称为掩蔽（masking）法，所加的试剂称为掩蔽剂（masking agent）。

常用掩蔽法有配位掩蔽法、沉淀掩蔽法和氧化还原掩蔽法。

1. 配位掩蔽法 加入某种配位剂（掩蔽剂）与干扰离子 N 形成稳定配合物，降低溶液中游离的 N 的浓度，就可以使 M 单独被滴定，提高滴定的选择性。例如，EDTA-2Na 滴定法测定水的总硬度，即测定 Ca^{2+}、Mg^{2+} 总量时，Al^{3+}、Fe^{3+} 严重干扰，可加入三乙醇胺掩蔽剂与 Al^{3+}、Fe^{3+} 形成更稳定的配合物消除干扰。常见的掩蔽剂还有 KCN（可掩蔽 Co^{2+}、Ni^{2+}、Cu^{2+}、Zn^{2+}、Hg^{2+}、Ag^+、Ti^{3+} 等），NH_4F（可掩蔽 Al^{3+}、Ti^{3+}、Sn^{4+}、Zr^{4+}、W^{6+} 等），酒石酸（可掩蔽 Mg^{2+}、Cu^{2+}、Fe^{3+}、Al^{3+}、Mo^{4+} 等），不同的掩蔽剂在使用时有特定 pH 范围，可查阅相关文献进行选择。常用配位掩蔽剂见表 8-5。

表 8-5 常用配位掩蔽剂

掩蔽剂	pH 范围	掩蔽离子	说明
KCN	>8	Cu^{2+}、Ni^{2+}、Co^{2+}、Hg^{2+}、Cd^{2+}、Ag^+、Tl^+ 及铂族元素离子	HCN 剧毒，必须在碱性溶液中使用。废液应加入过量含 Na_2CO_3 的 $FeSO_4$，使生成 $Fe(CN)_6^{4-}$，以防污染
NH_4F 或 NaF	4~6	Al^{3+}、Ti^{4+}、Sn^{4+}、Zr^{4+}、Nb^{5+}、W^{6+}、Be^{2+}	两者均有毒，应贮存于塑料瓶中。NH_4F 的优点是使溶液 pH 变化小，溶解度大，但较贵
三乙羟胺（TEA，又称三乙醇胺）	10	Al^{3+}、Mg^{2+}、Ca^{2+}、Ba^{2+}、Sr^{2+} 及稀土金属离子	Ca^{2+}、Mg^{2+}、Ba^{2+}、Sr^{2+} 形成细晶沉淀，不妨碍终点观察，应在酸性溶液中加入，后调节 pH，否则金属水解。
	10	Al^{3+}、Sn^{4+}、Ti^{4+}、Fe^{3+}	Mn^{2+} 氧化成 Mn^{3+}，形成有色配合物，加入 KCN 可使 Mn^{3+} 绿色褪去
	11~12	Fe^{3+}、Al^{3+} 及少量 Mn^{2+}	
乙酰丙酮	5~6	Fe^{3+}、Al^{3+}、Be^{2+}、Pd^{2+}、U^{4+}	
2,3-二巯基丙醇（BAL）	10	Hg^{2+}、Cd^{2+}、Zn^{2+}、Pb^{2+}、Bi^{3+}、Ag^+、As^{3+}、Sb^{3+}、Sn^{4+} 及少量 Cu^{2+}、Co^{2+}、Ni^{2+}、Fe^{3+}	Cu^{2+}、Co^{2+}、Ni^{2+}、Fe^{3+} 形成有色配合物妨碍终点观察
酒石酸	1.2	Sb^{3+}、Sn^{4+}、Fe^{3+}	维生素 C 存在下，以 XO 为指示剂滴 Bi^{3+}，以 PAN 为指示剂滴 In^{3+}、Fe^{3+}、Bi^{3+}、Cu^{2+}、Sn^{4+}。65℃ 以上 Al^{3+} 不掩蔽，Sn^{4+} 加热后冷却。以 EBT 为指示剂可滴 Mn^{2+}，以 PAN 为指示剂可滴 Cu^{2+}、Zn^{2+}、Cd^{2+}、Mn^{2+}、Pb^{2+}、Ca^{2+}、Mg^{2+}
	2	Fe^{2+}、Sn^{2+}、Mo^{4+}	
	5.5	Fe^{3+}、Al^{3+}、Sb^{3+}、Ca^{2+}	
	5~6	UO_2^{2+}、Sb^{3+}	
	7	Mo^{4+}、Nb^{5+}、W^{4+}、UO_2^{2+}	
	6~7.5	Mg^{2+}、Ca^{2+}、Fe^{2+}、Al^{3+}	
	10	Al^{3+}、Sn^{4+}	

2. 沉淀掩蔽法 加入某种沉淀剂与干扰离子 N 形成难溶沉淀，降低 N 离子浓度，消除其干扰。例如，在水硬度测定中，在 Ca^{2+}、Mg^{2+} 共存时，如果要单独测定水中 Ca^{2+}，则 Mg^{2+} 成为干扰离子，可加入 NaOH 溶液，使 Mg^{2+} 形成 $Mg(OH)_2$ 沉淀，消除干扰。

3. 氧化还原掩蔽法 在溶液中加入氧化剂或还原剂，使得干扰离子 N 的价态改变，消除其干扰。例如，Fe^{3+} 可以通过加入维生素 C（抗坏血酸）的方法将其还原成 Fe^{2+}，达到掩蔽 Fe^{3+} 作用。

在选择掩蔽剂之前应首先了解干扰离子 N 的种类、性质，再根据 N 的性质选择合适的方法，以消除干扰离子的影响。在实际分析中，用一种掩蔽的方法，常不能得到令人满意的结果，当有多种离子共存时，可用几种掩蔽剂，以获得高的选择性。

在某些测定中，往往还会在溶液中加入一种试剂（解蔽剂），将已被 EDTA-2Na 或掩蔽剂配位的金属离子释放出来，这一过程称为解蔽或破蔽（demasking）。例如，用配位滴定法测定铜合金中 Zn^{2+} 和 Pb^{2+}，可用 KCN 掩蔽 Cu^{2+}、Zn^{2+} 后，测定 Pb^{2+} 含量。在滴定 Pb^{2+} 后的溶液中，加入解蔽剂甲醛或三氯乙醛破坏 $[Zn(CN)_4^{2-}]$，释放出来的 Zn^{2+} 再用 EDTA - 2Na 继续滴定，从而分别测出 Zn^{2+} 和 Pb^{2+} 的含量。

即学即练 8 - 1

求准确滴定 0.010mol/L Zn^{2+} 的 pH 范围。（已知 $Zn(OH)_2$ 的 $K_{sp} = 1.0 \times 10^{-18}$）

答案解析

第三节　金属指示剂

与前面的滴定方法类似，在配位滴定法中，也通过指示剂颜色的变化来指示滴定终点。这种指示剂是一种配位体，它与金属离子配位时能生成与其游离态颜色不同的有色配合物，可用来指示滴定过程中金属离子浓度的变化，把这种指示剂称为金属指示剂（metallochromic indicator）。

一、金属指示剂的作用原理 微课2

金属指示剂大多是有机染料，它在一定 pH 下能与金属离子配位，由于形成配合物后其结构改变，因此颜色发生变化。滴定前一般先在金属离子溶液中加入金属指示剂，生成金属离子 - 指示剂的配合物，溶液显示配合物的颜色。在滴定过程中，加入的 EDTA - 2Na 首先与游离的金属离子配位生成无色EDTA - 2Na - 金属离子配合物，不改变溶液颜色。当达到化学计量点时，游离的金属离子减少到一定程度时，加入的 EDTA - 2Na 将夺取金属离子 - 指示剂配合物中的金属离子，使金属指示剂游离出来，导致溶液颜色变化，指示滴定终点。

例如，用配位滴定法测定溶液中 Mg^{2+}，可用金属指示剂铬黑 T（HIn^{2-}），其可与 Mg^{2+} 形成配合物（$MgIn^-$），二者的结构及颜色如下：

HIn^{2-}（蓝）　　　　　　　　　　$MgIn^-$（红）

在滴定开始时，溶液中有大量游离的 Mg^{2+}，加入少量铬黑 T 后，部分 Mg^{2+} 与铬黑 T 形成配合物，显 $MgIn^-$ 的红色。随着 EDTA - 2Na 的加入，游离的 Mg^{2+} 被加入的 EDTA - 2Na 配合。在化学计量点附近，游离 Mg^{2+} 浓度降得很低时，加入的 EDTA - 2Na 夺取 $MgIn^-$ 配合物中的 Mg^{2+}，使铬黑 T 游离出来，显 HIn^{2-} 的蓝色，指示滴定终点。

作为金属指示剂的有机染料应该具备下列条件：

（1）指示剂与金属离子生成的配合物（MIn）颜色应与指示剂本身的颜色（In$^-$）有明显区别，才能保证终点颜色变化比较明显。MIn 易溶于水。

（2）依据配位平衡移动的原理，MIn 的稳定性应比 MY 的稳定性低，这样 EDTA-2Na 才能夺取 MIn 中的 M，使 In 游离出来。同时 MIn 应该足够稳定，这样在金属离子浓度很小时，仍能呈现明显的颜色，避免因其稳定性差在到达计量点前就发生解离，显示出指示剂本身的颜色，使终点提前。综合来看，一般要求 $K'_{MY}/K'_{MIn} > 10^2$。

（3）显色反应快，灵敏，具有良好的可逆性。

（4）金属指示剂应稳定性较好，便于贮存与使用。

二、常见的金属指示剂

到目前为止，金属指示剂已有 300 种以上，还不断有新的指示剂被合成出来。下面介绍几种常用的金属指示剂。

（一）铬黑 T

铬黑 T（eriochrome black T）为 O, O'-二羟基偶氮类染料，简称 EBT 或 BT，其化学名是 1-（1-羟基-2-萘偶氮）-6-硝基-2-萘酚-4-磺酸钠。铬黑 T 的钠盐为黑褐色粉末，带有金属光泽，可用于滴定 Mg^{2+}、Zn^{2+}、Cd^{2+}、Pb^{2+}、Hg^{2+} 等离子的指示剂。对 Ca^{2+} 不够灵敏，必须有 Mg-EDTA-2Na 或 Zn-EDTA-2Na 存在时，才能指示滴定终点。常用于水中 Ca^{2+} 和 Mg^{2+} 总量的测定。

金属指示剂大多是有机弱酸，其颜色也随 pH 变化而变化（得到或失去质子导致结构改变，引起颜色变化，与酸碱指示剂类似），因此，在使用时必须控制适当的 pH 范围。铬黑 T 在溶液中有以下平衡：

$$H_2In^- \xrightleftharpoons \quad HIn^{2-} \xrightleftharpoons \quad In^{3-}$$

$$\begin{array}{ccc} \text{pH}<6.3 & \text{pH } 6.3\sim11.6 & \text{pH}>11.6 \\ （紫红色） & （蓝色） & （橙色） \end{array}$$

当 pH<6.3 时，显紫红色；pH>11.6 时，显橙色，均与指示剂金属配合（MIn）的红色相近。因此，使用铬黑 T 时，需控制 pH 在 6.3~11.6，最佳 pH 范围为 8.0~10.0。

铬黑 T 水溶液易发生分子聚合而变质，尤其在 pH<6.3 时更易发生，加入三乙醇胺可防止聚合。在碱性溶液中，铬黑 T 易被氧化而褪色，加入盐酸羟胺或维生素 C 等，可防止其氧化。为便于保存，常将铬黑 T 与 NaCl 或 KNO$_3$ 等中性盐按照 1∶100 的比例混合研磨均匀后使用，在使用时要注意控制用量。

（二）钙指示剂

钙指示剂（calconcarboxylic acid），又称 NN 指示剂或钙指示剂，其化学名是 2-羟基-1-（2-羟基-4-磺基-1-萘偶氮）-3-萘甲酸。纯品为黑紫色粉末，很稳定，其水溶液或乙醇溶液均不稳定，故一般也取固体试剂与 NaCl 按 1∶100 或 1∶200 的比例混合研磨均匀后使用。

钙指示剂在溶液中有如下平衡：

$$H_2In^{2-} \xrightleftharpoons \quad HIn^{3-} \xrightleftharpoons \quad In^{4-}$$

$$\begin{array}{ccc} \text{pH}<8 & \text{pH } 8\sim13 & \text{pH}>13 \\ （酒红色） & （蓝色） & （酒红色） \end{array}$$

其与 Ca^{2+} 生成的配合物颜色为酒红色，使用的 pH 为 10~13。使用此指示剂测定 Ca^{2+} 时，如有 Mg^{2+} 存在，则颜色变化非常明显，但不影响结果，可用于水中 Ca^{2+} 的单独测定。

（三）二甲酚橙

二甲酚橙（xylenol orange），简称XO，为红棕色结晶性粉末，易吸湿，易溶于水，不溶于无水乙醇。二甲酚橙作为指示剂常配成0.2%的水溶液使用。其水溶液当pH > 6.3时，呈现红色；pH < 6.3时，呈现黄色；pH = pK_a = 6.3时，呈现中间颜色。二甲酚橙与金属离子形成的配合物都是紫红色，因此，它适用于在pH < 6的酸性溶液中使用。

几种常用的金属指示剂见表8-6。

表8-6　几种常用的金属指示剂

指示剂的名称	使用的 pH 范围	颜色变化		直接滴定的主要离子	配制方法
		MIn	In		
铬黑 T （eriochrome black T）	7~10	红	蓝	pH10　Mg^{2+}、Zn^{2+}、Ca^{2+}、Pb^{2+}、Mn^{2+}、In^{3+}、稀土离子（Cu^{2+}、Ni^{2+}、Co^{2+}、Al^{3+}、Fe^{3+}、Ti^{4+}、铂族封闭）	1:100 NaCl 研磨
钙指示剂 （calconcarboxylic acid）	10~13	红	蓝	pH12~13　Ca^{2+}（Fe^{3+}、Al^{3+}、Cu^{2+}、Ni^{2+}、Co^{2+}封闭）	1:100 NaCl（或 KNO_3）研磨
二甲酚橙 （xylenol orange）	<6	紫红	亮黄	pH < 1　ZrO^{2+} pH1~2　Bi^{3+} pH2.5~3.5　Th^{4+} pH3~6　Zn^{2+}、Pb^{2+}、Cd^{2+}、Hg^{2+}、稀土	0.2%水溶液
酸性铬蓝 K （acid chrome blue K）	8~13	红	蓝	pH10　Mg^{2+}、Zn^{2+} pH13　Ca^2	1:100 NaCl（或 KNO_3）研磨
PAN （α-pridyl-β-azonaphthol）	2~12	红	黄（或黄绿）	pH2~3　Bi^{3+}、Th^{4+}、In^{3+} pH4~5　Cu^{2+}、Ni^{2+}、Zn^{2+}、Cd^{2+}、稀土	0.2%乙醇溶液
磺基水杨酸 （sulphosalicylic acid）	1.3~3	紫红	无色	pH2~3　Fe^{3+}（加热）	2%水溶液

答案解析

即学即练8-2

与配位滴定所需控制的酸度有关的因素为（　　）

A. 金属离子颜色 　　　　B. 酸效应 　　　　C. 羟基化效应

D. 指示剂的变色 　　　　E. 以上都不对

三、金属指示剂使用中存在的问题 📱微课3

（一）指示剂的封闭现象

如果指示剂能与某些金属离子生成极为稳定的配合物，这些配合物较对应的MY配合物更稳定，即$K'_{MIn} > K'_{MY}$，达到化学计量点时滴入过量EDTA-2Na，不能夺取指示剂配合物（MIn）中的金属离子，指示剂不能释放出来，看不到终点的颜色变化，这种现象称为指示剂的封闭现象。例如，铬黑T与Fe^{3+}、Al^{3+}、Cu^{2+}、Co^{2+}、Ni^{2+}等形成的配合物都非常稳定，干扰其他金属离子的测定，不能用铬黑T作指示剂。可以用前述的掩蔽方法消除封闭离子的干扰。

（二）指示剂的僵化现象

如果金属指示剂与金属离子形成的配合物的溶解度很小，或其稳定性只稍差于对应的 MY 配合物，均可能使得 EDTA – 2Na 与 MIn 之间的反应缓慢，使终点拖长，这种现象称为指示剂的僵化现象。这时，可加入适当的有机溶剂或加热，以加快反应速度。

（三）指示剂的氧化变质现象

由于金属指示剂大多数是具有许多双键的有色化合物，见光易氧化，日久变质，在使用时需要注意采用一定的措施，防止这些情况出现，如将金属指示剂等配制成固态使用等。

第四节　配位滴定法的应用

复方氢氧化铝片

《中国药典》（2020 年版二部）规定：每片复方氢氧化铝片中含氢氧化铝 $Al(OH)_3$ 应为 0.177 ~ 0.219g；含三硅酸镁按氧化镁（MgO）计算，应为 0.020 ~ 0.027g。

含量测定

1. 氢氧化铝　取本品 20 片，精密称定，研细，精密称取适量（约相当于 1/4 片），加盐酸 2ml 与 50ml，煮沸，放冷，滤过，残渣用水洗涤 3 次，每次 10ml；合并滤液与洗液，滴加氨试液至恰析出沉淀，再滴加稀盐酸使沉淀恰溶解，加醋酸 – 醋酸铵缓冲液（pH6.0）10ml，精密加乙二胺四醋酸二钠滴定液（0.05mol/L）25ml，煮沸 10 分钟，放冷，加二甲酚橙指示液 1ml，用锌滴定液（0.05mol/L）滴定至溶液由黄色转变为红色，并将滴定的结果用空白试验校正。每 1ml 乙二胺四醋酸二钠滴定液（0.05mol/L）相当于 3.900mg 的 $Al(OH)_3$。

2. 氧化镁　精密称取含量测定氢氧化铝项下细粉适量（约相当于 1 片），加盐酸 5ml 与水 50ml，加热煮沸，加甲基红指示液 1 滴，滴加氨试液使溶液由红色变为黄色，再继续煮沸 5 分钟，趁热滤过，滤渣用 2% 氯化铵溶液 30ml 洗涤，合并滤液与洗液，放冷，加氨试液 10ml 与三乙醇胺溶液（1→2）5ml，再加入铬黑 T 指示剂少量，用乙二胺四醋酸二钠滴定液（0.05mol/L）滴定至溶液显纯蓝色。每 1ml 乙二胺四醋酸二钠滴定液（0.05mol/L）相当于 2.015mg 的 MgO。

问题

（1）测定 $Al(OH)_3$ 和 MgO 的原理是什么？

（2）测定 $Al(OH)_3$、氧化镁的操作属于什么滴定方式？

（3）测定 $Al(OH)_3$ 和 MgO 时，加入的缓冲溶液为何不同？

（4）测氧化镁时，为什么要加入三乙醇胺？

操作记录、数据处理及结果、结论

天平型号：SQP　Quintix 224 – 1CN（万分之一）编号：××

天平型号：XP205（十万分之一）　　编号：××

取复方氢氧化铝 20 片，精密称定为 6.1538g，研细，称取细粉 ①0.08257g、②0.08133g，分别置 200ml 烧杯中，加盐酸 2ml 与水 50ml，煮沸，放冷，滤过，残渣用水洗涤；合并滤液与洗液（置于 250ml 锥形瓶中）滴加氨试液至恰析出沉淀，再滴加稀盐酸使沉淀恰溶解，加醋酸 – 醋酸铵缓冲液（pH6.0）10ml，精密加乙二胺四醋酸二钠滴定液（0.05mol/L）25.00ml，煮沸 10 分钟，放冷，加二甲酚橙指示液 1ml，用锌滴定液（0.05mol/L）滴定至溶液由黄色转变为红色，消耗锌滴定液 12.27ml。并将滴定的结果用空白试验校正。1ml 锌滴定液（0.05mol/L）相当于 3.900mg 的 Al(OH)$_3$。

消耗锌滴定液（0.04998mol/L）的体积

空白　①24.85ml　　②24.86ml　　　　滴定管校正值 +0.01

平均为 24.86ml，实际为 24.87ml

供试品①12.25ml　　②12.34ml　　　　滴定管校正值 +0.02

按下式计算每片氢氧化铝片的克数：

$$每片含氢氧化铝的克数 = \frac{(V_0 - V)TF\overline{W}}{S_{样品}}$$

（5）本品每片含氢氧化铝的克数是否符合规定？

取复方氢氧化铝 20 片，精密称量为 6.1538g，研细，称取细粉①0.3018g、②0.3015g，分别置于 200ml 烧杯中，加盐酸 5ml 与水 50ml，加热煮沸，加甲基红指示液 1 滴，滴加氨试液使溶液由红色变为黄色，再继续煮沸 5 分钟，趁热滤过，滤渣用 2% 氯化铵溶液 30ml 洗涤，合并滤液与洗液置 250ml 锥形瓶中，放冷，加氨试液 10ml 与三乙醇胺溶液 5ml，再加铬黑 T 指示剂少量，用乙二胺四醋酸二钠滴定液（0.05mol/L）滴定至溶液显纯蓝色。每 1ml 乙二胺四醋酸二钠滴定液（0.05mol/L）相当于 2.015mg 的 MgO。

（6）本品每片含氧化镁的克数是否符合规定？

知识拓展

《中国药典》中使用直接滴定法对葡萄糖酸钙、葡萄糖酸钙口服液、葡萄糖酸钙含片、葡萄糖酸钙注射剂、葡萄糖酸钙颗粒、葡萄糖酸锌、葡萄糖酸锌口服液、葡萄糖酸锌片、葡萄糖酸锌颗粒进行含量测定；使用间接滴定法对氢氧化铝、氢氧化铝片、氢氧化铝凝胶进行含量测定。在历年执业药师考试中也有相关考题出现，掌握配位滴定法的原理、配位滴定法在药物分析中的应用。

实践实训

实训十　水的总硬度及钙镁离子的测定

水中钙离子（Ca^{2+}）、镁离子（Mg^{2+}）等，容易同一些阴离子，如碳酸根离子、碳酸氢根离子、硫酸根离子等结合在一起，形成难溶于水的沉淀，附着在受热面上形成水垢，水垢会导致局部受热不均，影响热传导。人们若长期饮用 Ca^{2+}、Mg^{2+} 超标的水，容易引起结石。通常把钙、镁离子的总浓度看作水的总硬度，铁、锰等金属离子也会形成硬度，但由于它们在天然水中含量很少，可以略去不计。测定水的硬度，实际上就是测定水中钙、镁离子的总量，再把测得的钙、镁离子量折算成碳酸钙（CaCO$_3$）或氧化钙（CaO）的质量，以表示水的总硬度。

水的硬度通常用每升水中含有 CaCO$_3$ 的质量（mg 数）表示。每 1L 水中含 1mg 的 CaCO$_3$ 即 1ppm（g/ml），蒸气锅炉用水一般规定水硬度不得超过 5ppm。《生活饮用水卫生标准》规定，总硬度（以 CaCO$_3$ 计）限值为 450mg/L，世界卫生组织推荐最佳饮用水硬度是 170mg/L。另外一种被普遍使用的水硬度表示方法为德国度（1d），其含义为 1L 水中含有相当于 10mg 的 CaO、相当于 17.86mg CaCO$_3$/L，其硬度即为 1 个德国度，我国规定比超过 8 度。硬度是工业用水和饮用水的重要指标，是水处理的重要依据，而配位滴定法则是硬度测定的常用方法。

【实训内容】

1. EDTA – 2Na 的配制和标定方法。

2. 饮用水的取量和滴定。

【实训目的】

1. 掌握 EDTA – 2Na 的配制和标定方法。

2. 熟悉水的总硬度及钙离子（Ca^{2+}）、镁离子（Mg^{2+}）含量测定方法。

3. 了解铬黑 T 和钙指示剂的应用和终点颜色变化。

【实训原理】

纯度高的 EDTA – 2Na（$Na_2H_2Y \cdot 2H_2O$）可采用直接法配制，但因它略有吸湿性，所以配制之前，应先在 80℃ 以下干燥至恒重。若纯度不够，可用间接法配制，再用 ZnO 或纯锌为基准物标定。为了减少误差，标定与测定条件尽可能相同。若以铬黑 T 为指示剂，有关反应如下：

滴定前　　　$Zn^{2+} + HIn^2 \Longrightarrow ZnIn^-$（紫红色）$+ H^+$

滴定时　　　$Zn^{2+} + H_2Y^2 \Longrightarrow ZnY^{2-} + 2H^+$

终点时　　　$ZnIn^- + H_2Y^{2-} \Longrightarrow ZnY^{2-} + HIn^{2-} + H^+$

　　　　　　（紫红色）　　　　　　（纯蓝色）

测定水的总硬度时，取一定量水样调节 pH = 10，以铬黑 T 为指示剂，用 EDTA – 2Na 标准溶液直接滴定水中 Ca^{2+} 和 Mg^{2+}。其反应式如下：

滴定前　　　$Mg^{2+} + HIn^{2-} \Longrightarrow MgIn^- + H^+$

滴定时　　　$Ca^{2+} + H_2Y^2 \Longrightarrow CaY^{2-} + 2H^+$

　　　　　　$Mg^{2+} + H_2Y^2 \Longrightarrow MgY^{2-} + 2H^+$

终点时　　　$MgIn^- + H_2Y^{2-} \Longrightarrow MgY^{2-} + HIn^{2-} + H^+$

　　　　　　（酒红色）　　　　　　（纯蓝色）

Ca^{2+} 含量测定，先用 NaOH 调节 pH 12，使 Mg^{2+} 以 $Mg(OH)_2$ 沉淀掩蔽，再以钙指示剂指示终点，用 EDTA – 2Na 标准溶液滴定 Ca^{2+}。

Mg^{2+} 含量是由等体积水样 Ca^{2+}、Mg^{2+} 总量减去 Ca^{2+} 含量求得。

【实训仪器及试剂】

1. 仪器　酸式滴定管（50ml）、容量瓶（250ml）、烧杯（1000ml）、试剂瓶（1000ml）、锥形瓶（250ml），移液管（25ml、50ml、100ml），托盘天平、电子天平。

2. 试剂　乙二胺四乙酸二钠（分析纯，AR）；ZnO（基准物，800℃灼烧至恒重）；铬黑 T 指示剂、钙指示剂、稀盐酸、甲基红指示剂、氨试液、氨 – 氯化铵缓冲液（pH = 10）、硬水水样。

【实训步骤】

1. EDTA – 2Na 标准溶液（0.05mol/L）制备

（1）配制　称取 EDTA – 2Na 19g，加温蒸馏水适量使溶解，加蒸馏水 1000ml，摇匀。

（2）标定　取于 800℃灼烧至恒重的基准物氧化锌 1.2g，精密称定，加稀盐酸 30ml 使溶解，定容于 250ml 容量瓶中，用移液管精密吸取 25ml 置于锥形瓶中，加 0.025% 甲基红的乙醇溶液 1 滴，滴加氨试液至溶液显微黄色，加水 25ml 及氨 – 氯化铵缓冲液（pH = 10.0）10ml，再加铬黑 T 指示剂少量，用

EDTA－2Na 滴定至溶液由紫红色变为纯蓝色，即为终点。记录 EDTA－2Na 消耗量 V（ml）。空白试验，假如 EDTA－2Na 用量 V_0（ml）。EDTA－2Na 浓度计算公式如下。

$$c_{EDTA-2Na} = \frac{m_{ZnO}}{M_{ZnO} \times [V_{EDTA-2Na(ZnO)} - V_{EDTA-2Na(空白)}] \times 10^{-3}}$$

2. 水的总硬度的测定　移取水样 50.00ml 置于锥形瓶中，加 5ml 三乙醇胺（无 Fe^{3+}、Al^{3+} 时可不加），加氨－氯化铵缓冲液（pH＝10）5ml 及铬黑 T 指示剂少许，用 EDTA－2Na 滴定液滴定至溶液由酒红色变为纯蓝色，记录 EDTA－2Na 滴定液用量 V_1（ml）。

$$水的总硬度 = \frac{c_{EDTA-2Na} \times V_1 \times M_{CaCO_3} \times 1000}{S_{样品}} \quad (mg/L)$$

3. Ca^{2+}、Mg^{2+} 含量的测定　移取水样 50.00ml，置于锥形瓶中，加 5ml 三乙醇胺（无 Fe^{3+}、Al^{3+} 时可不加），摇匀。加 2ml 10% NaOH 使镁离子形成沉淀，摇匀后，加钙指示剂少许，用 EDTA－2Na 标准溶液滴定至溶液由红色变为纯蓝色，记录 EDTA－2Na 用量 V_2（ml）。水中钙和镁的质量浓度计算公式如下。

$$水中钙的质量浓度 = \frac{c_{EDTA-2Na} \times V_2 \times M_{Ca} \times 1000}{S_{样品}} \quad (mg/L)$$

$$水中镁的质量浓度 = \frac{c_{EDTA-2Na} \times (V_1 - V_2) \times M_{Mg} \times 1000}{S_{样品}} \quad (mg/L)$$

注意事项

1. 不加掩蔽剂测定时钙、镁离子的总量，以碳酸钙计或氧化钙计算。

2. 测定钙离子加入沉淀掩蔽剂，排出镁离子的干扰，终点颜色均是指示剂本身。

3. 取水样量和 EDTA－2Na 标准溶液浓度可随水的总硬度大小而变化。

【数据记录与处理】

1. EDTA－2Na 标准溶液的标定

滴定序号	①	②	③	④
Zn^{2+} 标准溶液的浓度（mol/L）				
滴定前滴定管内液面读数（ml）				
滴定后滴定管内液面读数（ml）				
EDTA－2Na 标准溶液的用量（ml）				
EDTA－2Na 标准溶液的浓度（mol/L）测定值				
EDTA－2Na 标准溶液的浓度（mol/L）平均值				
$R\bar{d}$				

2. 水的总硬度的测定

滴定序号	①	②
水样的体积（L）		
滴定前滴定管内液面读数（ml）		
滴定后滴定管内液面读数（ml）		
EDTA－2Na 标准溶液的用量（ml）		

续表

滴定序号	①	②
Ca^{2+}、Mg^{2+} 的总硬度（mg/L）测定值		
Ca^{2+}、Mg^{2+} 的总硬度（mg/L）平均值		
Ca^{2+}、Mg^{2+} 的总硬度（mg/L）平均值修约值		
$R\bar{d}$		

3. 钙、镁离子的测定

滴定序号	①	②
水样的体积（L）		
滴定前滴定管内液面读数（ml）		
滴定后滴定管内液面读数（ml）		
EDTA－2Na 标准溶液的用量（ml）		
Ca^{2+} 的总硬度（mg/L）测定值		
Ca^{2+} 的总硬度（mg/L）平均值		
Ca^{2+} 的总硬度（mg/L）平均值修约值		
$R\bar{d}$		
Mg^{2+} 的总硬度（mg/L）测定值		
Mg^{2+} 的总硬度（mg/L）平均值		
Mg^{2+} 的总硬度（mg/L）平均值修约值		
Mg^{2+} 的总硬度（mg/L）		
$R\bar{d}$		

【实训结论】

EDTA－2Na 标准溶液的浓度： $n=$ $R\bar{d}=$

水中钙离子浓度： $n=$ $R\bar{d}=$

水中镁离子浓度： $n=$ $R\bar{d}=$

【实践思考】

1. 不加掩蔽剂测定时能单独测定钙离子吗？

2. 测定钙离子加入氢氧化钠溶液的作用是什么？

3. 取水样量用何种规格的量具？

【实训体会】

目标检测

答案解析

一、选择题

（一）最佳选择题

1. 下列叙述中结论错误的是

    A. EDTA－2Na 的酸效应使配合物的稳定性降低

B. 金属离子的水解效应使配合物的稳定性降低

C. 辅助配位效应使配合物的稳定性降低

D. 各种副反应均使配合物的稳定性降低

2. 使用铬黑 T 指示剂的酸度范围是

A. pH < 6.3   B. pH 6.3 ~ 11.6   C. pH > 11.6

D. pH 6.3 ± 1

3. 以铬黑 T 为指示剂，用 EDTA - 2Na 直接滴定无色金属离子，终点所呈现的颜色是

A. EDTA - 2Na - 金属离子配合物的颜色   B. 指示剂 - 金属离子配合物的颜色

C. 游离指示剂的颜色   D. 上述 A 与 C 的混合颜色

4. 在 EDTA - 2Na 的各种存在形式中，能直接与金属离子配合的是

A. Y^{4-} B. HY^{3-} C. H_4Y

D. H_6Y^{2+}

5. EDTA - 2Na 配位滴定中 Fe^{3+}、Al^{3+} 对铬黑 T 有

A. 封闭作用   B. 僵化作用   C. 沉淀作用

D. 氧化作用

（二）配伍选择题

[6 ~ 8]

A. pH 8.0 ~ 10.0   B. pH 10 ~ 13   C. pH < 6

6. 配位滴定使用二甲酚橙时，pH 范围为

7. 配位滴定使用钙指示剂时，pH 范围为

8. 配位滴定使用铬黑 T 作指示剂时，最佳 pH 范围为

[9 ~ 11]

下列各题分别应用哪种掩蔽法：

A. 配位掩蔽法   B. 沉淀掩蔽法   C. 氧化还原掩蔽法

9. 在水硬度测定中，在 Ca^{2+}、Mg^{2+} 共存时，如果要单独测定水中 Ca^{2+}，则 Mg^{2+} 成为干扰离子，可加入 NaOH 溶液，使 Mg^{2+} 形成 $Mg(OH)_2$ 沉淀，消除干扰。

10. EDTA - 2Na 滴定法测定水的总硬度，即测定 Ca^{2+}、Mg^{2+} 总量时，Al^{3+}、Fe^{3+} 严重干扰，可加入三乙醇胺掩蔽剂与 Al^{3+}、Fe^{3+} 形成更稳定的配合物消除干扰。

（三）共用题干单选题

《中国药典》（2020 年版二部）补钙药复方葡萄糖酸钙口服溶液的含量测定方法：精密量取本品 2ml，置锥形瓶中，加水 80ml，氢氧化钠试液 15ml 与钙紫红素指示剂 0.1g，用乙二胺四醋酸二钠滴定液（0.05mol/L）滴定至溶液由紫红色转变为纯蓝色。每 1ml 乙二胺四醋酸二钠滴定液（0.05mol/L）相当于 2.004mg 的 Ca。

规格：每 10ml 含钙元素 110mg。

规定：本品为葡萄糖酸钙与乳酸钙的水溶液，含葡萄糖酸钙（$C_{12}H_{22}CaO_{14} \cdot H_2O$）与乳酸钙（$C_6H_{10}CaO_6 \cdot 5H_2O$）以钙（Ca）计应为 0.99% ~ 1.21%（g/ml）。

11. 本滴定法为

A. 酸碱滴定法   B. 配位滴定法   C. 沉淀滴定法

D. 氧化还原滴定法　　　　　E. 非水滴定法

12. 现对某批号的复方葡萄糖酸钙口服液进行含量测定，按照题干方法操作，若消耗乙二胺四醋酸二钠滴定液 11.00ml，通过计算判断本品含量

    A. 符合规定　　　　　　　　B. 不符合规定　　　　　　　　C. 无法判断

    D. 偏高　　　　　　　　　　E. 偏低

（四）X 型题（多项选择题）

13. EDTA－2Na 与大多数金属离子配位反应的特点是

    A. 配位比为 1：1　　　　　　B. 配合物稳定性高　　　　　　C. 配合物水溶性好

    D. 配合物水溶性不好　　　　E. 配合物均无颜色

14. 影响配位滴定法条件稳定常数大小的因素是

    A. EDTA－2Na　　　　　　　B. 酸效应系数　　　　　　　　C. 配位效应系数

    D. 金属指示剂　　　　　　　E. 掩蔽剂

15. 下列说法正确的是

    A. 溶液 pH 越小，酸效应越强

    B. 溶液 pH 越大，水解效应越强

    C. 若配离子稳定性更高，则向沉淀中加入配位剂，通常易使沉淀溶解

    D. 当加入氧化剂和中心原子反应后，则配离子向分解的方向移动

    E. 以上结果都不对

16. 与配位滴定所需控制的酸度有关的因素为

    A. 金属离子颜色　　　　　　B. 酸效应　　　　　　　　　　C. 羟基化效应

    D. 指示剂的变色　　　　　　E. 以上都不对

二、填空题

17. EDTA 的化学名称为＿＿＿＿＿＿＿＿。配位滴定常用水溶性较好的＿＿＿＿＿＿＿＿来配制滴定液。

18. 提高配位滴定选择性的方法有＿＿＿＿＿＿＿＿和＿＿＿＿＿＿＿＿。

19. 用二甲酚橙作指示剂，以 EDAT－2Na 直接滴定 Pb^{2+}、Zn^{2+} 等离子时，终点应由＿＿＿＿＿＿＿＿色变为＿＿＿＿＿＿＿＿色。

20. 含有 Zn^{2+} 和 Al^{3+} 的酸性混合溶液，欲在 pH5～5.5 的条件下，用 EDTA－2Na 滴定液滴定其中的 Zn^{2+}。加入一定量六亚甲基四胺的作用是＿＿＿＿＿＿＿＿；加入三乙醇胺的作用是＿＿＿＿＿＿＿＿。

书网融合……

（罗孟君）

PPT

第一节　概　述

　　氧化还原滴定法(oxidation-reduction titration)是以氧化还原反应为基础的滴定分析法。氧化还原反应的实质是电子的转移,这种电子的转移往往是分步进行的,反应机制较复杂,反应速率较慢,常伴有副反应发生,不能用于滴定分析法。因此,在进行氧化还原滴定分析时要严格控制或创造反应条件,确保反应定量完成。氧化还原滴定法应用广泛,可以直接测定具有氧化性或还原性的物质,也可以间接测定一些本身无氧化性或无还原性但能与氧化剂或还原剂定量反应的物质。测定的对象可以是无机物和有机物。

一、氧化还原滴定法分类

　　在氧化还原滴定法中,习惯上根据所用滴定剂的不同,将氧化还原滴定法分为碘量法、高锰酸钾法、亚硝酸钠法、硫酸铈法、溴酸钾法等;还可以根据滴定进行的溶剂环境不同分为水溶液氧化还原滴定法(在水溶液中滴定)和非水溶液氧化还原滴定法(在有机溶剂中滴定)。

二、提高氧化还原反应速率的方法

许多氧化还原反应理论上是可以定量进行的，但实际上由于反应速率太慢并不能用于滴定分析。因此，在氧化还原滴定中，不仅要利用平衡的理论分析反应的可能性，还要结合其反应速率考虑反应的现实性。氧化还原反应速率的快慢，除了与反应物本身的性质有关外，还与反应条件有关，如浓度、温度、催化剂等。为了使氧化还原反应达到滴定分析的要求，常采取以下几种方法提高化学反应速率。

（一）增加反应物浓度

很多氧化还原反应是分步进行的，整个反应的速率由最慢的一步决定，而总的氧化还原反应式只反映初态与终态之间的关系，不涉及两态之间的历程。因此，不能按总的氧化还原反应式中各物质的系数来判断其浓度对速率的影响。但多数情况下，增大反应物浓度，都能加快反应速率。例如，在酸性溶液中，一定量的 $K_2Cr_2O_7$ 与 KI 的反应：

$$Cr_2O_7^{2-} + 6I^- + 14H^+ \rightleftharpoons 2Cr^{3+} + 3I_2 + 7H_2O$$

此反应速率较慢，通常采用增大 I^- 浓度（KI 过量 5 倍）或提高酸度（$0.8 \sim 1mol/L$）来加快反应速率。但是酸度不能太高，否则会因 I^- 被空气中的 O_2 氧化，实际置换出来的碘比理论的多，造成测量误差。不能用盐酸或硝酸调节溶液的酸度，因为盐酸中的 Cl^- 具有还原性，会与 $Cr_2O_7^{2-}$ 反应；硝酸具有氧化性，会将 I^- 氧化为 I_2。

（二）升高溶液温度

对于大多数反应来说，升高反应体系的温度可以加快反应速率，这是因为升高溶液温度，可以增加反应物之间的碰撞概率，更重要的是增加了活化分子或活化离子的数量。通常温度每升高 $10℃$，反应速率约增大 $2 \sim 4$ 倍。例如，$KMnO_4$ 与 $Na_2C_2O_4$ 在酸性溶液中的反应：

$$2MnO_4^- + 16H^+ + 5C_2O_4^{2-} \rightleftharpoons 2Mn^{2+} + 10CO_2 \uparrow + 8H_2O$$

$KMnO_4$ 与 $Na_2C_2O_4$ 在室温下的反应速率较慢，将溶液提前加热至 $75 \sim 85℃$，反应速率显著增大，若温度超过 $90℃$，部分 $H_2C_2O_4$ 会分解：

$$H_2C_2O_4 \rightleftharpoons CO_2 \uparrow + CO \uparrow + H_2O$$

必须注意，不是任何情况下都可以用加热方式来加快反应速率的。易挥发的物质（如 I_2）参与的反应，加热会引起挥发损失；易被氧化的物质（如 Fe^{2+}、Sn^{2+}）参与的反应，加热会使这些物质被空气中的 O_2 氧化造成误差。所以必须根据具体情况确定反应的适宜温度。

（三）使用催化剂

催化剂可以改变反应速率，但是不能改变反应方向。催化剂有正催化剂和负催化剂两种，正催化剂可以加快反应速率，负催化剂减慢反应速率，在滴定分析中，经常使用正催化剂来提高反应速率。例如 Ce^{4+} 与 As_2O_3 的反应速率很慢，加入少量 I^- 作催化剂，反应加速。又如 MnO_4^- 与 $C_2O_4^{2-}$ 的反应速率很慢，即使将温度升高，反应开始的速率仍然较慢，但随着反应进行，当溶液中产生少量 Mn^{2+} 时，$KMnO_4$ 的褪色速度明显加快，原因是产物 Mn^{2+} 对反应起到了催化作用，这种利用反应产物起催化作用的现象称为自身催化。

三、电极电位和氧化还原反应进行的程度

（一）电极电位 📱微课 1

可以根据电对的电极电位（简称电位）大小来衡量氧化剂的氧化能力和还原剂的还原能力的强弱。电对的电位越高，其氧化态 Ox 的氧化能力越强；电对的电位越低，其还原态 Red 的还原能力越强。根据有关电对的电位可以判断氧化还原反应进行的方向、顺序和进行的程度。

氧化还原电对的电位可用能斯特方程式（Nernst equation）表示，例如，对于一个可逆的氧化还原电对：

$$Ox + ne \rightleftharpoons Red$$

其能斯特方程为：

$$\varphi_{Ox/Red} = \varphi_{Ox/Red}^{\ominus} + \frac{2.303RT}{nF}\lg\frac{a_{Ox}}{a_{Red}} \tag{9-1}$$

式中，$\varphi_{Ox/Red}$ 为电对 Ox/Red 的电位，简写为 φ；$\varphi_{Ox/Red}^{\ominus}$ 为电对 Ox/Red 的标准电位，简写为 $\varphi^{\ominus}$；R 为气体常数，8.314J/(K·mol)；T 为热力学温度，单位 K；n 是电子转移的数目；F 为法拉第常数，96484C/mol；a 为氧化态或还原态的活度，单位 mol/L。

在 25℃时，将以上常数代入式（9-1），得：

$$\varphi_{Ox/Red} = \varphi_{Ox/Red}^{\ominus} + \frac{0.059}{n}\lg\frac{a_{Ox}}{a_{Red}} \tag{9-2}$$

当 $a_{Ox}/a_{Red} = 1$ 或 $a_{Ox} = a_{Red} = 1mol/L$ 时，电对的电位就是标准电位。如果溶液的离子强度较大，或者发生水解、配位或沉淀等副反应时，溶液的浓度发生变化，导致电位改变。一般只知道氧化态和还原态的分析浓度（即总浓度）并非活度。为了简便，常用分析浓度代替活度，同时为使结果尽量符合实际情况，减小误差，必须引入相应的活度系数和副反应系数对上述因素加以校正。

$$a_{Ox} = \gamma_{Ox}[Ox] = \gamma_{Ox} \times \frac{c_{Ox}}{\alpha_{Ox}} \tag{9-3}$$

$$a_{Red} = \gamma_{Red}[Red] = \gamma_{Red} \times \frac{c_{Red}}{\alpha_{Red}} \tag{9-4}$$

式中，γ 表示氧化态或还原态的活度系数；[ ] 表示氧化态或还原态的平衡浓度；c 表示氧化态或还原态的分析浓度；α 表示氧化态或还原态的副反应系数。

将式（9-3）、式（9-4）代入式（9-2）得：

$$\varphi_{Ox/Red} = \varphi_{Ox/Red}^{\ominus} + \frac{0.059}{n}\lg\frac{\gamma_{Ox}c_{Ox}\alpha_{Red}}{\gamma_{Red}c_{Red}\alpha_{Ox}} = \varphi_{Ox/Red}^{\ominus} + \frac{0.059}{n}\lg\frac{\gamma_{Ox}\alpha_{Red}}{\gamma_{Red}\alpha_{Ox}} + \frac{0.059}{n}\lg\frac{c_{Ox}}{c_{Red}}$$

设：$\varphi_{Ox/Red}^{\ominus'} = \varphi_{Ox/Red}^{\ominus} + \frac{0.059}{n}\lg\frac{\gamma_{Ox}\alpha_{Red}}{\gamma_{Red}\alpha_{Ox}}$

则：

$$\varphi = \varphi_{Ox/Red}^{\ominus'} + \frac{0.059}{n}\lg\frac{c_{Ox}}{c_{Red}} \tag{9-5}$$

式中，$\varphi_{Ox/Red}^{\ominus'}$ 称为条件电位（conditional potential），是特定条件下，氧化态和还原态的分析浓度都为 1mol/L 或其分析浓度比值为 1 时，校正了各种外界因素影响后的实际电位。

即学即练 9 - 1

什么是条件电位？它与标准电极电位有何不同？有何优点？

条件电位数值与反应条件有关，只有溶液的离子强度和副反应等条件不变的情况下才是一个常数。由于活度系数、副反应系数不易求得，所以条件电位都是实验测得。对于某一氧化还原电对来说，标准电位只有一个，而不同的介质条件下会有不同的条件电位。例如 Fe^{3+}/Fe^{2+} 电对的标准电位 $\varphi^{\ominus} = 0.77V$，而在盐酸（0.5mol/L）中 $\varphi^{\ominus'} = 0.71V$，在盐酸（5mol/L）中的 $\varphi^{\ominus'} = 0.64V$，在磷酸（2mol/L）中的 $\varphi^{\ominus'} = 0.46V$。引入条件电位后，我们可以直接将分析浓度代入能斯特方程［式（9 - 5）］计算，这样更符合实际情况。因此，在实际处理氧化还原反应的电位计算时，尽量采用条件电位，当缺少相同条件下的条件电位时，可采用相近条件的条件电位进行计算，否则应用实验方法测得。

（二）氧化还原反应进行的程度

1. 条件平衡常数　氧化还原反应要满足滴定分析的要求，首先要求反应能定量完成，反应进行的程度越完全越好。反应实际进行的完全程度可用条件平衡常数 K' 来衡量。K' 越大，反应实际完成程度越完全。

在 25℃时，对于任意一个对称电对的氧化还原反应：

$$aOx_1 + bRed_2 \rightleftharpoons aRed_1 + bOx_2$$

两个电对的电极反应和电位分别为：

$$Ox_1 + n_1e \rightleftharpoons Red_1 \qquad \varphi_1 = \varphi_1^{\ominus'} + \frac{0.059}{n_1}\lg\frac{c_{Ox_1}}{c_{Red_1}}$$

$$Ox_2 + n_2e \rightleftharpoons Red_2 \qquad \varphi_2 = \varphi_2^{\ominus'} + \frac{0.059}{n_2}\lg\frac{c_{Ox_2}}{c_{Red_2}}$$

反应达到平衡时，两电对的电位相等，即 $\varphi_1 = \varphi_2$，那么

$$\varphi_1^{\ominus'} + \frac{0.059}{n_1}\lg\frac{c_{Ox_1}}{c_{Red_1}} = \varphi_2^{\ominus'} + \frac{0.059}{n_2}\lg\frac{c_{Ox_2}}{c_{Red_2}}$$

设 n 为电子得失数 n_1 和 n_2 的最小公倍数，则氧化还原反应式中的反应系数 a 和 b 的数值分别为：$a = n/n_1$，$b = n/n_2$。上式两边同时乘以 n，整理得：

$$\lg K' = \lg\frac{c_{Ox_2}^b c_{Red_1}^a}{c_{Red_2}^b c_{Ox_1}^b} = \frac{n(\varphi_1^{\ominus'} - \varphi_2^{\ominus'})}{0.059} = \frac{n\Delta\varphi^{\ominus'}}{0.059} \qquad (9-6)$$

由式（9 - 6）可知，条件平衡常数 K' 的大小是由氧化还原反应中两电对的条件电位差 $\Delta\varphi^{\ominus'}$ 来决定。所以两电对的条件电位差值 $\Delta\varphi^{\ominus'}$ 越大，K' 越大，反应进行程度越完全。

2. 氧化还原反应完全的条件　根据滴定分析的要求，滴定允许的相对误差在 ±0.1% 以内，也就是化学计量点时反应完全程度达到 99.9% 以上，这就意味着此时反应物至少有 99.9% 转化成了生成物，而未反应的反应物不到 0.1%。对于任意一个对称电对的氧化还原反应：

$$aOx_1 + bRed_2 \rightleftharpoons aRed_1 + bOx_2$$

生成物的浓度必须大于或等于反应物起始浓度的 99.9%，即：

$$\lg K' = \lg\frac{c_{Red_1}^a c_{Ox_2}^b}{c_{Ox_1}^a c_{Red_2}^b} = \lg\left[\left(\frac{c_{Red_1}}{c_{Ox_1}}\right)^a \left(\frac{c_{Ox_2}}{c_{Red_2}}\right)^b\right] \geq \lg\left[\left(\frac{99.9\%}{0.1\%}\right)^a \left(\frac{99.9\%}{0.1\%}\right)^b\right] = 3(a+b)$$

也就是 $\lg K' \geqslant 3(a+b)$ 或 $\Delta\varphi^{\ominus\prime} \geqslant \dfrac{0.059 \times 3(a+b)}{n}$ 时，氧化还原反应才能用于滴定分析。

一般情况下，在 25℃ 时，不同类型的氧化还原反应，若反应电对的条件电位差值 $\Delta\varphi^{\ominus\prime}$ 符合表 9－1 基本要求，该反应的完全程度就能满足定量分析的要求。

表 9－1　氧化还原反应进行到 99.99％以上电极电位差值关系

反应类型	n_1	n_2	$\Delta\varphi^{\ominus\prime}$
1∶1	1	1	0.354
1∶2 或 2∶1	1 (2)	2 (1)	0.266
1∶3 或 3∶1	1 (3)	3 (1)	0.236
2∶3 或 3∶2	2 (3)	3 (2)	0.148

必须指出，某些氧化还原反应，虽然满足 $\Delta\varphi^{\ominus\prime} \geqslant \dfrac{0.059 \times 3(a+b)}{n}$，符合反应完全的要求，但若发生了副反应，这样的氧化还原反应就不能用于直接滴定。例如，$K_2Cr_2O_7$ 与 $Na_2S_2O_3$ 的反应，虽说从 $\Delta\varphi^{\ominus\prime} \geqslant \dfrac{0.059 \times 3(a+b)}{n}$ 来看反应能进行完全，但由于 $Na_2S_2O_3$ 的氧化产物除 $S_4O_6^{2-}$ 外，还可能有部分氧化为 SO_4^{2-}，$K_2Cr_2O_7$ 与 $Na_2S_2O_3$ 之间的计量关系无法确定，因此无法用于直接滴定。另外，如果反应速度过慢，也不能采用直接滴定法。

第二节　氧化还原滴定法所用的指示剂

在氧化还原滴定法中，常用的指示剂有以下几种类型。

一、自身指示剂

有些标准溶液或被滴定物质自身颜色很深，在发生氧化还原反应后变成无色或浅色物质，滴定时不必另加指示剂，可用自身颜色变化来指示滴定终点，这类溶液称为自身指示剂（self indicator）。例如 $KMnO_4$ 本身显紫红色，在酸性条件下，还原产物 Mn^{2+} 几乎无色，所以，在用 $KMnO_4$ 滴定无色或浅色还原剂时，到达化学计量点时，稍微过量的 $KMnO_4$ 使溶液显粉红色。实验证明，$KMnO_4$ 浓度达到 2×10^{-6} mol/L 就能观察到溶液呈粉红色。所以高锰酸钾法的指示剂就是高锰酸钾本身。

二、特殊指示剂

有些物质本身不具有氧化还原性质，但能与氧化剂或还原剂作用产生特殊可逆的颜色变化，从而指示滴定终点，这类指示剂称为特殊指示剂（special indicator）。例如可溶性淀粉能与 I_3^- 作用生成颜色可逆的深蓝色物质，反应灵敏，当 I_3^- 的浓度只有 10^{-5} mol/L 时也能看到明显的蓝色，当 I_3^- 全部转为 I^- 时，深蓝色消失。所以碘量法常用淀粉溶液作指示剂，通过蓝色的出现或消失判断滴定终点。淀粉溶液就是特殊指示剂。

 知识拓展

屠呦呦，女，药学家，浙江宁波人，她多年从事中药和中西药结合研究，1972 年，屠呦呦团队成

功提取青蒿素，开创了疟疾治疗新方法，全球数亿人因此受益。2015 年 10 月获得诺贝尔生理学或医学奖，表彰其在寄生虫疾病治疗研究方面取得的成就。

鉴别青蒿素时，可以使用特殊指示剂淀粉指示剂。《中国药典》（2020 年版二部）规定：取本品约 5mg，加无水乙醇 0.5ml 溶解后，加碘化钾试液 0.4ml，稀硫酸 2.5ml 与淀粉指示剂 4 滴，立即显紫色。

三、氧化还原指示剂

一些物质本身具有氧化还原性，其氧化态和还原态具有不同的颜色，在化学计量点附近因被氧化或还原，其结构发生改变，从而引起颜色的变化以指示滴定终点，这类物质称为氧化还原指示剂（oxidation – reduction indicator）。例如，用 $K_2Cr_2O_7$ 标准溶液滴定 Fe^{2+} 时，常用二苯胺磺酸钠为指示剂。当 $K_2Cr_2O_7$ 滴定 Fe^{2+} 至化学计量点后，稍过量的 $K_2Cr_2O_7$ 会将无色的二苯胺磺酸钠还原态氧化为紫红色的氧化态，从而指示滴定终点。

表 9 – 2　常用氧化还原指示剂的条件电位及颜色变化

指示剂	$\varphi_{In}^{e'}(V)$ pH = 0	颜色变化	
		氧化态色	还原态色
亚甲蓝	0.36	绿蓝色	无色
二苯胺	0.76	紫色	无色
二苯胺磺酸钠	0.84	紫红色	无色
邻苯氨基苯甲酸	0.89	紫红色	无色
邻二氮菲亚铁	1.06	浅蓝色	红色
硝基邻二氮菲亚铁	1.25	浅蓝色	紫红色

选择氧化还原指示剂时，应使指示剂的变色范围落在滴定突跃范围内，并尽量使指示剂的条件电位接近化学计量点，以减小滴定误差。必须指出的是，氧化还原指示剂本身也要消耗一定量的标准溶液。当标准溶液的浓度较大时，对分析结果的影响可忽略不计，但在较精确的测定或用较稀的标准溶液（浓度小于 0.01mol/L）进行测定时，需要做空白试验以校正指示剂误差。

四、外指示剂

指示剂本身有氧化还原性，能与待测物或滴定液发生反应，不能直接加入到被滴定的溶液中，而是在化学计量点附近，用玻棒蘸取少许反应液在外面与指示剂接触并观察是否变色来指示终点，这类指示剂称为外指示剂（outside indicator）。外指示剂常制成试纸或糊状使用。例如亚硝酸钠法常用的外指示剂是淀粉–碘化钾试纸，当滴定至化学计量点附近时，用玻棒蘸取少许反应液置于试纸上，稍过量的亚硝酸钠在酸性条件下将试纸上的碘化钾氧化为单质碘，单质碘遇淀粉显蓝色。

第三节　碘量法 📱 微课 2

一、基本原理

碘量法（iodimetry）是利用 I_2 的氧化性或 I^- 的还原性进行氧化还原滴定的方法，其半电池反应为：

$$I_2 + 2e \rightleftharpoons 2I^- \qquad \varphi^{\ominus}_{I_2/I^-} = 0.5345V$$

因为 I_2 在水中的溶解度很小（25℃时为 0.0018mol/L），且易挥发，为增加其溶解度和降低碘的挥发程度，通常将 I_2 溶解到 KI 溶液中，此时 I_2 在溶液中以 I_3^- 配离子形式存在，其半电池反应为：

$$I_3^- + 2e \rightleftharpoons 3I^- \qquad \varphi^{\ominus}_{I_3^-/I^-} = 0.5355V$$

从上述可知，实际反应时，电对用 I_3^-/I^- 表示比用 I_2/I^- 更为确切，但由于两者的标准电位相差很小，为了简便，习惯上仍用 I_2/I^- 表示反应电对。从 I_2/I^- 电对的电位大小可知，I_2 是较弱的氧化剂，只能与较强的还原剂作用；而 I^- 是中等强度的还原剂，能与许多氧化剂作用。因此，碘量法根据被测组分的氧化能力或还原能力的不同，可以采用直接法或间接法两种不同的滴定方式进行测定。

（一）直接碘量法基本原理

凡电位比 $\varphi^{\ominus}_{I_2/I^-}$ 低还能满足直接滴定法条件的还原性物质，可用 I_2 标准溶液直接测定，这种滴定方式称为直接碘量法。

例如，用 I_2 标准溶液滴定 SO_3^{2-}，反应如下：

$$I_2 + SO_3^{2-} + H_2O \rightleftharpoons SO_4^{2-} + 2HI$$

利用直接碘量法还可以测定 S^{2-}、As_2O_3、$S_2O_3^{2-}$、Sn^{2+}、Sb^{3+}、维生素 C 等还原性较强的物质。

（二）间接碘量法基本原理

间接碘量法分为置换碘量法和剩余碘量法两种。凡电位比 $\varphi^{\ominus}_{I_2/I^-}$ 高的氧化性物质，可用 I^- 还原，然后用 $Na_2S_2O_3$ 标准溶液滴定置换出来的 I_2，这种方法称为置换碘量法，可用于测定高锰酸钾、重铬酸钾、溴酸盐、过氧化氢、铜盐、漂白粉、二氧化锰、葡萄糖酸锑钠等氧化性物质。凡电位比 $\varphi^{\ominus}_{I_2/I^-}$ 低的还原性物质，且反应速度慢的物质，可先与过量定量的 I_2 标准溶液反应，反应完全后，再用 $Na_2S_2O_3$ 标准溶液滴定剩余的 I_2，这种方法称为剩余碘量法或回滴碘量法，可用于测定亚硫酸氢钠、焦亚硫酸钠、无水亚硫酸钠、葡萄糖等还原性物质。例如，在酸性溶液中可采用置换碘量法测定 $KMnO_4$，先让过量的 KI 与 $KMnO_4$ 反应生成 I_2，反应完全后再用 $Na_2S_2O_3$ 标准溶液滴定析出的 I_2。间接碘量法是以 $Na_2S_2O_3$ 和 I_2 的反应为基础的一种方法：

$$I_2 + 2S_2O_3^{2-} \rightleftharpoons 2I^- + S_4O_6^{2-}$$

二、滴定条件

（一）直接碘量法的滴定条件

直接碘量法应在酸性、中性或弱碱性溶液中进行。如果 pH > 9，将会发生下列副反应：

$$3I_2 + 6OH^- \rightleftharpoons IO_3^- + 5I^- + 3H_2O$$

（二）间接碘量法的滴定条件

间接碘量法应在中性或弱酸性溶液中进行。为了加快 I^- 与含氧氧化物转化为 I_2，开始反应时酸度应在 1mol/L 左右，到用 $Na_2S_2O_3$ 标准溶液滴定析出的 I_2 时，应加水稀释将溶液的酸度调到中性或弱酸性。如果在碱性溶液中，会发生下列副反应：

$$3I_2 + 6OH^- \rightleftharpoons IO_3^- + 5I^- + 3H_2O$$

$$S_2O_3^{2-} + 4I_2 + 10OH^- \rightleftharpoons 2SO_4^{2-} + 8I^- + 5H_2O$$

如果在酸性溶液中进行，$S_2O_3^{2-}$ 易分解，I^- 易被空气中的氧气氧化。

$$S_2O_3^{2-} + 2H^+ \rightleftharpoons S\downarrow + SO_2\uparrow + H_2O$$

$$4I^- + O_2 + 4H^+ \rightleftharpoons 2I_2 + 2H_2O$$

（三）碘量法的误差来源

碘量法的误差来源主要是 I_2 的挥发和 I^- 被空气中的 O_2 氧化，可以通过以下措施加以避免或减小。

1. 防止 I_2 的挥发

（1）加入过量 KI　KI 加入量一般为理论值 2~3 倍，促使 I_2 的溶解，形成 I_3^-；

（2）在室温下进行　温度升高会加速 I_2 的挥发；

（3）在碘量瓶中滴定　将过量 KI 与被测物放入碘量瓶中，密封一段时间，待其充分反应后，再用 $Na_2S_2O_3$ 滴定；

（4）快滴慢摇　剧烈摇动会加速 I_2 的挥发。

2. 防止 I^- 被空气中的 O_2 氧化

（1）暗处避光放置　防止 I^- 因光照被氧化，使测量结果偏大；

（2）控制溶液酸度　在强酸性条件下，I^- 会与 O_2 发生以下反应：$4I^- + 4H^+ + O_2 \rightleftharpoons 2I_2 + 2H_2O$，所以提高反应物 H^+ 的浓度，也就是溶液酸度过高，会加快 I^- 被空气中的 O_2 氧化反应速率；

（3）提前除去氧化性杂质　溶液中若存在 Cu^{2+}、NO_2^- 等氧化性杂质，会对测量结果造成误差；

（4）快滴慢摇　减少析出 I_2 的挥发。

三、指示剂的选择

（一）指示剂的配制

碘量法常用淀粉作为指示剂，根据蓝色的出现或消失指示滴定终点。淀粉指示剂应使用可溶性的直链淀粉配制。配制时，加热时间不宜过长而且要迅速冷却，以免灵敏度降低。淀粉溶液易腐败，最好临用前配制，可加入少量 $ZnCl_2$、HgI_2 或甘油等作为防腐剂，以延长使用时限。

（二）指示剂的加入时间

使用淀粉指示剂应注意加入时机。直接碘量法在酸度不高的情况下，可于滴定前加入，滴定至溶液出现蓝色即为滴定终点。间接碘量法在近终点（就是溶液变成浅黄色）时加入，滴定至溶液蓝色消失即为终点。若指示剂过早加入，溶液中大量的 I_2 会被淀粉牢牢吸附，致使蓝色褪去延迟，造成误差。

第四节　高锰酸钾法 ⓔ 微课3

PPT

一、基本原理

高锰酸钾法（permanganometric method）是以高锰酸钾为标准溶液的氧化还原滴定法。高锰酸钾是一种强氧化剂，其氧化能力和还原产物均与溶液的酸度有关。

在强酸性溶液中，MnO_4^- 被还原为 Mn^{2+}，表现为强氧化能力。

$$MnO_4^- + 8H^+ + 5e \rightleftharpoons Mn^{2+} + 4H_2O \qquad \varphi^{\ominus} = 1.51V$$

在弱酸性、中性或弱碱性溶液中，MnO_4^- 被还原为 MnO_2，表现为较弱的氧化能力。

$$MnO_4^- + 2H_2O + 3e \rightleftharpoons MnO_2\downarrow + 4OH^- \qquad \varphi^\ominus = 0.59V$$

在强碱性溶液中，MnO_4^- 被还原为 MnO_4^{2-}，表现为较弱的氧化能力。

$$MnO_4^- + e \rightleftharpoons MnO_4^{2-} \qquad \varphi^\ominus = 0.56V$$

由于 $KMnO_4$ 在强酸性溶液中的氧化能力最强，且还原产物为几乎无色的 Mn^{2+}，不影响终点的变色观察，所以高锰酸钾法通常在强酸性溶液中进行。一般用硫酸调节溶液的酸度，酸度常控制在 $1mol/L$ 左右。不用盐酸或硝酸。

即学即练 9-2

为什么采用高锰酸钾法时，只能用 H_2SO_4 调节溶液的酸度，不能用 HCl 或 HNO_3？

答案解析

据被测物的性质不同，高锰酸钾法常采取以下不同的滴定方式。

1. 直接滴定法 许多还原性物质可用 $KMnO_4$ 标准溶液直接滴定，如 Fe^{2+}、$C_2O_4^{2-}$、H_2O_2、As_2O_3、NO_2^- 等。

2. 返滴定法 一些氧化性物质不能用 $KMnO_4$ 标准溶液直接滴定，可采用返滴定法。如测定 MnO_2 含量时，在 H_2SO_4 溶液中，加入过量定量的 $Na_2C_2O_4$，待 MnO_2 与 $Na_2C_2O_4$ 反应完全后，再用 $KMnO_4$ 标准溶液滴定剩余的 $Na_2C_2O_4$，求出 MnO_2 的含量。

3. 间接滴定法 有些无氧化性或无还原性的物质，不能采用以上两种滴定方式进行滴定，但这些物质能与氧化剂或还原剂定量反应，可采用间接滴定法。如测定 Ca^{2+} 含量时，可先用 $Na_2C_2O_4$ 将 Ca^{2+} 沉淀为 CaC_2O_4，再用稀 H_2SO_4 溶解 CaC_2O_4，然后用 $KMnO_4$ 标准溶液滴定溶液中的 $C_2O_4^{2-}$，求出 Ca^{2+} 含量。

二、滴定条件选择

（一）酸度

高锰酸钾法常在强酸性溶液中进行。酸度一般控制在 $1\sim2mol/L$，酸度过高会导致 $KMnO_4$ 分解，酸度过低会产生 MnO_2 沉淀。调节溶液酸度常用 H_2SO_4 而不用 HCl 或 HNO_3，因为 HCl 中的 Cl^- 具有还原性，会被 MnO_4^- 氧化，HNO_3 本身具有氧化性，会氧化被测的还原性物质。

 实例分析

实例 硫酸亚铁：本品含硫酸亚铁（$FeSO_4 \cdot 7H_2O$）应为 $98.5\% \sim 104.0\%$。

含量测定 取本品约 $0.5g$，精密称定，加稀硫酸与新沸过的冷水各 $15ml$ 溶解后，立即用高锰酸钾滴定液（$0.02mol/L$）滴定至溶液显持续的粉红色。每 $1ml$ 高锰酸钾滴定液（$0.02mol/L$）相当于 $27.80mg$ 的 $FeSO_4 \cdot 7H_2O$。

问题 1. 根据滴定方式判断，该方法属于什么滴定方法？

2. 本方法实验的指示剂为哪类指示剂？

3. 该方法可以用来测定硫酸亚铁片剂和糖浆剂吗？

操作记录、数据处理、结果及结论

天平型号：ESJ－205－4 编号：XX

称取本品①0.5012g、②0.5023g，分别置于250ml的锥形瓶中，加1mol/L的稀硫酸15ml使之溶解，再加入新沸过的冷水15ml，立即用高锰酸钾滴定液（0.02mol/L）滴定至溶液显持续的粉红色即为滴定终点，半分钟内不褪色。每1ml高锰酸钾滴定液（0.02mol/L）相当于27.80mg的$FeSO_4 \cdot 7H_2O$。

消耗高锰酸钾滴定液（0.02mol/L）的总体积

①17.98ml　　②18.06ml

质量百分含量计算公式为：

$$硫酸亚铁百分含量 = \frac{\dfrac{c_{KMnO_4}}{0.02} \times V_{KMnO_4} \times T(g/ml)}{S_{样品}} \times 100\%$$

本品含硫酸亚铁（$FeSO_4 \cdot 7H_2O$）百分含量是否符合要求？

答案解析

（二）温度

为了加快反应速率，滴定前可将溶液加热至75~85℃并趁热滴定。但若被滴定的物质是在空气中易被氧化（如Fe^{2+}、Sn^{2+}等）或加热易分解的还原性物质（如H_2O_2），则不能加热。

（三）滴定速度

采用直接法滴定待测组分时，滴定速度控制为慢－快－慢。刚开始时反应速度较慢，可放慢滴定速度，待具有催化作用的Mn^{2+}生成后，可加快滴定速度，临近终点时，减慢滴定速度，以防滴定过量使测定结果偏大。

三、指示剂选择

高锰酸钾法通常以$KMnO_4$为自身指示剂。$KMnO_4$本身显紫红色，还原产物Mn^{2+}几乎无色，所以，在用$KMnO_4$滴定无色或浅色还原剂时，到达化学计量点后，稍微过量的$KMnO_4$使溶液显粉红色且30秒不褪色为滴定终点。如果标准溶液浓度较低（<0.002mol/L），为使终点更容易观察，也可选用二苯胺磺酸钠等氧化还原指示剂指示滴定终点。

即学即练9-3

以下哪些物质只能用间接法配制滴定液？

答案解析　A. 重铬酸钾　　　B. 高锰酸钾　　　C. 硫代硫酸钠　　　D. 碘

第五节　亚硝酸钠法

一、基本原理

亚硝酸钠法（sodium nitrite method）是以亚硝酸钠为标准溶液，在酸性条件下测定芳香族伯胺、芳香族仲胺类化合物含量的氧化还原滴定法，分为重氮化滴定法和亚硝基化滴定法两种。

（一）重氮化滴定法

在盐酸等无机酸介质中，芳香族伯胺与亚硝酸钠发生重氮化反应：

$$NaNO_2 + 2HCl + ArNH_2 \rightleftharpoons NaCl + H_2O + \left[Ar - \overset{+}{N} = N\right]Cl^-$$

这种利用重氮化反应进行滴定的亚硝酸钠法称为重氮化滴定法。重氮化法可用于测定芳伯胺类药物（如盐酸普鲁卡因、磺胺类药物）和水解（如酞磺胺噻唑）或还原后具有芳伯胺结构（如氯霉素）的药物。

（二）亚硝基化滴定法

在酸性介质中，芳香族仲胺与亚硝酸钠发生亚硝基化反应：

$$ArNHR + NaNO_2 + HCl \rightleftharpoons ArN(NO)R + NaCl + H_2O$$

这种基于亚硝基化反应进行滴定的亚硝酸钠法称为亚硝基化滴定法，可用于测定磷酸伯胺喹、盐酸丁卡因等药物。

二、滴定条件选择

亚硝酸钠法中最为常用的是重氮化滴定法，在进行重氮化滴定时要注意以下滴定条件的选择与控制：

（一）酸的种类和浓度

亚硝酸钠法的反应速率与所处的酸介质的种类有关。在 HBr 中最快，HCl 中次之，H_2SO_4 或 HNO_3 中最慢。由于 HBr 价格较贵，且芳香族伯胺盐酸盐较硫酸盐溶解度大，所以常用 HCl。适宜的酸度不仅可以加快反应速率，还能提高重氮盐的稳定性，一般酸度控制在 1mol/L 为宜，酸度过高会阻碍芳香族伯胺的游离，影响重氮化反应的速率；酸度过低，生成的重氮盐易分解，且会与未被重氮化的芳香族伯胺偶合成重氮氨基化合物，从而使测定结果偏低。

（二）反应温度

通常反应速率会随温度升高而加快，但温度升高会造成重氮盐分解和亚硝酸的分解逸失，一般在室温下进行。

$$3HNO_2 \rightleftharpoons HNO_3 + H_2O + 2NO\uparrow$$

（三）滴定速度

采用"快速滴定法"进行滴定。即在 15 ~ 25℃，将滴定管尖插入液面下约 2/3 处，随滴随搅拌，迅速滴定至近终点，将管尖提出液面，将滴定管的尖端提出液面，用少量水淋洗尖端，洗液并入溶液中，继续缓慢滴定至终点。这样开始生成的亚硝酸在剧烈搅拌下向四周扩散并立即与芳香族伯胺、芳香族仲胺类化合物反应，来不及分解逸失就已反应完全。这种"快速滴定法"能有效缩短滴定时间并可得到准确的分析结果。

（四）苯环上取代基团的影响

苯环上，特别是在氨基的对位上有其他取代基团存在时，会影响重氮化反应的速率。吸电子基团（如—COOH、—X、—SO₃ 等）会加快反应速率，而斥电子基团（如—OH、—R、—OR 等）会减慢反应速率。对于反应速率较慢的重氮化反应，加入适量 KBr 作为催化剂来加速反应。

三、指示剂选择

（一）外指示剂

亚硝酸钠法通常利用 KI-淀粉糊或 KI-淀粉试纸来确定滴定终点。滴定至化学计量点后，稍过量的 $NaNO_2$ 会将 KI 氧化为 I_2。

$$4H^+ + 2NO_2^- + 2I^- \rightleftharpoons I_2 + 2NO\uparrow + 2H_2O$$

生成的 I_2 遇淀粉变为蓝色。这种指示剂不能直接加到被测溶液中，否则 $NaNO_2$ 会优先氧化 KI，从而无法指示终点。因此，只能在化学计量点附近用玻棒蘸取少许溶液，在外面与指示剂接触，再根据是否出现蓝色来判断滴定终点，以这种方式使用的指示剂称为外指示剂。由于使用外指示剂时需多次蘸取溶液，不仅操作麻烦，而且损耗试样溶液，使终点难以掌握，甚至会出现较大误差。

（二）内指示剂

亚硝酸钠法也可选用内指示剂来确定终点，主要以橙黄Ⅳ、中性红、二苯胺和亮甲酚蓝应用最多。使用内指示剂操作简单，但变色不够灵敏，尤其是当重氮盐有颜色时更难判断终点。

由于内、外指示剂存在很多缺点，现在逐渐采用永停滴定法来确定滴定终点，此法将在第十章第四节永停滴定法中介绍。

第六节　非水氧化还原滴定法

非水氧化还原滴定法是在非水溶剂中进行的氧化还原滴定法。本节主要介绍在非水氧化还原滴定法中非常成熟的费休氏水分测定法。

费休氏水分测定法是 1935 年由德国化学家 Karl Fischer 首先提出，经许多学者进一步的研究与完善，已成为国际上通用的水分测定法之一。该方法具有操作简便、专属性高、准确度好等优点，不仅适合任何可溶解于费休氏液但不与费休氏液起化学反应的药品的水分测定，还适合受热易被破坏的样品测定，已被广泛应用于石油、化工、医药、农药、精细化学品等领域大多数物质中水分的测定。

一、费休氏液配制

费休氏液吸水性强，要保证试液在配制、标定及滴定中所用仪器的洁净干燥。配制过程中要防止试液吸收空气中的水分，进入滴定装置的空气要经干燥剂除湿。试液的标定、贮存及水分滴定操作均应在避光、干燥环境处进行。下面介绍费休氏液配制、标定和贮藏的具体操作。

（一）准备

1. 仪器及器具的处理　电子天平（灵敏度 0.1mg），托盘天平，水分测定仪或磨口自动滴定管（最小分度值 0.05ml），永停滴定仪，电磁搅拌器，1000ml 干燥的锥形瓶 1 个，500ml 干燥量筒 1 个，用作洗气和放置干燥剂的锥形瓶 4 个（配有双孔橡皮塞），载重 1000g 的托盘天平及配套砝码。

注意：凡与试剂或费休氏液直接接触的物品和玻璃仪器，必须在 120℃烘干 2 小时以上，橡皮塞在 80℃烘干 2 小时，取出放入干燥器内备用。

2. 原料与辅料

（1）碘　将碘平铺于干燥的培养皿中，置硫酸干燥器内干燥48小时以上，以除去碘表面吸附的水分。

（2）无水甲醇（A. R.，含水量 <0.1%），原包装。

（3）吡啶（A. R.，含水量 <0.1%），原包装。

（4）二氧化硫　一般使用压缩的二氧化硫气体，用时通过硫酸脱水。

（5）浓硫酸（A. R.）。

（6）无水氧化钙（C. P.）。

（二）配制

用托盘天平称得1000ml锥形瓶的质量，再分别称取碘110g、吡啶158g，置于锥形瓶中，充分振摇。加入吡啶后，溶液会发热，应注意给予冷却。量取无水甲醇300ml，倒入锥形瓶中，塞上带有玻璃弯管的双孔橡皮塞，称其总质量。将锥形瓶置于冰水浴中，缓缓旋开二氧化硫钢瓶的出口阀，气体流速以洗气瓶中的硫酸和锥形瓶中溶液内出连续气泡为宜，直到总质量增加至72g为止。再用无水甲醇稀释至1000ml，密塞，摇匀，避光放置24小时备用。

（三）标定

1. 准备　将磨口自动滴定管装置的下支管连接一个经硅胶除湿的双联球，顶部的上支管连接一个装有硅胶的干燥管，取一带橡皮塞的玻瓶，将两个注射器针头刺入橡皮塞至小瓶中，一个针头供排气用，另一个针头用乳胶管与滴定管尖端相连，供加入费休氏液用。把试液加入干燥的贮液瓶中，旋转活塞使贮液瓶与滴定管接通，挤压双联球使试液压至零刻度（注意不要用力过猛，否则试液将从上支管冲出），旋转活塞，接通滴定管尖端，用试液排出乳胶管与注射器针头中的空气，直到排出的液体与试液的颜色一致时为止，关闭活塞。

2. 标定　取重蒸馏水约10~30mg，精密称定，置干燥的带橡皮塞玻瓶中，通过滴定装置加无水甲醇2ml后，立即用费休氏液滴定，在不断振摇下，溶液由浅黄色变为红棕色即得，或用永停滴定法指示终点，另以2ml无水甲醇作空白对照，按式（9-7）计算即得。

$$F = \frac{W}{A - B}$$ （9-7）

式中，F 是每1ml费休氏液相当于水的质量（mg）；W 是称取蒸馏水的质量（mg）；A 是滴定所消耗费休氏液体积（ml）；B 是空白所消耗费休氏液体积（ml）。

应进行3次以上的平行标定，连续标定结果 RSD 应在1%以内，以平均值作为费休氏液的浓度。

（四）贮藏

配制好的费休氏液应遮光、密封、置阴凉干燥处保存，通常本标准贮备液使用期限为2~3个月，临用前应再标定浓度。

二、基本原理

费休氏水分测定法是利用碘在吡啶和甲醇溶液中氧化二氧化硫时需要定量的水参加反应的原理来标定滴定液浓度或测定样品中的水分含量。

基本反应：　　　　　　　　　$I_2 + SO_2 + 2H_2O \Longrightarrow 2HI + H_2SO_4$

上述反应是可逆的，当硫酸浓度达到0.05%以上时，反应可逆向进行。可加入适当的吡啶中和反应过程中生成的酸，促使反应正向进行。

$$3C_5H_5N + I_2 + SO_2 + H_2O \rightleftharpoons 2C_5H_5N \cdot HI + C_5H_5N \cdot SO_3$$

生成的亚硫酸吡啶不稳定，能与水反应，消耗一部分水而干扰测定。可加入无水甲醇，使亚硫酸吡啶变成稳定的甲基硫酸氢吡啶，防止亚硫酸吡啶与水发生副反应。

$$CH_3OH + C_5H_5N \cdot SO_3 \rightleftharpoons C_5H_5NHSO_4CH_3$$

滴定的总反应为：

$$3C_5H_5N + I_2 + SO_2 + H_2O + CH_3OH \rightleftharpoons 2C_5H_5N \cdot HI + C_5H_5NHSO_4CH_3$$

由此反应可知，吡啶与甲醇不仅起到溶剂的作用，而且还参与滴定反应。此外，吡啶还可以与二氧化硫结合降低其蒸气压，使二氧化硫在溶液中保持比较稳定的浓度，因此 SO_2、吡啶、甲醇的用量都是过量的，反应完毕后多余的游离碘呈现红棕色，即可确定为到达终点。

三、浓度确定方法

（一）容量滴定法

根据碘和二氧化硫在吡啶和甲醇溶液中能与水定量反应的原理，由反应溶液颜色变化（由淡黄色变为红棕色）或用永停滴定法指示终点，利用标化水首先标定出每 1ml 费休氏液相当于水的质量（mg），再根据样品与费休氏液的反应计算出样品中的水分含量。

（二）库仑滴定法

与容量滴定法相同，库仑滴定法也是根据碘和二氧化硫在吡啶（有些型号仪器改用无臭味的有机胺代替吡啶）和甲醇溶液中能与水定量反应的原理来进行测定的。不同的是在库仑滴定法中，碘是由含碘化物的电解液在电解池阳极电解产生碘。

$$2I^- \rightleftharpoons I_2 + 2e$$

只要滴定池中存在水，产生的碘就会与此反应。当所有的水都反应完毕，阳极电解液中会剩余少许过量的碘。此时，双铂电极就能检测出过量的碘，并停止产生碘，根据法拉第定律，产生碘的物质的量与流过的电流和时间成正比。在反应中，碘和水以 1∶1 反应。根据法拉第电解定律，可由电解时间 t 和电流强度 I 计算水的质量：

$$W = Q \times \frac{M_{H_2O}}{nF} \tag{9-8}$$

式中，W 是被测样品中水的质量；Q 是电极反应消耗的电量（$Q = It$）；M_{H_2O} 是水的摩尔质量（18.00g/mol）；n 是电极反应转移的电子数；F 是法拉第常数（96487C/mol）

本法尤其适用于药品中微量水分（0.01% ~ 0.1%）的测定，并具有很高的精确度。含水量是根据电解电流和电解时间计算，只须加入供试品前，先将电解液通电流电解，直到刚生成少许碘，停止电解，再加入供试品继续电解即可，不须用标准水标定滴定液。

第七节　氧化还原滴定法的应用

例9-1　计算 25℃，KI 浓度为 1mol/L 时，电对 Cu^{2+}/Cu^+ 的条件电极电位（忽略离子强度的影响，已知 $\varphi^\ominus_{Cu^{2+}/Cu} = 0.159V$，$\varphi^\ominus_{I_2/I^-} = 0.534V$），写出在此情况下发生的反应式。

解：$[I^-]=1mol/L$ 的条件下，Cu^+ 会与 I^- 发生以下副反应：

$$Cu^+ + I^- \rightleftharpoons CuI \downarrow$$

$K_{sp(CuI)}=1\times10^{-12}$，$[Cu^+]=\dfrac{K_{sp(CuI)}}{[I^-]}$

Cu^{2+} 没有发生副反应，$\alpha_{Cu^{2+}}\approx1$，$[Cu^{2+}]=c_{Cu^{2+}}$

$$\begin{aligned}
\varphi_{Cu^{2+}/Cu^+} &= \varphi^{\ominus}_{Cu^{2+}/Cu^+} + 0.059\lg\frac{[Cu^{2+}]}{[Cu^+]}\\
&= \varphi^{\ominus}_{Cu^{2+}/Cu^+} + 0.059\lg\frac{[I^-]}{K_{sp}} + 0.059\lg c_{Cu^{2+}}
\end{aligned}$$

$$\begin{aligned}
\varphi^{\ominus'}_{Cu^{2+}/Cu^+} &= \varphi^{\ominus}_{Cu^{2+}/Cu^+} + 0.059\lg\frac{[I^-]}{\alpha_{Cu^{2+}}K_{sp(CuI)}}\\
&= 0.159 + 0.059\lg\frac{1}{1\times(1.1\times10^{-12})} = 0.867(V)
\end{aligned}$$

由于 CuI 沉淀的生成，使得 $\varphi^{\ominus'}_{Cu^{2+}/Cu^+} > \varphi^{\ominus}_{I_2/I^-}$，$Cu^{2+}$ 可以氧化 I^-，发生的反应为：

$$2Cu^{2+} + 4I^- \rightleftharpoons 2CuI\downarrow + I_2$$

例9-2 用 $K_2Cr_2O_7$ 标定 $Na_2S_2O_3$ 溶液时，称取 0.5012g 基准物 $K_2Cr_2O_7$（分子量为 294.19g/mol），用水溶解并稀释至 100.00ml，吸取 20.00ml，加入 H_2SO_4 及 KI 溶液，用待标定的 $Na_2S_2O_3$ 溶液滴定至终点时，用去 20.05ml，求 $Na_2S_2O_3$ 溶液的浓度。

解：发生的反应为：

$$Cr_2O_7^{2-} + 6I^- + 14H^+ \rightleftharpoons 2Cr^{3+} + 3I_2 + 7H_2O$$
$$I_2 + 2S_2O_3^{2-} \rightleftharpoons 2I^- + S_4O_6^{2-}$$
$$Cr_2O_7^{2-} \longrightarrow 3I_2 \longrightarrow 6S_2O_3^{2-}$$
$$n_{K_2Cr_2O_7} : n_{Na_2S_2O_3} = 1:6$$

$$\frac{m_{K_2Cr_2O_7}\times\dfrac{20.00}{100.00}}{M_{K_2Cr_2O_7}} : (c_{Na_2S_2O_3}\times V_{Na_2S_2O_3}\times10^{-3}) = 1:6$$

$$c_{Na_2S_2O_3} = \frac{6\times\dfrac{0.5012}{294.19}\times\dfrac{20.00}{100.00}}{20.05\times10^{-3}} = 0.1020\ (mol/L)$$

例题9-3 葡萄糖的含量测定　葡萄糖可用来补充热量，治疗低血糖、高血钾、水肿等。葡萄糖中的醛基具有还原性，可采用剩余碘量法对其进行含量测定。测定方法为：精密称取 0.1g 的葡萄糖样品于 250ml 碘量瓶中，加入 30ml 蒸馏水使之溶解。精密移取 0.05mol/L 的碘液 25ml 到碘量瓶中，在不断摇动下，慢慢滴加 0.1mol/L 的 NaOH 溶液 40ml 至溶液呈淡黄色。密塞，在暗处放置 10 分钟后，加 0.5mol/L 的 H_2SO_4 溶液 6ml，摇匀，用 0.1mol/L 的 $Na_2S_2O_3$ 标准溶液滴定剩余的碘，至近终点时，加淀粉指示液 2ml，继续滴定至蓝色消失，同时做空白试验对结果进行校正。葡萄糖的质量百分含量计算公式为：

$$葡萄糖的质量百分含量 = \frac{M_{葡萄糖}\times\left[\dfrac{1}{2}\times c_{Na_2S_2O_3}\times(V_{空白}-V_{样品})_{Na_2S_2O_3}\right]}{S_{样品}}\times100\%$$

实践实训

实训十一　维生素 C 的测定

【实训内容】

1. I_2 标准溶液（0.05mol/L）的配制。

2. I_2 标准溶液（0.05mol/L）的标定。

3. 维生素 C 含量的测定。

【实训目的】

1. 掌握直接碘量法测定维生素 C 含量的方法及操作技能。

2. 熟悉计算维生素 C 的含量。

3. 了解直接碘量法滴定淀粉指示剂确定滴定终点的判断、直接碘量法的基本原理及指示剂的选择。

【实训原理】

维生素 C 又称抗坏血酸，分子式为 $C_6H_8O_6$。维生素 C 具有较强的还原性，可与氧化剂 I_2 发生定量反应：

（维生素C）　　　　　　　　　　　　（脱氢维生素C）

碱性条件有利于反应正向进行，但由于维生素 C 在中性或碱性溶液中易被空气中的 O_2 氧化，所以滴定常在稀醋酸溶液中进行。也就是在样品溶于稀酸后立即用碘的标准溶液滴定，属于直接碘量法。

碘容易挥发，具有腐蚀性，不宜在分析天平上直接称取，需采用间接法进行配制；通常用基准物质 As_2O_3 对 I_2 溶液进行标定。As_2O_3 不溶于水，可先溶于 NaOH 溶液中，转为亚砷酸钠：

$$As_2O_3 + 6NaOH \Longrightarrow 2Na_3AsO_3 + 3H_2O$$

完全溶解后，需加入 H_2SO_4 中和过量的 NaOH，并加入适量 $NaHCO_3$，调节溶液的 pH 至 8 左右，再用碘液对溶液中的亚砷酸钠进行滴定，I_2 与 AsO_3^{3-} 之间的定量反应为：

$$I_2 + AsO_3^{3-} + H_2O \Longrightarrow 2I^- + AsO_4^{3-} + 2H^+$$

【实训仪器与试剂】

1. 仪器　托盘天平、电子天平（0.1mg）、称量瓶、酸式滴定管（50ml）、锥形瓶（250ml）、垂熔玻璃滤器、铁架台、蝴蝶夹。

2. 试剂　I_2（A. R.）、KI（A. R.）、As_2O_3（基准物质）、$NaHCO_3$（A. R.）、NaOH（1mol/L）、浓盐酸（A. R.）、H_2SO_4（1mol/L）、酚酞指示剂、10% 淀粉指示剂、10% CH_3COOH、维生素 C 片。

【实训步骤】

1. I_2 标准溶液（0.05mol/L）的配制　用托盘天平称取 6.5g 的 I_2 和 18g 的 KI，置于大烧杯中，加水少许，搅拌至 I_2 全部溶解，加浓盐酸 2 滴，用蒸馏水稀释至 500ml，搅匀，用垂熔玻璃滤器过滤，滤液置于棕色试剂瓶中，阴暗处保存。

注意事项

1. 为增加 I_2 在水中的溶解度和防止 I_2 的挥发，配制 I_2 标准溶液时需要加入 KI，使 I_2 转成溶于水的 I_3^-。

2. I_2 在稀的 KI 溶液中溶解很慢，所以在配制 I_2 溶液时，应将 I_2 在浓的 KI 溶液中完全溶解后再进行稀释。

3. 配制 I_2 标准溶液需要加少量盐酸，以便除去 KI 中可能存在少量的 KIO_3，防止 KIO_3 在酸性条件下与 KI 生成 I_2。

4. 碘具有腐蚀性，不能用称量纸称量，必须用烧杯或硫酸纸或玻璃表面皿在托盘天平上称取。

2. I_2 标准溶液（0.05mol/L）的标定　精密称取在 105℃ 干燥至恒重的基准物质 As_2O_3 约 0.12g 各四份，加 NaOH 溶液 4ml，加蒸馏水 20ml，酚酞指示剂 1 滴，滴加 H_2SO_4 溶液至粉红色褪去，再加 2g $NaHCO_3$、30ml 蒸馏水和 2ml 淀粉指示剂，用 I_2 标准溶液滴定至溶液显浅蓝色，30 秒内不褪色即为终点。

3. 维生素 C 含量的测定　准确称取维生素 C 样品 0.2g 各二份，溶于新煮沸并冷却的蒸馏水 100ml 与 10% 的稀 CH_3COOH 溶液 10ml 的混合液中，加 1ml 淀粉指示剂，搅拌使维生素 C 溶解，立即用 0.05mol/L 的 I_2 标准溶液滴定至溶液呈蓝色（30 秒不褪色），计算维生素 C 的含量。本品含 $C_6H_8O_6$ 不得少于 99.0%。

【数据记录与处理】

1. I_2 标准溶液（0.05mol/L）的标定

测定份数 n		①	②	③	④
基准物质 As_2O_3 的质量 m（g）		$m_1 =$	$m_2 =$	$m_3 =$	$m_4 =$
		$m_2 =$	$m_3 =$	$m_4 =$	$m_5 =$
		$\Delta m_1 =$	$\Delta m_2 =$	$\Delta m_3 =$	$\Delta m_4 =$
I_2 滴定液的体积 V（ml）	终点读数（ml）				
	初始读数（ml）				
	V（ml）				
I_2 滴定液的浓度 c_{I_2}（mol/L）					
平均浓度 $\bar{c}_{I_2}$（mol/L）					
绝对偏差 d					
平均偏差 $\bar{d}$					
相对平均偏差 $R\bar{d}$					

数据处理

计算公式　$c_{I_2} = \dfrac{m_{As_2O_3} \times 1000}{M_{As_2O_3} \times V_{I_2}}$

①$c_1 =$　　　　　　　　　　　②$c_2 =$

③$c_3 =$　　　　　　　　　　　④$c_4 =$

$\bar{c}_{I_2} =$　　　　　　　　　　　$R\bar{d} =$

2. 维生素 C 含量的测定

测定份数 n		①	②
称取维生素 C 的质量 m（g）	$m_1 =$		$m_2 =$
	$m_2 =$		$m_3 =$
	$\Delta m_1 =$		$\Delta m_2 =$
I_2 滴定液的体积 V（ml）	终点读数（ml）		
	初始读数（ml）		
	V（ml）		
维生素 C 的含量 $W_{维生素C}$（％）			
平均含量 $\overline{W}_{维生素C}$（％）			
平均含量修约值 $\overline{W}_{维生素C}$（％）			
绝对偏差 d			
平均偏差 $\overline{d}$			
相对平均偏差 $R\overline{d}$			

计算公式　　维生素 C 百分含量 $= \dfrac{c_{I_2} V_{I_2} M_{C_6H_8O_6} \times 10^{-3}}{m_s} \times 100\%$ （$M_{C_6H_8O_6} = 176.12 \mathrm{g/mol}$）

①维生素 C 百分含量 =

②维生素 C 百分含量 =

维生素 C 百分含量平均值 =

维生素 C 百分含量平均值的修约值 =

$R\overline{d} =$

【实训结论】

1. I_2 标准溶液（0.05mol/L）的标定

$n =$　　　　　　　　$\overline{c}_{I_2} =$　　　　　　　　$R\overline{d} =$

2. 维生素 C 含量的测定

$n =$　　　　　　　$\overline{W}_{维生素C} =$　　　　　　　$R\overline{d} =$

规定：维生素 C 中含 $C_6H_8O_6$ 不得少于 99.0%。

结论：

【实践思考】

1. 配制标准溶液时，加入 KI 和浓盐酸的目的是什么？

2. 基准物质 As_2O_3 在使用前为什么应先在 105℃ 干燥至恒重？

3. 溶解维生素 C 时，为什么需要用新煮沸并冷却的蒸馏水？

4. 溶解 As_2O_3 时，加 NaOH 溶液的目的是什么？

5. 称取碘时，可以直接用称量纸称量吗？为什么？

【实训体会】

实训十二　轻粉（Hg_2Cl_2）的含量测定

【实训内容】

1. $Na_2S_2O_3$ 标准溶液（0.05mol/L）的标定。

2. 轻粉（Hg_2Cl_2）的含量测定。

【实训目的】

1. 掌握间接碘量法测定轻粉（Hg_2Cl_2）的含量。

2. 熟悉滴定管和移液管的准确使用方法。

3. 了解间接碘量法的基本原理和指示剂的选择。

【实训原理】

轻粉是一种中药，主要成为氯化亚汞（Hg_2Cl_2）。外用具有杀虫、攻毒、敛疮之功效；内服具有祛痰消积、逐水通便之功效。外治用于疥疮、顽癣、臁疮、梅毒、疮疡、湿疹；内服用于痰涎积滞、水肿膨胀、二便不利。间接碘量法测定轻粉（Hg_2Cl_2）的含量采取返滴定的方式，先向待测的轻粉溶液中加入定量过量的 I_2 标准溶液，充分反应后，再用 $Na_2S_2O_3$ 标准溶液返滴定剩余的 I_2，利用 I_2 的总量以及消耗的 $Na_2S_2O_3$ 量计算轻粉的含量。

$$Hg_2Cl_2 + I_2（过量）\rightleftharpoons HgCl_2 + HgI_2$$

$$2Na_2S_2O_3 + I_2（剩余）\rightleftharpoons Na_2S_4O_6 + 2NaI$$

本样品含 Hg_2Cl_2 不得少于 99.0%。

【实训仪器与实试剂】

1. **仪器**　电子天平（0.1mg）、称量瓶、碱式滴定管（50ml）、移液管（10ml，25ml）、碘量瓶（250ml）、量筒（10ml）、洗耳球、铁架台、蝴蝶夹。

2. **试剂**　0.05mol/L 的 I_2 标准溶液（要求实训前新标定）、0.1mol/L 的 $Na_2S_2O_3$ 标准溶液（要求实训前新标定）、$K_2Cr_2O_7$（A. R.）、H_2SO_4（3mol/L）、10% 的淀粉指示剂、6mol/L 的 KI 溶液、蒸馏水、轻粉试样。

【实训步骤】

1. **I_2 标准溶液准确浓度标定**（见实训十一）

2. **$Na_2S_2O_3$ 标准溶液的标定**　准确称取在 120℃ 干燥至恒重的基准物质 $K_2Cr_2O_7$ 约 0.15g，置于碘量瓶中，加蒸馏水 50ml、2.0g 的 KI，轻轻振摇使其溶解，再加 3mol/L 的 H_2SO_4 溶液 10ml，摇匀，密封，放暗处 5～10 分钟后，加蒸馏水 100ml（并冲洗碘量瓶内壁和瓶塞），再用 $Na_2S_2O_3$ 标准溶液滴定至近终点（溶液为浅黄绿色）时，加淀粉指示剂 2ml，继续滴定至蓝色消失而显亮绿色。用 $K_2Cr_2O_7$ 标定 $Na_2S_2O_3$ 的反应过程如下：

$$Cr_2O_7^{2-} + 6I^- + 14H^+ \rightleftharpoons 2Cr^{3+} + 3I_2 + 7H_2O$$

$$I_2 + 2S_2O_3^{2-} \rightleftharpoons 2I^- + S_4O_6^{2-}$$

3. **轻粉（Hg_2Cl_2）的含量测定**　取轻粉试样约 0.5g，精密称定，置碘量瓶中，加水 10ml，摇匀，再精密加碘滴定液（0.05mol/L）50ml，密塞，强力振摇至样品大部分溶解后，再加入碘化钾溶液（5→10）8ml，密塞，强力振摇至完全溶解，用硫代硫酸钠（$Na_2S_2O_3$）滴定液（0.1mol/L）滴定，至近终点时（此时溶液为浅黄色），加淀粉指示剂（2ml），继续滴定至蓝色消失。每 1ml 碘滴定液（0.05mol/L）相当于 23.61mg 的 Hg_2Cl_2。

【数据记录与处理】

1. $Na_2S_2O_3$ 标准溶液（0.05mol/L）的标定

测定份数 n		①	②	③	④
基准物质 $K_2Cr_2O_7$ 的质量 m（g）		$m_1=$	$m_2=$	$m_3=$	$m_4=$
		$m_2=$	$m_3=$	$m_4=$	$m_5=$
		$\Delta m_1=$	$\Delta m_2=$	$\Delta m_3=$	$\Delta m_4=$
$Na_2S_2O_3$ 滴定液的体积 V（ml）	终点读数（ml）				
	初始读数（ml）				
	V（ml）				
$Na_2S_2O_3$ 滴定液的浓度 $c_{Na_2S_2O_3}$（mol/L）					
平均浓度 $\overline{c}_{Na_2S_2O_3}$（mol/L）					
绝对偏差 d					
平均偏差 $\overline{d}$					
相对平均偏差 $R\overline{d}$					

计算公式　　　$c_{Na_2S_2O_3}=\dfrac{6}{1}\times\dfrac{1000\times m_{K_2Cr_2O_7}}{V_{Na_2S_2O_3}\times M_{K_2Cr_2O_7}}$　　（$M_{K_2Cr_2O_7}=294.18g/mol$）

$c_1=$　　　　　　$c_2=$　　　　　　$c_3=$　　　　　　$c_4=$

$\overline{c}_{Na_2S_2O_3}=$　　　　　　　　　　$R\overline{d}=$

2. 轻粉（Hg_2Cl_2）的含量测定

测定份数 n		①	②
I_2 标准溶液实际浓度（mol/L）			
$Na_2S_2O_3$ 滴定液的体积 V（ml）	终点读数（ml）		
	初始读数（ml）		
	V（ml）		
Hg_2Cl_2 质量百分含量			
Hg_2Cl_2 质量百分含量平均值			
Hg_2Cl_2 质量百分含量平均值修约值			
绝对偏差 d			
平均偏差 $\overline{d}$			
相对平均偏差 $R\overline{d}$			

根据此式计算：

$$轻粉中氯化亚汞的百分含量=\frac{\left(50.00\times c_{I_2}-\dfrac{c_{Na_2S_2O_3}\times V_{Na_2S_2O_3}}{2}\right)\times10^{-3}\times M_{Hg_2Cl_2}}{m_{轻粉}}\times100\%$$

$M_{Hg_2Cl_2}=472.09g/mol$

①轻粉中氯化亚汞的百分含量 =

②轻粉中氯化亚汞的百分含量 =

轻粉中氯化亚汞的百分含量平均值：

轻粉中氯化亚汞的百分含量平均值修约值：

$\overline{Rd}$ =

【实训结论】

（一） $Na_2S_2O_3$ 标准溶液（0.05mol/L）的标定

n = $\overline{c}_{Na_2S_2O_3}$ = $\overline{Rd}$ =

（二） 轻粉（Hg_2Cl_2）的含量测定

n = $\overline{W}_{Hg_2Cl_2}$ = $\overline{Rd}$ =

规定：轻粉含氯化亚汞（Hg_2Cl_2）不得少于99.0%。

结论：

【实践思考】

1. 标定 $Na_2S_2O_3$ 标准溶液浓度时，要加入过量 KI（计算量的 2~3 倍），这样既可以加快生成 I_2 的反应速率，又能使生成的 I_2 与过量的 KI 结合成 I_3^-，增大 I_2 的溶解度，防止 I_2 的挥发。

2. 测定轻粉含量时，淀粉指示剂为什么在近终点时加入？

【实训体会】

实训十三　盐酸普鲁卡因注射液的含量测定

【实训内容】

1. 亚硝酸钠滴定溶液（0.05mol/L）的配制。

2. 亚硝酸钠滴定溶液（0.05mol/L）的标定。

3. 盐酸普鲁卡因注射液的含量测定。

【实训目的】

1. 掌握盐酸普鲁卡因的含量测定原理和方法。

2. 熟悉滴定管和移液管的准确操作方法。

3. 了解亚硝酸钠法的基本原理及指示剂的选择。

【实训原理】

盐酸普鲁卡因，化学名称为 4 - 氨基苯甲酸 - 2 - （二乙氨基）乙酯盐酸盐。白色结晶或结晶性粉末，易溶于水。毒性比可卡因低。注射液中加入微量肾上腺素，可延长作用时间。用于浸润麻醉、腰椎麻醉、硬膜外麻醉、阻滞麻醉等。除用药过量引起中枢神经系统及心血管系统反应外，偶见过敏反应，用药前应做皮肤过敏试验。其结构式如下：

$$H_2N-\text{（苯环）}-\overset{O}{\underset{}{C}}-OCH_2CH_2-N\overset{CH_2CH_3}{\underset{CH_2CH_3}{}} \cdot HCl$$

盐酸普鲁卡因分子结构中具有芳伯胺结构，在酸性溶液中可与亚硝酸钠反应，生成重氮盐，因此可用亚硝酸钠法测定含量。

$$H_2N-\text{（苯环）}-COOCH_2CH_2N(C_2H_5)_2 \cdot HCl + NaNO_2 + HCl \rightleftharpoons$$

$$^-Cl\left[N\equiv\overset{+}{N}-\text{（苯环）}-COOCH_2CH_2N(C_2H_5)_2\right] + NaCl + 2H_2O$$

利用 KI-淀粉试纸来确定滴定终点。滴定至化学计量点后，稍过量的 $NaNO_2$ 会将 KI 氧化为 I_2。

$$2NO_2^- + 2I^- + 4H^+ \rightleftharpoons 2NO\uparrow + I_2 + 2H_2O$$

生成的 I_2 遇淀粉变为蓝色，属于外指示剂法指示终点。

【实训仪器与试剂】

1. 仪器 电子天平（0.1mg）、酸式滴定管（50ml）、烧杯（200ml）、移液管（5ml）。

2. 试剂 亚硝酸钠（A.R.）、无水碳酸钠（A.R.）、对氨基苯磺酸（基准物质）、浓氨水、盐酸（1mol/L）、溴化钾（A.R.）、淀粉碘化钾试纸、盐酸普鲁卡因注射液（规格 40mg/2ml）（$S_{标示量}$）。

【实训步骤】

1. 亚硝酸钠滴定液（0.05mol/L）的配制 取亚硝酸钠约 1.8g，加无水碳酸钠 0.05g，加水适量使溶解成 500ml，作为滴定溶液，摇匀后待标定。

2. 亚硝酸钠滴定液（0.05mol/L）的标定 取在 120℃ 干燥至恒重的基准对氨基苯磺酸约 0.25g，精密称定，加水 30ml 及浓氨水 3ml，溶解后加 1mol/L 盐酸 20ml，搅拌，在 30℃ 以下用亚硝酸钠滴定液迅速滴定。滴定时将滴定管尖端插入液面下约 2/3 处，提前通过计算，一次将反应所需的大部分亚硝酸钠滴定溶液在搅拌条件下迅速加入，使其尽快反应。然后将滴定管尖提出液面，用水淋洗尖端，再缓缓滴定至溶液使碘化钾试纸变蓝为终点。对氨基苯磺酸与亚硝酸钠的计量关系比为 1：1，总反应式为：

$$H_2N-\text{（苯环）}-SO_3H + NaNO_2 + HCl \rightleftharpoons \left[HO_3S-\text{（苯环）}-\overset{+}{N}\equiv N\right]Cl^- + 2H_2O + NaCl$$

注意事项

1. 对氨基苯磺酸微溶于冷水，易溶于热水，可溶于碱性溶液，但标定亚硝酸钠的温度要低于 30℃，所以溶解氨基苯磺酸要加少量氨水。

2. 测定盐酸普鲁卡因时要加少量溴化钾，溴化钾是重氮化反应的催化剂，可加快亚硝酸钠与盐酸普鲁卡因的反应速率。

3. 配制亚硝酸钠滴定液需要加入碳酸钠，原因是亚硝酸钠在 pH=10 的环境下比较稳定，少量碳酸钠可以充当稳定剂。

3. **盐酸普鲁卡因注射液的含量测定**　精密量取盐酸普鲁卡因注射液5ml置于200ml烧杯中，加水至120ml，加入1mol/L盐酸5ml，溴化钾1g，用亚硝酸钠滴定溶液迅速滴定。滴定时将滴定管尖端插入液面下约2/3处，提前通过计算，一次将反应所需的大部分亚硝酸钠滴定溶液在搅拌条件下迅速加入，使其尽快反应。然后将滴定管尖提出液面，用水淋洗尖端，再缓缓滴定至溶液使碘化钾试纸变蓝为终点。要求注射液含盐酸普鲁卡因（$C_{13}H_{20}N_2O_2 \cdot HCl$）应为标示量的95.0%～105.0%。盐酸普鲁卡因与亚硝酸钠的反应计量关系比为1：1，反应式为：

$$H_2N-\!\!\!\!\text{〈苯环〉}\!\!\!\!-COOCH_2CH_2N(C_2H_5)_2 \cdot HCl + NaNO_2 + HCl \rightleftharpoons$$

$$^-Cl\left[N\equiv\overset{+}{N}-\!\!\!\!\text{〈苯环〉}\!\!\!\!-COOCH_2CH_2N(C_2H_5)_2\right] + NaCl + 2H_2O$$

【数据记录与处理】

1. 亚硝酸钠滴定溶液（0.05mol/L）的标定

测定份数 n		①	②	③	④
基准物质对氨基苯磺酸的质量 m（g）		$m_1 =$	$m_2 =$	$m_3 =$	$m_4 =$
		$m_2 =$	$m_3 =$	$m_4 =$	$m_5 =$
		$\Delta m_1 =$	$\Delta m_2 =$	$\Delta m_3 =$	$\Delta m_4 =$
$NaNO_2$ 滴定液的体积 V（ml）	终点读数（ml）				
	初始读数（ml）				
	V（ml）				
$NaNO_2$ 滴定液的浓度 c_{NaNO_2}（mol/L）					
$NaNO_2$ 滴定液的平均浓度 $\bar{c}_{NaNO_2}$（mol/L）					
绝对偏差 d					
平均偏差 $\bar{d}$					
相对平均偏差 $R\bar{d}$					

计算公式　　$c_{NaNO_2} = \dfrac{m_{对氨基苯磺酸} \times 1000}{M_{对氨基苯磺酸} V_{NaNO_2}}$（$M_{对氨基苯磺酸} = 173.19\text{g/mol}$）

①$c_1 =$

②$c_2 =$

③$c_3 =$

④$c_4 =$

$\bar{c}_{NaNO_2} =$

$R\bar{d} =$

2. 盐酸普鲁卡因注射液含量的测定

测定份数 n		①	②
$NaNO_2$ 滴定液的体积 V（ml）	终点读数（ml）		
	初始读数（ml）		
	V（ml）		

续表

测定份数 n	①	②
盐酸普鲁卡因标示量百分含量		
标示量百分含量平均值		
标示量百分含量平均值修约值		
绝对偏差 d		
平均偏差 $\bar{d}$		
相对平均偏差 $R\bar{d}$		

计算公式：标示量百分含量 $= \dfrac{c_{NaNO_2} V_{NaNO_2} \times 272.77 \times 10^{-3}}{V_{样品取量体积} \times S_{标示量}} \times 100\%$

式中，272.77 为盐酸普鲁卡因的摩尔质量；$S_{标示量} = 40mg/2ml$；$V_{样品取量体积}$ 为盐酸普鲁卡因的使用体积。

①盐酸普鲁卡因注射液标示量百分含量 =

②盐酸普鲁卡因注射液标示量百分含量 =

盐酸普鲁卡因注射液标示量百分含量平均值 =

盐酸普鲁卡因注射液标示量百分含量平均值修约值 =

$R\bar{d} =$

【实训结论】

（一）亚硝酸钠滴定溶液（0.05mol/L）的标定

$n =$ 　　　　　　　　　　$\bar{c}_{NaNO_2} =$ 　　　　　　　　　　$R\bar{d} =$

（二）盐酸普鲁卡因注射液标示量百分含量的测定

$n =$ 　　　　　　　标示量百分含量平均值 = 　　　　　　$R\bar{d} =$

规定：盐酸普鲁卡因注射液含盐酸普鲁卡因（$C_{13}H_{20}N_2O_2 \cdot HCl$）应为标示量的 95.0% ~ 105.0%。

结论：

【实践思考】

1. 配制亚硝酸钠标准溶液时，加入碳酸钠的目的是什么？

2. 测定盐酸普鲁卡因时需要加入少量的 KBr，目的是什么？

3. 为什么滴定时要将滴定管插入液面下 2/3 处？

【实训体会】

答案解析

目标检测

一、选择题

（一）最佳选择题

1. Fe^{3+}/Fe^{2+} 电对的电极电位升高的因素是

　　A. 溶液离子强度的改变使 Fe^{3+} 活度系数降低　　B. 温度升高

　　C. 催化剂的种类　　D. Fe^{2+} 的浓度降低

　　E. 浓度

2. 在混有 H_3PO_4 的 HCl 溶液中，用 $0.1mol/L\ K_2Cr_2O_7$ 滴定液滴定 $0.1mol/L$ 的 Fe^{2+} 溶液时，已知化学计量点的电位为 $0.86V$，最合适的指示剂为

　　A. 二苯胺（$\varphi^\ominus = 0.76V$）　　B. 二苯胺磺酸钠（$\varphi^\ominus = 0.84V$）

　　C. 亚甲基蓝（$\varphi^\ominus = 0.36V$）　　D. 邻二氮菲亚铁（$\varphi^\ominus = 1.06V$）

　　E. 硝基邻二氮菲亚铁（$\varphi^\ominus = 1.25V$）

3. 高锰酸钾法测定含量时，调节酸度时应选用

　　A. HAc　　B. HCl　　C. HNO_3

　　D. H_2SO_4　　E. H_3PO_4

4. 间接碘量法中加入淀粉指示剂的适宜时间是

　　A. 滴定开始前　　B. 滴定开始后

　　C. 滴定至近终点时　　D. 滴定至红棕色褪尽至无色时

　　E. 滴定至红棕色时

5. 间接碘量法中若酸度过高，将会发生什么

　　A. 反应不定量　　B. I_2 易挥发

　　C. 终点不明显　　D. I^- 被氧化，Na_2SO_3 被分解

　　E. 无任何影响

6. 下列滴定法中，不用另外加指示剂的是

　　A. 重铬酸钾法　　B. 甲醛法　　C. 溴酸钾法

　　D. 高锰酸钾法　　E. 亚硝酸钠法

7. 对高锰酸钾滴定法，下列说法错误的是

　　A. 可在盐酸介质中进行滴定　　B. 直接法可测定还原性物质

　　C. 标准滴定溶液用标定法制备　　D. 在硫酸介质中进行滴定

　　E. 可使用自身指示剂

8. 在间接碘量法测定中，下列操作正确的是

　　A. 边滴定边快速摇动

　　B. 加入过量 KI，并在室温和避免阳光直射的条件下滴定

　　C. 在 $70 \sim 80℃$ 恒温条件下滴定

　　D. 滴定一开始就加入淀粉指示剂

E. 酸度要调高一些

9. 直接碘量法应控制的条件是

    A. 强酸性　　　　　　　　　B. 强碱性　　　　　　　　　C. 中性或弱碱性

    D. 中性　　　　　　　　　　E. 什么条件都可以

（二）配伍选择题

[10～13]

    A. 自身指示剂　　　　　　　B. 特殊指示剂　　　　　　　C. 电流

    D. 氧化还原指示剂　　　　　E. 金属指示剂

10. 直接碘量法常用的指示剂属于

11. 间接碘量法常用的指示剂属于

12. 亚硝酸钠法常用的指示剂属于

13. 费休法测定水分常用的指示剂属于

（三）共用题干单选题

$KMnO_4$ 滴定液的配制与标定

配制：在托盘天平上称取 1.6g 固体 $KMnO_4$ 置于烧杯中，加纯化水 500ml，搅拌溶解，煮沸 15min，冷却后置棕色试剂瓶中，放阴暗处 2 周以上，用垂熔漏斗过滤。

标定：准确称取在 105℃ 干燥至恒重的基准物质 $Na_2C_2O_4$ 约 0.2g（准确至万分之一克），加新煮沸过的冷的纯化水 100ml、3mol/L 硫酸溶液 10ml，振摇，溶解，然后加热至 75～85℃，趁热用待标定 $KMnO_4$ 滴定液滴至溶液呈淡红色（30 秒内不褪色）。

14. 配制 $KMnO_4$ 滴定液时煮沸 15min 的目的是

    A. 加速溶解

    B. 杀死溶液中的细菌，防止其加速 $KMnO_4$ 分解

    C. 除去溶液中的空气

    D. 提高溶液浓度

    E. 加速 $KMnO_4$ 分解

15. 此次滴定所使用的指示剂为

    A. 自身指示剂　　　　　　　B. 特殊指示剂　　　　　　　C. 外指示剂

    D. 氧化还原指示剂　　　　　E. 金属指示剂

（四）X 型题（多项选择题）

16. 碘量法中，为减少 I_2 的挥发，常采取的措施有

    A. 使用碘量瓶　　　　　　　B. 加入过量 KI　　　　　　　C. 避免剧烈振荡

    D. 加热　　　　　　　　　　E. 以上都对

17. 碘量法中，判断滴定终点正确的有

    A. 直接碘量法以溶液出现蓝色为终点

    B. 间接碘量法以溶液蓝色消失为终点

    C. 用 I_2 标准溶液滴定 Na_2SO_3 溶液时以溶液出现蓝色为终点

    D. 用 $Na_2S_2O_3$ 标准溶液滴定 I_2 溶液时以溶液蓝色消失为终点

    E. 自身指示剂判断终点

18. 可用作判断亚硝酸钠法滴定终点的有

    A. KI - 淀粉试纸   B. 淀粉   C. 橙黄 Ⅳ

    D. 中性红   E. 二苯胺

19. 配制费休氏液所需的原料有

    A. I_2 B. SO_2 C. 无水甲醇

    D. 吡啶   E. 浓 H_2SO_4

二、综合分析题

称取软锰矿样 0.4012g，以 0.4488g$Na_2C_2O_4$ 在强酸性条件下处理后，再以 0.01012mol/L 的 $KMnO_4$ 标准溶液滴定剩余的 $Na_2C_2O_4$，消耗 $KMnO_4$ 溶液 30.20ml。求软锰矿中 MnO_2 的百分含量。（已知 $M_{MnO_2} = 86.94g/mol$，$M_{Na_2C_2O_4} = 134.00g/mol$）

$$MnO_2 + Na_2C_2O_4 + 2H_2SO_4 \rightleftharpoons MnSO_4 + 2H_2O + Na_2SO_4 + 2CO_2$$

$$5Na_2C_2O_4 + 2KMnO_4 + 8H_2SO_4 \rightleftharpoons 5Na_2SO_4 + K_2SO_4 + 2MnSO_4 + 8H_2O + 10CO_2$$

书网融合……

    知识回顾   微课1   微课2   微课3   习题

（高赛男）

第三篇
仪器分析法

PPT

一、仪器分析与化学分析

分析化学是一门获得有关物质在一定时间或空间内的组成、结构和能态信息的自然科学。据统计，在已颁布的诺贝尔物理学奖、化学奖中，有近四分之一的获奖项目和分析化学直接有关。

化学分析是利用化学反应现象及其计量关系来确定被测物质的组成和含量的一类分析方法。物理和物理化学分析法研究的是物质的物理和物理化学性质与其化学组成、含量和结构之间的内在联系，是通过测定这些物理和物理化学性质，获得所需要的物质结构、形态、定性和定量等分析信息的一大类分析方法。应用此类方法进行测定时，常常需要使用复杂的仪器，因此又被称为仪器分析法。仪器分析法是分析化学的发展方向，一般都有独立的理论基础。

仪器分析是在化学分析的基础上发展起来的，其不少原理和前处理涉及化学分析。在实际检测过程中，两类方法相互融合、相互补充，为样品的分析提供了最佳的可靠手段。一般化学分析方法所需设备简单、试样量大，进行的是破坏性分析，适合常量分析；仪器分析所需仪器昂贵、复杂、自动化程度高，试样量小，可进行非破坏性、现场或在线分析，适合于微量、痕量组分的分析。仪器分析具有以下几个特点。

1. 灵敏度高，检出限低，适用于微量、痕量组分分析，见下表。

常见仪器分析法的检出限表

方法	分子光谱法	原子光谱法	电位分析法	气相色谱法	生物传感器法	毛细管电泳	极谱分析法
检出限	$10^{-6} \sim$ $10^{-8}\,g$	$10^{-8} \sim$ $10^{-12}\,g$	$10^{-6} \sim$ $10^{-8}\,mol/L$	$10^{-9} \sim$ $10^{-12}\,g$	$10^{-19}\,g$	$10^{-22}\,g$	$10^{-6} \sim$ $10^{-11}\,mol/L$

2. 分析速度快，效率高，可以一次分析样品中多种组分信息；用途广泛，可满足各种分析要求。

3. 选择性好，适用于复杂组分样品分析。

4. 操作简便，分析速度快，容易实现在线分析和自动化。

5. 因样品中组分含量低，准确度相对较低，相对误差较大，往往为 1% ~5%，甚至达 10%。

6. 一般仪器价格较贵，维修使用成本较高。

7. 仪器分析往往采用的是一种相对分析，需要样品的对照品（或标准品）做对照试验。而对照品（或标准品）价格昂贵、甚至不易获得（一般由中国食品药品检定研究院提供）。对于一些复杂样品，标准样品的制作很困难，如土壤中某些元素的测定，很难模拟一种与土壤组成完全一样的标准品，则检测结果易受基体效应的影响。

二、仪器分析法

（一）仪器分析法的分类

根据仪器原理不同，将仪器分析法分为电化学分析法、光学分析法、色谱分析法、质谱分析法及其他分析法。

1. **电化学分析法** 是根据物质在溶液中的电化学性质及其变化来进行分析的方法，包括电位法、库仑法、极谱法、电导法等。

2. **光学分析法** 是某种能量形式作用于待测物质后测定其产生的辐射讯号或引起的辐射讯号变化的一类分析方法，分非光谱法和光谱法。

（1）**非光谱法**　是指通过测定电磁辐射的辐射路径及其变化情况的分析方法，主要是对光的反射、折射等情况的分析。常见的仪器分析方法有干涉法、折射法、散射法、旋光法、衍射法等。

（2）**光谱法**　是以测定物质的辐射强度、波长大小及其变化情况来进行分析的方法。主要是对光的吸收、发射和拉曼散射等作用情况的分析。常见的仪器分析方法有紫外－可见分光光度法、红外光谱法、荧光光谱法、原子吸收光谱法、原子发射光谱法、荧光光谱法、核磁共振波谱法、拉曼光谱法等。

此外，光谱法可以根据测定样品吸收辐射的信号或发出辐射的信号，分为吸收光谱和发射光谱；也可以根据待测样品在仪器中检测时的状态分为原子光谱（线状光谱）和分子光谱（带状光谱）。

3. 色谱法　是根据混合物各组分在互不相溶的两相（固定相、流动相）中的吸附能力、分配系数、亲和作用性能等差异来实现组分分离并完成分析的方法。如气相色谱法、高效液相色谱法等。色谱法是一种分离分析方法，是目前解决复杂样品测定的重要手段，若能与其他仪器联用（如质谱法），则功能更加丰富，检测效果更佳。

4. 质谱法　是将样品转变为气态离子后，根据样品产生的离子群的质量与电荷比分布情况（质谱图）进行定性定量分析的方法。

5. 其他方法

（1）**热分析法**　是测定物质的某些性质（质量、体积、热导等）与温度之间的动态关系，进行样品组成、熔点、晶型、结晶水等性质分析的方法。如差热分析法、热重量分析法、差示扫描量热法等。

（2）**放射化学分析法**　是利用核衰变过程中所产生的放射性辐射来进行分析的方法。

（二）仪器基本结构

仪器分析的基本过程如下：

1. 仪器将某种形式能量作用到样品上。

2. 样品会因此释放电磁辐射等形式的信号。

3. 用合适的信号检测器收集样品释放的相应信号。

4. 对收集到的信号进行处理分析，得出结果。

因此，仪器的基本结构一般分为信号发生器、信号检测器、信号处理系统、信号输出系统、信号显示记录系统。信号发生器是待测物质受仪器作用产生信号的装置，释放的信号能反映待测样品的结构特征、浓度等各种情况。仪器中的信号检测器往往会将测得的信号转变为电信号，与电脑联用；信号处理系统会把收集的微弱信号放大，并进行适当的降噪处理，便于电脑辨识、准确分析，信号输出系统就是仪器的显示屏或者电脑。信号显示记录系统则是把信号以数字、图形（高度、流速、面积、电强度等）等方式显示并保存，并按程序指令处理为人们需要的变量形式。

（三）样品前处理

样品前处理指样品的制备和对样品中的待测组分进行提取、净化、浓缩的过程。其目的是提高待测组分浓度、消除基质干扰、保护仪器、提高检测方法的灵敏度、选择性、准确度、精密度。

样品前处理在分析过程中是一个既耗时又极易引进误差的步骤，样品处理的好坏直接影响最终分析结果的准确度，因此，改善和优化分析样品的前处理方法和技术是一个十分重要的问题。

常见的样品前处理的方法有萃取、蒸馏、膜分离、热解吸、衍生化等技术，由此开发出的新技术也层出不穷，效果越来越好。

样品前处理技术的发展方向是：

1. 快速、简单，有效、节约。

2. 良好的健康保护和环境保护。

3. 选择性和重现性好。

4. 回收率好。

5. 自动化高。

6. 易于推广。

（四）仪器分析法性能及其表征

1. 灵敏度（sensitivity） 是物质单位浓度或单位质量的变化引起响应信号值变化的程度，用 S 表示：$S = \dfrac{\mathrm{d}x}{\mathrm{d}c}$ 或 $S = \dfrac{\mathrm{d}x}{\mathrm{d}m}$，灵敏度越高越好，当然有些仪器分析法受自身因素的影响，灵敏度不会无限提高，如电位法。

2. 准确度（accuracy） 是指测试结果与接受参照值间的一致程度。当准确度用于评价一组测试结果时，能综合反映分析过程中系统误差和随机误差，反映出分析结果的可靠程度。

3. 精密度（precision） 使用同一方法，对同一试样进行多次测定所得测定结果的一致程度。

4. 检测限（detection limit, DL） 在已知置信水平，可以检测到的待测物的最小质量或浓度。它和组分信号（signal）与噪音（空白信号，noise）的波动有关，或者说与信噪比（S/N）有关。只有当组分信号大于噪音信号时，仪器才有可能识别此信号为有用信号。

任何测量值均由信号及噪音两部分组成。信号（S）反映了待测组分的信息。噪音（N）是空白实验中的信号，主要受检测背景和仪器性能影响，会降低分析的灵敏度。方法的灵敏度越高，其检出限值越低。

灵敏度与检测器性能及放大倍数有直接关系。检出限与测定噪音直接相关联，且具有明确的统计意义。提高测定精密度，降低噪音，可以改善检出限。噪音增加，检测限会提高，灵敏度下降，若得到的组分信号本就较小，那么最终会导致测量结果的相对误差增加。多数情况下，噪音（N）恒定，与信号（S）大小无关。

 知识链接

噪音的来源与消除方法

噪音的来源分为化学噪音和仪器噪音。

化学噪音是分析体系中难以控制的化学因素，受以下因素影响：化学反应中温度和压力等参数的变化和波动；相对湿度导致样品含水量的不同；粉状固体粒度不均；光敏材料产生的光密度不均；实验室烟尘与样品或试剂作用的随机性等。

仪器的光（电）源、输入（出）转换器、信号处理单元等都是仪器噪音的来源。所用仪器的每个部分都可产生不同类别的仪器噪音。

消除噪音的方法

1. 硬件方法 远离强辐射源、接地、差分放大器、模拟滤波、频率调制方法、断续放大或切光器、闭锁装置放大等。

2. 软件方法 总体平均、方脉冲平均、数字滤波等。

3. 其他方法 噪声数据平滑、谱库比较、谱峰识别技术等。

此外，还有定量限、线性及线性范围等表征参数。

（五）定量分析数据处理方法

定量分析数据处理是将仪器分析产生的各种信号与待测组分的量联系起来，进而计算样品含量的数据处理行为。除重量法和库仑法外，仪器分析方法进行定量分析时都是如此。一般来说，仪器分析法会将信号和组分的量的关系通过公式整合、变形，最终造出二元一次函数关系（$y = bx + a$）的形式，以便于分析计算，如对照法、标准曲线法以及衍生出的两次测量法（电位法）和标准加入法等。

（张如超）

第十章　电化学分析法

学习引导

溶液 pH 反映了待测溶液的氢离子浓度，其数值是氢离子浓度的负对数值。虽然，分析化学中有"酸碱滴定法"能测量溶液中氢离子浓度，但是在实际测量中，不少样品（如尿样、血样、土壤、污水等）的组分非常复杂，用"酸碱滴定法"来测量 pH，就要对样品进行预处理。样品前处理步骤越多，测量结果引入误差就越大。所以若要快速、准确测量复杂样品 pH，就很难直接采用"酸碱滴定法"和 pH 试纸来进行准确测量。样品预处理步骤越少，测量结果才能越不失真，检测时长就越短，请问有什么方法能避免复杂样品基质干扰、快速准确测量样品 pH？

本章主要介绍：电化学分析中电位法和永停滴定法的基本术语和概念，重点介绍了电化学分析的基本概念，指示电极和参比电极，直接电位法的工作原理、仪器的电极构成、基本操作及含量测定的方法，电位滴定法与永停滴定法确定滴定终点的方法。

学习目标

1. **掌握**　电位法中指示电极、参比电极的概念，饱和甘汞电极、银－氯化银电极、pH 玻璃电极的工作原理与电极性能。直接电位法测定溶液 pH 的基本原理和方法应用。

2. **熟悉**　电位滴定法和永停滴定法测定样品含量的原理、计算及终点的判断方法。

3. **了解**　电位法测定其他离子浓度的方法应用。

17 世纪末，伽伐尼和伏打开启了电化学的新纪元。电化学分析（electroanalytical chemistry）就是根据待测溶液的电导（电阻）、电位、电流和电量等参数值的大小，或者用这些参数的变化情况来进行定性定量、状态信息分析的科学；通常需将待测液与检测系统构成化学电池，再进行电能和化学能之间相互转化量及其变化规律的研究。

电化学分析法可根据所测量电参数种类、激发信号类型或电极反应本质不同来进行分类。其中，按所测量的电参数不同，电化学分析法主要分为电位法、伏安法和极谱法、电导法、库仑和电解分析法等 4 类。

1. 电位法　是根据待测物构成的原电池的电动势进行定量分析的方法。根据待测液电动势值进行定量分析的方法，称为直接电位法；根据滴定过程中待测液电动势值随滴定液加入量的变化情况而进行定量分析的方法，称为电位滴定法。

176

2. 伏安和极谱法　是根据电解过程中电流－电压曲线进行定性定量分析的方法。极谱法和伏安法的区别在于极化电极的不同，极谱法常使用液态电极作极化电极，而伏安法主要使用固态电极。

3. 电导法　是根据溶液的电导与被测离子浓度的关系来进行分析的方法。电导分析法具有较高的灵敏度，但选择性较差，因此应用不广泛。

4. 库仑和电解分析法　库仑分析法是以测量电解过程中被测物质在电极上发生电化学反应所消耗的电量，由法拉第电解定律来进行定量分析的一种电化学分析法。电解分析法是建立在电解基础上通过称量沉积于电极表面的沉积物重量以测定溶液中被测离子含量的电化学分析法，也称电重量法。

电化学分析技术具有如下特点：

1. 灵敏度高，适合痕量组分的分析，如离子选择性电极的检出限可达 10^{-7} mol/L，有的方法可达 10^{-12} mol/L。

2. 试样用量少、处理简单，能够实现多种元素快速同时分析，如极谱法。

3. 仪器简单，调试和操作简单，易于小型化、智能化，现常见用于工业生产流程中的实时监控。

4. 一般测定值是活度而不是分析浓度，所以广泛应用于生理、医学检验中。

5. 选择性一般较差，只有离子选择性电极、修饰电极、极谱法及控制阴极电势电解法选择性相对较高。

第一节　电化学分析法概述 微课1

PPT

一、基本概念和术语

（一）化学电池

化学电池是化学能和电能相互转换的装置，通常由两组电极、至少一种电解质液和外电路三部分组成，是电化学研究的基础，按化学能和电能转换方式可分为原电池和电解池。简单的化学电池是由两组金属－电解质溶液体系构成，每一组金属－电解质溶液体系称为一个电极。电化学反应可认为是发生在两组电极和电解质溶液界面间的氧化还原反应。

1. 氧化还原反应与电化学反应　有电子得失的反应称为氧化还原反应。氧化还原反应中得电子的物质是氧化剂，具有氧化其他物质的能力，本身被还原；失电子的物质是还原剂，具有还原其他物质的能力，本身被氧化。发生氧化反应的部分称为氧化半反应；发生还原反应的部分，称为还原半反应。任何一个氧化还原反应都是由氧化半反应和还原半反应组成。例如，在 Zn 与 $CuSO_4$ 溶液的氧化还原反应中，Zn 比 Cu 活泼，将 Cu^{2+} 还原成 Cu，其氧化还原总反应和两个半反应分别为：

氧化还原总反应　　　　　　　　$Zn + CuSO_4 \rightleftharpoons ZnSO_4 + Cu$

氧化半反应　　　　　　　　　　$Zn \rightleftharpoons Zn^{2+} + 2e^-$

还原半反应　　　　　　　　　　$Cu^{2+} + 2e^- \rightleftharpoons Cu$

如图 10－1 所示，反应中，Zn 和 Cu^{2+} 间发生了电子转移，Zn 失去电子被氧化，是还原剂；Cu^{2+} 得到电子被还原，是氧化剂。由于反应中锌片和 $CuSO_4$ 溶液直接接触，所以电子直接从锌片转移给 Cu^{2+}，反应释放出来的化学能转变为热能。

$$Zn + CuSO_4 \rightleftharpoons ZnSO_4 + Cu \qquad \Delta_r H_m^\ominus = -211.46 \, \text{kJ/mol}$$

由同种元素的氧化态和还原态构成一个半反应，组成一个氧化还原电对，通常电对符号表示为：氧化态/还原态，如Zn^{2+}/Zn，Cu^{2+}/Cu，H^+/H_2。

可以认为，电化学反应是因氧化半反应与还原半反应相分离，而使电子由失电子区域定向移动到得电子区域的一类氧化还原反应。于是在这一移动路线上（电极或电解质溶液界面间）就有了电流（或传递电荷的离子流），形成了将化学能转换为电能的原电池，见图10-2。

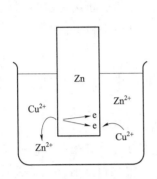

图10-1 Zn条在Cu^{2+}溶液中的
电子得失转移反应

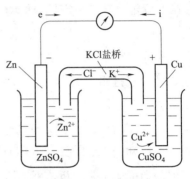

图10-2 锌铜原电池

2. 原电池 如图10-2所示，将金属Zn插进$ZnSO_4$溶液中，金属Cu插进$CuSO_4$溶液中，用盐桥连通两电极的电解质液；再用外电路连接金属Zn、Cu条，整个原电池回路就接通了。由于Zn比Cu相对活泼，相对易失电子，Zn更易形成Zn^{2+}溶进电解质液，失去的电子则通过外电路流向Cu；Cu得到电子后，会将电解质液中的Cu^{2+}还原成Cu沉积到Cu电极上。随着反应的进行，逐渐增多的Zn^{2+}会使电解质液中净正电荷增加，将减慢、阻滞Zn上电子转移出去；同理，随Cu^{2+}的减少，电解质液中相对增加的SO_4^{2-}会使净负电荷增加，而阻滞Zn上电子转移进入，Cu^{2+}即停止被还原。与此同时，盐桥凝胶中的Cl^-、K^+分别流向两组电解质液，抵消增加的净正（负）电荷，使Zn上的电子能持续向Cu^{2+}转移，让反应继续进行。此外，盐桥还能有效避免两组电解质液很快混合。综上所述，该电池的符号可表示为：

$$(-)Zn \mid ZnSO_4(a_1) \parallel CuSO_4(a_2) \mid Cu(+)$$

上式中，$\mid$表示金属和电解质液的固液相界面；$\parallel$表示盐桥；a表示活度（如果电极反应中有气体物则应标出其分压）。通常将阳极写在左边，阴极写在右边。

氧化电极半反应 $Zn \Longrightarrow Zn^{2+} + 2e^-$ 阳极（负极）

还原电极半反应 $Cu^{2+} + 2e^- \Longrightarrow Cu$ 阴极（正极）

根据电极与电解质的接触方式，化学电池分为液接电池和非液接电池。液接电池的两电极同在一种电解质液中，非液接电池的两电极分别处于不同电解质溶液中，电解质液间用烧结玻璃隔开或用盐桥连接，如图10-2。当两种不同种类或不同浓度的电解质液直接接触时，由于浓度梯度或离子扩散，使离子在相接面产生迁移，因离子间的迁移速率不同产生的电位差称为液接电位。液接电位会影响电池电动势的测量，实际工作中，常在两电解质液间设置盐桥来减小液接电位。所以锌铜原电池的电动势按下式表示：

$$E = \varphi_c - \varphi_a + \varphi_{液接} = \varphi_右 - \varphi_左 + \varphi_{液接} \tag{10-1}$$

式中，φ_c、φ_a分别表示电池阴极和阳极的电位。若使用盐桥，则$\varphi_{液接}$可忽略不计。由此可知，当E大于0时，电极反应能自发进行，能对外提供电能，是原电池；当E小于0时，电极反应不能自发进行，须加一个大于该电池电动势的外加电压才能进行电极反应，属于电解池。

（二）电极电位

对于任一电极反应

$$Ox + ne \rightleftharpoons Red$$

电极电位为

$$\varphi = \varphi^{\ominus} + \frac{RT}{nF}\ln\frac{a_{Ox}}{a_{Red}} \qquad (10-2)$$

式中，$\varphi^{\ominus}$ 为标准电极电位（见附录五）；R 为摩尔气体常数 8.31441J/(mol·K)；T 为热力学温度；F 为法拉第常数 96486.7C/mol；n 为电子转移数；a 为活度。

当温度为 25℃时

$$\varphi = \varphi^{\ominus} + \frac{0.0592}{n}\lg\frac{a_{Ox}}{a_{Red}} \qquad (10-3)$$

由于电极电位受电解质液离子强度以及配位效应、酸效应、沉淀生成等副反应的影响，常采用条件电极电位 φ' 来替代标准电极电位 $\varphi^{\ominus}$，记为：

$$\varphi = \varphi' + \frac{RT}{nF}\ln\frac{c_{Ox}}{c_{Red}} \qquad (10-4)$$

当温度为 25℃时

$$\varphi = \varphi' + \frac{0.0592}{n}\lg\frac{c_{Ox}}{c_{Red}} \qquad (10-5)$$

二、电极分类

（一）按结构分类

电极种类繁多，从结构上可把电极分为以下两大类。

1. 金属基电极　金属基电极是以金属为基体的电极，基于电子转移的一类电极，按结构和作用可再分为以下三类。

（1）金属－金属离子电极　由能发生氧化还原反应的金属插入含有该金属离子的溶液中所组成的电极，叫金属－金属离子电极，简称金属电极。其电极电位决定于溶液中金属离子的浓度，故可用于测定金属离子的含量。例如，将银丝插入 Ag^+ 溶液中组成 Ag 电极，表示为 $Ag\mid Ag^+$，电极反应和电极电位为：

$$Ag^+ + e \rightleftharpoons Ag$$

$$\varphi = \varphi' + 0.0592\lg c_{Ag^+}$$

此类电极因有一个相界面，又称为第一类电极。较活泼的金属如钾、钠、钙等在溶液中容易被腐蚀；硬金属如镍、铁、钨等电势不稳定，不宜直接用作这类电极。

（2）金属－金属难溶盐电极　是在金属电极上覆盖一层该金属的难溶盐并将该电极浸入含有该难溶盐阴离子的溶液中所组成的电极，叫金属－金属难溶电极。其电极电位随溶液中阴离子浓度的变化而变化。例如，将表面涂有 AgCl 的银丝插入到 Cl^- 溶液中，组成银－氯化银电极，表示为 $Ag\mid AgCl\mid Cl^-$，电极反应和电极电位为：

$$AgCl + e \rightleftharpoons Ag + Cl^-$$

$$\varphi = \varphi' + 0.0592\lg\frac{1}{c_{Cl^-}}$$

此类电极对阴离子产生响应，因有两个界面，又称为第二类电极。常见的电极还有甘汞电极、汞－

硫酸亚汞电极等。

（3）惰性金属电极　由惰性金属（铂或金）插入含有某氧化态和还原态电对的溶液中组成的电极，称惰性金属电极。铂和金等贵金属的化学性质较稳定，不参与化学反应，但其晶格间的自由电子可与溶液进行交换，使其成为溶液中氧化态和还原态取得电子或释放电子的场所，仅在电极反应过程中起一种传递电子的作用。其电极电位大小决定于溶液中氧化态和还原态浓度的比值。例如，将 Pt 丝插入由 Fe^{3+}、Fe^{2+} 组成电对的溶液中，表示为 $Pt \mid Fe^{3+}, Fe^{2+}$，电极反应和电极电位为：

$$Fe^{3+} + e \Longrightarrow Fe^{2+}$$

$$\varphi = \varphi' + 0.0592 \lg \frac{c_{Fe^{3+}}}{c_{Fe^{2+}}}$$

此类电极因无界面，又称为零类电极、氧化还原电极。如氢电极、氧电极和卤素电极均属此类电极。

2. 离子选择性电极　离子选择性电极（ISE）又称为膜电极。它是 20 世纪 60 年代发展起来的一类新型电化学传感器，是一种利用高选择性的电极膜对溶液中的特定待测离子产生选择性的响应，而测量特定待测离子活度的电极。这类电极的电极电位的形成是基于离子的扩散和交换，而无电子的转移。研究证实，膜电极的电极电位与溶液中某一特定离子活度的关系符合 Nernst 方程。

（二）按用途分类

按用途可分为指示电极、参比电极、工作电极和辅助电极。指示电极（indicator electrode）是指电极电势随溶液中待测离子活度改变而改变的电极，一些金属电极（如惰性电极）以及发展起来的各种离子选择性电极（如 pH 玻璃电极）是常用的指示电极。参比电极（reference electrode）是指在一定条件下（如离子活度、溶液温度、总离子强度和溶液组分等）具有恒定电位值的电极，氢电极、甘汞电极、银－氯化银电极常用作参比电极。但在必要时，任何电极既可作指示电极也可作参比电极。用来发生所需的电化学反应或产生待测浓度的响应激发信号，用于测定过程中本体浓度会发生变化的体系的电极，称为工作电极。要搭成一个完整的电解池还需要一个辅助电极。辅助电极完成工作电极上所产生反应的逆反应。通常，用铂盘作为辅助电极。

 知识链接

指示电极和工作电极的异同

两者都会因待测液浓度的变化而出现信号变化，最主要的区别是在测定过程中待测溶液本体浓度是否发生变化。因此，在电位分析法中的离子选择性电极、极谱分析法中的滴汞电极都称为指示电极。在电解分析法和库仑分析法的铂电极上，因电极反应改变了待测溶液的浓度，称为工作电极。

三、参比电极

国际纯粹与应用化学联合会（IUPAC）规定，在氢离子活度为 1mol/L、通入的氢气压力为 101325 Pa 时，标准氢电极（SHE）的电极电位在任何温度下均为零。通常在无附加说明时，其他电极的电极电位值就是相对于标准氢电极的电极电位确定的，故标准氢电极作为确定其他电极电位的基本参比电极，常称为基准电极或一级参比电极。因此电极电位仅仅是一个相对值，绝对电极电位无法测量。但由于标准氢电极制作麻烦，操作条件难以控制，使用不便，因此，在实际中很少用它作为参比电极，而常用的参比电极是甘汞电极、银－氯化银电极等。这两种电极的电位值是与标准氢电极作比较而得出的相对值，故又称为二级参比电极。以下重点介绍这两种参比电极。

（一）甘汞电极

甘汞电极（SCE）是由金属汞、甘汞（Hg_2Cl_2，轻粉）和 KCl 溶液组成的电极，属于金属－金属难溶盐电极。甘汞电极的半电池表示为：

$$Hg \mid Hg_2Cl_2(s) \mid KCl(c)$$

电极反应为：

$$Hg_2Cl_2 + 2e \Longrightarrow 2Hg + 2Cl^-$$

25℃（298.15K）时，其电极电位表示为：

$$\varphi = \varphi' + 0.0592 \lg \frac{1}{c_{Cl^-}}$$

由此可见，甘汞电极电位的变化随氯离子浓度变化，当氯离子浓度不变时，则甘汞电极的电位就固定不变。在 25℃时，3 种不同浓度的 KCl 溶液组成的甘汞电极的电位分别为：

KCl 溶液浓度	0.1mol/L	1mol/L	饱和
电极电位（V）	0.3365	0.2828	0.2438

甘汞电极的构造如图 10－3 所示。

在电位分析法中，常用的参比电极是饱和甘汞电极（saturated calomel electrode，SCE），其电位稳定，构造简单，保存和使用都很方便。但它也有缺陷，例如使用温度较低时，受温度影响较大；温度改变时，电极电位平衡时间较长。

（二）银－氯化银电极

银－氯化银电极（silver－silver chloride electrode，SSCE）属于金属－金属难溶盐电极，是由银丝镀上一薄层 AgCl，浸入到一定浓度的 KCl 溶液中所构成，如图 10－4 所示。

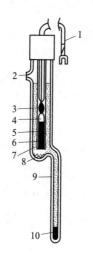

图 10－3 甘汞电极

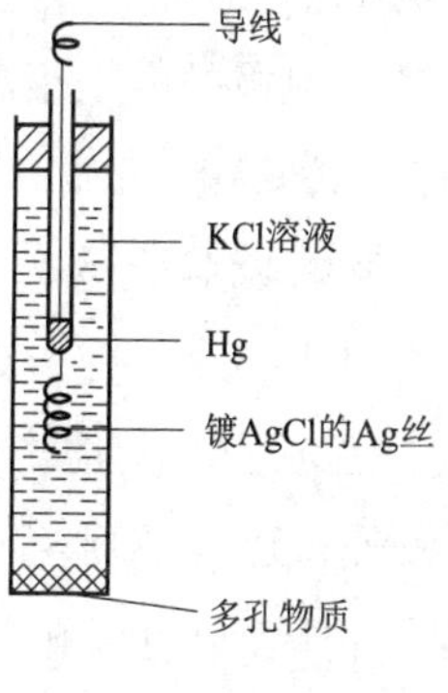

图 10－4 银－氯化银电极

1. 导线 2. 侧管＋橡皮塞 3. 汞 4. 甘汞糊 5. 石棉或纸浆
6. 玻璃管 7. KCl＋缓冲液 8. KCl 晶体 9. 电极玻壳 10. 素烧瓷片

银 – 氯化银电极表示为：

$$Ag \mid AgCl(s) \mid KCl(c)$$

银 – 氯化银电极的电极反应为：

$$AgCl + e \rightleftharpoons Ag + Cl^-$$

25℃（298.15K）时，其电极电位表示为：

$$\varphi = \varphi' + 0.0592 \lg \frac{1}{c_{Cl^-}}$$

同甘汞电极一样，电极电位的变化也随氯离子浓度的变化而变化，当氯离子浓度一定时，则电极电位就为一固定值，即可作为参比电极。在25℃时，3种不同浓度的 KCl 溶液的银 – 氯化银电极电位分别为：

KCl 溶液浓度	0.1mol/L	1mol/L	饱和
电极电位（V）	0.2880	0.2223	0.1990

银 – 氯化银电极适用的温度范围较宽，较少与其他离子反应，特别是在非水测量环境中，性能比饱和甘汞电极更优越。由于银 – 氯化银电极结构简单，可以制成很小的体积，因此，常作为离子选择性电极的内参比电极。

从甘汞电极和银 – 氯化银电极的电极电位计算公式可知，虽然甘汞电极和银 – 氯化银电极通常是作为参比电极，但它们的电极电位也会随氯离子浓度的变化而变化，所以又可作为测定 Cl^- 的指示电极。因此，某种电极作参比电极还是指示电极并不固定，应根据具体情况进行分析。

四、指示电极

常见的指示电极有金属电极和离子选择性电极。离子选择性电极中的敏感膜是其重要组成部分。敏感膜是一种能分开两种电解质液，并对某种物质产生选择性响应的薄膜。本章重点介绍离子选择性电极中的 pH 玻璃电极。

（一）pH 玻璃电极

1. pH 玻璃电极（GE）的构造　pH 玻璃电极是最早使用的非晶体固定基体电极，其构造如图 10 – 5 所示。其主要部分是电极下端的一种特殊的玻璃球形薄膜（敏感膜），膜的厚度约为 0.1mm，膜内盛有一定浓度的 KCl 的 pH 缓冲溶液（pH≈1），作为内参比液，溶液中插入一支银 – 氯化银电极作为内参比电极。由于玻璃电极的内阻很高（50~100MΩ），因此导线和电极的引出端都需高度绝缘，并装有屏蔽隔离罩以防漏电和静电干扰。

pH 玻璃电极的玻璃膜成分一般为 Na_2O（22%）、CaO（6%）、SiO_2（72%）。该玻璃电极对 H^+ 有选择性的响应，即称为 pH 玻璃电极。若改变玻璃膜的组成，就成为对其他离子产生选择性响应的玻璃电极。因此，除有 pH 玻璃电极外，还有可测定 Na^+、K^+、Ag^+ 和 Ca^{2+} 等离子浓度的玻璃电极，其结构与 pH 玻璃电极相似。

2. pH 玻璃电极对 H^+ 响应的原理　当玻璃电极的玻璃球形薄膜内、外表面与酸性或中性溶液接触时，表面上 Na_2SiO_3 晶体骨架中的 Na^+ 与水中的 H^+ 发生完全交换，在膜表面形成很薄的水化凝胶层，厚度为 10^{-5} ~ 10^{-4}mm，其反应式如下：

$$Na^+G^- + H^+ \rightleftharpoons Na^+ + H^+G^-$$

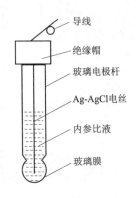

图 10 – 5　玻璃电极

导线
绝缘帽
玻璃电极杆
Ag-AgCl电丝
内参比液
玻璃膜

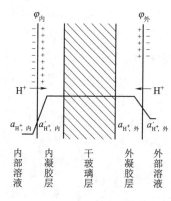

$\varphi_内$　　$\varphi_外$

H⁺　　　　　　　　H⁺

$a_{H^+,内}$ $a'_{H^+,内}$　　　$a_{H^+,外}$ $a'_{H^+,外}$

内部溶液　内凝胶层　干玻璃层　外凝胶层　外部溶液

图 10-6　膜电位产生示意图

在玻璃膜中间部分（厚度约 10^{-1}mm），其点位上的 Na⁺ 几乎没有与 H⁺ 发生交换，称干玻璃层。当一支浸泡好的玻璃电极浸入待测溶液后，由于溶液中的 H⁺ 浓度与凝胶层中的 H⁺ 浓度不同，H⁺ 将由浓度高的方向向浓度低的方向被动扩散。扩散达到平衡后，溶液和水化凝胶层间的相界面形成了双电层，即产生电位差，分别产生了内、外相界面电位 $\varphi_内$、$\varphi_外$。由于膜内外的 H⁺ 浓度不同，则 $\varphi_内$ 和 $\varphi_外$ 不相等，由于这层球膜很薄，于是产生了跨越玻璃球膜的电位差，称为玻璃电极的膜电位 $\varphi_膜$，见图 10-6。

道南电位是由于离子的渗透扩散而在膜的两侧产生的电位差，膜两边的溶液浓度若为 $c_2 > c_1$，则产生的膜电位计算公式应为 $\varphi_膜 = \varphi_1 - \varphi_2$。在离子选择性电极中，膜与溶液两相界面上的电位具有道南电位的性质。由于膜内为 pH≈1 的缓冲液，故一般 $c_内 > c_外$，因此，膜电位为：

$$\varphi_膜 = \varphi_外 - \varphi_内 \tag{10-6}$$

因 $\varphi_内$、$\varphi_外$ 的大小与所接触溶液中的 H⁺ 浓度大小有关，玻璃膜内盛装的是固定 pH 的缓冲溶液，即 $c_{H^+,内}$ 为一固定值，故膜电位又可表示为：

$$\varphi_膜 = K + 0.0592 \lg c_{H^+,外} \tag{10-7}$$

式中，K 为膜电位的常数，与膜的物理性能和内参比液的 c_{H^+} 有关。整个玻璃电极的电位等于膜电位与内参比电极电位之和，即：

$$\varphi_{GE} = \varphi_{Ag-AgCl} + \varphi_膜 \tag{10-8}$$

式中，$\varphi_{Ag-AgCl}$ 为银–氯化银内参比电极电位，是常数。因此，在 25℃ 时玻璃电极电位与溶液的 H⁺ 浓度或 pH 的关系为：

$$\varphi_{GE} = K' + 0.0592 \lg c_{H^+} = K' - 0.0592 pH \tag{10-9}$$

式中，K'（$K' = K + \varphi_{Ag-AgCl}$）称为玻璃电极常数。式（10-9）说明，玻璃电极的电位与待测溶液的 H⁺ 浓度和 pH 的关系是符合能斯特方程式。因此，式（10-9）是 pH 玻璃电极测定溶液 pH 的定量测定理论依据。

3. pH 玻璃电极的性能

（1）电极斜率　当溶液中的 pH 改变一个单位时，引起玻璃电极电位的变化值称为电极斜率，用 S 表示。即：

$$S = \frac{\Delta \varphi}{\Delta pH} \tag{10-10}$$

式中，S 的理论值为 $2.303RT/F$，称为能斯特斜率。由于玻璃电极长期使用会老化，因此玻璃电极的实际斜率约小于其理论值。在 25℃ 时，玻璃电极的实际斜率若低于 52mV/pH 时就不宜使用。

（2）碱差和酸差　pH 玻璃电极的 φ–pH 关系曲线只有在一定的 pH 范围内呈线性关系。在较强酸、碱溶液中，会偏离线性关系。普通 pH 玻璃电极在 pH 大于 10 的溶液中测定时，对 Na⁺ 也有响应，因此测得 H⁺ 浓度高于真实值，使 pH 读数低于真实值，产生负误差，也称为碱差或钠差；若测定 pH 小于 1 的酸性溶液时，pH 读数大于真实值，则产生正误差，即称酸差。若使用 Li_2O 代替 Na_2O 制成的玻璃电极，在 pH13.5 以内的溶液中测定，也不会产生碱差。

（3）**不对称电位**　从理论上讲，当玻璃球膜内、外两侧溶液的 H^+ 浓度相等时，$\varphi_{膜}$ 应为零。但实际上并不为零，仍有 $1 \sim 30 mV$ 的电位差存在，此电位差称为不对称电位。它主要是由于玻璃膜内、外两表面的结构和性能不完全一致所造成。因此，为了让测量准确，在使用前须将 pH 玻璃电极放入水或弱酸溶液中充分浸泡（一般浸泡 24 小时左右），可以使不对称电位值降至最低，并趋于恒定。浸泡也利于玻璃膜表面形成水化凝胶层并充分活化，使电极能对 H^+ 产生响应。

即学即练 10 - 1

玻璃电极在使用前，需在去离子水中浸泡 24 小时以上，目的是

A. 消除不对称电位　　　　　　　　B. 消除液接电位

C. 使不对称电位趋于稳定值　　　　D. 减小不对称电位

E. 形成水化凝胶层，活化电极

答案解析

（4）由于 pH 玻璃电极对 H^+ 的选择性系数 $K_{H^+}^{pot}$，其他干扰离子普遍很小，因此电极对 H^+ 的选择性好，响应快，适用范围广，不受氧化剂、还原剂、颜色、浑浊或胶态溶液的影响。

（5）**电极的内阻**　玻璃电极的内阻很大，所以必须使用高阻抗的测量仪器测定。

（6）**温度**　一般玻璃电极可在 $0 \sim 80℃$ 范围内使用，最佳温度为 $5 \sim 45℃$ 范围内使用，因为温度过低过高，测量误差会较大，电极的寿命也下降。此外，在测定标准溶液和待测溶液的 pH 时，温度必须相同。

（7）不能用于含 F^- 的溶液；玻璃球膜太薄，易破损。

📱 **知识链接**

复合 pH 电极

将指示电极和参比电极组装在一起就构成了复合电极。目前使用的复合 pH 电极，通常是由玻璃电极与银－氯化银电极或玻璃电极与甘汞电极组合而成。其结构示意图如图 10 - 7 所示，它是由两个同心玻璃管构成，内管为常规的玻璃电极，外管为一参比电极；电极外套将玻璃电极和参比电极包裹在一起，并把敏感的玻璃泡固定在外套的保护栅内，参比电极的补充液由外套上端的小孔加入。把复合 pH 电极插入试样溶液中，就组成了一个完整的电池系统。复合 pH 电极的优点在于使用方便，并且测定值较稳定。

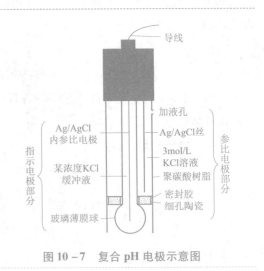

图 10 - 7　复合 pH 电极示意图

（二）其他离子选择性电极

1. 离子选择性电极基本结构与电极电位　离子选择性电极是一种对溶液中待测离子有选择性响应能力的电极。受电极敏感膜的特性影响，其构造会有变化，但一般都包括电极膜（敏感膜）、电极管、内充溶液和参比电极四个部分成。如图 10 - 8 所示。

当膜表面与待测液接触时，膜对内、外溶液中某些离子有选择性的响应，通过离子交换或扩散作用在膜两侧建立电位差。因为内参比溶液浓度是一恒定值，所以离子选择性电极的电位与待测离子的浓度

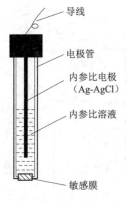

图 10-8　离子选择性电极
基本构造示意图

之间满足能斯特方程式。因此，测定原电池的电动势，便可求得待测离子的浓度。

对阳离子 M^{n+} 有响应的电极，其电极电位为：

$$\varphi = K' + \frac{0.0592}{n}\lg c_{M^{n+}} \qquad (10-11)$$

对阴离子 R^{n-} 有响应的电极，其电极电位为：

$$\varphi = K' - \frac{0.0592}{n}\lg c_{R^{n-}} \qquad (10-12)$$

应当指出离子选择性电极的膜电位不仅仅是通过简单的离子交换或扩散作用建立的，膜电位的建立还与离子的缔合、配位作用有关；另有些离子选择电极的作用机制，目前还不十分清楚，有待进一步研究。

2. 电极性能

（1）电极斜率　当溶液中的 pH 值改变一个单位时，引起电极电位的变化值称为电极斜率，用 S 表示，能表示电极的灵敏度。

（2）选择性系数　选择性系数能衡量电极对待测离子与共存干扰离子的响应差异程度，用 $K_{i,j}^{pot}$ 表示，i 代表被测离子，j 代表干扰离子。设 $K_{i,j}^{pot}=10^{-3}$，意味着此电极对 i 离子的敏感性超 j 离子 1000 倍，i 是该电极的主要响应离子。可见 $K_{i,j}^{pot}$ 越小，此电极对待测离子的选择性就越好。

（3）响应时间　指达到电极稳定电位所需的时间，越短性能越好。

（4）线性关系　通常指离子选择电极的电位与待测离子浓度之间的关系符合 Nernst 方程。在实际测量中为了避免误差，应保证待测离子浓度在电极的线性范围内。

（5）温度　离子选择电极会受到温度的影响，因此，离子电位计常设有温度校正装置。

3. 离子选择性电极的分类　1975 年国际纯粹与应用化学协会（IUPAC）推荐的离子选择性电极的分类方法如下。

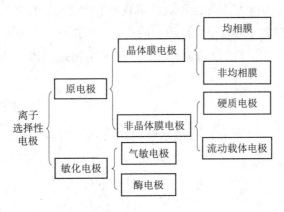

第二节　直接电位法

PPT

电位分析法需将一支指示电极和一支参比电极插入待测液组成化学电池，或用一支复合电极，是一种在零电流条件下测量化学电池的电动势进行定量分析的方法，见图 10-9。可以认为，指示电极和参比电极各发生了氧化和还原半反应，只有插入同一溶液体系中用导线连接在一起，才能得到一个完整的氧化还原反应体系，构成一个完整的化学电池，最终通过测到该溶液体系中指示电极和参比电极间的电势差，即化学电池的电动势，完成分析任务。常见有直接电位法和电位滴定法。

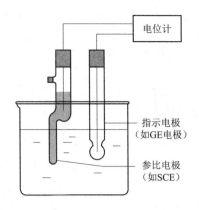

直接电位法是通过测定电池电动势，根据电池电动势与待测组分浓度之间的 Nernst 函数关系，直接求出待测组分浓度的电位法。常用于测定溶液中的氢离子和其他离子浓度，本章重点介绍溶液的 pH 测定。

图 10 - 9　直接电位法的化学电池构造图

电位法测定溶液 pH，常用 pH 玻璃电极作指示电极，饱和甘汞电极作参比电极。由于饱和甘汞电极的电位为 0.2438V，pH 玻璃电极根据式（10 - 9）计算将会小于 0.1999V，所以饱和甘汞电极的电位高于 pH 玻璃电极，两者构成的原电池符号即表示为：

$$(-)\ Ag, AgCl\ |\ 内参比液\ |\ 玻璃球膜\ |\ 待测液\ \|\ KCl（饱和）\ |\ Hg_2Cl_2, Hg\ (+)$$

25℃时，该电池的电动势 E 为：

$$E = \varphi_{SCE} - \varphi_{GE} \tag{10-13}$$

将式（10 - 9）代入式（10 - 13），得

$$E = 0.2438 - (K' + 0.0592\lg c_{H^+}) = 0.2438 - (K' - 0.0592pH) \tag{10-14}$$

合并常数 0.2438 和 K' 为 K''，得：

$$E = K'' - 0.0592\lg c_{H^+} = K'' + 0.0592pH \tag{10-15}$$

由图 10 - 9 可知，电池电动势 E 即某溶液体系中指示电极和参比电极间的电势差，电池电动势 E 可由电位计读到，再根据式（10 - 15）直接算出该溶液体系的 pH：

$$pH = \frac{E - K''}{0.0592} \tag{10-16}$$

由式（10 - 15）可知，常数 K'' 包括饱和甘汞电极的电位、玻璃电极的性质常数 K'。实际工作中，玻璃电极的 K' 值常随不同的玻璃电极和组成不同的溶液而发生变化，甚至随电极使用时间的长短而发生微小变动，且每一支玻璃电极的不对称电位也不相同；由于液接电位、不对称电位的存在，以及活度因子难于计算，故在直接电位法中 K'' 难以确定，因此一般不采用式（10 - 16）直接计算 pH 或待测离子浓度，而采用以下几种方法。

（一）两次测量法

先测量已知 pH_S 的标准缓冲溶液的电池电动势为 E_S，然后再测量未知 pH_X 的待测液的电池电动势为 E_X。在 25℃时，电池电动势与 pH 之间的关系，按式（10 - 15）推导得到：

$$E_X = K'' + 0.0592pH_X$$

$$E_S = K'' + 0.0592pH_S$$

将两式相减并整理，得：

$$pH_X = pH_S - \frac{E_S - E_X}{0.0592} \tag{10-17}$$

由式（10 - 17）可知，用两次测量法测定溶液 pH 时，只要使用同一对玻璃电极和饱和甘汞电极，在相同的条件下，无须知道式（10 - 14）中的"常数"和玻璃电极的不对称电位。因此，两次测量法可以消除玻璃电极的不对称电位和式（10 - 15）中难测"常数"的不确定因素所产生的误差。值得注意的是，由于饱和甘汞电极在标准缓冲溶液和待测溶液中产生的液接电位不相同，由此会引起测定误

差。若标准缓冲溶液和待测溶液的 pH 极为接近（$\Delta pH < 3$），则因液接电位不同而引起的误差可忽略。所以，测量时选用的标准缓冲溶液与样品溶液的 pH 应尽量接近。表 10 – 1 列出了 0 ~ 40℃ 温度下常用的标准缓冲溶液的 pH，以供选用时参考。

表 10 – 1　不同温度时标准缓冲溶液的 pH

温度 （℃）	草酸三氢钾 （0.05mol/L）	酒石酸氢钾 （25℃饱和）	邻苯二钾酸氢钾 （0.05mol/L）	混合磷酸盐 （0.025mol/L）	硼砂 （0.01mol/）
0	1.67	—	4.01	6.98	9.46
5	1.67	—	4.00	6.95	9.39
10	1.67	—	4.00	6.92	9.33
15	1.67	—	4.00	6.9	9.28
20	1.68	—	4.00	6.88	9.23
25	1.68	3.56	4.00	6.86	9.18
30	1.68	3.55	4.01	6.85	9.14
35	1.69	3.55	4.02	6.84	9.10
40	1.69	3.55	4.03	6.84	9.07

（二）标准曲线法

在指示电极的线性范围内，分别测定浓度从小到大的标准系列溶液的电动势，并作 $E - \lg c_i$ 或 $E - pc_i$ 的标准曲线，然后在相同条件下测量待测液的电池电动势（E_x），最后在标准曲线上查出对应待测液的 $\lg c_x$。

（三）标准加入法

设试样溶液体积为 V_X，电动势为 E_X，求浓度 c_X。先测定由试样溶液（c_X，V_X）和指示与参比电极组成电池的电动势 E_1；再向该试液中加入浓度为 c_S（$c_S > 100c_X$），体积为 V_S（$V_S < V_X/100$）的标准溶液，混合后测得电动势为 E_S。由于 V_X 远大于 V_S，可认为 V_S 与 V_X 混合前后的活度系数和游离离子的摩尔分数能保持恒定，暂不考虑。由式（10 – 15）和已知条件可得：

$$E_1 = K'' \pm \frac{0.0592}{n}\lg c_X \tag{10 – 18}$$

则

$$E_2 = K'' \pm \frac{0.0592}{n}\lg\left(\frac{c_S V_S + c_X V_X}{V_X + V_S}\right)$$

两次测量条件一致，故 K'' 相等，得：

$$E_2 - E_1 = \mp\frac{0.0592}{n}\lg c_X \pm \frac{0.0592}{n}\lg\left(\frac{c_S V_S + c_X V_X}{V_X + V_S}\right)$$

整理，得到：

$$c_X = \frac{c_S V_S}{V_X + V_S}\left(10^{\pm\frac{n(E_2 - E_1)}{0.0592}} - \frac{V_X}{V_X + V_S}\right)^{-1} \tag{10 – 19}$$

当待测离子为阳离子时，式（10 – 19）中 ± 取" – "，待测离子为阴离子时，± 取" + "。

本法仅需要一种标准溶液，操作简单快速。在有大量配位剂存在的体系中，此法尤为有效。对于某些成分复杂的试样，用本法能得较高的准确度，要优于标准曲线法。此外，还有样品加入法和格兰作图法等类似的处理方法。

（四）pH 计法

用 pH 计测定溶液的 pH，无需对待测液作预处理，测定后不破坏、污染溶液，因此在医学检验、环境分析中应用极为广泛。在药物分析中广泛应用于注射剂、大输液、滴眼液等制剂及原料药物的酸碱度的检查。

pH 计除可测定溶液的 pH 外，也可测定电池电动势（mV）。因此，它还可与各种离子选择性电极配合使用，直接测量电池电动势，在医学检验中大量用于体液中各种离子或气体的含量测定。

《中国药典》（2020 年版四部）规定 pH 计的电极系统在测量前必须进行二次校正。先进行仪器的温度校正，再确定样品大致 pH，然后选用两种不同 pH 的标准缓冲液对仪器进行定位和实际斜率的校正，最后测定样品 pH。样品的 pH 应落在此两种的标准缓冲液的 pH 之间，两种的标准缓冲液的 pH 之差不宜大于 3。

第三节　电位滴定法 微课2

一、方法原理和特点

电位滴定法（potentiometric titration）是根据测定滴定过程中电池电动势的突变来确定滴定终点的方法。进行电位滴定时，在待测溶液中插入一支指示电极和一支参比电极组成原电池。随着滴定液的加入，滴定液与待测溶液发生化学反应，使待测离子的浓度不断地降低，而指示电极的电位也随待测离子浓度降低而发生变化。在化学计量点附近，当滴定液的加入，溶液中待测离子浓度发生急剧变化，而使指示电极的电位发生突变，引起电池电动势发生突变。因此，通过测量电池电动势的变化即可确定化学计量点。电位滴定法与滴定分析法的主要区别是指示化学计量点方法不一样，前者是通过电池电动势的突变来指示，而后者是通过指示剂的颜色转变来指示。进行电位滴定的装置如图 10-10 所示。

电位滴定法与指示剂滴定法相比较具有客观可靠，准确度高，易于自动化，不受溶液有色、浑浊的限制等优点，是一种重要的滴定分析法。对于没有合适指示剂确定滴定终点的滴定反应，电位滴定法就更为有利。可认为，只要能为待测离子找到合适的指示电极，电位滴定法就可用于任何类型的滴定反应。随着离子选择性电极的迅速发展，电位滴定法的应用范围也越来越广泛。

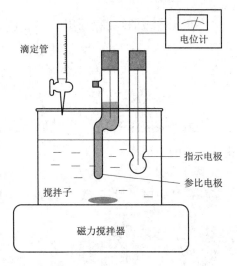

图 10-10　电位滴定装置示意图

二、确定滴定终点的方法

进行电位滴定时，记录滴定液的加入体积（V）和电位计上的电动势（E）。在化学计量点附近，因电动势变化加剧，应减小滴定液每次的加入体积至 0.02~0.10ml，这样可使滴定终点的确定更为准确。典型的电位滴定数据的处理方法如表 10-2 所示。

表 10-2　典型电位滴定数据表

滴入的滴定液体积 V（ml）	测量电位 E（mV）	$\overline{V}$	ΔE	ΔV	$\dfrac{\Delta E}{\Delta V}$	$\left(\dfrac{\Delta E}{\Delta V}\right)_2 - \left(\dfrac{\Delta E}{\Delta V}\right)_1$	$\dfrac{\Delta^2 E}{\Delta V^2}$
6.60	-235						
		6.65	5	0.1	50		
6.70	-230					30	300

续表

滴入的滴定液体积 V (ml)	测量电位 E (mV)	$\overline{V}$	ΔE	ΔV	$\dfrac{\Delta E}{\Delta V}$	$\left(\dfrac{\Delta E}{\Delta V}\right)_2 - \left(\dfrac{\Delta E}{\Delta V}\right)_1$	$\dfrac{\Delta^2 E}{\Delta V^2}$
		6.75	8	0.1	80		
6.80	−222					90	900
		6.85	17	0.1	170		
6.90	−205					800	8000
		6.95	97	0.1	970		
7.00	−108					−720	−7200
		7.05	25	0.1	250		
7.10	−83					−180	−900
		7.25	21	0.3	70		
7.40	−62						

计算公式如下：

$$\frac{\Delta E}{\Delta V} = \frac{E_2 - E_1}{V_2 - V_1} \tag{10-20}$$

$$\frac{\Delta^2 E}{\Delta V^2} = \frac{\Delta(\Delta E/\Delta V)}{\Delta V} = \frac{(\Delta E/\Delta V)_2 - (\Delta E/\Delta V)_1}{V_2' - V_1'} \tag{10-21}$$

其中：$V_1' = \dfrac{V_1 + V_2}{2}$，$V_2' = \dfrac{V_2 + V_3}{2}$

（一）图解法确定化学计量点

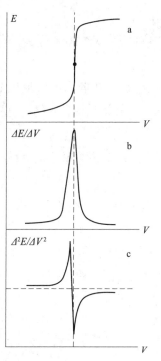

图 10 – 11　电位滴定曲线

a. $E - V$ 曲线　b. $\Delta E/\Delta V - \overline{V}$ 曲线
c. $\Delta^2 E/\Delta V^2 - V$ 曲线

用图解法确定化学计量点的方法主要有以下 3 种。

1. $E - V$ 曲线法　以表 10 – 2 中滴定液体积 V 为横坐标，电位计读数值（电池电动势 E）为纵坐标作图，得到一条 $E - V$ 曲线，如图 10 – 11a 所示。此曲线中斜率最大处（突越点）所对应的体积即为化学计量点。此法应用方便，适用于滴定突跃内电动势变化明显的滴定曲线，否则应采取以下方法确定化学计量点。

2. $\dfrac{\Delta E}{\Delta V} - \overline{V}$ 曲线法　以表 10 – 2 中的 $\dfrac{\Delta E}{\Delta V}$ 为纵坐标，平均体积 $\overline{V}$（前、后两体积的平均值）为横坐标作图，得到一条凸峰形曲线，如图 10 – 11b 所示。该曲线可看作 $E - V$ 曲线的一阶导数曲线，所以本法又称为一阶导数法。凸峰状曲线的最高点（极大值）所对应的体积即为化学计量点的体积。

3. $\dfrac{\Delta^2 E}{\Delta V^2} - V$ 曲线法　用表 10 – 2 中的 $\dfrac{\Delta^2 E}{\Delta V^2}$ 对滴定液体积 V 作图，得到一条具有极大值和极小值的曲线，如图 10 – 11c 所示。该曲线可看作 $E - V$ 曲线的近似二阶导数曲线，所以该法又称为二阶导数法。曲线上 $\dfrac{\Delta^2 E}{\Delta V^2}$ 为零时所对应的体积，即为化学计量点的体积。

（二）内插法

由图 10 - 12 可知，确定了 $\dfrac{\Delta^2 E}{\Delta V^2} = 0$ 时两旁最近的两组数据，即可算出化学计量点的体积，这种方法称为内插法。

例 10 - 1 从表 10 - 2 中查得加入滴定液体积为 6.90ml 时，其 $\Delta^2 E/\Delta V^2 = 8000$；加入 7.00ml 滴定剂时，$\Delta^2 E/\Delta V^2 = -7200$。设化学计量点（$\Delta^2 E/\Delta V^2 = 0$）时，计算加入滴定液的体积 V_{sp}：

$$\frac{7.00 - 6.90}{-7200 - 8000} = \frac{V_{sp} - 6.90}{0 - 8000}$$

解得：$V_{sp} = 6.9526\text{ml} \approx 6.95\text{ml}$

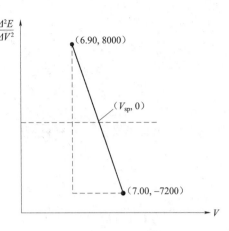

图 10 - 12　内插法几何模型图解

即学即练 10 - 2

答案解析

根据本章图 10 - 12 阐释的内插法计算原理——相似三角形，则例 10 - 1 中计算方式正确的是：

A. $\dfrac{7.00 - V_{sp}}{-7200 - 0} = \dfrac{V_{sp} - 6.90}{0 - 8000}$　　　　B. $\dfrac{V_{sp} - 6.90}{0 - 8000} = \dfrac{7.00 - 6.90}{-7200 - 8000}$

C. $\dfrac{V_{sp} - 7.00}{0 + 7200} = \dfrac{6.90 - V_{sp}}{0 + 7200}$　　　　D. $\dfrac{V_{sp} - 7.00}{0 + 7200} = \dfrac{6.90 - 7.00}{8000 + 7200}$

三、电位滴定法指示电极的选择

电位滴定法适合各类型的滴定分析法。所不同的是，要根据不同的滴定反应类型选择合适的指示电极。

1. 酸碱滴定　通常选用玻璃电极为指示电极，饱和甘汞电极为参比电极。在非水溶液酸碱滴定法中，为了避免由甘汞电极漏出的水溶液干扰非水滴定，可采用饱和的氯化钾无水乙醇溶液代替电极中氯化钾饱和水溶液。

2. 氧化还原滴定　在水中的氧化还原滴定中，可采用铂电极作为指示电极，饱和甘汞电极作为参比电极。

3. 沉淀滴定　可采用银 - 玻璃电极系统以及银 - 硝酸钾盐桥 - 饱和甘汞电极系统，进行滴定分析。

4. 配位滴定　对于不同的配位反应，可采用不同的指示电极。从理论上讲，可选用与待测离子相应的离子选择性电极作为指示电极，但实际上很多金属电极不能满足电位滴定的要求，因此，目前可用的电极不多。

第四节　永停滴定法

永停滴定法（dead - stop titration，亦称双指示电极电流滴定法）是用两支相同的惰性金属（如铂）

为指示电极（面积为 $0.1 \sim 1 \ cm^2$），在两个电极间外加一个小电压（常为 $10 \sim 200 \ mV$），以保证指示电极上的反应不改变溶液的组成。通过观察滴定过程中电池系统的电流变化来确定滴定终点，见图 10 - 13。

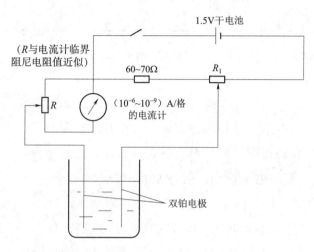

图 10 - 13　双电极安培滴定法线路简图

一、可逆电对和不可逆电对

1. 可逆电对　在一定条件下，电对的氧化态获得电子变为还原态；在相同条件下，还原态也能失去电子变回氧化态，这样的电对称为可逆电对，如 I_2 / I^-。在无水吡啶溶剂中插入 2 支铂电极，电极间外加一小电压，体系并无电流，当加入 I_2 与 I^- 的混合液时：

阳极发生氧化反应：$2I^- \Longleftrightarrow I_2 + 2e$

阴极发生还原反应：$I_2 + 2e \Longleftrightarrow 2I^-$

在 2 支铂电极上出现电解作用，此氧化还原反应分别同时持续进行，使体系出现持续电流。一定条件下，电流大小受溶液中 I_2 与 I^- 两者的浓度大小共同决定，若只有高浓度的 I_2 或 I^-，体系中电流也接近为 0。

2. 不可逆电对　在相同条件下，电对的还原态与氧化态不能从外部得失电子实现相互转变，这样的电对称为不可逆电对，如 $S_4O_6^{2-}/S_2O_3^{2-}$。在该电对的溶液中插入 2 支铂电极，电极间外加一小电压，在阳极上 $S_2O_3^{2-}$ 能发生氧化反应生成 $S_4O_6^{2-}$，而阴极上 $S_4O_6^{2-}$ 不能发生还原反应生成 $S_2O_3^{2-}$，不能产生持续电解作用，体系无电流。

二、滴定类型及终点判断

1. 滴定剂为可逆电对，待测物为不可逆电对　以 I_2 滴定液滴定 $Na_2S_2O_3$ 溶液为例，反应总方程式为：

$$I_2 + 2S_2O_3^{2-} \Longleftrightarrow 2I^- + S_4O_6^{2-}$$

开启永停滴定仪，终点前，溶液中只有 I^- 和不可逆电对 $S_4O_6^{2-}/S_2O_3^{2-}$，电极间无电流。终点后，$S_2O_3^{2-}$ 完全反应完，I_2 稍有剩余，溶液中立刻形成了可逆电对 I_2/I^-，在 2 支铂电极上发生电解作用，使体系有电流出现，从而指示终点到达。

	溶液中离子及分子	电流
滴定前	$S_2O_3^{2-}$	无
计量点前	$S_2O_3^{2-}$、$S_4O_6^{2-}$、I^-	无
计量点时	I^-、$S_4O_6^{2-}$	无
计量点后	I_2、I^-、$S_4O_6^{2-}$	有

滴定过程中电流随滴定液加入体积的变化曲线见图10-14。此类滴定以电流增大不再回零的拐点处为化学计量点。

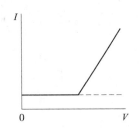

图10-14 可逆滴定不可逆类型电流变化曲线图

2. 滴定剂为不可逆电对，待测物为可逆电对　以 $Na_2S_2O_3$ 滴定液滴定 I_2 溶液为例。开启永停滴定仪，滴定前，溶液中只有 I_2，体系无明显电流。随着滴定开始，I_2 被还原成 I^-，溶液中立刻形成了可逆电对 I_2/I^-，在 2 支铂电极上发生电解作用，使体系有电流出现，当 $[I^-] < [I_2]$ 时，电解电流受 $[I^-]$ 决定，随 $[I^-]$ 增大而增大；当反应进行到一半，$[I^-] = [I_2]$ 时，此时体系电解电流达到最大值；当 $[I^-] > [I_2]$ 时，电解电流受 $[I_2]$ 决定，随 $[I_2]$ 减小而减小。终点后，I_2 完全反应完，溶液中只有 I^- 和不可逆电对 $S_4O_6^{2-}/S_2O_3^{2-}$，电解作用停止，电流停在 0 附近并保持不动，从而指示终点到达。

	溶液中离子及分子	电流
滴定前	I_2、I^-	有（如 I^- 量很少，可忽略不计）
半计量点前	I_2、I^-、$Na_2S_4O_6$	电流随 I^- 浓度增大而增大
半计量点时	$[I_2] = [I^-]$、$Na_2S_4O_6$	峰值
计量点前	I_2、I^-、$Na_2S_4O_6$	电流随 I_2 浓度变小而变小
计量点时	I^-、$S_4O_6^{2-}$	无
计量点后	I^-、$S_2O_3^{2-}$、$S_4O_6^{2-}$	无

滴定过程中电流随滴定液加入体积的变化曲线见图10-15。此类滴定以电流回零至不再变化的拐点处为化学计量点，永停滴定法以此得名，也称为死停滴定法。

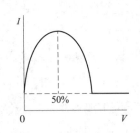

图10-15 不可逆滴定可逆类型电流变化曲线图

3. 滴定剂和被测物均为可逆电对　以 $Ce(SO_4)_2$ 滴定液滴定 $FeSO_4$ 溶液为例，反应总方程式为：

$$Ce^{4+} + Fe^{2+} \rightleftharpoons Ce^{3+} + Fe^{3+}$$

开启永停滴定仪，滴定前，体系有微弱电流。终点前，情况与第二种类型相同。终点时，溶液中只有 Ce^{3+} 和 Fe^{3+}，不能构成可逆电对，电解作用停止，但因大量金属离子存在而有微弱电流，电流停在 0 附近。终点后，$Ce(SO_4)_2$ 稍有剩余，溶液中立刻形成了可逆电对 Ce^{4+}/Ce^{3+}，电流又开始增大远离零点。

	溶液中离子及分子	电流
滴定前	Fe^{2+}	无
半计量点前	Fe^{2+}、Fe^{3+}、Ce^{3+}	电流随 Fe^{3+} 浓度增大而增大
半计量点时	$[Fe^{2+}] = [Fe^{3+}]$、Ce^{3+}	峰值
计量点前	Fe^{2+}、Fe^{3+}、Ce^{3+}	电流随 Fe^{2+} 浓度变小而变小
计量点时	Ce^{3+}、Fe^{3+}	此时体系有细小电流
计量点后	Ce^{3+}、Ce^{4+}	电流随 Ce^{4+} 的增加而增加

滴定过程中电流随滴定液加入体积的变化曲线见图 10 - 16。此类滴定以电流增大不再回零的拐点处为化学计量点。

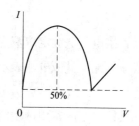

图 10 - 16　可逆滴定可逆
类型电流变化曲线图

三、永停滴定法的应用

（一）亚硝酸钠滴定法

用亚硝酸钠滴定液滴定芳伯胺类药物时发生了重氮化反应。亚硝酸钠滴定液在反应中形成的 HNO_2 及其分解产物 NO 为可逆电对，而芳伯胺类药物与其重氮化产物为不可逆电对。因此，亚硝酸钠滴定法常采用永停滴定仪来指示滴定终点。

亚硝酸钠滴定液反应中，$NaNO_2$ 在酸性条件下形成的 HNO_2 与含芳伯氨基类的药物发生重氮化反应。HNO_2 及其分解产物 NO 为可逆电对，HNO_2/NO 能在双铂电极上发生电解反应，反应式如下：

阳极　　　$NO + H_2O \rightleftharpoons HNO_2 + H^+ + e$

阴极　　　$HNO_2 + H^+ + e \rightleftharpoons NO + H_2O$

（二）卡尔费休水分测定法

本法根据碘和二氧化硫能与水定量反应的原理来测定水分的。其基本反应式为：

$$I_2 + SO_2 + H_2O \longrightarrow 2HI + SO_3$$

为了使反应能完全进行，需要用无水吡啶定量吸收 HI 和 SO_3，并用无水甲醇溶液进一步生成稳定的甲基硫酸氢吡啶，则总反应式为：

$$I_2 + SO_2 + H_2O + CH_3OH + 3C_5H_5N \longrightarrow 2C_5H_5N \cdot HI + C_5H_5N \cdot HSO_4CH_3$$

其中，I_2/I^- 为可逆电对，而溶液中其他电对均为不可逆电对。一旦滴定剂中 I_2 剩余，就能和已生成的 I^- 构成可逆电对，体系立刻就有电流出现，因此，卡尔费休水分测定法也可以用永停滴定仪来指示滴定终点。

✐ 实践实训

实训十四　葡萄糖注射液和生理盐水的 pH 测定

【实训内容】

1. pH 计测定溶液 pH 的操作方法。
2. 葡萄糖注射液和生理盐水的 pH 测定。

【实训目的】

1. 掌握 pH 计测定溶液 pH 的方法。
2. 学会正确校准、检验和使用 pH 计。
3. 学会两次测定法测定溶液的 pH。

【实训原理】

用直接电位法测定溶液 pH，常以玻璃电极为指示电极，饱和甘汞电极为参比电极，浸入待测溶液中组成原电池。其原电池表示符号为：

$$(-)GE|待测溶液‖SCE(+)$$

在具体测定时常用两次测量法，即用已知 pH 的标准缓冲溶液来校正 pH 计的真实电极斜率，然后再测定待测溶液的 pH。

【实训仪器与试剂】

1. 仪器 pHS-3C 型 pH 计、250ml 小烧杯 3 个、100ml 小烧杯 4 个、万分之一分析天平、pH 试纸、滤纸片。

2. 试剂 邻苯二甲酸氢钾、磷酸氢二钠、磷酸二氢钾、硼砂、葡萄糖注射液、生理盐水、纯化水。

【实训步骤】

1. 标准 pH 缓冲溶液的配制

（1）邻苯二甲酸盐标准缓冲液（pH=4.01） 精密称取在 115℃±5℃ 干燥 2~3 小时的邻苯二甲酸氢钾 10.21g，加水溶解并稀释至 1000ml。

（2）磷酸盐标准缓冲液（pH=6.86） 精密称取在 115℃±5℃ 干燥 2~3 小时的无水磷酸氢二钠 3.55g 与磷酸二氢钾 3.40g，加水溶解并稀释至 1000ml。

（3）硼砂标准缓冲液（pH=9.18） 精密称取硼砂 3.81g（注意避免风化），加水溶解并稀释至 1000ml，置聚乙烯塑料瓶中，密塞，避免空气中二氧化碳进入。

2. pHS-3C 型 pH 计的校准和检验

（1）仪器使用前准备 取下电极保护套，将浸泡好的复合 pH 电极安装在电极夹上，接上导线，用纯化水清洗两电极头部分，用滤纸吸干电极外壁上的水。

（2）仪器预热 测定前打开电源预热 20 分钟左右。

（3）仪器的校准 仪器在使用前需要校准。

①将仪器功能选择旋钮置 pH 档。

②将复合 pH 电极插入 pH 接近 7 的标准缓冲溶液中（如 pH=6.86）。

③调节温度补偿旋钮，使所指示的温度与标准缓冲溶液的温度相同。

④将斜率调节器按顺时针旋转到底（100%）。

⑤将清洗过的电极插入到 pH=6.86 的标准缓冲溶液中，轻摇装有缓冲溶液的烧杯，电极反应达到平衡。

⑥调节"定位"旋钮，使仪器上显示的数字与标准缓冲溶液的 pH 相同（如 pH=6.86）。

⑦用 pH 试纸测试样品大致 pH，如样品呈酸性，则选择 pH=4.01 的标准缓冲液，如样品呈碱性，则选择 pH=9.18 的标准缓冲液。

⑧取出电极，用水清洗后，再插入另一标准缓冲溶液中（pH=9.18 或 pH=4.01），调节"斜率"旋钮进行校准，使仪器上显示的数字与标准缓冲溶液的 pH 相同。

3. 生理盐水的 pH 测定 将标准电极从缓冲溶液中取出，用纯化水清洗后，再用生理盐水清洗一次，然后插入生理盐水中，轻摇烧杯，电极反应平衡后，读取生理盐水的 pH。

注意事项

1. 用滤纸吸玻璃电极膜上的水时，动作一定要轻，否则会损害玻璃膜。

2. 测量时，复合 pH 电极的球泡应被溶液浸没为宜。

3. 玻璃材料的电极不能在含氟较高的溶液中进行。若采用的是玻璃电极和饱和甘汞电极进行测量，则玻璃电极固定在电极夹上时，球泡略高于饱和甘汞电极下端，插入深度以电极玻璃球泡被溶液浸没为宜。甘汞电极在使用时，要注意电极内是否充满 KCl 溶液，里面应无气泡，以防止短路。必须保证甘汞电极下端毛细管畅通，在使用时应将电极下端的橡皮帽取下，并拔去电极上部的小橡皮塞，让极少量的 KCl 溶液从毛细管中渗出，使测定结果更可靠。

4. 待测溶液与标准缓冲溶液的 pH 应该接近。

4. 葡萄糖注射液的 pH 测定　首先对 pHS-3C 型 pH 计进行校准，再用葡萄糖注射液清洗电极 1 次，然后插入葡萄糖注射液中，轻摇烧杯，电极反应平衡后，读取葡萄糖注射液的 pH。

5. 结束工作　测量完毕，取出电极，清洗干净。用滤纸吸干复合 pH 电极外壁上的水，塞上橡皮塞，套上电极保护套后放回电极盒中，切断电源。若还要进行检验，则将复合 pH 电极泡在纯化水中。

【数据记录和结果处理】

1. 邻苯二甲酸盐标准缓冲液（pH = 4.01）　精密称取在 115℃ ±5℃ 干燥 2～3 小时的邻苯二甲酸氢钾（　　）g，加水使溶解并稀释至（　　）ml。

2. 磷酸盐标准缓冲液（pH = 6.86）　精密称取在 115℃ ±5℃ 干燥 2～3 小时的无水磷酸氢二钠（　　）g 与磷酸二氢钾（　　）g，加水溶解并稀释至（　　）ml。

3. 硼砂标准缓冲液（pH = 9.18）　精密称取硼砂（　　）g，加水溶解并稀释至（　　）ml，置聚乙烯塑料瓶中，密塞。

4. 生理盐水的 pH

测定份数	第1次	第2次	第3次
生理盐水的 pH			
平均值（pH）			

5. 葡萄糖注射液的 pH

测定份数	第1次	第2次	第3次
葡萄糖注射液的 pH			
平均值（pH）			

【实训结论】

1. 生理盐水的 pH

测定份数＿＿＿＿＿＿　　平均 pH ＿＿＿＿＿＿　　$R\bar{d}\%$ ＿＿＿＿＿＿

规定：生理盐水注射液 pH 应为 3.2～6.5。

结论：

2. 葡萄糖注射液的 pH

测定份数_____ 平均 pH _____ $R\bar{d}\%$ _____

规定：葡萄糖注射液 pH 应为 4.5～7.0。

结论：

【实训思考】

1. pH 计测量样品含量采用的两次测量法的原理和操作方法是什么？

2. 不同 pH 的标准缓冲溶液能否随意选择？

【实训体会】

pH 标准缓冲溶液的配制方法（25℃）

试剂名称化学式	浓度	试剂的预处理	配制方法
草酸三氢钾 $KH_3(C_2O_4)_2 \cdot 2H_2O$（pH = 1.68）	0.05（mol/L）	57℃±2℃下干燥至恒重	取该试剂 12.7096g，溶于纯化水后，定量稀释至 1L
酒石酸氢钾 $KC_4H_5O_6$（pH = 3.56）	饱和	不必预先干燥	取该试剂溶于 25℃±3℃纯化水中直至饱和
邻苯二甲酸氢钾 $KHC_8H_4O_4$（pH = 4.01）	0.05（mol/L）	110℃±5℃干燥至恒重	取该试剂 10.2112g，溶于纯化水后，定量稀释至 1L
磷酸混合盐 KH_2PO_4 和 Na_2HPO_4（pH = 6.86）	0.025（mol/L）	KH_2PO_4：110℃±5℃ Na_2HPO_4：120℃±5℃干燥至恒重	取 3.4021g KH_2PO_4 和 3.5490g Na_2HPO_4，溶于纯化水后，定量稀释至 1L
四硼酸钠 $Na_2B_4O_7 \cdot 10H_2O$（pH = 9.18）	0.01（mol/L）	放在含有 NaCl 和蔗糖饱和液的干燥器中保存	取 3.8137g 四硼酸钠溶于适量无 CO_2 的纯化水中，定量稀释至 1L

不同温度时标准缓冲液的 pH

温度（℃）	草酸盐标准缓冲液	苯二甲酸盐标准缓冲液	磷酸盐标准缓冲液	硼砂标准缓冲液	氢氧化钙标准缓冲液（25℃饱和溶液）
0	1.67	4.01	6.98	9.64	13.43
5	1.67	4.00	6.95	9.40	13.21
10	1.67	4.00	6.92	9.33	13.00
15	1.67	4.00	6.90	9.28	12.81
20	1.68	4.00	6.88	9.23	12.63
25	1.68	4.01	6.86	9.18	12.45
30	1.68	4.02	6.85	9.14	12.29
35	1.69	4.02	6.84	9.10	12.13
40	1.69	4.04	6.84	9.07	11.98
45	1.70	4.05	6.83	9.04	11.84
50	1.71	4.06	6.83	9.01	11.71
55	1.72	4.08	6.83	8.99	11.57
60	1.72	4.09	6.84	8.96	11.45

答案解析

目标检测

一、选择题

（一）最佳选择题

1. 在下列电极中可作为基准参比电极的是

    A. SHE   B. SCE   C. 玻璃电极

    D. 金属电极   E. 惰性电极

2. 下列电极属于离子选择性电极的是

    A. 铅电极   B. 银 – 氯化银电极   C. 玻璃电极

    D. 氢电极   E. 锌电极

3. 甘汞电极的电极电位与下列哪些因素有关

    A. $[Cl^-]$ B. $[H^+]$ C. P_{H_2}（氢气分压）

    D. P_{Cl_2}（氯气分压）   E. $[AgCl]$

4. 用电位法测定溶液的 pH 应选择的方法是

    A. 永停滴定法   B. 电位滴定法   C. 直接电位法

    D. 电导法   E. 电解法

5. 玻璃电极的膜电位的形成是基于

    A. 玻璃膜上的 H^+ 得到电子而形成的

    B. 玻璃膜上的 H_2 失去电子而形成的

    C. 玻璃膜上的 Na^+ 得到电子而形成的

    D. 溶液中的 H^+ 与玻璃膜上的 Na^+ 进行交换和膜上的 H^+ 与溶液中的 H^+ 之间的扩散而形成的

    E. 由玻璃膜的不对称电位而形成的

6. 电位法测定溶液的 pH 常选用的指示电极是

    A. 氢电极   B. 锑电极   C. 玻璃电极

    D. 银 – 氯化银电极   E. 甘汞电极

7. 玻璃电极在使用前应预先在纯化水中浸泡

    A. 2 小时   B. 12 小时   C. 24 小时

    D. 48 小时   E. 42 小时

8. 当 pH 计上所显示的 pH 与 pH = 6.86 标准缓冲溶液不相符合时，可通过调节下列哪种部件使之相符

    A. 温度补偿器   B. 定位调节器   C. 零点调节器

    D. pH – mV 转换器   E. 量程选择开关

9. 两支厂家、型号均完全相同的玻璃电极，它们之间可能不相同的指标是

    A. pH 使用范围不同   B. 使用的温度不同   C. 保存的方法不同

    D. 使用的方法不同   E. 不对称电位不同

10. 电位法测定溶液的 pH 常选用的电极是

    A. 氢电极 – 甘汞电极   B. 锑电极 – 甘汞电极

    C. 玻璃电极 – 饱和甘汞电极   D. 银 – 氯化银电极 – 氢电极

    E. 饱和甘汞电极 – 银 – 氯化银电极

11. 用直接电位法测定溶液的 pH，为了消除液接电位对测定的影响，要求标准溶液的 pH 与待测溶液的 pH 之差为

    A. 1   B. <3   C. >3

    D. 4   E. >4

12. 消除玻璃电极的不对称电位常采用的方法是

    A. 用水浸泡玻璃电极   B. 用热水浸泡玻璃电极

    C. 用酸浸泡玻璃电极   D. 用碱浸泡玻璃电极

    E. 用两次测量法测定

13. 已知一支玻璃电极的选择性系数 $K_{H^+}/K_{Na^+} = 10^{-11}$，其值的意义为

    A. 玻璃电极对 H^+ 的响应比对 Na^+ 的响应高 11 倍

    B. 玻璃电极对 H^+ 的响应比对 Na^+ 的响应低 11 倍

    C. 玻璃电极对 Na^+ 的响应比对 H^+ 的响应高 11 倍

    D. 玻璃电极对 H^+ 的响应比对 Na^+ 的响应高 10^{11} 倍

    E. 玻璃电极对 H^+ 的响应比对 Na^+ 的响应低 10^{11} 倍

14. 已知待测水样的 pH 约为 8，仪器校正用标准缓冲液最好选择

    A. pH4.01 和 pH6.86   B. pH1.68 和 pH6.86

    C. pH6.86 和 pH9.18   D. pH4.01 和 pH9.18

    E. pH6.86 和 pH12.45

15. 在电位的测定中，盐桥的主要作用是

    A. 减小液体的液接电位   B. 增加液体的液接电位

    C. 减小液体的不对称电位   D. 增加液体的不对称电位

    E. 消除不对称电位

16. 对于电位滴定法，下述说法错误的是

    A. 在酸碱滴定中，常用 pH 玻璃电极为指示电极，饱和甘汞电极为参比电极

    B. 弱酸、弱碱以及多元酸（碱）不能用电位滴定法测定

    C. 电位滴定法具有灵敏度高、准确度高、应用范围广等特点

    D. 在酸碱滴定中，应用电位法指示滴定终点比用指示剂法指示终点的灵敏度高得多

    E. 电位滴定法中内插法是基于二阶导数法

（二）配伍选择题

[17 ~ 21]

    A. 曲线斜率最大处   B. 曲线峰值处

    C. 曲线上 $\Delta^2 E/\Delta V^2$ 为零时所对应的体积   D. 电流从 0 增大的拐点处

    E. 电流从大变至 0 的拐点处

17. E – V 曲线法确定滴定终点时消耗体积的方法是

18. $\Delta^2 E/\Delta V^2 - V$ 曲线法确定滴定终点时消耗体积的方法是

19. 可逆电对滴定不可逆电对确定滴定终点时消耗体积的方法是

20. 不可逆电对滴定可逆电对确定滴定终点时消耗体积的方法是

21. 一阶导数曲线法确定滴定终点时消耗体积的方法是

（三）共用题干单选题

用下面电池测量溶液的 pH 玻璃电极 $\mid H^+(x \; mol/L) \parallel$ SCE，在 25℃时，测得 pH =4.01 的标准缓冲溶液的电池电动势为 0.209V，测得待测溶液的电池电动势为 0.312V，计算待测溶液的 pH。

22. 玻璃电极在本题中的作用是

　　A. 参比电极　　　　　　　　B. 指示电极　　　　　　　　C. 定位电极

　　D. 斜率电极　　　　　　　　E. 复合电极

23. 电池符号中"∥"表示

　　A. 一个相界面　　　　　　　B. 盐桥　　　　　　　　　　C. 两个相界面

　　D. 导线　　　　　　　　　　E. 电位计

24. 本题中标准缓冲溶液选择的原则是

　　A. pH =4.00　　　　　　　　　　　　　B. 与样品的 pH 尽量接近

　　C. 与样品的 pH 之差大于 3　　　　　　D. 能消除溶液中 H^+ 波动的影响

　　E. 电极电位为 0.209V

25. 本题中测定溶液 pH 的方法为

　　A. 永停滴定法　　　　　　　B. 电位滴定法　　　　　　　C. 两次测量法

　　D. 玻璃电极法　　　　　　　E. SCE 法

（四）X 型题（多项选择题）

26. 下列电极可作为参比电极的是

　　A. 甘汞电极　　　　　　　　B. 银 - 氯化银电极　　　　　C. 铂电极

　　D. 玻璃电极　　　　　　　　E. 氯电极

27. 玻璃电极在使用前，需在去离子水中浸泡 24 小时以上，目的是

　　A. 消除不对称电位　　　　　　　　　　B. 消除液接电位

　　C. 使不对称电位趋于稳定值　　　　　　D. 减小不对称电位

　　E. 形成水化凝胶层，活化电极

二、判断题

28. 甘汞电极只能充当参比电极。

29. 玻璃电极的不对称电位可以用纯化水浸泡而消除。

30. pH 玻璃电极的电位随溶液的 pH 增大而增大。

31. 电极的电位值越高表明其电对中氧化态物质的氧化性越弱。

三、填空题

32. 在原电池中电极电位高的作为_____极，发生_____反应。

33. 写出电极电位的能斯特方程式_____。

34. 写出 $Pb + Cu^{2+} = Pb^{2+} + Cu$ 原电池的符号_____。

35. 在实验条件下，要使反应 $Ox_1 + Red_2 = Ox_2 + Red_1$ 正向进行，其电对 1 和电对 2 应满足的条件是 _____。

36. 参比电极是指_____。

37. 在铜锌原电池中最强的氧化剂是_____，最强的还原剂是_____。

书网融合……

知识回顾　　　微课1　　　微课2　　　习题

（谭　韬）

第十一章　分子光谱法

学习引导

分子光谱法是医药、食品、化工、材料等领域定性鉴别和定量分析的主要方法之一。特别是紫外－可见吸收光谱法、红外吸收光谱法等，由于具有操作简便、分析速度快、灵敏度高、结果准确等优点得到广泛应用。什么是紫外－可见吸收光谱法？什么是红外吸收光谱法？吸收光谱法定量分析的依据是什么？如何利用吸收光谱法对物质进行定性鉴别及定量分析？

本章主要介绍：光吸收定律、影响光吸收定律的因素；紫外－可见吸收光谱法、红外吸收光谱法的基本原理、有关概念；紫外－可见分光光度法定性、定量及杂质检查方法；紫外－可见光谱仪、红外光谱仪、荧光光谱仪等。

📖 **学习目标**

1. **掌握**　光吸收定律；紫外－可见吸收光谱法基本原理、有关概念；紫外－可见分光光度法定性、定量及纯度检查方法。

2. **熟悉**　电磁辐射与电磁波谱；影响光吸收定律的因素；吸收光谱及特征；红外吸收光谱法的基本原理；紫外－可见分光光度计及应用，分析条件的选择。

3. **了解**　光谱分析有关概念，物质对光的选择性吸收，紫外光谱、红外光谱与化合物分子结构的关系；红外分光光度计，荧光光谱法。

第一节　概　述

PPT

一、光谱分析基本概念

光学分析法（optical analysis）是根据物质发射电磁辐射或物质与电磁辐射相互作用为基础而建立起来的一类仪器分析方法。光学分析法包含 3 个主要过程：①能源提供能量；②能量与被测物质相互作用；③产生被检测信号。光学分析法按照电磁辐射与物质相互作用的性质不同，可分为光谱分析法和非光谱分析法；按照物质能级跃迁的方向分为发射光谱法和吸收光谱法；按照被作用对象不同分为原子光谱法和分子光谱法。

光谱是当物质与辐射能相互作用时，物质内部发生能级跃迁，记录由能级跃迁所产生的辐射能强度与波长变化关系的图谱。利用物质的光谱进行定性、定量和结构分析的方法称光谱分析法（spectral analysis），简称光谱法。

原子光谱法以测量原子或离子外层或内层电子能级跃迁所产生的原子光谱为基础的分析方法。它的表现形式为线光谱。属于这类分析方法的有原子发射光谱法（AES）、原子吸收光谱法（AAS）、原子荧光光谱法（AFS）以及 X 射线荧光光谱法（XFS）等。

分子光谱法是以测量物质分子的电子能级、分子中原子的振动能级和分子的转动能级跃迁而产生的分子光谱为基础的定性、定量和结构分析的方法。分子的外层电子能级和电子跃迁比原子要复杂得多，故分子光谱表现形式为带光谱。分子光谱的能级跃迁包括吸收外来辐射和以光的形式释放吸收的能量回到基态的两个过程。分子光谱法有紫外 – 可见吸收光谱法（UV – Vis）、红外吸收光谱法（IR）和分子荧光光谱法（MFS）等。

吸收光谱是指物质吸收相应的辐射能而产生的光谱。利用物质的吸收光谱进行定性、定量及结构分析的方法称为吸收光谱法，又称分光光度法。根据分析物质的类型，可将吸收光谱法分为原子吸收光谱法和分子吸收光谱法。

发射光谱是指物质的原子、离子或分子受到外界辐射能、热能、电能或化学能的激发后，跃迁至激发态，再由激发态回到基态或较低能态时以光的形式释放能量而产生的光谱。利用发射光谱进行定性、定量和结构分析的方法称为发射光谱法。发射光谱法包括原子发射光谱法、分子荧光光谱法和化学发光分析法等。

非光谱分析法是通过测量电磁辐射与物质相互作用时其折射、散射、衍射和偏振等性质而建立起来的一类分析方法，包括折射法、干涉法、圆二色光谱法、X 射线衍射法、旋光法等。本章主要讨论分子光谱法。

1. 电磁辐射和电磁波谱　电磁辐射是一种不需要任何物质作为传播媒介就能以巨大的速度通过空间的光（量）子流，简称为光，又称电磁波。光具有波粒二象性，即波动性和微粒性。

（1）波动性　光的波动性体现在反射、折射、干涉、衍射以及散射等现象，可以用波长 λ、波数 σ 和频率 ν 来表征。

$$\sigma = \frac{1}{\lambda} = \frac{\nu}{C}$$

式中，C 表示光速，$2.99792 \times 10^{10}\,cm/s$（真空中）；$\lambda$ 表示波长，nm；ν 表示频率，Hz；σ 表示波数，cm^{-1}。

（2）微粒性　光的微粒性体现在光的吸收、发射、光电效应等现象，可用每个光子具有的能量 E 来表征。

$$E = h\nu = h\frac{C}{\lambda} = hC\sigma \tag{11-1}$$

式中，h 表示普朗克（Planck）常数，为 $6.626 \times 10^{-34}\,J \cdot s$；$E$ 表示光子能量，单位常用电子伏特（eV）和焦（J）表示。由式（11-1）可知，光子能量与它的频率成正比，或与波长成反比，而与光的强度无关。波长越短，频率越大，光子的能量就越高。

将电磁辐射按波长的长短顺序排列起来称为电磁波谱。表 11-1 列出了各电磁波谱区的名称、波长范围、光子能量、相应的能级跃迁类型及对应的光谱类型。

2. 电磁辐射与物质的相互作用　电磁辐射与物质相互接触时就会发生相互作用，作用的性质随光的波长（能量）及物质的性质而异。常见的电磁辐射与物质相互作用如下。

（1）吸收　是原子、分子或离子吸收光子的能量，从基态跃迁至激发态的过程。

（2）发射　是物质从激发态跃迁回至基态，并以光的形式释放出能量的过程。

表 11-1 电磁波谱分区表

电磁波谱区域	波长范围	跃迁类型	能量/eV	光谱类型
γ射线	<0.005nm	核能级	>2.5×10⁵	γ射线光谱（莫斯鲍尔光谱）
X射线	0.005~10nm	内层电子能级	$2.5\times10^5 \sim 1.2\times10^2$	X射线光谱
远紫外光区	10~200nm	内层电子能级	120~6.2	真空紫外光谱
近紫外光区	200~400nm	价电子或成键电子	6.2~3.1	紫外–可见吸收光谱、发射和荧光光谱
可见光区	400~800nm	价电子或成键电子	3.1~1.7	
近红外光区	0.8~2.5μm	分子振动能级	1.7~0.5	
中红外光区	2.5~25μm	分子振动能级	0.5~0.025	红外光谱、拉曼散射光谱
远红外光区	25~1000μm	分子转动能级	$2.5\times10^{-2} \sim 1.2\times10^{-4}$	
微波区	0.1~100cm	分子转动能级	$1.2\times10^{-4} \sim 4\times10^{-6}$	微波谱、电子自旋共振波谱
射频区（无线电波）	1~1000m	电子及核自旋	$<4\times10^{-6}$	核磁共振

（3）散射（瑞利散射） 光通过介质时会发生散射。散射中多数是光子与介质分子之间发生弹性碰撞所致，碰撞时没有能量变换，光频率不变，但光子的运动方向改变。

（4）拉曼散射 光子与介质分子之间发生了非弹性碰撞，碰撞时光子不仅改变了运动方向，而且还伴有能量的交换以及光频率的变化。

（5）折射和反射 光从介质Ⅰ照射到介质Ⅱ的界面时，一部分光在界面上改变方向返回介质Ⅰ，称为光的反射，另一部分光则改变方向，以一定的折射角度进入介质Ⅱ，此现象称为光的折射。

（6）干涉和衍射 在一定条件下光波会相互作用，当其叠加时，将产生一个其强度视各波的相位而定的加强或减弱的合成波，称为干涉。当光波绕过障碍物或通过狭缝时，以约180°的角度向外辐射，波前进的方向发生弯曲，此现象称为衍射。光谱分析中常利用光在（反射式）光栅上产生的衍射和干涉现象进行分光。

二、光谱分析特点

光谱分析法可根据物质的光谱来对物质进行定性鉴别和定量分析。光谱分析法的主要特点：①操作简便，分析速度快。很多光谱分析无须对样品进行处理即可直接分析。②不需标准品即可进行定性分析。如原子发射光谱、红外光谱等只要根据已知谱图，即可进行定性分析，这是光谱分析的突出优点。③选择性好，可同时测定多种元素或化合物。④灵敏度高，可进行痕量分析。⑤应用范围广。

局限性：光谱定量分析建立在相对比较的基础上，必须有一套标准样品作为基准，而且要求标准样品的组成和结构状态应与被分析的样品基本一致，这给实际应用带来一定的困难。

第二节 分光光度法原理

PPT

一、物质对光的选择性吸收

（一）物质的颜色与光的关系

如果我们将不同颜色的各种溶液放置在黑暗处，则什么颜色也看不到。由此可知，溶液呈现的颜色与光有着密切的关系，即与光的组成和物质本身的结构有关。人的视觉所能感觉到的光称为可见光，其波长范围在 400 ~ 800nm。如果让一束白光通过棱镜，便可分解为红、橙、黄、绿、青、蓝、紫七种颜色的光，这种现象称为光的色散。每种颜色的光具有一定的波长范围，理论上将具有同一波长的光称为单色光，包含不同波长的光称为复合光。白光是复合光，它不仅可由上述七种颜色的光混合而成，如果把其中两种特定颜色的单色光按一定的强度比例混合，也可以得到白光。这两种特定颜色的单色光就叫作互补色光。如图 11 - 1，处于对角线关系的两种特定颜色光互为互补色光，如绿色光和紫色光互补等。

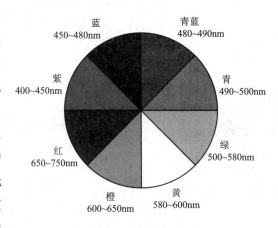

图 11 - 1　互补色光示意图

物质的颜色是因为物质对不同波长的光具有选择性吸收作用而产生的。当一束白光作用于某一物质时，若物质选择性地吸收了某一波长的光，而让其余波段的光都透过，物质则呈吸收光的互补色光。例如，当一束白光通过 $KMnO_4$ 溶液时，$KMnO_4$ 溶液选择性地吸收了绿色光（500 ~ 580nm），溶液显现紫色。绿色植物不喜欢绿色也是这个道理，有了青山绿水就可以吸收大量的紫外光。

（二）物质对光的选择性吸收

物质对光的吸收是物质与光能相互作用的一种形式。吸光物质具有吸光作用的质点是物质的分子或离子，当光照射到某物质后，该物质的分子就有可能吸收光子的能量而发生能级跃迁。由分子结构理论知道，分子轨道能量具有量子化的特征，一个分子有一系列能级，包括许多电子能级、分子振动能级和分子转动能级。当物质分子对光的吸收符合普朗克条件：入射光能量与物质分子能级间的能量差 ΔE 相等时，这时与此能量相应的那种波长的光被吸收。即

$$\Delta E = E_1 - E_0 = h\nu = \frac{hC}{\lambda} \tag{11 - 2}$$

式中，ΔE 表示吸光分子两个能级间的能量差；λ 或 ν 表示吸收光的波长或频率；h 表示普朗克常数。

不同物质的分子因其组成和结构（能级差 ΔE）不同，产生的吸收光谱也不同，因此决定了分子对光的吸收是选择性吸收。选择性吸收的性质反映了分子内部结构的差异。

二、光吸收定律

（一）透光率和吸光度

当一束强度为 I_0 的平行单色光通过一均匀、非散射的吸收介质时，由于吸光物质分子与光子作用，一部分光子被吸收，一部分光子透过介质。如图 11 - 2 所示，即

$$I_0 = I_a + I_t$$

式中，I_0 表示为入射光强度；I_a 表示溶液吸收光的强度；I_t 表示透过光的强度。

透过光的强度 I_t 与入射光强度 I_0 之比称为透光率（transmittance）或透射比、透光度，用 T 表示。

$$T = \frac{I_t}{I_0}$$

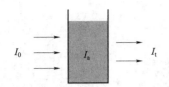

透光率的倒数 $\dfrac{1}{T} = \dfrac{I_0}{I_t}$ ，反映了物质对光的吸收程度，取它的对数

$\lg \dfrac{1}{T}$ 称为吸光度（absorbance），用 A 表示。

图 11-2　光通过溶液示意图

$$A = \lg \frac{I_0}{I_t} = \lg \frac{1}{T} = -\lg T, \quad T = 10^{-A} \tag{11-3}$$

透光率 T 和吸光度 A 都是表示物质对光的吸收程度的一种量度。物质的透光率越大，吸光度越小，表示它对光的吸收越弱；反之，透光率越小，吸光度越大，表示它对光的吸收越强。

（二）朗伯-比尔定律（Lambert-Beer 定律）

朗伯和比尔分别于 1760 年和 1852 年研究了光的吸收与溶液层的厚度及溶液浓度的定量关系。比尔定律说明吸光度与浓度的关系，朗伯定律说明吸光度与液层厚度的关系，二者结合称为朗伯-比尔定律，也称光吸收定律，是吸收光谱法的基本定律。

当一束强度为 I_0 的平行单色光垂直照射到厚度为 L 的液层、浓度为 c 的溶液时，由于溶液中分子或离子对光的吸收，通过溶液后光的强度减弱为 I_t，则：

$$A = \lg \frac{I_0}{I_t} = \lg \frac{1}{T} = KcL \tag{11-4}$$

式中，A 表示吸光度；L 表示吸光介质，即光穿过的溶液厚度，亦称光程，实际测量中为吸收池厚度，单位为 cm（一般为 1cm）；c 表示吸光物质的浓度，单位为 mol/L、g/L 或百分浓度；K 表示吸收系数（也称比例常数）。

式（11-4）是朗伯-比尔定律（光的吸收定律）的数学表达式。其物理意义为：当一束平行单色光通过均匀、无散射现象的溶液时，溶液的吸光度 A 与溶液浓度 c 及液层厚度 L 的乘积成正比。这是分光光度法进行定量分析的依据。主要适用于稀溶液。

吸光度具有加和性。当体系（溶液）中含有多种吸光物质对某特定波长的单色光均有吸收，且各组分吸光质点间彼此不发生作用时，体系（溶液）对该波长单色光的总吸光度等于各组分的吸光度之和。即

$$A_{总} = A_a + A_b + A_c + \cdots$$

式中，$A_{总}$ 表示总吸光度；A_a、A_b、$A_c \cdots$ 表示体系中各种吸光物质 a、b、c$\cdots$的吸光度。根据这一规律，可以进行多组分物质的测定及某些化学反应平衡常数的测定。

（三）吸收系数

在朗伯-比尔定律 $A = KcL$ 中，K 表示吸收系数（absorption coefficient）。物理意义是：指一定波长下，吸光物质在单位浓度、单位液层厚度时的吸光度。K 为吸光物质的特征参数，在一定条件下为物质的特征常数，反映吸光物质对光的吸收能力。在一定条件下，物质的吸光系数愈大，表示该物质的吸光能力愈强，测定的灵敏度愈高。K 与物质的性质、入射光波长、温度及溶剂等因素有关。根据浓度单位不同，吸光系数 K 可表示为摩尔吸收系数 ε 和百分吸收系数 $E_{1cm}^{1\%}$。

1. 摩尔吸收系数　摩尔吸收系数指波长一定，吸光物质溶液浓度为 1mol/L，液层厚度为 1cm 时的吸光度，用 ε 表示，单位为 L/（mol·cm），为实际工作方便，常将单位略去不写。此时朗伯-比尔定律为：

$$A = \varepsilon cL$$

例 11-1　铁（Ⅱ）浓度为 5.0×10^{-4} g/L 的溶液与邻菲罗啉反应，生成橙红色配合物，该配合物在波长为 508nm、比色皿厚度为 2cm 时，测得 $A = 0.19$。计算邻菲罗啉亚铁的 ε。

解：已知铁的摩尔质量为 55.85g/mol，根据朗伯－比尔定律，得：

$$c = \frac{5.0 \times 10^{-4} \text{g/L}}{55.85 \text{g/mol}} = 8.95 \times 10^{-6} (\text{mol/L})$$

$$\varepsilon = \frac{A}{cL} = \frac{0.19}{8.95 \times 10^{-6} \times 2} = 1.1 \times 10^4 [\text{L}/(\text{mol} \cdot \text{cm})]$$

2. 百分吸收系数　百分吸收系数也称比吸收系数，指在一定波长时，吸光物质溶液浓度为 1%（g/100ml），液层厚度为 1cm 时的吸光度，用 $E_{1cm}^{1\%}$ 表示，单位为 100ml/(g·cm)。此时，式（11－4）改为：

$$A = E_{1cm}^{1\%} cL$$

摩尔吸收系数与百分吸收系数的关系为

$$\varepsilon = E_{1cm}^{1\%} \frac{M}{10} \tag{11-5}$$

式中，M 表示被测物质的摩尔质量。实际工作中，药物质量检测常用百分吸收系数表示。

三、影响光吸收定律的因素

根据光的吸收定律，当入射单色光的波长、强度和溶液的液层厚度一定时，以吸光度 A 对浓度 c 作图时，应得到一条通过原点的直线。但在实际测量中，常常遇到吸光度和浓度间偏离线性关系的现象，即曲线向下或向上发生弯曲，产生负偏离或正偏离，这种情况称为偏离朗伯－比尔定律。如图 11－3 所示。若在曲线弯曲部分进行定量分析，将会引起较大误差。

影响光吸收定律的主要因素有光学因素和化学因素。

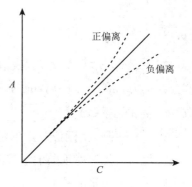

图 11－3　标准曲线对朗伯－
比尔定律的偏离

（一）光学因素

1. 非单色光　朗伯－比尔定律只适用于单色光。但在分光光度分析仪器中，使用的是连续光源，用单色器分光，用狭缝控制光谱带的宽度，因而投射到吸收溶液的入射光，不是真正的单色光，而是具有较窄波长范围的复合光。由于吸光物质对不同波长的光吸收程度不同，因而导致对朗伯－比尔定律的偏离。

2. 杂散光　从单色器得到的不很纯的单色光中，混有不在谱带宽度范围内的光，称为杂散光。它来源于仪器光学系统的缺陷或光学元件受灰尘等影响。杂散光可使吸收曲线变形。

3. 反射作用和散射作用　入射光通过吸收池内外界面时，界面可产生反射或折射作用；入射光通过被测试液时，吸光质点对其有散射作用。反射作用、散射作用和折射作用都会减弱透射光的强度。因此，应用紫外－可见分光光度法进行测量时，通常将被测试液和空白溶液分别置于相同材料及厚度的吸收池中，通过空白对比进行补偿，以抵消反射作用、散射作用和折射作用对准确度的影响。

4. 非平行光　朗伯－比尔定律适用条件是入射光平行。如果入射光不平行将导致光束的实际光程大于吸收池的厚度 L，使实际测得的吸光度大于理论值。

（二）化学因素

光的吸收定律是建立在吸光物质质点之间没有相互作用的前提下，即只适用于浓度小于 0.01mol/L 较稀的溶液。当溶液浓度较高（>0.01mol/L）时，溶液中吸光质点距离减小，从而改变物质对光的吸收能力，彼此之间的相互作用改变了它们吸收给定波长辐射的能力，致使吸光度与浓度之间的线性关系被破坏，导致偏离朗伯-比尔定律。

另外，溶液中的吸光物质可因浓度或其他因素的改变发生离解、缔合或与溶剂的相互作用等化学变化，导致偏离朗伯-比尔定律。

四、吸收光谱

如果测量某物质对不同波长单色光的吸收程度，以入射光波长 λ（nm）为横坐标，以该物质对应波长光的吸光度 A 为纵坐标，作图，得到光吸收程度随波长变化的关系曲线，这就是光谱吸收曲线，也称为吸收光谱（absorption spectrum）。吸光度值最大处称为最大吸收峰，它所对应的波长称为最大吸收波长 λ_{max}。

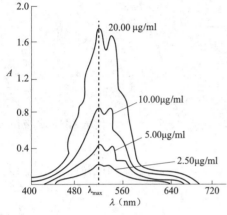

图 11-4　不同浓度的 $KMnO_4$
溶液的吸收曲线

在 λ_{max} 处测得的摩尔吸光系数为 ε_{max}。吸收光谱描述了该物质对不同波长光的吸收能力。图 11-4 是 $KMnO_4$ 溶液的吸收曲线。在可见光范围内，$KMnO_4$ 溶液在波长 525nm 附近有最大吸收。

吸收曲线特征：①不同浓度的同一物质，吸收曲线形状相似，最大吸收波长 λ_{max} 相同。在 λ_{max} 处吸光度随溶液浓度的变化幅度最大，因而测定最灵敏，这是分光光度法定量分析的依据。②不同的物质具有不同的分子结构，则产生的吸收光谱曲线和最大吸收波长 λ_{max} 也不同，所以吸收光谱曲线可作为物质定性分析的依据之一。③吸收曲线是定量分析中选择测定波长的重要依据，通常定量分析时选择最大吸收波长 λ_{max} 作为测定波长。

即学即练

符合朗伯-比尔定律的溶液，其吸光物质液层厚度增加时，最大吸收峰（　　）。

A. 峰位不动，峰高降低　　　　B. 峰位不动，峰高增加
C. 峰位移向长波长方向　　　　D. 峰位移向短波长方向

答案解析

第三节　紫外-可见分光光度法

PPT

紫外-可见分光光度法（ultraviolet-visible spectrophotometry，UV-Vis）是研究物质在紫外-可见光区（200~800nm）为基础的分子吸收光谱的方法，又称紫外-可见吸收光谱法。其具有灵敏度高，准确度高，仪器价格较低，操作简便、快速，应用范围广等特点。

一、紫外-可见吸收光谱的产生和电子跃迁

（一）紫外-可见吸收光谱的产生

分子具有电子能级、振动能级和转动能级，这些能级都是量子化。在每一电子能级上有许多间距较小的振动能级，在每一振动能级上伴随许多更小的转动能级。若用 $\Delta E_{电子}$、$\Delta E_{振}$、$\Delta E_{转}$ 分别表示电子能级、振动能级、转动能级差，有 $\Delta E_{电子} > \Delta E_{振} > \Delta E_{转}$，如图 11-5 所示。

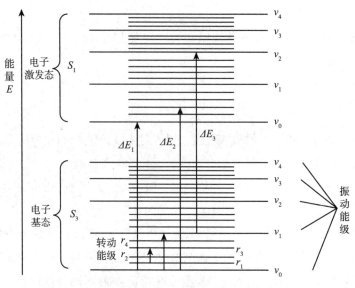

图 11 - 5 双原子分子能级示意图

图中，S 代表电子能级；v 代表振动能级；r 代表转动能级，下标 0、1、2、…代表相应能级的基态、第一激发态、第二激发态、…

分子吸收外来电磁辐射后，它的能量变化 $\Delta E_{分子}$ 为其电子能量变化 $\Delta E_{电子}$、振动能量变化 $\Delta E_{振}$ 以及转动能量变化 $\Delta E_{转}$ 的总和，即

$$\Delta E_{分子} = \Delta E_{振} + \Delta E_{转} + \Delta E_{电子}$$

当用能量为 $h\nu$ 的入射光照射分子时，若其能量等于分子中两个能级之间的能量差 $\Delta E_{分子} = h\nu$，则分子吸收该入射光，由较低的能级跃迁到较高的能级，从而产生分子吸收光谱。分子吸收光谱包括紫外 - 可见吸收光谱、红外吸收光谱等。

分子中电子能级间能差约为 $1 \sim 20eV$，相当于紫外及可见光的能量。因此，紫外 - 可见吸收光谱是分子吸收紫外 - 可见光，产生分子外层电子能级跃迁所形成的吸收光谱，属于电子光谱。由于在电子能级跃迁过程中，还会伴随有振动能级和转动能级的跃迁，因而产生一系列谱线连成的谱带，即带状光谱。紫外 - 可见吸收光谱实际上是电子 - 振动 - 转动光谱。

红外吸收光谱分子振动能级间的能量差为 $0.05 \sim 1eV$，相当于红外光的能量。红外吸收光谱是分子吸收红外光后由振动、转动能级之间的跃迁产生的，是振动 - 转动光谱。

（二）电子跃迁类型

紫外 - 可见吸收光谱是由于分子中价电子能级的跃迁产生的，反映了光能与化学键内在联系，即与化合物的结构有关。因此，这种吸收光谱决定于分子中价电子分布和结合情况。分子中的价电子有形成单键的 σ 电子、形成双键的 π 电子和未成键的孤对电子 n 电子（或称 p 电子）。根据分子轨道理论，分子中的电子轨道有 σ 成键轨道、σ* 反键轨道、π 成键轨道、π* 反键轨道和 n 非键轨道（未成键轨道）。各种分子轨道的能级顺序为：

$$\sigma < \pi < n < \pi^* < \sigma^*$$

当外层价电子吸收紫外 - 可见光后，就从基态（成键轨道）或非键轨道向激发态（反键轨道）跃迁。电子跃迁主要类型有：σ→σ*、n→σ*、π→π*、n→π*，如图 11 - 6 所示。各种电子跃迁所需能量 ΔE 大小顺序为：

$$\sigma \rightarrow \sigma^* > n \rightarrow \sigma^* > \pi \rightarrow \pi^* > n \rightarrow \pi^*$$

1. σ→σ* 跃迁　处于成键轨道上的 σ 电子吸收电磁辐射的能量后跃迁到 σ* 反键轨道，称为 σ→σ* 跃迁。σ→σ* 跃迁所需能量在所有跃迁类型中最大，所吸收的辐射波长最短，其吸收峰发生在波长小于 200nm 的真空（远）紫外区。由单键构成的化合物，如饱和烃类化合物，由于只有 σ 电子，只能发生 σ→σ* 跃迁。甲烷的最大吸收波长 λ_{max} 在 125nm，乙烷的最大吸收波长 λ_{max} 为 135nm。产生 σ→σ* 跃迁的物质由于在 200nm 以上波长没有吸收，故它们在紫外 - 可见吸收光谱法中常用作溶剂。

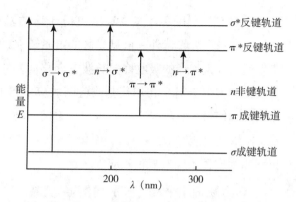

图 11-6　电子能级及电子跃迁示意图

2. n→σ* 跃迁　含有—NH_2、—OH、—S 和卤素等基团的化合物，其杂原子上的 n 电子吸收电子辐射的能量后被激发到反键的 σ* 能级，称为 n→σ* 跃迁。引起这种跃迁的波长在 200nm 附近。例如，CH_3OH 的吸收峰为 183nm，CH_3NH_2 的吸收峰为 213nm。

3. π→π* 跃迁　处于成键轨道上的 π 电子跃迁到 π* 反键轨道称为 π→π* 跃迁。含有 π 电子基团的不饱和烃、共轭烯烃和芳香烃类等有机物可发生此类跃迁。π→π* 跃迁所需能量比 σ→σ* 跃迁小，吸收峰一般处于近紫外光区，在 200nm 附近，其特征是摩尔吸收系数大，一般 ε_{max} 为 10^4 以上，属强吸收带，在定性、定量分析中更有应用价值。分子结构中若有共轭体系，π→π* 跃迁所需能量减少，吸收增强，波长向长波方向移动。

4. n→π* 跃迁　含有杂原子双键（如 C=O，—N=O，C=S，—N=N—等）不饱和基团的化合物可发生这种跃迁。n→π* 跃迁所需能量较小，其最大吸收波长一般在近紫外光区（200~400nm），吸收强度弱，ε_{max} 一般为 10~100。摩尔吸收系数的显著差别是区别 π→π* 跃迁和 n→π* 跃迁的方法之一。例如，乙醛分子中羰基 n→π* 跃迁所产生的吸收带为 290nm，ε_{max} 只有 17。

5. 电荷迁移跃迁　电荷迁移跃迁是指用电磁辐射照射化合物时，电子从给予体向接受体相应的轨道上跃迁。所以，电荷迁移跃迁实质是分子内的氧化 - 还原过程。所得到的吸收光谱称为电荷迁移吸收光谱。电荷迁移产生的吸收带指的是许多无机物（如碱金属卤化物）和某些由两类有机化合物混合而得的分子配合物。例如，某些取代芳烃可产生这种分子内电荷迁移跃迁吸收带。其特点是这种跃迁吸收谱带较宽，吸收强度较大，吸收峰的 ε_{max} 可大于 10^4。

6. 配位场跃迁　配位场跃迁包括 d-d 跃迁和 f-f 跃迁。元素周期表中第四、五周期的过渡金属元素分别含有 3d 和 4d 轨道，镧系和锕系元素分别含有 4f 和 5f 轨道。在配体存在下，过渡金属元素的五个能量相等的 d 轨道和镧系、锕系元素七个能量相等的 f 轨道分别分裂成几组能量不等的 d 轨道和 f 轨道。当它们吸收电磁辐射的能量后，低能态的 d 电子或 f 电子可以分别跃迁至高能态的 d 或 f 轨道，这两类跃迁分别称为 d-d 跃迁和 f-f 跃迁。由于这两类跃迁必须在配体的配位场作用下才可能发生，因此又称为配位场跃迁。这种 d-d 跃迁所需能量较小，只需能量较小的可见光就可实现这一跃迁，它们的吸收峰多在可见光区，强度较弱（ε_{max} 0.1~100）。f-f 跃迁带在紫外 - 可见光区。

（三）常用术语

1. 生色团　生色团是指能在紫外 - 可见光范围内产生吸收的基团，有机化合物的生色团主要是能产生 π→π*、n→π* 跃迁的官能团，例如羰基、硝基、苯环等。

2. 助色团 助色团指含有非键电子对的基团（如—OH、—OR、—NHR、—SH、—Cl、—Br 等）。助色团本身不吸收紫外-可见光区的电磁辐射，但是当它们与生色团或饱和烃相连时会改变吸收波长，使生色团或饱和烃的吸收峰向长波方向移动，并使吸收强度增大。

3. 红移与蓝移 由取代基或溶剂效应引起的使最大吸收峰的波长向长波方向移动，称为红移，又称长移；使最大吸收峰波长向短波长方向移动，称为蓝移，又称短移。

4. 增色效应和减色效应 因化合物的结构改变，使吸收强度即摩尔吸光系数 ε 增大或减小的现象，分别称为增色效应或减色效应。

（四）吸收谱带及其与分子结构的关系

吸收谱带反映了吸收峰在紫外-可见光谱中的位置与强弱，与化合物的结构有关。根据电子跃迁及分子轨道的种类，可将紫外光谱的吸收谱带分为以下四种类型。

1. R 吸收带 R 吸收带是由化合物 $n \to \pi^*$ 跃迁而产生的吸收带。它是含杂原子的不饱和基团，如—N＝O、$\diagdown$C＝O、—NO$_2$、—N＝N—等发色团产生的吸收带。其特点是处于长波方向，吸收峰位于 $200 \sim 400nm$ 之间，吸收强度弱，$\varepsilon < 100$。当溶剂极性增大时，R 带蓝移。

2. K 吸收带 K 吸收带是由共轭双键中的 $\pi \to \pi^*$ 跃迁产生的吸收带，是共轭分子的特征吸收带。可据此判断化合物中共轭结构，是紫外光谱中应用最多的吸收带。其特点是跃迁所需的能量较 R 带大，一般 λ_{max} 位于 $210 \sim 250nm$，为强吸收（$\varepsilon > 10^4$）。随着共轭体系的增长，K 带红移。

3. B 吸收带（苯吸收带） B 吸收带是由苯环本身振动与苯环内的 $\pi \to \pi^*$ 跃迁叠加产生的吸收带，是芳香族（包括杂环芳香族）化合物的主要特征吸收。B 吸收带主要位于 $230 \sim 270nm$ 波长处。其特点是为弱吸收带，具有精细结构，摩尔吸收系数 ε 约为 200。常用来识别芳香族化合物，如图 11-7 所示。但溶剂的极性、酸碱性等对精细结构的影响较大。在极性溶剂中测定或苯环上有取代基时，精细结构消失。

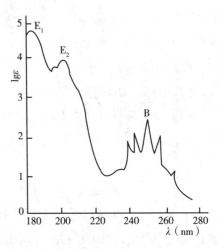

图 11-7 苯在乙醇中的紫外吸收光谱

4. E 吸收带 E 吸收带是由苯环结构中环状共轭体系的 $\pi \to \pi^*$ 跃迁产生的，分为 E$_1$（185nm）和 E$_2$（204nm）吸收带，可以分别看成乙烯和共轭烯烃的吸收带，也是芳香结构化合物的特征谱带。吸收强度 E$_1$ 为 $\varepsilon > 10^4$，E$_2$ 为 $\varepsilon > 10^3$，均属强吸收带。

二、影响紫外-可见吸收光谱的因素

（一）共轭效应

当双键、三键仅被一个单键隔离，就会产生共轭。共轭效应使 $\pi \to \pi^*$ 能量降低，跃迁概率增大，结果使 λ_{max} 红移，摩尔吸收系数 ε_{max} 增大。空间位阻使得共轭体系遭到破坏，λ_{max} 蓝移，ε_{max} 减小。

（二）溶剂效应

对物质的紫外-可见吸收光谱的测定，大多是在溶液中进行的，同一种物质的紫外-可见吸收光谱可能因使用的溶剂不同而不一样，这种由溶剂的极性强弱引起紫外-可见吸收光谱的吸收峰位置、吸收强度和吸收曲线形状发生改变的现象，称为溶剂效应。因此，在测定化合物的紫外吸收光谱曲线时，应注明在何种溶剂中测定。在将未知物的吸收光谱与已知化合物标准吸收光谱作比较时，也要使用相同溶剂。

改变溶剂的极性会引起吸收带的 λ_{max} 发生变化，表 11-2 列出了异亚丙基丙酮在不同极性溶剂中吸收波长的变化情况。当溶剂极性增大时，由 $\pi \to \pi^*$ 跃迁产生的吸收带发生红移，而由 $n \to \pi^*$ 跃迁产生的吸收带则发生蓝移。

表 11-2 溶剂极性对异亚丙基丙酮两种跃迁吸收带的影响

吸收带	正己烷	三氯甲烷	甲醇	水	波长位移
$\pi \to \pi^*$ λ_{max}（nm）	230	238	237	243	长移
$n \to \pi^*$ λ_{max}（nm）	329	315	309	305	短移

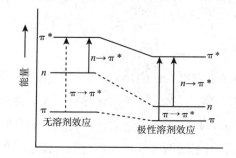

图 11-8 溶剂极性对 $\pi \to \pi^*$ 和
$n \to \pi^*$ 跃迁能量的影响

图 11-8 是 $\pi \to \pi^*$ 跃迁和 $n \to \pi^*$ 跃迁的能级受溶剂极性影响所发生变化的示意图。产生溶剂效应的原因：分子吸收光能后，成键轨道上的电子会跃迁至反键轨道形成激发态；对于 $\pi \to \pi^*$ 跃迁，分子激发态的极性大于基态，溶剂极性越大，激发态与溶剂间的静电作用越强，在极性溶剂中，激发态能量降低的程度比基态大。即 π^* 轨道能量降低大于 π 轨道能量降低，跃迁所需的能量减小，因此波长红移。而产生 $n \to \pi^*$ 跃迁的 n 电子由于与极性溶剂形成氢键，基态 n 轨道能量降低程度更大，$n \to \pi^*$ 跃迁所需能量增大，故吸收带蓝移。随着溶剂极性增大，溶剂效应愈加显著。因此，可以利用溶剂效应来鉴别这两种跃迁引起的吸收谱带。

溶剂效应也会使化合物的紫外吸收光谱形状发生改变。当溶剂从非极性变为极性时，常会导致化合物精细结构完全消失，吸收峰减少，并使吸收曲线趋于平滑，成为一条宽而低的吸收带。

（三）溶液 pH 的影响

无论是在紫外或可见光区，溶液 pH 变化常引起被测物质的化学变化，从而影响其紫外-可见吸收光谱。例如，苯胺在乙醇中为中性条件，λ_{max} 为 230nm，次吸收峰为 280nm，ε 分别为 8600 和 1470；但苯胺在酸性介质中会形成苯胺阳离子，其吸收峰分别为 203nm 和 254nm，ε 分别为 7500 和 160。

第四节 紫外-可见分光光度计 微课

紫外-可见分光光度计类型很多，但其基本结构相似，主要由光源、单色器、吸收池、检测器和信号处理及显示器组成，如图 11-9 所示。

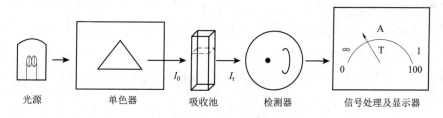

图 11-9 紫外-可见分光光度计基本构造示意图

一、紫外－可见分光光度计的主要部件

（一）光源

光源是提供辐射能的装置。对光源的要求：在仪器工作的波长范围内，能够提供足够强而且稳定的连续辐射，辐射能量随波长无明显变化，具有较长的使用寿命。

1. 钨灯和卤钨灯　钨灯和卤钨灯均属热辐射的光源，能发射波长范围较宽的连续光谱，适用的波长范围在 350~2500nm，主要用于可见光区测量样品的光源。

2. 氢灯和氘灯　氢灯和氘灯均属于气体放电发光的光源，可发射 160~400nm 波长范围的连续辐射，主要用于紫外光区测量样品的光源。因玻璃吸收紫外光，故灯泡必须具有石英窗或用石英灯管制成。氘灯发光强度和寿命均明显优于氢灯，现在的仪器多用氘灯。

（二）单色器

单色器是紫外－可见分光光度计的分光系统，它的作用是将光源发出的连续光分离为所需波长的单色光。通常由入射狭缝、准直镜、色散元件、聚焦透镜和出射狭缝构成，如图 11－10 所示。入射狭缝用于限制杂散光进入单色器，准直镜将入射光束变为平行光束后进入色散元件。色散元件将复合光分解成单色光，然后通过聚焦透镜将平行光聚焦于出射狭缝，出射狭缝用于限制谱带宽度。色散元件是单色器中的核心部件，常用的有光栅和棱镜。但由于棱镜分光后的光谱分布不均匀，目前的仪器多采用能获得分布均匀的连续光谱的光栅作为色散元件。

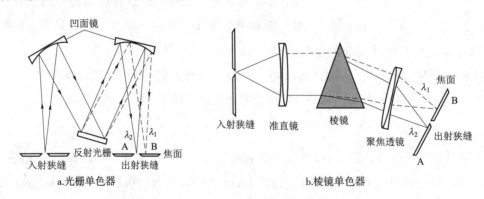

图 11－10　光栅和棱镜单色器构成图

（三）吸收池

吸收池又称比色皿，用来盛放被测试样溶液。吸收池按制作材料可分为石英吸收池和玻璃吸收池。前者适用于紫外－可见光区测定，后者只适用于可见光区测定。吸收池厚度在 0.1~10cm 之间，常用的吸收池厚度为 1cm。注意手拿取吸收池时，应拿吸收池毛玻璃的两面，不要触摸透光面。

（四）检测器

检测器又称光电转换器，它的功能是检测透过吸收池的光信号，并将光信号转变成可测量的电信号。常用的有光电池、光电管或光电倍增管，后者较前者更灵敏，它具有响应速度快、放大倍数高、频率响应范围广的优点，特别适用于检测较弱的辐射。近年来，光电二极管阵列检测器得到广泛应用，它具有快速扫描等功能。

（五）信号处理及显示器

信号处理及显示器的作用是将检测器检测到的微弱电信号，经过放大，并将测量结果显示或记录下来。通常包括放大装置和显示装置。常用的显示器有检流计、数字显示仪、荧光屏显示、微型计算机等。目前，大多数的分光光度计配有微处理机，可对分光光度计进行操作控制和数据处理。

二、分光光度计的类型

紫外－可见分光光度计，按光路系统不同，可分为单光束分光光度计、双光束分光光度计和双波长分光光度计。

1. 单光束分光光度计　单光束光学系统采用一个单色器，经单色器分光后得到选定波长的一束单色光，轮流通过参比溶液和试样溶液，以进行吸光度的测定。操作时需要进行参比溶液和试样溶液的交替测量。这种简易型分光光度计结构简单，操作方便，价格便宜，易于维修，适用于测定特定波长的吸收，进行定量分析。其原理如图 11－11a。

2. 双光束分光光度计　双光束仪器中，从光源发出的光经单色器分光后，再经同步旋转斩光器分成强度相等的两束光，交替通过参比池和试样池，到达检测器，测得的信号是透过试样溶液和参比溶液的光信号强度之比（透光率）。双光束仪器克服了单光束仪器由于光源和检测系统不稳定引起的误差，测量时不需要移动吸收池，并且可在短时间内对吸收光谱进行全波段自动扫描。其原理如图 11－11b。

单光束和双光束分光光度计都属于单波长检测。它们都是将相同波长的光束分别通过参比池和样品池，测得参比池和样品池吸光度之差。

3. 双波长分光光度计　双波长紫外－可见分光光度计的原理如图 11－11c。由同一光源发出的光被分成两束，分别经过两个单色器，得到两束不同波长的单色光 λ_1 和 λ_2，由斩光器并束，使其在同一光路交替通过同一吸收池，其透过光被检测器接收，经信号处理器处理得到试液对两波长处吸光度差值 ΔA。双波长分光光度计的优点是在对多组分混合物、混浊试样进行定量分析时，可以通过波长的选择，校正背景吸收或共存组分吸收的干扰；由于不需参比池，避免了吸收池不匹配、参比溶液和样品溶液基质差异等因素带来的误差。

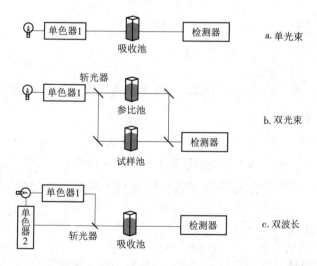

图 11－11　三种类型紫外－可见分光光度计原理图

PPT

第五节　分光光度法分析条件的选择

一、仪器条件的选择

1. 测定波长的选择　由于物质对光有选择性吸收，为了使测定结果有较高的灵敏度和精密度，测量波长的选择应遵循最大吸收原则，即选择被测物质吸收曲线的最大吸收波长（λ_{max}）作为测量波长。但如果在 λ_{max} 处有其他吸光物质干扰测定时，而被测组分还有其他吸收稍低、峰形稍平坦的次强峰，则根据"吸收最大、干扰最小"的原则选择合适的测量波长。

2. 吸光度范围的选择　在分光光度法中，仪器误差主要是透光率测量误差。为了减少仪器测量误差，一般应控制标准溶液和被测试液的吸光度 A 在 $0.2 \sim 0.7$（$T\ 63\% \sim 20\%$）范围内，以减小测定结果的相对误差。图 $11-12$ 为测量 A 的相对误差 $RE\left(\dfrac{\Delta c}{c}\right)$ 与 T 的关系曲线。

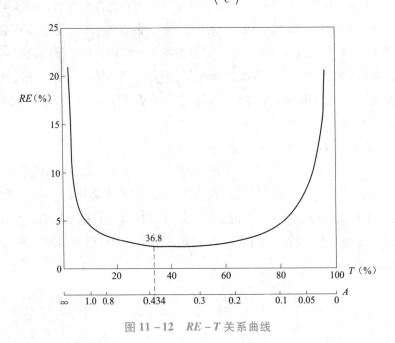

图 11 – 12　$RE - T$ 关系曲线

从图 $11-12$ 中可见，透光率很小或很大时，测量误差都较大。当透光率 T 为 36.8%，即吸光度 A 为 0.434 时，测量的相对误差最小。

《中国药典》（2020 年版）规定，一般供试品溶液的吸光度读数，以在 $0.3 \sim 0.7$ 之间为宜。对高精度的紫外 – 可见分光光度计，由于透光率的测量误差较小，可使适宜测量的吸光度范围扩大。在实际测定中，可通过控制被测溶液浓度或合适厚度的吸收池等方法来控制吸光度在合适范围。

二、参比溶液的选择

参比溶液是用来调节仪器工作的零点，又称空白溶液，即参比溶液应包括除待测成分以外的全部背景成分，以消除由于样品池壁及溶剂等背景成分对作用光的反射和吸收带来的误差，扣除干扰的影响。若参比溶液选择的不合适，则对测量读数的准确度影响较大。

参比溶液的选择原则如下。

1. 溶剂参比 在测定波长下，若溶液中只有被测组分有吸收，其他组分及显色剂均无吸收，可用溶剂（如纯化水）作参比溶液。

2. 试剂参比 在测定波长下，如试剂、显色剂有吸收而试液无吸收时，按显色反应相同条件，以不加试液的试剂、显色剂作为参比溶液。测试时多数情况都是采用试剂溶液作参比。

3. 试样参比 如果试样溶液在测定波长处有吸收，而试剂和显色剂均无吸收时，应采用不加显色剂的样品溶液作参比液，这种参比溶液适用于试样中有较多的共存组分、加入的显色剂量不大、显色剂在测定波长无吸收的情况。

4. 褪色参比 在测定波长下，试液和显色剂均有吸收时，可将试液加入适当掩蔽剂，使被测组分不与显色剂作用，而显色剂及其他试剂均按与试液相同方法加入，以此作为参比溶液，消除一些共存组分的干扰。

三、显色反应条件的选择

对于在紫外 – 可见光区无吸收或吸收较弱的化合物，可通过适当的显色反应生成有色化合物，提高测量的灵敏度。当被测溶液中有多个组分共存时，则可利用显色反应提高分析的选择性。

（一）显色反应

在分光光度法中，待测物质本身有较深颜色，可直接测定。若待测物质是无色或很浅的颜色，则需选择适当的试剂与被测物质反应生成有色化合物，再进行测定。这种将待测组分转化成有色化合物的反应，称为显色反应，所用的试剂称为显色剂。

显色反应的进行是有条件的，只有控制适宜的反应条件才能使显色反应按预期进行。被测组分究竟应该用哪种显色反应，应根据所需标准加以选择。

显色反应按类型来分类，主要有氧化还原反应和配位反应两大类，其中配位反应是最主要的。分光光度法对于显色反应必须符合以下要求：

（1）被测物质与生成的有色化合物之间必须有确定的定量关系。

（2）灵敏度要足够高，有色物质的 ε 应大于 10^4。灵敏度高的显色反应有利于微量组分的测定。

（3）生成的有色化合物化学性质要稳定，保证测量的吸光度有重现性。

（4）对比度要大。若显色剂有颜色，则有色化合物与显色剂之间的色差要大，要求两者的吸收峰波长之差 $\Delta\lambda$ 大于 60nm。

（5）显色反应的条件要易于控制。

（二）显色剂

在紫外 – 可见分光光度法中应用较多的是有机显色剂。有机显色剂及其产物的颜色与它们的分子结构有密切关系，它们的结构中含有生色团和助色团是它们显色的基本原因。

常用的有机显色剂有邻二氮菲、双硫腙、丁二酮肟、铬天青 S 等。

（三）显色反应条件的选择

影响显色反应的主要因素有显色剂用量、溶液的 pH、显色温度、显色时间等。因此，选择显色反应时，应做条件测试实验，使在选定的条件下溶液的吸光度达到最大且稳定。

1. 显色剂用量

$$M（被测组分）+ R（显色剂）\Longrightarrow MR（有色配合物）$$

反应在一定程度上是可逆的。为了减少反应的可逆性，保证显色反应进行完全，使待测离子 M 全部转化为有色配合物 MR，需加入过量的显色剂 R。但加入太多会引起副反应，影响测定结果的准确度。通常根据实验来确定显色剂的用量，具体做法是：保持待测离子 M 的浓度和其他条件不变，配制一系列不同浓度显色剂 R 的溶液 c_R，分别测定其吸光度 A。通过作 $A-c_R$ 曲线，寻找出适宜 c_R 范围。

2. 溶液的 pH 溶液的 pH 对显色反应的影响很大。它会影响显色剂平衡浓度、颜色、被测金属离子的存在状态以及配合物的组成。例如，邻二氮菲与 Fe^{2+} 反应，如果溶液酸度太高，将发生质子化副反应，降低至反应完全度；而酸度太低，Fe^{2+} 又会水解甚至沉淀。所以，测定时必须通过实验作 $A-pH$ 曲线，确定适宜的 pH 范围。

3. 显色反应时间 各种显色反应速率有差异，完成反应所需时间各有差异，生成的显色产物稳定性也不同。因此，必须通过实验作吸光度随时间的 $A-t$ 变化曲线，根据实验结果选择合适的反应时间。

4. 显色温度 多数显色反应速度很快，一般在室温下进行。只有少数显色反应速度较慢，需加热以促使其迅速完成，但温度太高可能使某些显色剂分解。故通过实验由吸光度 – 温度关系曲线来确定适宜的温度条件。

第六节　紫外 – 可见吸收光谱法的应用

PPT

紫外 – 可见吸收光谱法可用于有机化合物的定量、定性和结构分析。该方法是定量分析的常用方法，在定性和结构分析中处于辅助地位。

一、定性分析

在有机化合物的定性鉴别及结构分析方面，由于有机化合物紫外 – 可见吸收光谱比较简单，并缺少精细细节，反映的是分子结构中生色团和助色团的特征，不能完全反映整个分子结构，对于结构完全相同的化合物有相同的吸收光谱，但吸收光谱相同的化合物不一定是相同的化合物。所以仅凭紫外 – 可见光谱数据尚不能完全确定物质的分子结构，还必须与其他如化学、红外光谱法、质谱法和核磁共振波谱等分析方法相结合，才能作出该未知化合物定性鉴别的正确结论，故该法的应用存在一定的局限性。但是紫外 – 可见吸收光谱法对于判别有机化合物中生色团和助色团的种类、位置及其数目，区别饱和与不饱和有机化合物，尤其是鉴定共轭体系，推测与鉴定未知物骨架结构等有一定优势。

（一）定性鉴别

化合物紫外 – 可见吸收光谱的形状、吸收峰的数目、各吸收峰的波长位置和强度等，是定性鉴别的主要依据，适用于不饱和共轭体系化合物的定性鉴别。通常采用对比法。

1. 对比吸收光谱的特征数据 最大吸收波长 λ_{max} 及相应的 ε_{max} 是定性鉴别的最主要的光谱特征数据。如果样品化合物有多个吸收峰，并存在肩峰或谷，这些特征数据应同时作为鉴别依据。具有相同或不同吸收基团的不同化合物，λ_{max} 可能相同，但因它们的相对分子质量不同，故吸收系数存在差异，可作为鉴别的依据。如醋酸甲羟孕酮（$M = 386.5$）和炔诺酮（$M = 298.4$），在无水乙醇中测得的 λ_{max} 都在 $240m \pm 1mm$ 范围内，但 $E_{1cm}^{1\%}$ 不同，分别为 408 和 571。

2. 对比吸光度的比值 对于有两个以上吸收峰的化合物，可用在不同吸收峰（或谷）处测得吸光度的比值作为鉴别的依据。因为测定所用溶液的浓度和吸收池相同，吸光度的比值即为吸收系数的比值：

$$\frac{A_1}{A_2} = \frac{E_1 cL}{E_2 cL} = \frac{E_1}{E_2}$$

例如维生素 B_{12} 的吸收光谱有三个吸收峰，分别为 278nm、361nm、550nm。《中国药典》（2020 年版二部）维生素 B_{12} 原料药的鉴别：将试样按规定方法配成 $25\mu g/ml$ 的溶液进行测定，规定在 361nm 与 550nm 的波长处有最大吸收，361nm 波长处的吸光度与 550nm 的波长处的吸光度的比值应为 3.15 ~ 3.45。

3. 对比吸收光谱的一致性 将测定的未知试样的紫外吸收光谱同已知的标准物质吸收光谱进行比较。当试样溶液与标准品溶液浓度相同时，在相同的测试条件下，比较两者吸收图谱特征（包括吸收曲线形状、吸收峰数目、位置、λ_{max} 及 ε_{max} 等），若两者完全相同，则可能是同一种化合物。若无标准物，可将试样的吸收光谱图同标准化合物的光谱图或有关光谱数据库进行对照，若两者特征相同，则可初步确定。在它们的分子结构中，存在相同的生色团（如羰基、苯环和共轭双键体系等）。若两者有明显差异，则它们不是同一种化合物。常见标准谱图 "the Sadtler Standard Spectra" 共收集 46000 多种化合物的紫外光谱图。

（二）结构分析

紫外 – 可见吸收光谱可提供未知有机物中可能含有的生色团、助色团和共轭程度，并据此进行分子的骨架结构分析。

1. 有机官能团的推断 可根据有机化合物的紫外 – 可见吸收光谱，通过以下规律推测化合物中的共轭结构及所含的官能团。

（1）若化合物在 210 ~ 250nm 范围有强吸收带 $[\varepsilon \geq 10^{-4} L/(mol \cdot cm)]$，这是 K 吸收带的特征，则该化合物可能含有共轭双键。

（2）如在 260 ~ 350nm 有强吸收峰（ε 较大），则表明该化合物可能有 3 ~ 5 个共轭双键。

（3）若化合物在 250 ~ 300nm 有弱吸收 $[\varepsilon 10 ~ 100 L/(mol \cdot cm)]$，且增加溶剂极性会蓝移，说明可能有羰基存在。在 250 ~ 300nm 有中强度吸收 $[\varepsilon 1000 ~ 10000 L/(mol \cdot cm)]$，伴有振动精细结构，表示有芳香环的特征等。

（4）如果一个化合物在 200 ~ 800nm 范围内没有吸收谱带（峰），表明该化合物不存在双键或环状共轭体系，没有醛、酮等官能团，可能是脂肪族饱和碳氢化合物、胺、醇、醚、腈、羧酸、氯代烃和氟代烃等。这类化合物在紫外 – 可见吸收光谱分析中常作为溶剂使用。

（5）若化合物有许多吸收峰，甚至延伸到可见光区，则可能为一长链共轭化合物或多环芳烃。

2. 有机异构体的推断

（1）**互变异构体的判别** 某些有机化合物在溶液中可能具有两种官能团异构体互变而处于动态平衡中，这种异构体的互变过程常伴随有双键的移动及共轭体系的变化，因此也产生吸收光谱的变化。例如乙酰乙酸乙酯就是酮式和烯醇式两种互变异构体。

由结构式可知，酮式没有共轭双键，在 275nm 处有弱吸收 $\varepsilon = 100 L/(mol \cdot cm)$；而烯醇式有共轭双键，在 245nm 处有强的 K 带吸收 $\varepsilon = 18000 L/(mol \cdot cm)$。根据这一吸收特征，可以判断异构体的存在形式。一般在极性溶剂中以酮式为主，非极性溶剂中以烯醇式为主。

（2）**顺反异构体的判断** 顺反异构体的 λ_{max} 和 ε_{max} 明显不同，一般来说，顺式异构体的 λ_{max} 和 ε_{max} 比

反式异构体小，根据此特征，可以判断该化合物是顺式或反式结构。例如，在顺式 1,2 - 二苯乙烯和反式 1,2 - 二苯乙烯中，顺式异构体的空间位阻效应影响了分子结构的平面性，使共轭程度降低，因此 λ_{max} 短移，ε_{max} 减小，顺式异构体的 $\lambda_{max} = 280nm$，$\varepsilon_{max} = 13500$，而其反式异构体的 $\lambda_{max} = 295nm$，$\varepsilon_{max} = 27000$。

顺式　　　　　　　　　　反式

$\lambda_{max} = 280nm$　$\varepsilon_{max} = 13500$　　　$\lambda_{max} = 295nm$　$\varepsilon_{max} = 27000$

二、定量分析

紫外 - 可见分光光度法用于定量分析的依据是朗伯 - 比尔定律，通过测定溶液对一定波长入射光的吸光度，即可求出该物质在溶液中的浓度和含量。紫外 - 可见分光光度法不仅用于测定微量组分，而且还可用于常量组分和多组分混合物的测定。许多用于制备样品的溶剂在被检测波长范围内有吸收，为避免干扰，选择溶剂时被测组分的测量波长必须大于溶剂的截止波长。

（一）单组分定量分析

单组分是指样品溶液中只含有一种组分，或者在多组分试液中待测组分的吸收峰与其他共存物质的吸收峰无重叠。其定量方法包括标准曲线法、标准对比法和吸收系数法。

1. 标准曲线法　标准曲线法又称工作曲线法。测定时，先配制一系列浓度不同的标准溶液，在相同条件下，分别测定每个标准溶液的吸光度；然后以吸光度 A 为纵坐标，浓度 c 为横坐标，绘制 $A - c$ 标准曲线，或进行线性回归得到回归方程。如符合光吸收定律，将得到一条通过原点的直线。在相同条件下测定试样溶液的吸光度，根据标准曲线或回归方程求出试样溶液的浓度，但试样溶液的浓度应在标准曲线的浓度范围内。图 11 - 13 为 $A - c$ 标准曲线。标准曲线法是紫外 - 可见分光光度法分析中最常用的方法，又称为校准曲线法。

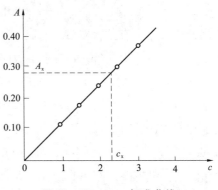

图 11 - 13　$A - c$ 标准曲线

2. 标准（对照品）对照法　标准对照法又称标准（对照品）比较法。在相同实验条件下，配制试样溶液和标准溶液，在选定相同波长处，分别测量吸光度。根据光吸收定律：

$$A_{样品} = KLc_{样品} \qquad A_{对照} = KLc_{对照}$$

根据两式之比，求出样品成分的浓度：

$$c_{样品} = \frac{A_{样品}}{A_{对照}} \times c_{对照}$$

该方法简单，但在测定时溶液应遵守朗伯 - 比尔定律，且配制的标准溶液浓度应与样品溶液的浓度相接近时才能使用，否则可能产生较大的误差。另外需要指出的是，$c_{样品}$ 为原样品经稀释后用于测定的溶液浓度，若要求得原样品溶液中组分的浓度 $c_{原样}$，应按下式计算：

$$c_{原样} = c_{样品} \times 稀释倍数 \qquad\qquad (11 - 6)$$

例 11 - 2　精密量取 $KMnO_4$ 试样溶液 5.00ml，加水稀释至 50.0ml。另配制 $KMnO_4$ 标准溶液的浓度为 20.0μg/ml。在 525nm 处，用 1cm 厚的吸收池，测得试样溶液和标准溶液的吸光度分别为 0.216 和

0.240。求原试样溶液中 $KMnO_4$ 的浓度。

解：根据公式 $c_{样品} = \dfrac{A_{样品}}{A_{对照}} \times c_{对照}$ 和 $c_{原样品} = c_{样品} \times$ 稀释倍数，得：

$$c_{原样} = \frac{0.216 \times 20.0}{0.240} \times \frac{50.0}{5.00} = 180 \ （\mu g/ml）$$

3. 吸收系数法　根据光吸收定律 $A = KcL$，如果已知吸收池的厚度 L 和吸收系数 ε 或 $E_{1cm}^{1\%}$，就可以根据测得的吸光度 A 算出溶液的浓度或含量。因为该法不需要标准品，故可称为绝对法。

$$c = \frac{A}{\varepsilon L} \text{ 或 } c = \frac{A}{E_{1cm}^{1\%} L}$$

例 11 – 3　维生素 B_{12} 水溶液，在 $\lambda_{max} = 361nm$ 处的 $E_{1cm}^{1\%}$ 值为 207，盛于 1cm 吸收池中，测得溶液的吸光度 A 为 0.518，求溶液中维生素 B_{12} 的浓度。

解：根据光吸收定律，溶液的浓度为：

$$c = \frac{A}{E_{1cm}^{1\%} L} = \frac{0.518}{207 \times 1} = 2.50 \times 10^{-3} \ （g/100ml）$$

应注意，根据吸收系数的定义，如果用物质的 $E_{1cm}^{1\%}$ 计算，则所得 c 的单位是 g/100ml；如果用 ε 计算，则所得 c 的单位是 mol/L。《中国药典》收载了许多化合物的百分吸收系数（$E_{1cm}^{1\%}$），吸收系数也可以从有关的文献或手册中查到。

 实例分析

对乙酰氨基酚原料药含量测定

实例　《中国药典》（2020 年版二部）中对乙酰氨基酚原料药的含量测定

照紫外 – 可见分光光度法（通则 0401）测定。

供试品溶液　取本品约 40mg，精密称定，置 250ml 量瓶中，加 0.4% 氢氧化钠溶液 50ml 溶解后，用水稀释至刻度，摇匀，精密量取 5ml，置 100ml 量瓶中，加 0.4% 氢氧化钠溶液 10ml，用水稀释至刻度，摇匀。

测定法　取供试品溶液，在 257nm 的波长处测定吸光度，按 $C_8H_9NO_2$ 的吸收系数（$E_{1cm}^{1\%}$）为 715 计算。

规定：本品按干燥品计算，含 $C_8H_9NO_2$ 应为 98.0% ~ 102.0%。

问题　1. 该原料药含量测定采用单组分定量分析的何种方法？

2.《中国药典》（2020 年版）规定，一般供试品溶液的吸光度读数范围在多少为宜？通过计算判断本品是否符合规定？

答案解析

（二）多组分定量分析

根据吸光度具有加和性特点，利用紫外 – 可见吸收光谱法在同一试样中可以同时测定两个或两个以上组分。当溶液中有两种或多种组分共存时，可根据各组分吸收光谱相互重叠的程度，采取不同测定方法。这里只讨论两组分的定量分析。

1. 紫外 – 可见吸收光谱法测定两组分混合物　假设要测定试样中两个组分 A、B，如果分别绘制 A、B 两纯物质的吸收光谱，有三种情况，如图 11 –14 所示。

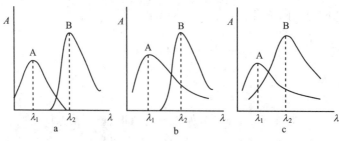

图 11-14 双组分吸收光谱

图 11-14a 情况表明两组分吸收峰互不重叠,可用测定单组分的方法,在 λ_1、λ_2 处分别测定 A、B 两组分的浓度。

图 11-14b 情况表明两组分的吸收光谱有部分(单向)重叠,在 A 组分的吸收峰 λ_1 处 B 组分没有吸收,在 B 组分的吸收峰 λ_2 处 A 组分有吸收峰,则可以先在 λ_1 处单独测定 A 组分,求得 A 组分的浓度 C_A,然后在 λ_2 处测定混合物的吸光度 $A_{\lambda_2}^{A+B}$ 及 A、B 纯物质的 $\varepsilon_{\lambda_2}^A$ 和 $\varepsilon_{\lambda_2}^B$ 值。

根据吸光度的加和性,可得方程

$$A_{\lambda_2}^{A+B} = A_{\lambda_2}^A + A_{\lambda_2}^B = \varepsilon_{\lambda_2}^A L c_A + \varepsilon_{\lambda_2}^B L c_B$$

设吸收池厚度 L 为 1cm,解方程得

$$c_B = \frac{A_{\lambda_2}^{A+B} - \varepsilon_{\lambda_2}^A c_A}{\varepsilon_{\lambda_2}^B} \tag{11-7}$$

图 11-14c 情况表明两组分的吸收光谱相互重叠,两组分在最大吸收波长处互相有吸收。这时可根据测定目的要求和光谱重叠情况,采取解线性方程法。对于图 11-14c 情况两组分混合物,在 A 和 B 的最大吸收波长 λ_1、λ_2 处分别测定混合物的吸光度 $A_{\lambda_1}^{A+B}$ 及 $A_{\lambda_2}^{A+B}$,而且同时测定 A、B 纯物质的 $\varepsilon_{\lambda_1}^A$、$\varepsilon_{\lambda_1}^B$、$\varepsilon_{\lambda_2}^A$、$\varepsilon_{\lambda_2}^B$。根据吸光度的加和性,可得方程组

$$A_{\lambda_1}^{A+B} = \varepsilon_{\lambda_1}^A c_A L + \varepsilon_{\lambda_1}^B c_B L \tag{11-8}$$

$$A_{\lambda_2}^{A+B} = \varepsilon_{\lambda_2}^A c_A L + \varepsilon_{\lambda_2}^B c_B L \tag{11-9}$$

设吸收池厚度 L 为 1cm,解式(11-8)、式(11-9)线性方程组得

$$c_A = \frac{A_{\lambda_2}^{A+B} \varepsilon_{\lambda_1}^B - A_{\lambda_1}^{A+B} \varepsilon_{\lambda_2}^B}{\varepsilon_{\lambda_2}^A \varepsilon_{\lambda_1}^B - \varepsilon_{\lambda_1}^A \varepsilon_{\lambda_2}^B} \tag{11-10}$$

$$c_B = \frac{A_{\lambda_2}^{A+B} \varepsilon_{\lambda_1}^A - A_{\lambda_1}^{A+B} \varepsilon_{\lambda_2}^A}{\varepsilon_{\lambda_2}^B \varepsilon_{\lambda_1}^A - \varepsilon_{\lambda_1}^B \varepsilon_{\lambda_2}^A} \tag{11-11}$$

式(11-10)和式(11-11)中浓度 c 的单位依据所用的吸收系数而定,如用百分吸收系数 $E_{1cm}^{1\%}$,则 c 为百分浓度。

2. 双波长分光光度法(等吸收双波长法) 当混合试样的吸收曲线发生重叠时,可利用双波长分光光度法进行定量分析。双波长分光光度计检测的是试样溶液对两波长光 λ_1、λ_2 吸收后的吸光度差。

如果试样中含有 A、B 两组分,若要测定 B 组分,A 组分有干扰。为了能消除 A 组分的干扰,首先选择待测组分 B 的最大吸收波长 λ_1 为测量波长,然后用作图法选择参比波长 λ_2。

如图 11-15 所示,在 λ_1 处作横坐标的垂直线,交于组分 A

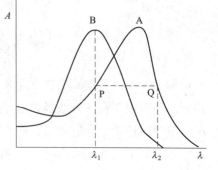

图 11-15 等吸收双波长法示意图

吸收曲线一点 P，再从这点作一条平行横坐标的直线，交于组分 A 吸收曲线另一点 Q，该点所对应的波长成为参比波长 λ_2。

组分 A 在 λ_1 和 λ_2 处是等吸收点，$A_{\lambda_1}^A = A_{\lambda_2}^A$。

由吸光度的加和性可知，混合试样在 λ_1 和 λ_2 处的吸光度可表示为

$$A_{\lambda_1}^{A+B} = A_{\lambda_1}^A + A_{\lambda_1}^B \qquad A_{\lambda_2}^{A+B} = A_{\lambda_2}^A + A_{\lambda_2}^B$$

由于双波长分光光度计的输出信号为 ΔA：

$$\Delta A = A_{\lambda_1}^{A+B} - A_{\lambda_2}^{A+B} = A_{\lambda_1}^A + A_{\lambda_1}^B - A_{\lambda_2}^A - A_{\lambda_2}^B = A_{\lambda_1}^B - A_{\lambda_2}^B$$

$$\Delta A = (\varepsilon_{\lambda_1}^B - \varepsilon_{\lambda_2}^B) L c_B \qquad\qquad (11-12)$$

由此可知，仪器输出的信号 ΔA 只与溶液中待测组分 B 的浓度成正比，而与干扰组分 A 的浓度无关，即消除了 A 对 B 的干扰。

采用等吸收双波长法测定，主要是能选择到合适的参比波长和测量波长，在波长选择时必须同时符合两个原则：①干扰组分在这两个波长处应具有相等的吸光度，即 $\Delta A^A = A_{\lambda_2}^A - A_{\lambda_1}^A = 0$；②待测组分在这两个波长处的吸光度差值 ΔA 应足够大，以保证测定有较高的灵敏度。

应用等吸收双波长法时，干扰组分 A 吸收光谱中至少需要有一个吸收峰或谷，这样才能找到对干扰组分 A 等吸收的两个不同波长。

三、纯度检查

采用紫外 – 可见吸收光谱技术，利用化合物主成分和杂质的紫外 – 可见吸收的差异，可进行化合物的纯度检查（杂质检查）。

1. 杂质检查 若某一化合物在紫外 – 可见光区没有明显吸收峰，而其中的杂质有较强的吸收峰，可通过试样的紫外 – 可见吸收光谱，检出该化合物中是否含有杂质。例如，检测乙醇中是否含有杂质苯，可根据苯在 $\lambda_{max} = 256nm$ 处有 B 吸收带，而乙醇在此波长处无吸收来确定。

如果某化合物在紫外 – 可见光区有较强吸收，还可用摩尔吸收系数 ε 来检查其纯度。用所测化合物的吸收系数除以该化合物的纯物质的吸收系数，即得该化合物的纯度。例如，菲的三氯甲烷溶液在 296nm 处有强吸收，菲 ε 值为 12600，$lg\varepsilon = 4.10$。若用某种方法精制的菲，用紫外 – 可见分光光度计测得 $lg\varepsilon$ 值比标准菲值低 10%，这说明精制品的菲含量只有 90%，其余很可能是蒽等杂质。

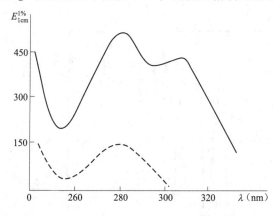

图 11 – 16　肾上腺素（虚线）与肾上腺酮的吸收光谱

2. 杂质限量检查 药物中的杂质常需制定一个允许其存在的限度（最大量）。一般有以下几种方式表示。

（1）以某个波长的吸光度值表示　在药物无吸收而杂质有最大吸收波长处测定吸光度，规定测得的吸光度不得超过某一限值（比较法）。

如肾上腺素为苯乙胺类药物，其紫外 – 可见吸收光谱显示为孤立苯环的吸收特征，在大于 300nm 处没有吸收峰，而其氧化形式肾上腺酮结构中存在共轭体系，因此在 310nm 处有最大吸收，如图 11 – 16 所示。因此可据此检查肾上腺素中存在的肾上腺酮杂质。

例 11 – 4　《中国药典》（2020 年版二部）对肾上腺素检查肾上腺酮规定

【检查】**酮体**　取本品，加盐酸溶液（9→2000）制成每 1ml 中含 2.0mg 的溶液，照紫外 – 可见分

光光度法（通则0401），在310nm波长处测定，吸光度不得过0.05。

已知肾上腺酮在310nm处的吸收系数$E_{1cm}^{1\%}$为453，故其限量为0.06%。

（2）以不同波长处吸光度的比值来表示　如药物和杂质的光谱有重叠，利用它们在不同波长处吸光度比值（$A_{\lambda 1}/A_{\lambda 2}$）作为杂质限量的检查指标。

若药物在紫外–可见光区有明显吸收，而杂质无吸收或吸收很弱，可以根据吸光度大小限制杂质含量。

例11–5　《中国药典》（2020年版二部）对青霉素钠的杂质限量规定

【检查】吸光度　取本品，精密称定，加水溶解并定量稀释制成每1ml中约含1.80mg的溶液，照紫外–可见分光光度法（通则0401），在280nm与325nm波长处测定，吸光度均不得大于0.10；在264nm波长处有最大吸收，吸光度应为0.80～0.88。

在264nm处规定吸光度值是控制青霉素钠的含量；在280nm与325nm处规定吸光度值是控制降解产物杂质限量。

第七节　红外光谱法简介

PPT

红外吸收光谱简称红外光谱，是物质分子吸收红外光的能量而发生振动和转动能级跃迁所产生的吸收光谱。利用红外光谱对待测物质进行定性、定量及分子结构分析的方法，称为红外吸收光谱法（infrared absorption spectroscopy，IR）。红外光谱法具有仪器操作简便，分析时间短；高度的特征性；试样用量少，试样可回收、不受破坏；固体、气体、液体试样均可测定等特点，广泛应用于有机化合物定性鉴别和结构分析。

波长在0.8～1000μm的电磁辐射称为红外光。通常将红外光谱分为3个区域：0.8～2.5μm（波数12500～4000cm^{-1}）为近红外光区，2.5～25μm（波数4000～400cm^{-1}）为中红外光区，25～1000μm（波数400～10cm^{-1}）为远红外光区。其中中红外光区是目前研究和应用最广的区域。

红外光谱与紫外光谱都属于分子吸收光谱。但红外光谱和紫外光谱的表示方法有所不同，红外吸收光谱用吸收峰谱带的位置和峰的强度加以表征。红外吸收光谱一般用$T-\sigma$曲线（图11–17）或$T-\lambda$曲线表示。纵坐标表示红外吸收的强弱，用透光率（$T\%$）表示（这点与紫外–可见光谱不同），吸收峰向下，向上为谷。横坐标常用波数σ（单位为cm^{-1}）或波长λ（单位为μm）来表示吸收谱带的位置。波长λ与波数σ之间的关系为：$\sigma(\mathrm{cm}^{-1})=10^4/\lambda(\mu\mathrm{m})$。

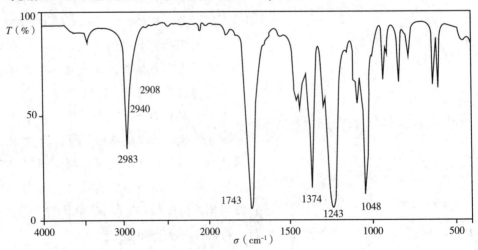

图11–17　乙酸乙酯的红外光谱

一、红外光谱法基本原理

（一）红外光谱产生的条件

红外光谱由分子吸收红外光区电磁辐射时导致振动－转动能级跃迁而产生。分子吸收红外光形成红外光谱必须同时满足以下两个条件。

（1）红外辐射的能量必须与分子振动能级跃迁所需的能量相等。即照射分子的红外辐射光的频率与分子振动－转动频率相匹配。

（2）分子（或基团）振动过程中必须伴有瞬时偶极矩的变化（$\Delta\mu \neq 0$）。即振动过程中必须是能引起分子偶极矩变化的分子才能产生红外吸收光谱。因此，当一定频率的红外光照射分子时，如果分子中某个基团的振动频率与其一致，同时分子在振动中伴随有偶极矩变化，这时物质的分子就产生红外吸收。

凡能产生红外吸收的振动，称为红外活性振动，否则就是红外非活性振动。如非极性的同核双原子分子 N_2、O_2、H_2 等，在振动过程中偶极矩并不发生变化，它们的振动不产生红外吸收谱带，为红外非活性振动。而 CO_2 由于它的不对称伸缩振动和弯曲振动能产生瞬时偶极矩变化，为红外活性振动。

（二）分子振动形式

1. 振动形式　研究分子的振动形式，有助于了解光谱中吸收峰的起源、数目及变化规律。

（1）双原子分子振动　双原子分子是简单分子，只有伸缩振动一种振动形式，即沿键轴方向的伸缩振动。可将双原子分子的振动模拟为简谐振动，其振动频率为：

$$\nu = \frac{1}{2\pi}\sqrt{\frac{k}{\mu}}$$

式中，k 是化学键力常数；μ 为成键两个原子折合相对原子质量。分子振动频率与化学键力常数、原子质量有关。

（2）多原子分子振动　多原子分子有多种振动方式，其基本振动形式可分为伸缩振动和弯曲振动两大类。

①伸缩振动是指原子沿键轴方向伸缩，使键长发生变化而键角不变的振动，用符号 ν 表示。伸缩振动可分为两种振动形式：对称伸缩振动（ν_s 或 ν^s）和不对称伸缩振动（ν_{as} 或 ν^{as}）。

②弯曲振动是指基团键角发生周期性变化而键长不变的振动，又称变形振动，用符号 δ 表示。弯曲振动可分为面内弯曲振动（β）和面外弯曲振动（γ）。同一基团的弯曲振动的频率相对较低，而且受分子结构影响极大。

面内弯曲振动指在由几个原子所构成的平面内进行的弯曲振动。面内弯曲振动又可分为两种：一是剪式振动（δ），在振动过程中键角的变化类似于剪刀的开或闭的振动；二是面内摇摆振动（ρ），振动时基团作为一个整体在键角平面内左右摇摆。如—CH_2—、—NH_2 等 AX_2 型基团易发生此类振动。

面外弯曲振动指垂直于分子所在平面上的弯曲振动。面外弯曲振动也可分为两种：一是面外摇摆（ω），两个原子同时向面上和面下的振动；二是扭曲振动（τ），一个原子向面上，另一个原子向面下的振动。

分子的各种振动形式以亚甲基—CH_2—为例，如图 11-18 所示。

2. 振动自由度与峰数　振动自由度是分子基本振动的数目，即分子的独立振动数。研究分子的振动自由度，有助于了解化合物红外吸收光谱吸收峰的数目。

红外光谱中吸收峰的个数取决于分子的自由度数，而分子的自由度数 $3N$ 等于该分子中各原子在三

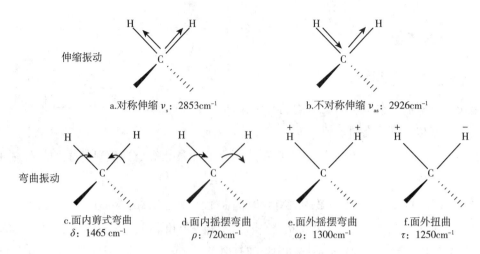

图 11 – 18 亚甲基的振动形式

+、– 分别表示垂直于纸面向里、向外

维空间中 x、y、z 三个坐标的总和，即 $3N$ = 平动自由度 + 转动自由度 + 振动自由度。因分子的转动自由度取决于分子的空间位置和分子的形状，则：线性分子的振动自由度 $f = 3n - 3 - 2 = 3n - 5$；非线性分子的振动自由度 $f = 3n - 3 - 3 = 3n - 6$。式中 n 为分子中的原子个数。

例如，水分子 H_2O 是非线性分子，其振动自由度 $f = 3 \times 3 - 6 = 3$，即有 3 种振动形式。CO_2 是线性分子，其振动自由度 $f = 3 \times 3 - 5 = 4$，即有 4 种振动形式。

红外吸收光谱的吸收峰数，从理论上来说，每个振动自由度在红外光谱区产生一个吸收峰。但实际上，红外光谱上出现的吸收峰数目常少于振动自由度数目，其原因如下。

（1）简并 频率相同的振动产生的吸收峰重叠称为简并。简并是基本振动吸收峰少于振动自由度数的首要原因。

（2）红外非活性振动 没有偶极矩变化的振动不产生红外吸收。红外非活性振动是基本振动吸收峰少于振动自由度的另一个原因。

（3）分辨率不高的仪器，很难将频率十分接近的吸收峰分开。

（4）弱的吸收峰被强的吸收峰掩盖，仪器无法检测到；有些吸收峰在中红外光区以外等。

例如，上述提到的 CO_2 分子振动自由度 4，在红外光谱图上应有 4 个吸收峰，但实际谱图中未出现 $1388cm^{-1}$ 的吸收峰，这是因为其对称伸缩振动偶极矩变化为零，不产生红外吸收；面内弯曲和面外弯曲产生的吸收峰重叠。因此，CO_2 在红外光谱图上只能看到 $2349cm^{-1}$ 和 $667cm^{-1}$ 两个吸收峰。

3. 吸收峰的类型

（1）基频峰 分子吸收一定频率的红外光，若振动能级由基态（$n = 0$）跃迁到第一振动激发态（$n = 1$）时，所产生的吸收峰称为基频峰。基频峰是红外吸收光谱中最主要的一类吸收峰。

（2）倍频峰 振动能级由基态跃迁到第一激发态（$n = 1$）以外的激发态而产生的红外吸收峰。

（3）合频峰 指两个或多个基频峰之和或差所成的峰。

（4）泛频峰 倍频峰和合频峰统称为泛频峰。泛频峰的存在使得红外光谱上吸收峰增加。

（三）红外吸收峰的强度

红外吸收峰的强度取决于分子振动时偶极矩的变化程度和相应振动能级跃迁概率两个因素。振动时偶极矩变化越大，振动能级跃迁概率越大，吸收峰强度就越大。另外，电负性越大的原子取代、分子的对称性差、费米共振等均可增加 $\Delta\mu$ 的变化率，使吸收峰增强。

在红外光谱定性分析中，红外吸收峰强度用透光率 $T\%$ 和 ε 来表示，通常把峰强分为：极强峰（vs，$\varepsilon > 100$）、强峰（s，$20 < \varepsilon < 100$）、中强峰（m，$10 < \varepsilon < 20$）、弱峰（w，$1 < \varepsilon < 10$）、极弱峰（vw，$\varepsilon < 1$）。

（四）基团振动与红外光谱区域

在有机化合物分子中，组成分子的各种基团（官能团）都有自己特定的红外吸收区域。通常把能用于鉴定化学键或基团存在且具有较高强度的吸收峰，称为特征吸收峰，简称为特征峰，其对应的频率称为特征频率，也称该基团的基团频率。

把化合物的红外谱图中由于某个官能团的存在而产生的一组相互依存又能相互佐证的特征峰，称为相关吸收峰，简称相关峰。一种官能团通常有多种振动形式，每一种红外活性振动从理论上来说都有相应的吸收峰，要证明一个基团的存在，必须同时找到该基团的一组相关峰来确定，这是红外光谱解析的一条重要原则。例如，羧基（—COOH）有如下一组吸收峰：$3400 \sim 2400\,\text{cm}^{-1}$（$\nu_{\text{O—H}}$）、$1710\,\text{cm}^{-1}$（$\nu_{\text{C=O}}$）、$1260\,\text{cm}^{-1}$（$\nu_{\text{C—O}}$）、$1430\,\text{cm}^{-1}$（$\delta_{\text{—OH}}$）。

同一类型化学键的基团在不同化合物的红外光谱中吸收峰位置是大致相同的，这一特性提供了鉴定各种基团是否存在的判断依据，从而成为红外光谱定性分析的基础。

各种基团都有其特征的红外吸收频率，按照红外光谱特征与分子结构的关系，红外光谱可分为特征区和指纹区两大区域。

1. 特征区　红外光谱中将 $4000 \sim 1300\,\text{cm}^{-1}$ 区间称为特征区或基团频率区，是化学键和基团的特征振动频率区，常用于鉴定官能团的存在，又称为官能团区。特征区吸收峰主要由伸缩振动产生的吸收带，此区吸收峰较稀疏，容易辨认。

特征区包括 X—H（X 代表 O、N、C、S 等原子）伸缩振动区以及各种双键、叁键的伸缩振动所产生的吸收区，可作为鉴定基团的依据。该区包括 $4000 \sim 2500\,\text{cm}^{-1}$ 的 X—H 伸缩振动区；$2500 \sim 1900\,\text{cm}^{-1}$ 的三键及累积双键区，此区主要是—C≡C—，—C≡N 等三键伸缩振动以及—C=C=C—，—C=C=O 等累积双键的不对称伸缩振动；$1900 \sim 1200\,\text{cm}^{-1}$ 双键伸缩振动区，主要包括 C=O、C=N，C=C，N=O 等伸缩振动和苯环的骨架振动，以及芳香族化合物的倍频峰，此区域是红外光谱中一个重要区域；$1650 \sim 1300\,\text{cm}^{-1}$ X—H 弯曲振动区，主要包括 C—H、N—H 弯曲振动。

2. 指纹区　红外光谱中 $1300 \sim 600\,\text{cm}^{-1}$ 的低频区，称为指纹区。当分子结构稍有不同时，在指纹区的吸收谱带就有细微的差异。就像每个人都有不同指纹一样，因而称为指纹区。利用指纹区可以鉴别有机化合物的类型并可研究有机化合物的构型、构象。这个区间的红外光谱对于区别结构类似的化合物很有价值，此外，此区许多吸收峰是特征区吸收峰的相关峰，可作为化合物含有某基团的旁证。指纹区包括 $1300 \sim 900\,\text{cm}^{-1}$ 的 C—O，C—C，C—X 等单键的伸缩振动和 C=S，S=O，P=O 等双键的伸缩振动产生的吸收峰；$900 \sim 600\,\text{cm}^{-1}$ 的 C—H 面外变形振动吸收峰。

二、红外光谱仪

红外光谱仪包括色散型和傅里叶变换型两大类。

色散型红外光谱仪主要由光源、样品池、单色器、检测器和记录系统五个基本部分组成。①光源：用 Nernst 灯或硅碳棒；②吸收池：由透过红外光的 NaCl、KBr 等材料制成窗片；③单色器：由色散元件、准直镜和狭缝构成，色散元件常用光栅；④检测器：常用的有真空热电偶、热释电检测器。

色散型红外光谱仪工作原理：光源发射出的红外光被分成强度相等的两束，一束通过样品池，另一束通过参比池；经半圆扇形切光器将测量光束和参比光束交替通过单色器，然后被检测器检测。当样品有吸收时，到达检测器的样品光束减弱，两光束不平衡，检测器就有信号产生。该信号经放大器放大，由记录仪自动记录光谱图。色散型红外光谱仪扫描速度慢，灵敏度和分辨率较低。

傅里叶变换红外光谱仪（Fourier transform infrared spectrometer，FTIR），没有色散元件，由迈克尔逊干涉仪将红外辐射转变为干涉图。这种仪器消除了狭缝对光能的限制，具有很高的分辨率和扫描速度，光谱范围宽，测量精度高，且灵敏度极高，特别适用于弱红外光谱的测定。成为目前主导仪器类型，是许多国家绘制药品红外吸收光谱的指定仪器。本节主要介绍傅里叶变换红外光谱仪。

（一）基本组成

傅里叶变换红外光谱仪与色散型红外光谱仪主要区别是用迈克尔逊干涉仪取代了单色器。其主要由光源、迈克尔逊干涉仪、吸收池（样品室）、检测器、计算机处理系统组成，其核心部分是干涉仪和计算机处理系统。

1. 光源　红外光源是能够发射出稳定、高强度连续红外辐射的物体。一般用硅碳棒或涂有稀土金属化合物的镍铬旋状灯丝。

2. 迈克尔逊干涉仪　迈克尔逊干涉仪是傅里叶变换红外光谱仪的核心部分。它由固定反射镜（定镜）、可移动反射镜（动镜）及与两反射镜成45°角的半透明光束分裂器（简称分束器）组成。

3. 检测器　由于傅里叶变换红外光谱仪全程扫描速度快，一般小于1秒，一般检测器的响应时间不能满足要求。因此目前多采用热电检测器氘代硫酸三甘钛（DTGS）或光电导检测器汞镉碲（MCT）检测器。

4. 吸收池（样品室）　由于玻璃、石英等材料对红外光几乎全部吸收，故红外吸收池常使用不吸收红外光并可透过红外光的 KBr、NaCl 等结晶体材料制成窗片，使用时要注意防潮。不同的试样状态（气态、液态）使用相应的吸收池，固体试样不用吸收池，一般采用压片机制成一定直径和厚度的透明片直接测定。

5. 计算机处理系统　傅里叶变换红外光谱仪用计算机处理检测器输出的干涉图，对其进行傅里叶变换转换处理，并自动显示光谱图。

（二）工作原理

光源发出的红外辐射，首先经过迈克尔逊干涉仪转变为干涉光，干涉光透过样品，由于样品能吸收特征波数的红外光，带有样品信息的透过光进入检测器得到干涉图，干涉图经计算机模/数转换，就得到透射率随频率（或波数）变化的样品红外光谱图。傅里叶变换型红外光谱仪的工作原理示意图如图 11-19 所示。

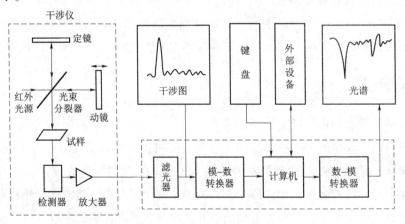

图 11-19　傅里叶变换型红外光谱仪工作原理示意图

知识链接

衰减全反射红外光谱仪 ATR – FTIR

衰减全反射（attenuatedtotal reflectance，ATR），是红外光谱重要的采样技术之一。同传统的透射方法相比，ATR 具有制样简单，样品基本不需要制备，不破坏样品，可直接将样品放在 ATR 晶体上进行测试，操作简便等优点。采用 ATR – FTIR 可以获得常规的透射红外光谱所不能得到的检测效果，简化了样品的制作和处理过程，大大提高了测试速度及测试效率，扩展了红外光谱的应用范围。该技术目前被广泛应用于药品、食品、农业、环境、临床医学、生命科学和化工材料等领域，如用于药品包装材料的检测等，显示出广阔的应用前景。

三、红外光谱法的应用

《中国药典》（2020 年版四部）指出，红外光谱法是在 $4000 \sim 400 cm^{-1}$ 波数范围内测定物质的吸收光谱，用于化合物的鉴别、检查或含量测定的方法。除部分光学异构体及长链烷烃同系物外，几乎没有两个化合物具有相同的红外光谱，据此可以对化合物进行定性和结构分析；化合物对红外辐射的吸收程度与其浓度的关系符合朗伯 – 比尔定律，是红外分光光度法定量分析的依据。

（一）定性分析

红外吸收光谱法是物质定性分析的最重要方法之一，一般可分为官能团定性和结构分析两个方面。一般分析步骤如下。

1. 了解试样有关资料和数据 在解析红外光谱前，应尽可能了解试样的来源、纯度、物理状态及理化性质等，紫外光谱、质谱、核磁共振谱等对化合物红外光谱解析会有很大的帮助。特别是化合物的分子式，可确定不饱和度，对分子结构的确定非常重要。不饱和度反映了分子中含芳香环及不饱和键的总数。不饱和度的计算公式见式（11 – 13）。

$$U = 1 + n_4 + \frac{n_3 - n_1}{2} \tag{11 – 13}$$

式中，U 为不饱和度；n_4、n_3、n_1 分别为分子中所含四价、三价、一价原子的数目。例如，C 为四价原子，N 为三价原子，H、X（卤素）为一价原子。二价原子，如 S、O 等不参加计算。当 $U = 0$ 时，表示分子是饱和的，可能是链状烷烃或其不含双键的衍生物；当 $U = 1$ 时，分子结构可能有一个双键或脂环；当 $U = 2$ 时，分子结构可能有两个双键或脂环，也可能有一个叁键；当 $U = 4$ 时，分子结构可能有一个苯环。

2. 用适当的方法纯化样品并制样，记录红外吸收光谱图 红外光谱法对试样的要求 ①试样应是单一组分的纯物质，纯度应大于 98%；②试样中不应含有水分；③试样的浓度和测试厚度应适当；④选择符合所测光谱波段要求的溶剂配制溶液。

3. 谱图解析 分析谱图常按"先特征区，后指纹区；先最强峰，后次强峰；先粗查，后细找；先否定，后肯定；抓一组相关峰"的原则进行。通过对红外光谱中特征吸收的位置、强度及峰形的逐一解析，找出与结构有关的信息。初步推断分子所含基团及化学键类型，再结合其他相关分析数据，确定化合物的可能结构。

4. 与标准谱图进行对照，确定化合物的结构 将得到的谱图再与该化合物标准图谱进行比较对照，最后确定该化合物结构。

常见的标准图谱有萨特勒（Sadtler）标准红外光谱集、Sigma Fourier 红外光谱图库、国家药典委员会编制的《药品红外光谱集》及各国药典药品红外光谱图集等。

目前，许多带有计算机的红外光谱仪常配有"标准图谱库"，可借助计算机检索并完成与标准谱图的核对工作。

（二）定量分析

可根据红外吸收光谱测定吸收峰的强度进行定量分析。但红外光谱技术灵敏度较低、误差较大，尚不适用于微量组分的测定。使得红外光谱法在定量分析方面，远不如紫外－可见光谱法应用广泛。

第八节　荧光光谱法简介

PPT

分子吸收辐射光成为激发态分子，在返回基态过程中的发光现象，称为光致发光。光致发光最常见的类型是荧光和磷光。荧光是物质接受光子能量而被激发，从激发态的最低振动能级返回基态时所发射的光。荧光光谱法（fluorescence spectrometry）是根据物质的荧光谱线位置及其强度进行物质鉴定和含量测定的分析方法。其主要优点是灵敏度高，比紫外－可见分光光度法高 $2 \sim 3$ 个数量级，选择性好，样品用量少，操作方便等。如果待测物质是分子，称为分子荧光；待测物质是原子，称为原子荧光。一般所说的荧光分析法是指以紫外光或可见光作为激发源，所发射的荧光波长较激发波长要长的分子荧光。荧光分析法可用于无机物和有机物的测定，广泛应用于食品、药品、医学检验、环境监测等领域。

一、荧光光谱法基本原理

1. 分子激发态　物质的分子体系中存在着一系列紧密相隔的电子能级，而每个电子能级中又包含一系列的振动能级和转动能级。大多数分子含有偶数个电子，在基态时，这些成对的电子自旋方向相反，填充在能量最低的轨道中。当基态分子中的一个电子吸收光辐射后，被激发跃迁到较高的电子能级且自旋方向不改变。此时分子所处的激发态称为激发单重态。若电子在跃迁过程中还伴随着自旋方向的改变，此时分子所处的激发态称为激发三重态。激发单重态与相应的三重态的区别在于电子自旋方向不同，激发三重态的能量稍低。

2. 分子荧光的产生　基态分子在吸收了紫外光或可见光后，从最低振动能级跃迁至第一电子激发态或更高电子激发态的不同振动－转动能级，变为激发态分子。处于激发态的分子不稳定，通常由以下几种途径释放能量回到基态。

（1）振动弛豫　指同一电子能级中，分子由较高振动能级向该电子态的最低振动能级的非辐射跃迁。振动弛豫过程速度很快，仅需 $10^{-14} \sim 10^{-12}$ 秒即可完成。

（2）内转换　是相同多重态的两个电子态间的非辐射跃迁。内转换速度也很快，在 10^{-13} 秒以内。

（3）荧光发射　处于激发单重态最低振动能级的分子，如以光辐射形式释放能量，回到基态各振动能级，此过程称为荧光发射，此时发出的光称为荧光。

（4）系间窜越　处于激发单重态的分子由于电子自旋方向的改变，跃迁回到同一激发三重态的过程称为系间窜越。系间窜越也是无辐射跃迁。对于大多数物质，系间窜越是禁阻的。若较低单重态振动能级与较高的三重态振动能级重叠或分子中有重原子（如 I、Br 等）存在，系间窜越则较为常见。

（5）磷光发射　处于激发态的分子从第一激发三重态回到基态伴随的光辐射，这一过程称为磷光发射，此时发出的光称为磷光。由于荧光分子与溶剂分子间相互碰撞等因素的影响，处于激发三重态的分子常常通过无辐射过程失活回到基态，因此在室温下很少呈现磷光，所以磷光法不如荧光分析法普遍。

（6）外转换　指处于激发态的分子与溶剂分子或其他溶质分子产生相互作用而转移能量的非辐射跃迁。外转换可使荧光或磷光减弱或"猝灭"。

3. 激发光谱与发射光谱　荧光物质分子都具有两个特征光谱，即激发光谱和发射光谱。

（1）激发光谱　激发光谱是固定某一发射波长，测定该波长下的荧光发射强度随激发波长变化所得到的光谱。激发光谱反映了在固定荧光波长下，不同波长的激发光激发荧光的效率。激发光谱可用于荧光物质的鉴别，并在进行荧光测定时选择合适的激发光波长。

（2）发射光谱　发射光谱指固定某一激发波长，测定荧光发射强度随发射波长变化所得到的光谱，又称荧光光谱。发射光谱反映了在相同的激发条件下不同荧光波长处分子的相对发光强度。发射光谱也可用于具荧光性物质的鉴别，并在进行荧光测定时选择合适的测定波长（图11-20）。

（3）激发光谱与发射光谱的关系　荧光光谱形状与激发光波长无关。由于荧光发射是激发态的分子由第一激发单重态的最低振动能级跃迁到基态的各振动能级所产生，故荧光光谱的形状与激发波长无关。

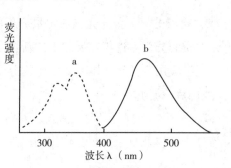

图11-20　硫酸奎宁的激发光谱
（虚线）和荧光光谱（实线）

荧光光谱的波长总是比激发光谱的波长长。产生位移的原因是激发与发射之间产生了能量损耗，即发射荧光之前的振动弛豫和内转换过程消耗了一定能量。

荧光发射光谱与吸收光谱成镜像关系。物质的分子只有对光有吸收，才会被激发，故理论上，荧光化合物的激发光谱形状应与其吸收光谱形状完全相同。实际上，由于存在测量仪器的因素或测量环境的影响，大多数情况下，激发光谱与吸收光谱两者的形状有差别。只有在校正仪器和环境因素后，两者的形状才会相同。将某种物质的荧光发射光谱与其激发光谱相比较，会发现两者存在"镜像对称"关系。

4. 荧光与分子结构的关系

（1）共轭效应　提高共轭度有利于增加荧光效率并产生红移。大多数能发荧光的物质为含芳香环或杂环的化合物。

（2）刚性平面结构　具有刚性平面结构分子，其振动和转动的自由度减小，与溶剂的相互作用也减小，能产生很强的荧光。

（3）取代基效应　芳环上的取代基的改变，对荧光强度和光谱有很大的影响。若有供电子取代基，如—NH_2、—OH、—CN 等，可使荧光强度增强；若有吸电子取代基，如—SH、—NO_2、—COOH 等，可使荧光强度减弱。

二、荧光光谱仪

1. 基本结构　荧光光谱仪的基本结构如图11-21所示，由光源、单色器、样品池、检测器及记录处理系统组成。

（1）光源　通常使用高压氙灯和高压汞灯。高压氙灯可在400～800nm波长范围内提供连续的光。

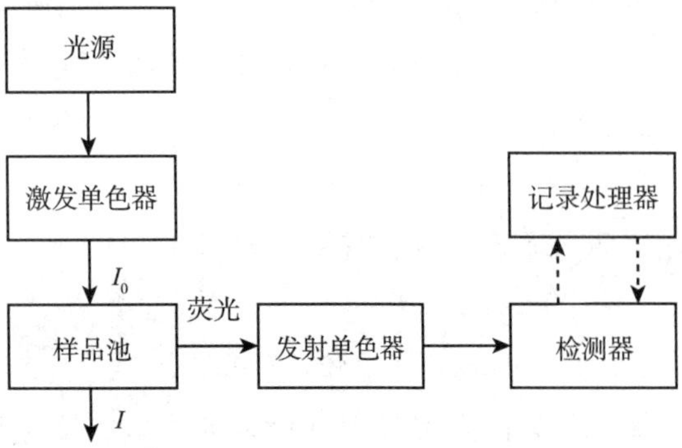

图 11-21　荧光光谱仪结构示意图

在滤光片荧光计中常采用高压汞灯，其波长范围主要在紫外光区。

（2）样品池　通常采用弱荧光的石英材质制成的四面透明的方形池体。

（3）单色器　仪器中有两个单色器，激发单色器和发射单色器。激发单色器置于光源和样品池之间，用于选择所需的激发波长，激发样品；发射单色器置于样品池和检测器之间，常采用光栅，用于分离所需检测的荧光发射波长，通常光源与检测器的位置互为直角，避免光源对荧光检测的干扰。

（4）检测器　一般采用光电管或光电倍增管，可将光信号放大，并转换为电信号。

三、荧光光谱法的应用

1. 定量分析　荧光光谱法定量分析的依据是荧光强度与物质浓度呈线性关系，适用于微量和痕量组分物质的分析。近年发展起来的新技术如激光诱导荧光和荧光探针等具有很高的灵敏度，在各种检测和标记中应用广泛，如用来测定生物分子含量，研究 DNA 与小分子及药物的作用机制，筛选和设计新的高效低毒药物。

2. 分子结构测定　荧光激发、发射光谱及强度与荧光参数及分子结构有密切关系，因此荧光分析可为分子结构及分子间相互作用的原理提供有益的信息。

实践实训

实训十五　紫外－可见分光光度法测定水中微量铁

【实训内容】

1. 紫外－可见分光光度法测定微量铁。

2. 吸收曲线和标准曲线的绘制。

【实训目的】

1. 掌握用紫外－可见分光光度法测定微量铁的基本原理和方法。

2. 熟悉绘制吸收曲线和利用标准曲线进行定量分析的方法。

3. 了解 722S 型分光光度计的正确使用。

【实训原理】

根据朗伯－比尔定律：$A = \varepsilon cL$，当入射光波长 λ 及光程 L 一定时，在一定浓度范围内，有色物质的吸光度 A 与该物质的浓度 c 成正比。只要绘出以吸光度 A 为纵坐标，浓度 c 为横坐标的标准曲线，测出试液的吸光度，由标准曲线查得对应的浓度值，再求出组分的含量。

邻二氮菲（1,10-二氮杂菲）是测定微量铁较好的显色剂。在 pH 2~9 溶液中，Fe^{2+} 与邻二氮菲生成稳定的橙红色配合物，显色反应如下。

$$3C_{12}H_8N_2 + Fe^{2+} \Longrightarrow [Fe(C_{12}H_8N_2)_3]^{2+}$$

此配合物 $\lg K_{稳} = 21.3$，摩尔吸光系数 ε_{510} 为 $1.1 \times 10^4 L/(mol \cdot cm)$。在显色前，首先用盐酸羟胺将 Fe^{3+} 还原成 Fe^{2+}。

$$2Fe^{3+} + 2NH_2OH \cdot HCl \Longrightarrow 2Fe^{2+} + N_2 \uparrow + 2H_2O + 4H^+ + 2Cl^-$$

测定时若酸度高，反应进行较慢；酸度太低，则二价铁离子易水解，影响显色。本实验采用 HAc - NaAc 缓冲溶液控制溶液 $pH \approx 5.0$，使显色反应进行完全。

【实训仪器和试剂】

1. 仪器 722S 型分光光度计，电子天平（0.1mg），酸度计，容量瓶（棕色，50ml、100ml、500ml、1000ml），移液管（2ml、10ml），吸量管（1ml、5ml、10ml），1cm 吸收池等。

2. 试剂 硫酸铁铵，盐酸，盐酸羟胺，醋酸钠，醋酸，邻二氮菲，以上试剂均为分析纯。

【实训步骤】

1. 溶液制备

（1）配制 100 μg/ml 铁标准溶液 准确称取 0.8634g $NH_4Fe(SO_4)_2 \cdot 12H_2O$，置于烧杯中，加入 20ml 6mol/L 的盐酸溶液和少量蒸馏水，溶解后，定量转移至 1000ml 容量瓶中，加蒸馏水稀释至刻度，摇匀，得 100μg/ml 储备液。

（2）配制 10μg/ml 铁标准溶液 精密移取上述 100μg/ml 铁标准储备液 10.00ml，置于 100ml 容量瓶中，加入 2.0ml 6mol/L 的盐酸溶液，用蒸馏水稀释至刻度，摇匀。

（3）盐酸羟胺水溶液（10%） 新鲜配制。取盐酸羟胺 10g，加水溶解并稀释至 100ml。

（4）邻二氮菲溶液（0.15%） 新鲜配制。称取 1.5g 邻二氮菲，溶解在 100ml 1 : 1 乙醇溶液中。

（5）HAc - NaAc 缓冲溶液（$pH \approx 5.0$） 称取 136g 醋酸钠，加水溶解，加入 60ml 冰醋酸，加水稀释至 500ml。

（6）盐酸溶液 6mol/L。

（7）待测水样配制 取 100μg/ml 的铁标准储备溶液 20ml，加水稀释至 500ml。

2. 操作内容

（1）开机检查及预热 检查仪器，连接电源，打开仪器电源开关，开启吸收池样品室盖，预热 20 分钟。

（2）邻二氮菲 - Fe^{2+} 吸收曲线的绘制 用吸量管准确移取铁标准溶液（10μg/ml）6.0ml，于 50ml 容量瓶中，加 10% 盐酸羟胺溶液 1.0ml，摇匀后加入 0.15% 邻二氮菲溶液 2.0ml 和 HAc - NaAc 缓冲溶液 5.0ml，加水稀释至刻度，摇匀，放置 10 分钟。选用 1cm 比色皿，以试剂空白溶液为参比溶液，在波长 460 ~ 540nm 间，每隔 10nm 测量一次吸光度 A（在最大吸收波长处，每隔 2nm 或 5nm）。以所测得吸光度 A 为纵坐标，以相应波长 λ 为横坐标，在坐标纸上（或计算机软件）绘制 A 与 λ 的吸收曲线，确定最大吸收波长 λ_{max}。如下表所示。

不同吸收波长下铁标准显色溶液的吸光度

波长（nm）	460	470	480	490	500	505	510	515	520	530	540
吸收度（A）	0.310	0.342	0.366	0.387	0.401	0.408	0.412	0.408	0.389	0.317	0.217

用计算机 Excel 软件绘制邻二氮菲 - Fe^{2+} 吸收曲线：在 Excel 中，将波长和相应的吸光度分别输入第一列和第二列单元格，选定此数据区，点击"插入 - 散点图 - 带平滑曲线散点图"，可得两组数据散

点图平滑曲线。

选中坐标轴，单击鼠标右键，设置坐标轴格式，如实训图 15 - 1 所示。设计编辑图表布局，即得吸收曲线。

从吸收曲线可得，邻二氮菲 - Fe^{2+} 配合物最大吸收波长 $\lambda_{max} = 510nm$。

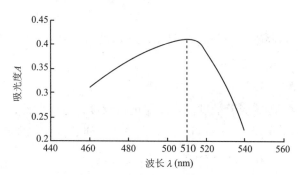

实训图 15 - 1　编辑得到的邻二氮菲 - Fe^{2+} 吸收曲线

（2）标准曲线的绘制　精密移取铁标准溶液（ $10\mu g/ml$ ） 0.0ml、 2.00ml、 4.00ml、 6.00ml、 8.00ml、10.00ml 分别置于 6 个 50ml 容量瓶中，再分别依次加 10% 盐酸羟胺溶液 1.0ml，稍摇动，加 0.15% 邻二氮菲溶液 2.0ml 及 HAc - NaAc 缓冲溶液 5.0ml，加水稀释至刻度，充分摇匀，放置 10 分钟。用 1cm 比色皿，以试剂空白（即在 0.0ml 铁标准溶液中加入相同试剂）为参比溶液，选择上述步骤所得到的最大吸收波长 λ_{max} 为测定波长，测量各溶液的吸光度 A。

按照计算机 Excel 软件绘制标准曲线的方法，以含铁量 c 为横坐标，吸光度 A 为纵坐标，绘制标准曲线。如实训图 15 - 2 是编辑得到的标准曲线及其线性回归方程及相关系数。

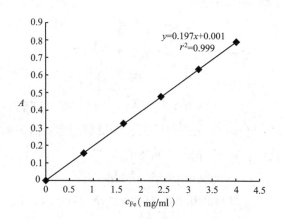

实训图 15 - 2　编辑得到的标准曲线
及其线性回归方程

（3）试样中铁含量的测定　取含铁水样 5.0ml，共取 2 份，分别置于 2 个 50ml 容量瓶中，按上述条件和步骤测其吸光度 A，根据水样的吸光度，从标准曲线上即可查出相对应的铁含量，并计算出待测水样中铁的含量（以 $\mu g/ml$ 表示）。

【数据记录与处理】

1. 吸收曲线　不同吸收波长下铁标准显色溶液的吸光度。

波长（nm）	460	470	480	490	500	505	510	515	520	530	540
吸收度（A）											

2. 标准曲线

铁标准溶液体积（ml）	0.0	2.0	4.0	6.0	8.0	10.0
铁标准溶液浓度 c（$\mu g/ml$）						
吸光度（A）						

3. 水样中铁的含量测定

水样测定序号	①	②
吸光度（A）		
水样中铁含量（$\mu g/ml$）		
平均浓度（$\mu g/ml$）		

4. 绘图与计算

（1）绘制吸收曲线和标准曲线　以波长 λ 为横坐标，吸光度 A 为纵坐标，绘制吸收曲线。

a. 在坐标纸上绘制；

b. 利用 EXCEL 软件绘制，给出回归方程。根据计算公式计算回归方程的常数。

（2）根据测定水样的吸光度，计算原水样中铁的含量：从标准曲线上查出，计算原水样中铁的含量。

水样中铁含量均值 $\bar{c}$（μg/ml）=

水样中铁含量相对平均偏差 $R\bar{d}$ =

【实训结论】

$$\bar{c} = \qquad\qquad n = \qquad\qquad R\bar{d} =$$

> **注意事项**
>
> 1. 在实际工作中，为了避免使用中出差错，须在所做的工作曲线上标明标准曲线的名称、标准溶液名称和浓度、坐标分度及单位、测量条件（仪器型号、测定波长、吸收池规格、参比液名称等）以及制作日期和制作者姓名。
>
> 2. 在测定样品时，应按相同的方法同时制备样品试液和标准溶液，并在相同的条件下测其吸光度。
>
> 3. 盐酸羟胺水溶液不稳定，应临用新配。
>
> 4. 加入试剂的顺序不得更改。

【实践思考】

1. 紫外－可见分光光度法测定水中微量铁时，为什么要加入盐酸羟胺溶液？

2. 在绘制标准曲线和测定试样时，为什么要以空白溶液作参比？

【实训体会】

实训十六　高锰酸钾吸收曲线的绘制和含量测定

【实训内容】

1. 紫外－可见分光光度法绘制高锰酸钾吸收曲线和标准曲线。

2. 利用紫外－可见分光光度计测定样品含量。

【实训目的】

1. 掌握 722S 型分光光度计的使用方法。

2. 熟悉吸收曲线的绘制方法，能从吸收曲线中选择最大吸收波长。

3. 了解分光光度计测定样品含量的方法。

【实训原理】

高锰酸钾溶液对不同波长的光有不同的吸收程度。选择合适的波长间隔绘制 $KMnO_4$ 的吸收曲线并找出最大吸收波长 λ_{max}。从吸收曲线选定的 λ_{max} 为测定波长，用标准曲线法测定样品溶液的含量。

【实训仪器与试剂】

1. 仪器 722S 型分光光度计，容量瓶（棕色，25ml、50ml、500ml、1000ml），移液管（1ml、2ml、5ml、10ml），烧杯（100ml）。

2. 试剂 待测样品：取 $KMnO_4$ 0.08～0.1g 置于 500ml 容量瓶中，加纯化水稀释至刻度。

【实训步骤】

1. 标准溶液的制备 精密称取基准物 $KMnO_4$ 0.2500g，在小烧杯中溶解后全部转入 1000ml 容量瓶中，用纯化水稀释到刻度，摇匀，每毫升含 $KMnO_4$ 为 0.25mg。

2. 吸收曲线的绘制 精密量取上述 $KMnO_4$ 标准溶液 10.00ml 置于 50ml 容量瓶中，加蒸馏水至刻度，摇匀。以纯化水为空白，依次选择 480、490、500、510、520、525、530、535、540、545、550、560、580nm 波长为测定点，依法测出各点的吸光度 A。以测定波长 λ 为横坐标，以相应测出的吸光度 A_i 为纵坐标，绘制吸收曲线；从吸收曲线处找出最大吸收波长 λ_{max}。

3. 标准曲线的绘制 取 6 支 25ml 容量瓶，分别加入 0.00ml、1.00ml、2.00ml、3.00ml、4.00ml、5.00ml $KMnO_4$ 标准溶液，用纯化水定容，摇匀。以第一管纯化水为空白，在最大吸收波长 λ_{max} 处，依次测定各溶液的吸光度 A，然后以浓度 c_s（mg/ml）为横坐标，相应的吸光度 A_s 为纵坐标，绘制标准曲线。

4. 样品的测定 取待测样品溶液 5ml，共取 2 份，分别置于 25ml 容量瓶中，用纯化水稀释至刻度，摇匀，作为供试液。依上法操作，测出相应的吸光度 A。

注意事项

1. 在实际工作中，为了避免使用中出差错，须在所做的工作曲线上标明标准曲线的名称、标准溶液名称和浓度、坐标分度及单位、测量条件（仪器型号、测定波长、吸收池规格、参比液名称等）以及制作日期和制作者姓名。

2. 在测定样品时，应按相同的方法同时制备样品试液和标准溶液，并在相同的条件下测量吸光度。

3. 盐酸羟胺水溶液不稳定，应临用新配。

4. 加入试剂的顺序不得更改。

【数据记录与处理】

1. 吸收曲线

波长（nm）	480	490	500	510	520	525	530	535	540	545	550	560	580
吸光度（A）													

2. 标准曲线

标准溶液体积（ml）	0.0	1.0	2.0	3.0	4.0	5.0
浓度 c_S（mg/ml）						
吸光度（A）						

3. 供试液的含量测定

供试液序号	①	②
吸光度（A）		

4. 绘图与计算

①绘制标准曲线：以浓度 c 为横坐标，吸光度值 A 为纵坐标，绘制标准曲线。

②根据测得供试液的吸光度，计算含量：从标准曲线上可查得供试液 $c_{供}$（mg/ml）。

$$c_{样}(\text{mg/ml}) = c_{供} \times D$$

式中，$c_{样}$ 为所测样品中 $KMnO_4$ 的浓度（mg/ml）；$c_{供}$ 为标准曲线中查得的供试液的浓度（mg/ml）；D 为样品溶液稀释为供试液的倍数。

1：样品含量 $c_{样1}$（mg/ml）：

2：样品含量 $c_{样2}$（mg/ml）：

$KMnO_4$ 样品含量均值 $\bar{c}$（mg/ml）=

相对平均偏差 $R\bar{d}$ =

【实训结论】

$\bar{c}$　　　　　　　　　　$n =$　　　　　　　　　　$R\bar{d} =$

【实训思考】

什么是吸收曲线？什么是标准曲线？两者的作用是什么？有何区别？

【实训体会】

实训十七　维生素 B_{12} 注射液的定性鉴别和定量分析

【实训内容】

1. 紫外－可见分光光度计的操作。

2. 维生素 B_{12} 定性鉴别和定量分析。

【实训目的】

1. 掌握紫外－可见分光光度计的操作方法。

2. 熟悉用紫外－可见分光光度法进行物质的定性鉴别和定量分析方法。

3. 了解标示量的百分含量及稀释度等计算方法。

【实验原理】

1. 维生素 B_{12} 注射液的定性鉴别 维生素 B_{12} 注射液为含有 Co 的有机化合物,为粉红色至红色的澄明液体,可用于治疗贫血等疾病。维生素 B_{12} 溶液在 278nm、361nm 和 550nm 波长处有最大吸收,根据其吸收光谱的特征,利用其两个特定波长处的吸光度比值,可进行定性鉴别。《中国药典》(2020 年版二部)规定:照紫外 – 可见分光光度法(通则 0401)测定,在 361nm 与 550nm 的波长处有最大吸收;361nm 波长处的吸光度与 550nm 波长处的吸光度的比值应为 3.15~3.45。

2. 维生素 B_{12} 注射液的定量分析 由于维生素 B_{12} 注射在 361nm 处的吸收最强且干扰较少,将 361nm 作为测量波长,测量其溶液的吸光度 A,采用吸收系数法直接测定浓度,计算维生素 B_{12} 的百分含量。《中国药典》(2020 年版二部)规定,在 361nm 的波长处测定吸光度,按维生素 B_{12}($C_{63}H_{88}CoN_{14}O_{14}P$)的吸收系数($E_{1cm}^{1\%}$)为 207 计算含量。

【实训仪器与试剂】

1. 仪器 TU – 1901 型紫外 – 可见分光光度计,1cm 石英吸收池,容量瓶(棕色,10ml,25ml),吸量管(1ml)等。

2. 试剂 维生素 B_{12} 注射液(规格 1ml∶0.25mg)。

【实训步骤】

1. 开机检查及预热 检查仪器,连接电源,打开仪器电源开关,开启吸收池样品室盖,预热 20 分钟;打开工作站,自检完毕,按要求设置参数等。

2. 试样溶液的制备 精密量取本品 1ml,置于 10ml 量瓶中,加水至刻度,摇匀,制成每 1ml 中含维生素 B_{12} 25μg 的试样溶液。

3. 维生素 B_{12} 吸收曲线绘制与鉴别 将试样溶液装入 1cm 石英吸收池中,以水为空白,在 250~700nm 波长范围进行光谱扫描,得出维生素 B_{12} 的吸收曲线,并得到维生素 B_{12} 溶液在 361nm 和 550nm 波长处出现的吸收峰,然后在 361nm 及 550nm 波长处分别测定吸光度,计算吸光度 A_{361}/A_{550} 的比值进行定性鉴别。

4. 含量测定 取维生素 B_{12} 试样溶液,在 361nm 的波长处测定试样溶液的吸光度,计算维生素 B_{12} 注射液的含量。

5. 关机 实验完毕,先关闭软件,再关闭计算机,然后关闭仪器电源。清洗吸收池,清理台面,填写仪器使用记录。

【数据记录与处理】

1. 吸收曲线的绘制 以波长为横坐标,相应的吸光度为纵坐标,绘制 $A – \lambda$ 吸收曲线。

2. 定性鉴别

样品编号	①	②
361nm 吸光度 A_{361}		
550nm 吸光度 A_{550}		
A_{361}/A_{550}		

(1)峰位置确定:

(2)A_{361}/A_{550} =   (规定 3.15~3.45)

3. 定量分析（吸收系数法） 按标准维生素 B_{12} 的吸收系数 $E_{1cm}^{1\%}$（361nm）为 207，由于百分吸收系数的浓度单位为 1g/100ml，现将测定的维生素 B_{12} 注射液的浓度单位为 g/ml，即：

$$维生素 B_{12} 注射液标示量百分含量 = \frac{\dfrac{A_{样品}}{E_{1cm}^{1\%} L} \times \dfrac{1}{100} \times D}{S_{标示量}（g/ml）} \times 100\%$$

样品编号	①	②
吸光度 A		
$c_{试样}$（g/ml）		
标示量百分含量		
标示量百分含量平均值		
标示量百分含量平均值修约值		
相对平均偏差 $R\bar{d}$		

【实训结论】

1. $A_{361}/A_{550} =$ 　　　　　　（规定 A_{361}/A_{550} 3.15～3.45）

2. 规定：本品含维生素 B_{12}（$C_{63}H_{88}CoN_{14}O_{14}P$）应为标示量的 90.0%～110.0%。

结论：

（1）该物质为：

（2）本品含维生素 B_{12}（$C_{63}H_{88}CoN_{14}O_{14}P$）为标示量的

注意事项

1. 测定时应避光操作。

2. 测定时不要打开样品池盖。

3. 注意石英吸收池的操作使用。

【实践思考】

紫外－可见分光光度法测定维生素 B_{12} 含量及定性鉴别的原理是什么。

【实训体会】

实训十八　布洛芬的红外吸收光谱鉴别

【实训内容】

1. 红外光谱法鉴别化合物。

2. 傅里叶变换红外光谱仪的原理和使用。

【实训目的】

1. 掌握溴化钾压片法制备固体试样的方法。

2. 熟悉化合物定性鉴别的方法，红外吸收光谱图解析。

3. 了解傅里叶变换红外光谱仪的使用方法。

【实训原理】

不同的样品有相对应的红外光谱图。不同的样品状态（固体、液体、气体等）需要采用相应的制样方法才能得出真实、准确的红外光谱图。制样方法的选择和制样技术的好坏直接影响谱带的形状、峰值、数目和强度。

对于布洛芬固体粉末样品采用压片法制样。一般方法是：将样品和分散介质粉末研细混匀，用压片机压成透明的薄片后测定。固体的分散介质在使用前要充分研细，颗粒直径最好小于 $2\mu m$（因为中红外区的波长是从 $2.5\mu m$ 开始的）。

将原料药布洛芬用溴化钾压片后进行红外光谱测定，测得的试样谱图与《药品红外光谱集》第三卷 943 图上的标准谱图对照，若两张谱图吸收峰位置和形状完全相同，峰强度一致，则可认为两者是同一化合物。如果两张谱图不一样或峰位不一致，则说明两者不是同一化合物或试样有杂质。

【实训仪器与试剂】

1. 仪器 傅里叶变换红外光谱仪，红外光灯，玛瑙研钵，压片机，制样模具和试样架，不锈钢药匙，不锈钢镊子。

2. 试剂 布洛芬（原料药），KBr（光谱纯），无水乙醇（AR），擦镜纸。

【实训步骤】

1. 固体样品的制备（压片）

（1）用无水乙醇清洗玛瑙研钵，用擦镜纸擦干后，再用红外灯烘干。

（2）试样制备 称取 1~2mg 布洛芬供试品，置于玛瑙研钵中，加入干燥的光谱纯溴化钾 200mg，在红外光照射下混合，充分研磨均匀，使其粒度在 $2\mu m$（通过 250 目筛孔）以下，用药匙取少量上述混合试样装入压片机的模具的两片压舌下。压片后，取下压片磨具，即得表面光洁、无裂缝均匀透明薄片，用镊子小心取出试样薄片，待测；用同法压制空白溴化钾片。

（3）用无水乙醇清洗玛瑙研钵，用擦镜纸擦干后，放入干燥器中备用。

2. 红外光谱仪的使用

（1）打开红外光谱仪，预热，再打开电脑，进入红外光谱工作站，设置相关参数。

（2）背景扫描 将空白溴化钾片置于红外光谱仪样品池，从 $400 \sim 4000 cm^{-1}$ 波数范围内进行扫描，作为背景图谱。

（3）测定红外光谱 将布洛芬压片样品置于红外光谱仪样品池，从 $4000 \sim 400 cm^{-1}$ 波数范围内对试样进行光谱扫描，测定并录制试样红外光谱图。

（4）与标准红外光谱比较 从所得的布洛芬红外吸收光谱图找出羧基、苯环骨架、苯环对二取代、甲基、异丙基等有关吸收峰，并与布洛芬标准红外光谱图逐一进行对照比较。

本品的红外光谱图应与标准图谱（《药品红外光谱集》第三卷 943 图）一致。

（5）结束工作 实验完毕，先关闭软件，再关闭计算机，然后关闭仪器电源。用无水乙醇清洗玛瑙研钵等工具，清理台面，填写仪器使用记录。

注意事项

1. 制样前确保试样和溴化钾是干燥纯品。

2. 研磨时为保证所处环境的干燥度，可在红外光灯照射下研磨，以防试样吸水。研磨应朝同一方向均匀用力，直至试样中无肉眼可见的粒子，以确保 KBr 压片均匀度和透明度，防止待测试样在研磨过程中产生转晶。

3. 压片前，模具应用无水乙醇清洗干净；压片时加压压力不能过大，以免损坏模具，抽气时间也不宜过长。

4. 试样制备和测定过程中，不要面对试样和试样室呼气，以降低 CO_2 对测定结果的干扰。

5. 由于仪器型号和分辨率、试样纯度和测定条件等都会影响吸收光谱形状，试样光谱和标准光谱可能不全相同，但特征峰数据不会有太大变化。

【数据记录与处理】

1. 采用常规图谱处理功能，对所测图谱进行基线校正及适当的平滑处理，标出主要吸收峰的波数值，储存数据并打印图谱。

2. 利用软件进行图谱检索，并将样品图谱与标准图谱对照。

3. 根据《中国药典》（2020 年版）要求鉴别样品是否符合规定：对比所绘制的红外光谱与《药品红外光谱集》，查看峰型、主要峰位、峰数、峰强等是否相同，得出结论。

【实训结论】

红外光谱图：

与标准红外光谱图对照结果：

结论：

【实践思考】

用压片法制样时，为什么要求将固体试样研磨至粒径 $2\mu m$ 左右？研磨时，不在红外灯下操作，谱图上会出现什么情况？

【实训体会】

目标检测

答案解析

一、选择题

（一）最佳选择题

1. 可见光区波长范围是

A. $200 \sim 400nm$ 　　　　B. $400 \sim 800nm$ 　　　　C. $800 \sim 1000nm$

D. $100 \sim 200nm$ 　　　　E. $10 \sim 200nm$

2. 红外光谱属于

    A. 分子吸收光谱   B. 原子吸收光谱   C. 原子发射光谱

    D. 磁共振谱   E. 电子光谱

3. 一束（   ）通过有色溶液时，溶液的吸光度与溶液浓度和液层厚度的乘积成正比

    A. 平行可见光   B. 平行单色光   C. 白光

    D. 紫外光   E. 红外光

4. 在280nm 波长处进行紫外-可见分光光度法测定时，应选用（   ）比色皿

    A. 玻璃   B. 石英   C. 透明塑料

    D. 盐片   E. 有机玻璃

5. 红外吸收光谱的产生，主要发生

    A. 分子中电子、振动、转动能级的跃迁   B. 分子中振动、转动能级的跃迁

    C. 分子中转动、平动能级的跃迁   D. 分子中价电子能级的跃迁

    E. 原子内层电子能级跃迁

6. 已知 CO_2 的结构式为 OCO，其红外光谱的基本振动数为

    A.5 个   B.4 个   C.3 个

    D.2 个   E.1 个

（二）配伍选择题

[7 ~ 11]

    A. 光学分析法   B. 红外分光光度法

    C. 紫外-可见分光光度法   D. 吸收

    E. 荧光分析法

7. 研究物质在 200 ~ 800mm 为基础的分子吸收光谱的方法是

8. 根据物质发射电磁辐射或物质与电磁辐射相互作用为基础而建立起来的一类仪器分析方法是

9. 利用分子的振动-转动光谱进行定性、定量及分子结构分析的方法是

10. 根据物质的荧光谱线位置及其强度进行物质鉴定和含量测定的分析方法是

11. 原子、分子或离子吸收光子的能量（等于基态和激发态能量之差），从基态跃迁至激发态的过程是

（三）共用题干单选题

[12 ~ 14]

《中国药典》（2020 年版二部）对青霉素钠的检查规定如下：

【检查】**吸光度** 取本品，精密称定，加水溶解并定量稀释制成每1ml 中约含1.80mg 的溶液，照紫外-可见分光光度法（通则0401），在280nm 与325nm 波长处测定，吸光度均不得大于0.10；在264nm 波长处有最大吸收，吸光度应为0.80 ~ 0.88。

12. 在 264nm 处规定吸光度值是

    A. 最大吸收波长   B. 控制青霉素钠的含量

    C. 控制青霉素钠中杂质限量   D. 控制吸光度

    E. 确定共轭体系

13. 在 280nm 与 325nm 处规定吸光度值是

    A. 确定最大吸收波长   B. 控制青霉素钠的含量

C. 控制青霉素钠中杂质限量   D. 确定共轭体系

E. 确定最大吸收系数

14. 该项检查电磁波谱区域是在

A. 近紫外光区   B. 中红外光区   C. 可见光区

D. 远紫外光区   E. 微波区

（四）X型题（多项选择题）

15. 紫外－可见分光光度计的种类和型号繁多，但都离不开以下几个主要部件

A. 光源   B. 单色器   C. 吸收池

D. 检测器   E. 信号处理及显示器

16. 偏离光吸收定律的因素主要有

A. 非单色光   B. 反射作用和散射作用

C. 入射光不平行   D. 溶液本身化学反应

E. 溶液浓度

17. 红外光谱产生的必要条件是

A. 光子能量与分子振动能级的能量相等   B. 光子的频率是化学键振动频率的整数倍

C. 化合物分子必须具有 π 轨道   D. 化合物的分子应具有 n 电子

E. 化学键振动过程中 $\Delta\mu \neq 0$

二、填空题

18. 由于物质对光有_____吸收，为了使测定结果有较高的_____和精密度，测量波长应选择被测物质吸收曲线的_____作为测量波长。

19. 符合朗伯－比尔定律的有色物质溶液浓度增加，最大吸收波长 λ_{max} _____，吸光度 A _____，摩尔吸光系数 ε _____。

20. 红外光谱是由分子的_____跃迁而产生，波数在_____ cm^{-1} 范围内的波段称为中红外光区，其中，特征区是指_____ cm^{-1} 范围内的波段，指纹区是指_____ cm^{-1} 范围内的波段。

书网融合……

知识回顾   微课   习题

（许一平）

PPT

第十二章　原子光谱法

学习引导

《中华人民共和国环境保护标准》（HJ 602—2011）规定水质中钡的测定采用石墨炉原子吸收分光光度法；西洋参、丹参、白芍、三七、海螵蛸、珍珠等中药中重金属及有害元素（铅、镉、砷、汞、铜）的限量检查，不经任何化学处理，将其充分粉碎、研磨、过筛、加热溶解，形成较稳定均匀的悬浮液后，直接用原子吸收分光光度法测定。那么什么是原子吸收光谱？有何特点？原子吸收光谱法基本原理是什么？原子吸收光谱在药物分析和食品检测中有哪些应用呢？

本章主要介绍：原子吸收分光光度法的基本原理、定量分析依据、测定样品的准备，原子吸收分光光度法的应用实例，原子吸收分光光度计的构造、维护和分类，原子发射光谱法的原理、仪器及分析方法。

📖 **学习目标**

1. **掌握**　原子吸收光谱的产生及其定量分析依据；原子吸收分光光度法样品溶液的准备；原子吸收分光光度法测定化学原料样品的应用。

2. **熟悉**　原子吸收分光光度法的特点及分类；原子吸收分光光度法的仪器构造、维护和测定记录要点。

3. **了解**　原子吸收分光光度仪构件检查；原子吸收分光光度法测定分析化学制剂样品和中药样品；原子发射光谱原理、仪器及分析方法。

原子吸收光谱法（atomic absorption spectroscopy，AAS）又称原子分光光度法，是根据蒸气中待测元素的基态原子对特征辐射的吸收来测定试样中该元素含量的方法。该方法在 20 世纪 60 年代以后得到迅速发展，是光谱分析领域中一个非常重要的组成部分，目前已成为测定药物及食品中微量元素或重金属元素的首选检查或定量方法。

第一节　概　述

一、原子吸收分光光度法的特点

原子吸收分光光度法具有以下优点：

（1）准确度高　火焰原子吸收法的相对误差 <1% ；石墨炉原子吸收法的相对误差为3% ~5% 。

（2）灵敏度高　火焰原子吸收法的灵敏度可达到 10^{-9} g/ml ；非火焰原子吸收法的灵敏度可达到 10^{-10} ~ 10^{-13} g/ml 。

（3）选择性好、抗干扰能力强　因为分析不同元素时可选择不同的空心阴极灯作辐射源，对该待测元素的吸收来说是特征的，且大多数情况下其他共存元素对待测元素不产生干扰。

（4）适用范围广　目前原子吸收分光光度法可以测定七十多种元素。

原子吸收分光光度法也有其缺陷：

（1）工作曲线的线性范围窄　一般仅为一个数量级。

（2）使用不便　通常每测一种元素需要使用与之对应的一个空心阴极灯，一次只能测一个元素。

（3）对难溶元素和非金属元素的测定以及同时测定多种元素尚有一定的困难。

二、原子吸收分光光度法的仪器构造、分类和维护

（一）原子吸收分光光度仪

原子吸收分光光度仪主要由锐线光源、原子化器、单色器、检测系统和显示系统五部分组成，如图 12 – 1 所示。

图 12 – 1　原子吸收分光光度仪结构示意图

1. 光源　光源的功能是发射待测元素基态原子所吸收的特征谱线。对光源的基本要求是：锐线光源、辐射强度大、稳定性好、背景吸收少。常用的光源主要有空心阴极灯和无极放电灯。

📱 **知识拓展**

空心阴极灯又称元素灯，它是一种低压气体放电管，包含一个高熔点金属钨棒的阳极和一个由待测元素的金属或者合金化合物组成的小体积、圆筒状阴极。阳极和阴极密封在带有石英窗的玻璃管内，内充氖、氩等低压惰性气体。空心阴极灯是一种实用的锐线光源，主要发射阴极元素的光谱，因此用待测元素作阴极材料，可制成各种待测元素的空心阴极灯。空心阴极灯是应用最广泛的光源，缺点是测一种元素换一个灯，使用不便。

2. 原子化器　原子化器的功能是提供能量，使待测样品干燥、蒸发并将试样中待测元素转变为基态原子。原子化过程大致表示如下：

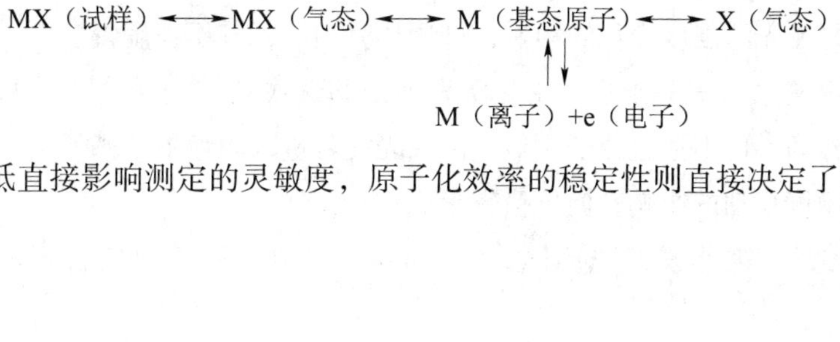

$$M（激发态原子）$$
$$\updownarrow$$
$$MX（试样）\longleftrightarrow MX（气态）\longleftrightarrow M（基态原子）\longleftrightarrow X（气态）$$
$$\updownarrow$$
$$M（离子）+e（电子）$$

原子化效率的高低直接影响测定的灵敏度，原子化效率的稳定性则直接决定了测定的精密度。原子化器通常有以下类型。

（1）火焰原子化器　该装置主要包括雾化器、雾化室和燃烧器。

①雾化器：使试液雾化。雾化器的效率是影响原子化灵敏度和检出限的主要因素。雾滴越小，火焰中生成的基态原子就越多。

②雾化室：使雾滴更小，并与燃气、助燃气均匀混合形成气溶胶进入燃烧器。

③燃烧器：产生火焰，使进入火焰的样品气溶胶蒸发和原子化。

火焰原子化器操作简单，火焰稳定，重现性好，精密度高，应用范围广。但原子化效率低，通常只能液体进样。

（2）非火焰原子化器　分为石墨炉原子化器和石英管原子化器。两者都采用电加热升温方式，前者温度可达 $2500 \sim 3000K$，后者温度不超过 $1300K$。这里主要介绍石墨炉原子化器。

石墨炉原子化器是利用电能加热盛放试样的石墨容器，高温下实现试样蒸发和原子化。优点是原子化效率高，可得到比火焰大数百倍的原子化蒸气；绝对灵敏度可达 $10^{-9} \sim 10^{-13}g$，比火焰原子化法提高几个数量级；液体和固体都可直接进样，试样用量少。缺点是精密度差，加样量少时相对偏差为 $4\% \sim 12\%$。石墨炉原子化过程一般需要经过四步达到升温的目的。

①干燥：在低温（溶剂沸点）下蒸发掉试样中溶剂。

②灰化：在较高温度下除去低沸点无机物及有机物，减少基体干扰。

③高温原子化：使各种形式存在的分析物挥发，并离解为中性原子。

④净化：升至更高温度，除去石墨管中残留分析物，以减少和避免记忆效应。

3. 单色器　单色器的功能是将待测元素的共振吸收线与邻近干扰线分离。原子吸收的分析线和光源发射的谱线都比较简单，因此对单色器的分辨率要求不高。为了防止来自原子化器的所有辐射不加选择的都进入检测器，单色器通常都配置在原子化器的后面。

4. 检测系统　主要由检测器、放大器、对数变换器、指示仪表等组成，用来对光信号进行光电转换，常用光电倍增管，工作波长在 $190 \sim 900nm$。

5. 显示系统　包含记录器、数字直读装置、电子计算机程序控制等设备。

即学即练

原子吸收分光光度仪主要由几部分组成？各部分的主要作用是什么？

答案解析

（二）原子吸收分光光度仪类型

原子吸收分光光度仪的分类比较复杂，目前常根据仪器外光路结构进行分类，分为单道单光束、单道双光束和双道双光束原子吸收分光光度仪。

1. 单道单光束原子吸收分光光度仪　只有一个空心阴极灯，外光路只有一束光，一个单色器和检测器。优点是：结构简单、价廉，共振线在传播途中辐射能损失较少，单色器能获得较大亮度，故有较高灵敏度。缺点是：易受光源强度变化的影响，灯预热时间长，分析速度慢。

2. 单道双光束原子吸收分光光度仪　由光源发射的共振线被切光器分解成两束光，一束测量光通过原子化器，一束光作为参比不通过原子化器，两束光交替进入单色器，然后进行检测。优点是可消除强度变化及检测器灵敏度变动的影响，但价格较贵。

3. 双波道或多波道原子吸收分光光度仪　该设备是使用两种或多种空心阴极灯，使光辐射同时通过原子蒸气而被吸收，然后再分别引到不同分光和检测系统，测定各元素的吸光度。此类仪器准确度高，采用内标法，并可同时测定两种以上元素，但装置复杂，仪器价格昂贵。

（三）原子吸收分光光度仪仪器维护

1. 开机前，调好狭缝位置，将仪器面板的所有旋钮回零再通电。开机时应先开低压，后开高压，关机则相反。

2. 空心阴极灯需要一定预热时间。灯电流由低到高慢慢升到规定值，防止突然升高，造成阴极溅射。有些低熔点元素灯（如 Sn、Pb 等），使用时要防止振动，工作后轻轻取下，阴极向上放置，待冷却后再移动装盒。闲置不用的空心阴极灯，定期在额定电流下点燃 30 分钟。

3. 喷雾器的毛细管用铂－铱合金制成，不要喷雾高浓度的含氟样液。工作中要防止毛细管折弯或堵塞。

4. 日常分析完毕，应在不灭火的情况下喷雾蒸馏水，对喷雾器、雾化室和燃烧器进行清洗，喷过高浓度酸、碱后，要用水彻底冲洗雾化室，防止腐蚀。吸喷有机溶液后，先喷有机溶剂和丙酮各 5 分钟，再喷 1% 硝酸和蒸馏水各 5 分钟。燃烧器中如有盐类结晶，火焰呈锯齿形，可用滤纸或硬纸片轻轻刮去，必要时卸下燃烧器，用乙醇－丙酮（1∶1）清洗，用毛刷醮水刷干净。如有溶珠，可用金相砂纸轻轻打磨，严禁用酸浸泡。

5. 单色器中的光学元件严禁用手触摸和擅自调节。可用少量气体吹走表面灰尘，不能用擦镜纸擦拭。防止光栅受潮发霉，要经常更换暗盒内的干燥剂。光电倍增管室需检修时，一定要在关掉负高压的情况下，才能揭开屏蔽罩，防止强光直射。

6. 点火时，先开助燃气，后开燃气；关闭时，先关燃气，后关助燃气。

7. 使用石墨炉时，样品注入的位置要保持一致，减少误差。工作时，冷却水的压力与惰性气流的流速应稳定。一定要在通有惰性气体的条件下接通电源，否则会烧毁石墨管。

三、原子吸收分光光度法测定样品的基本原理 📱微课

（一）原子吸收光谱的产生

原子在正常状态时，核外电子按一定规律处于离核较近的原子轨道上，这时能量最低、最稳定，称为基态。当原子受外界能量（如热能、光能）作用时，其最外层电子吸收一定的能量而被激发到能量更高的能级上，称为激发态。当提供给基态原子的能量 E 恰好等于该基态 E_0 和某一较高能级 E_i 之间的能级差 ΔE 时，基态原子的最外层电子将吸收能量由基态跃迁到激发态，产生原子吸收光谱，如图 12-2。

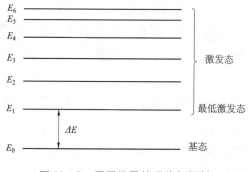

图 12-2　原子能量的吸收与辐射

电子跃迁时的两能级能量差与激发态的原子所吸收的光子的频率（ν）之间的关系如下：

$$\Delta E = E_i - E_0 = h\nu \qquad (12-1)$$

原子由基态跃迁到最低激发态所产生的吸收谱线称为共振吸收线，简称共振线。由于各种元素的原子结构和外层电子排布不同，不同元素的原子从基态激发至第一激发态时，吸收的能量不同，因此各种元素的共振线不同，各有其特征性，这种共振线称为特征谱线。从基态激发至第一激发态的跃迁最容易发生，辐射最强，因此对大多数元

素来说，共振线是元素所有谱线中最灵敏的谱线，常用作分析线。例如钾、钠、铅、锂、钙元素的特征谱线分别为766.5nm、589.0nm、283.3nm、670.7nm、422.7nm。原子吸收线一般位于光谱的紫外光区和可见光区。

（二）原子吸收光谱法的定量基础

1. 吸收线轮廓及变宽 原子吸收所产生的是线状光谱。实际上，由于外界条件及本身的影响，光谱吸收线并非是一条严格的几何线（单色），而是具有一定宽度和轮廓的谱线。影响谱线宽度的主要因素如下。

（1）自然宽度 即无外界条件影响下，谱线固有的宽度。不同谱线有不同的自然宽度。激发态原子的寿命越短，吸收线的自然宽度越宽。多数情况下，自然宽度约为10^{-5}nm，可忽略不计。

（2）多普勒变宽 由原子无规则热运动所产生的变化，故又称为热变宽。其宽度约为10^{-3}nm，是谱线变宽的主要因素。测定的温度越高，待测元素的相对原子质量越小，其热运动越剧烈，宽度越大。

（3）劳伦兹变宽 即待测元素的原子与其他外来粒子（分子、原子、离子、电子）相互作用（如碰撞）引起的谱线变宽。劳伦兹变宽可引起谱线频率移动和不对称性变化。这会使空心阴极灯发射的发射线与基态原子的吸收线产生错位，影响原子吸收分析的灵敏度。

2. 原子吸光度与原子浓度的关系 基态原子蒸气对该元素的共振线吸收遵循光吸收定律。1955年，澳大利亚物理学家瓦尔西（Walsh）从理论上证明了，在温度不太高和稳定条件下，特征谱线处的吸收系数与单位体积原子蒸气中处于基态的原子数目成正比。在通常的温度（2000～3000K）下，原子蒸气中处于激发态的原子数目很少，可忽略不计，蒸气中的原子总数可近似认为是蒸气中处于基态的原子总数，所以特征谱线处的吸收系数与单位体积蒸气中总的原子数成正比。又由于在一定条件下蒸气中原子的总浓度和待测样品中该元素的浓度成正比，所以待测样品中待测元素的浓度与其在特征谱线处的吸光度成正比，即：

$$A = Kc \tag{12-2}$$

式中，K为比例常数；c为待测元素的浓度；A为吸光度。这就是原子吸收光谱法定量分析的依据。

（三）干扰及其消除方法

原子吸收分光光度法的干扰较小，主要来自化学干扰、物理干扰、电离干扰、光谱干扰和背景干扰等。

1. 化学干扰 指在溶液或原子化过程中待测元素与共存组分之间发生化学反应而影响待测元素化合物的离解和原子化。化学干扰是原子吸收分析的主要干扰来源。

消除方法如下。

（1）加入释放剂 释放剂与干扰组分生成比待测元素更稳定或更难挥发的化合物，使待测元素释放出来。例如，磷酸盐干扰钙的测定，当加入镧或锶盐，镧或锶与磷酸根结合生成比钙更稳定的磷酸盐，释放出钙。

（2）加入保护剂 保护剂可与待测元素生成易分解的或更稳定的配合物，防止待测元素与干扰组分生成难解离的化合物。

（3）加入基体改良剂 对于石墨炉原子化法，在试样中加入基体改良剂，使其在干燥或灰化阶段与试样发生化学变化，其结果可以增加基体的挥发性或改变待测元素的挥发性，以消除干扰。

（4）使用高温火焰或提高石墨炉原子化温度，可使难解离的化合物分解。

2. 物理干扰　指样品在转移、蒸发和原子化过程中，其物理性质变化引起吸光度下降的现象。如黏度、表面张力或溶液密度等的变化，影响试样雾化和气溶胶火焰传送等引起原子吸收强度的变化。物理干扰是非选择性干扰，对样品中各元素的影响基本相似。

消除方法：配制与待测样品组成相似的标准溶液；采用标准加入法；加入基体改良剂。若试样溶液浓度高，还可采用稀释法。

3. 电离干扰　指在高温条件下，由于原子的电离而引起的干扰。

消除方法：加入过量消电离剂。消电离剂是比待测元素电离电位低的元素，相同条件下消电离剂首先电离，抑制待测元素电离。例如，测钙时可加入过量 KCl 溶液消除电离干扰。钙的电离电位为 6.1eV，钾的电离电位为 4.3 eV。由于钾电离产生大量电子，使钙离子得到电子而生成原子。

4. 光谱干扰　指原子光谱对分析线的干扰。有以下两种情况：

（1）吸收线重叠　共存元素吸收线与待测元素分析线接近时，两谱线重叠或部分重叠，会使分析结果偏高。例如，测定 Fe 271.903nm 时，Pt 271.904nm 有重叠干扰。

消除方法：另选波长（如选用 Fe 248.33nm 为分析线可消除 Pt 的干扰）或用化学方法分离干扰元素。

（2）光谱通带内存在非吸收线　非吸收线可能是待测元素的其他共振线与非共振线，也可能是光源中杂质的谱线。

消除方法：一般通过减小狭缝宽度与灯电流或另选谱线消除非吸收线干扰。

5. 背景干扰　分子吸收与光散射是形成光谱背景的主要因素。分子吸收是指在原子化过程中生成的分子对辐射的吸收。如 NaCl、KCl、H_2SO_4 等盐或酸的分子对分析线吸收。在波长小于 250nm 时，硫酸和磷酸等分子有很强的吸收，而硝酸和盐酸的吸收则较小，因此，原子吸收分光光度法中常用硝酸或盐酸或者两者的混合液预处理样品；光散射是指原子化过程中产生的固体颗粒使光发生散射，使透过光减弱，吸收值增加。波长越短，浓度越大，影响越大。

消除方法：校正背景，主要有邻近非共振线校正、连续光源背景校正、塞曼（Zeeman）效应法等。

第二节　原子吸收分光光度法操作前的准备

一、原子吸收分光光度仪构件检查

原子吸收分光光度仪在使用前需进行构件检查，即对仪器的性能进行检定。检定仪器应选用波长大于 250nm，辐射强度大，发光稳定，对于火焰状态反应迟钝的元素灯作为光源，最好的是铜灯，也可以用镁、镍等元素灯。

1. 对光调整

（1）光源对光　接通电源，开启交流稳定器，点燃某元素灯，调单色器波长至该元素最灵敏线位置，使仪表有信号输出。移动灯的位置，使接收器得到最大光强，用一张白纸挡光检查，阴极光斑应聚集成像在燃烧器里缝隙中央或稍靠近单色器一方。

（2）燃烧器对光　燃烧器缝隙位于光轴之下并平行于光轴，可通过改变燃烧器前后、转角或水平位置来实现。先调节表头指针满刻度，用对光棒或火柴杆插在燃烧器缝隙中央，此时表头指针应从最大刻度回到零，即透光度从 100% 至 0%。然后把光棒或火柴杆垂直放置在缝隙两端，表头指示的透光度应降至 20% ~ 30%。也可点燃火焰，喷雾该元素的标准溶液，调节燃烧器的位置到出现最大吸光度为止。

2. 喷雾器调整 调整喷雾器的关键在于喷雾器的毛细管和节流嘴的相对位置和同心度。毛细管口和节流嘴同心度越高，雾滴越细，雾化效率越高。一般可以通过观察喷雾状况来判断喷雾器调整的效果。拆开喷雾器，拿一张滤纸，将雾喷到滤纸上，滤纸稍湿则恰到好处。

3. 样品提取量的调节 样品提取量是指每分钟吸取溶液的体积，以 ml/min 表示。样品提取量与吸光度不成线性关系，在 4 ~ 6ml/min 有最佳吸收灵敏度，大于 6ml/min 灵敏度反而下降。通过改变喷雾气流速度和毛细管的内径和长度，能调节样品提取量。

4. 测试项目

（1）稳定性 指仪器在正常运行中，仪表指示基线的漂移与波动的程度通常用基线稳定度表示。选用质量优良的铜空心阴极灯，在不点火、不进样的情况下，将"标尺扩展"开到最大，灯预热半小时后测定基线漂移应小于 0.004 单位吸收值。

（2）波长精度 指理论的谱线波长与实际仪器波长之间的差值。允许的差值范围：190.0 ~ 600.0nm 为 ±0.5nm；600.0 ~ 900.0nm 为 ±1.0nm。一般采用汞灯的下列谱线进行检查：230.2nm、253.7nm、296.7nm、366.3nm、404.7nm、435.8nm、546.1nm、577.0nm、579.0nm、690.7nm 和 737.2nm。

（3）单色器的分辨率 指仪器分开相邻两条谱线的能力，常用镍灯或汞灯来测试。有波长扫描装置的仪器，对共振线进行自动扫描，配一台 10mV 的记录仪记录波形，没有扫描装置的仪器，可以手动调节"波长鼓轮"，观察表头指针偏转的程度。用镍灯测试时，应明显看到 230.0nm、231.0nm 和 231.6nm 三个波峰的起落。

（4）灵敏度 在原子吸收分光光度法中，通常用特征浓度 S（是指产生 1% 光吸收或 0.0044 吸光度所对应的元素浓度，单位为 $\mu g/ml$）表示仪器对某个元素在一定条件下的分析灵敏度。通过测定某一浓度 c 的标准溶液的吸光度 A，可计算出相应的特征浓度。

（5）检出限 是指在选定的分析条件和某一置信度下可被检出的最小浓度或最小量。只有待测量达到或高于检出限，才能可靠的将有效分析信号与噪声分开。检出限是仪器能检测的元素最低浓度，比灵敏度有更明确的意义，是原子吸收分光光度仪最重要的技术指标，它既能反映仪器的质量和稳定性，也能反映仪器对某元素在一定条件下检出能力。

二、样品溶液的准备

（一）试剂与贮备液要求

取样要有代表性，要防止污染。主要污染来源是水、容器、试剂和大气，要避免待测元素的损失和错加。对用来配制待测元素标准溶液的试液，如溶解样品的酸碱、光谱缓冲剂、电离抑制剂、萃取溶剂、配制标准溶液的基体等，必须具有高纯度（如优级纯），且不能含有待测元素。用来配制对照品溶液的试剂也不能含有待测元素，但其基体组成应尽可能与被测试样接近。

由于待测元素在标准溶液中含量较小，用量也少，分析纯的待测元素试剂就能满足实际测试要求。作为标准溶液的贮备液，浓度应较大（如 >100μg/L），以免反复多次配制。无机贮备液宜放在聚乙烯容器中，并维持一定酸度；有机贮备液在贮存过程中应避免与塑料、胶塞等直接接触。当样品溶液中总盐分含量大于 0.1% 时，在标准溶液中也应加入等量的同一盐分。

（二）样品预处理

对于未知样品，在测定时必须做预处理。无机固体样品要用合适的溶剂和方法溶解，尽可能完全地将待测元素转入溶液中，并控制溶液中总盐分含量在合适的范围内；无机样品溶液浓度过高，可用蒸馏水稀释到合适浓度。有机固体样品要先用干法（如氧瓶燃烧法、炽灼）或湿法消化有机物，再将消化后的残留物溶解在合适的试剂中，有机样品溶液可用甲基异丁酮或石油醚稀释至近水的黏度。如果采用石墨炉原子化器，则可直接分析固体样本，采用程序升温，分别控制样品干燥、灰化和原子化过程，使易挥发或易热解的基体在原子化前除去。

三、测定记录要点

（一）测量条件记录

1. 分析线　通常选择元素的共振线作为分析线，因为共振线一般也是最灵敏的吸收线。但并非任何情况下都是选共振线作为吸收线。例如，Hg、As、Se 等的共振线位于远紫外区，火焰组分对其有明显吸收，故用火焰法测定这些元素时不宜选择共振线作为吸收线。而对于微量元素的测定，就必须选用最强的共振线。最适宜的分析线由实验决定，实验方法是：首先扫描空心阴极灯的发射光谱，了解可用的谱线，然后喷入试液，观察这些谱线的吸收情况，应选择不受干扰而且吸收值合适的谱线作为分析线。

2. 空心阴极灯的工作电流　空心阴极灯的辐射强度与工作电流有关。灯电流过低，放电不稳定，光谱输出强度低；灯电流过大，谱线变宽，灵敏度下降，灯寿命也会缩短。一般说来，在保证放电稳定和足够光强的条件下，尽量使用较低的工作电流。通常用最大电流的 40% ~ 60% 为宜。在实际工作中，通过绘制吸光度 - 灯电流曲线选择最佳灯电流。

3. 狭缝宽度　单色器中狭缝宽度影响光谱通过的带宽和检测器接受的光强度。在原子吸收分光光度法中，谱线重叠干扰的概率较小，测量时可以使用较宽的狭缝，增强光度，提高信噪比，改善检测限。合适的狭缝宽度也可由实验来确定，实验方法是：将试液喷入火焰中，调节狭缝宽度，并观察相应的吸光度变化，吸光度大且平稳时的最大狭缝宽度即为最适合的狭缝宽度。对于多谱线的元素（如过渡金属、稀土金属），宜选择较小狭缝，以减少干扰，改善线性范围。

4. 原子化条件

（1）火焰原子化条件　在火焰原子化法中，火焰的选择和调节是保证原子化效率的关键之一。分析线在 200nm 以下的短波区元素如硒、磷等，由于烃类火焰有明显吸收，不宜使用乙炔火焰，宜用氢火焰。易电离的碱金属和碱土金属元素，不宜采用高温火焰；反之，对于易形成难电离氧化物的元素如硼、铝等，则应采用高温火焰，最好使用富燃火焰。火焰的氧化还原能力明显影响原子化效率和基态原子在火焰中的空间分布，因此调节燃气和助燃气的流量以及燃烧器高度，使来自光源的光通过基态原子浓度最大的火焰区，从而获得最高的灵敏度。

（2）石墨炉原子化条件　在石墨炉原子化法中，要选择合适的干燥、灰化、原子化和净化温度与持续时间。干燥是一个低温除去溶剂的过程，应在稍低于溶剂沸点的温度下进行，以防止试样飞溅。热解、灰化是为了破坏和蒸发除去试样基体，在保证待测元素没有明显损失的前提下，将试样加热至尽可能的高温。原子化温度应选择达到最大吸收信号时的最低温度。净化是消除高温残渣，温度应尽可能高。各阶段加热的时间和温度，依样品的不同而不同，可通过实验来确定。

5. 进样量

火焰原子化法：喷雾进样量过小，吸收信号弱，不便测量；喷雾进样量过大，残留物记忆效应大。在保持燃气和助燃气配比、总气体流量一定的条件下，吸光度随喷雾进样量的变化而变化，最大吸光度时的喷雾量就是合适的进样量。

石墨炉原子化法：在石墨炉原子化器中，进样量多少取决于石墨管内容积的大小，一般固体进样量为 $0.1 \sim 10mg$，液态进样量为 $1 \sim 50\mu l$。

（二）定量分析方法

原子吸收分光光度法常用的定量分析方法有标准曲线法、标准加入法和内标法。

1. 标准曲线法 在仪器推荐的浓度线性范围内，配制一组含有不同浓度被测元素的标准溶液和空白溶液，在与样品测定完全相同的条件下，先将空白溶液和标准溶液按照浓度由低到高的顺序测定吸光度；每种溶液按照一定浓度梯度至少测定 6 次，建立 $A-c$ 线性方程和相关系数 r，并绘制标准曲线，作为待测样品的使用函数。在与标准溶液配制方法相同的情况下，配制在标准曲线浓度范围内的被测样品溶液，测定样品 $2 \sim 4$ 次吸光度，代入 $A-c$ 线性方程求得浓度或从标准曲线上找出其对应的浓度，也可用插入法求得，再转化计算为原样品的含量，取平均值并修约。

为了保证测定结果的准确性和重现性，标准溶液组成应和被测样品的组成尽可能接近，必要时可加入基体的改进剂和干扰抑制剂；大量测定样品时，每隔一段时间应用标准溶液对标准曲线进行检查和检验；样品溶液的吸光度应在 $0.13 \sim 0.6$ 之间及标准曲线范围内。

标准曲线法的原理与吸光光度法标准曲线法的原理相同，但由于燃气流量和喷雾效率的变化，单色器波长的漂移等因素，可能导致试样测试条件与标准曲线测定条件不同。所以，在测定未知试样时，应随时对标准曲线进行检查，每次实验都要重新制作标准曲线。

2. 标准加入法 当被测样品的基体干扰较大、配制与被测样品组成一致的标准溶液困难时，可采用标准加入法。具体做法：取至少 4 份相同体积的被测样品溶液，一份不加入被测元素标准溶液，另外 3 份加入不同体积被测元素标准溶液，全部稀释至相同体积，使加入的标准溶液浓度为 0、c、$2c$、$4c$……然后分别测定它们的吸光度。以加入的标准溶液浓度与其对应的吸光度值绘制标准曲线，再将该曲线外推至与浓度轴相交。交点至坐标原点的距离 c_x 即被测元素稀释后的浓度。这个方法称为作图外推法，如图 12-3 所示。

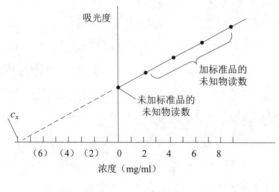

图 12-3 标准加入法

未加入标准溶液前，被测元素的浓度与吸光度应是通过原点的标准曲线。使用标准加入法时，此时浓度与吸光度必须在线性范围内。标准加入法应该进行试剂空白的扣除，而且必须在使用试剂空白的标准加入法中进行扣除，而不能用标准曲线法的试剂空白来扣除。标准加入法的特点是可以消除基体效应的干扰，但不能消除背景干扰。因此，使用标准加入法时，要考虑消除背景干扰的问题。

3. 内标法 在系列标准试样和未知试样中加入一定量试样中不存在的元素（内标元素），然后测得分析线和内标线的强度比，以吸光度比值对标准试样中待测元素浓度绘制标准曲线，再根据未加内标元素的试样与加入内标元素的试样吸光度比值，即可在标准曲线上求得试样中待测元素浓度。注意内标元素应与待测元素有相近的物理化学性质。内标法可消除在原子化过程中由于实验条件（如燃气及助燃气流量、基体组成、表面张力等）变化而引起的误差。此外，内标法只适用于双通道型原子吸收分光光度仪。

第三节 原子吸收分光光度法样品测定

原子吸收光谱法主要用于金属元素的测定。其在医药、食品领域主要用于生物体内微量金属元素的测定、药品中重金属限量检查和金属元素制剂中金属元素的含量测定。例如，头发中钙、铅、汞和血液中锌、镁等元素的含量测定；西洋参、丹参、白芍、三七、海螵蛸、珍珠等中药材中的重金属及有害元素（汞、铅、镉、铜、砷）的限量检查；复方乳酸钠葡萄糖注射液中氯化钠、氯化钾、氯化钙含量测定；明胶、胶囊用明胶及明胶空心胶囊中铬的检查等。

一、化学原料样品的测定

维生素 B_{12} 的含量测定

精密量取维生素 B_{12}（$C_{63}H_{90}CoN_{14}O_{14}P$）干燥品约 20mg，置于 25ml 容量瓶中，用 0.9% 氯化钠注射液溶解并稀释至刻度，摇匀，喷入空气 – 乙炔火焰，利用氘灯背景校正，在 240.7nm 波长处测量钴原子的吸收，采用标准曲线法计算钴的含量，换算成维生素 B_{12} 的含量。

二、化学制剂样品的测定

口服补液盐 II 总钠含量测定

口服补液盐 II 中有氯化钠、氯化钾、无水葡萄糖、枸橼酸钠四种电解质，是一种电解质补充药。加入氯化锶释放剂，有利于枸橼酸钠中钠的释放和测量。可用标准曲线法测定钠元素的含量，其测定方法如下。

（1）配制钠标准溶液 取经 105℃ 干燥至恒重的氯化钠对照品约 0.1g，精密称定，置于 200ml 量瓶中，加水溶解并稀释至刻度，摇匀；精密量取 3ml，置于 100ml 量瓶中，用水稀释至刻度，摇匀，作为对照品溶液（每 1ml 相当于 5.9μg 的 Na）。再精密量取对照品溶液 6ml、7ml、8ml、9ml、10ml，分别置于 5 个 100ml 量瓶中，各加入 2% 氯化锶溶液 5.0ml，用水稀释至刻度，摇匀，即得。

（2）配制样品溶液 取口服补液盐 II 约 3.7g，精密称定，置于 100ml 容量瓶中，加水溶解并稀释至刻度，摇匀；精密量取 2ml，置于 100ml 量瓶中，用水稀释至刻度，摇匀，即得溶液（1）；精密量取溶液（1）2ml，置于 250ml 量瓶中，加入 2% 氯化锶溶液 12.5ml，用水稀释至刻度，摇匀，即得。

（3）测定 按照原子吸收分光光度法项下第一法（标准曲线法）操作，在 589.0nm 波长处分别测定标准溶液和样品溶液吸光度。

三、中药样品的测定

中草药只有经过消化处理去掉有机组分，将所含有的微量元素转化为无机化合物后，才可进行原子吸收测定。下面介绍三种主要的消化处理办法。

1. 湿法消化 将消化剂（主要是氧化性酸）加入样品中来达到破坏、分解有机组分的目的。常用的消化剂主要有浓硝酸–高氯酸、浓硝酸–H_2O_2、浓硝酸–浓硫酸、浓硝酸–高氯酸–H_2O_2等混合酸，一般需放置 12 小时以上。

2. 干法消化 利用高温将有机物破坏，然后以适当的溶剂溶解灰化后的残渣，再进行原子吸收测定。一般作用温度为 450~550℃，时间 1~3 小时。

3. 高压消化 在样品中加入少量的消化液，置于密闭压力消解罐中高压消化。一般加热温度为 80~130℃，时间 1~2 小时。

三七中铅、砷、汞含量的测定

1. 测砷、汞的样品消化 取药材样品约 0.5g，精密称定，加入浓硝酸–浓硫酸（5：1）5ml，加盖，放置过夜，加热，保持微沸，难消化样品补加浓硝酸–水（1：1）2ml，消化至溶液澄清，小心蒸发至近干，用去离子水定容至 25ml，混匀，即为药材中砷、汞元素测定用样品溶液（必要时再稀释测定），同时做空白。

2. 测铅的样品消化 取药材样品约 0.2g，精密称定，加入浓硝酸–高氯酸（17：3）3ml，加盖，放置过夜，加热保持微沸，难消化样品补加浓硝酸–水（1：1）2ml，消化至溶液澄清，小心蒸发至近干，用去离子水定容至 10ml，混匀，即为药材中铅元素测定用样品溶液。

3. 铅、砷、汞含量测定 按照表 12–1 的测量条件，根据标准曲线法分别计算样品中三种元素的含量。

表 12–1 Pb、As、Hg 测定的仪器条件

元素	方法	工作波长（nm）	狭缝宽度（nm）	灯电流（mA）
Pb	石墨炉原子吸收法	283.3	1.3	7.5
As	氢化物原子吸收法	193.7	3	3
Hg	冷原子吸收法	253.7	1	5

第四节　原子发射光谱法简介

原子发射光谱法（atomic emission spectrometry，AES）是试样中不同元素的原子或离子在光、热或电激发下，从基态跃迁到激发态，当从较高激发态返回到较低激发态或基态时，产生发射光谱，依据特征谱线及其强度进行定性、定量分析的方法。AES 具有灵敏、快速、选择性好等优点，应用广泛。

一、原子发射光谱法基本原理

原子光谱是原子外层电子在不同能级间跃迁的结果。不同元素的原子能级结构不同，因此其能级跃迁产生的光谱具有特征性。根据谱线的特征可以确定某元素的存在，这是原子发射光谱定性分析的依据。

原子由激发态直接跃迁至基态时所辐射的谱线，称为共振线。由第一激发态直接跃迁至基态的谱线

称为第一共振线，一般也是元素的最灵敏线。

原子外层电子受激发，发生能级跃迁所产生的谱线称为原子线。离子核外电子由激发态跃迁回基态所发射的谱线，称为离子线。原子线和离子线都是元素的特征谱线。

二、原子发射光谱仪

1. 仪器构造 主要由激发光源、分光系统、检测系统及数据处理系统组成。

（1）**激发光源** 光源的作用是提供能量，将待测元素从试样中蒸发出来，变成气态原子或离子，并进一步使原子或离子激发，产生特征谱线。光源直接影响测定的检出限、精密度和准确度。常用的激发光源有电弧、电火花、电感耦合等离子体（ICP）等。目前 ICP 是应用较广的光源。

（2）**分光系统** 分光系统的作用是将光源中待测试样发射的原子谱线按波长顺序分开并排列在检测器上或分离出待测元素的特征谱线。主要有以棱镜作为色散元件的分光系统和以光栅作为色散元件的分光系统两种类型。

（3）**检测系统** 原子发射光谱仪使用的检测器主要有两类：一类是通过摄谱仪以胶片感光方式记录原子发射光谱，再利用感光胶片上原子发射线的波长和黑度进行间接的定性与定量检测；另一类是通过光电转换元件作为检测器，直接对原子发射光谱的波长和亮度进行检测。目前，常用的光电转换元件有光电倍增管检测器（PMT）及电荷耦合式检测器（CCD）。

（4）**显示系统** 包括记录器、数字直读装置、电子计算机程序控制等设备。

2. 原子发射光谱仪的类型

（1）**光栅摄谱仪** 该仪器价格便宜，测试费用较低，而且感光板所记录的光谱可长期保存，目前仍然广泛应用。

（2）**光电直读光谱仪** 该仪器是利用光电转换元件，将谱线的光信号转换为电信号，直接测定出谱线强度。按测量方式可分为多道型直读光谱仪、单道型扫描光谱仪和全谱直读光谱仪。前两种是采用光电倍增管作为检测器，后一种是采用固体检测器。

三、原子发射光谱法的应用

通常把强度较大的谱线称为灵敏线，元素的灵敏线常为共振线，一般来说，第一共振线是最灵敏线。一般选择 3~5 条某元素的灵敏线就可以确定该元素的存在。谱线的强度与元素的含量有关，浓度减少，谱线数目随之减少。由于浓度降低而最后消失的谱线，称为最后线。最后线一般也是最灵敏线。分析线通常是指鉴定元素时所有的最后线或特征谱线组。

1. 定性分析 定性分析主要根据元素是否存在灵敏线。通常用光谱比较法，它可以分为标准试样比较法和铁光谱比较法。

标准试样比较法是将待测元素的纯物质与试样并列摄谱于同一感光板上，在映谱仪上检查纯物质光谱与试样光谱。若试样光谱中出现和纯物质具有相同特征的谱线，说明试样中存在待测元素。

铁光谱比较法是将试样与铁并列摄谱于同一光谱感光板上，然后将试样光谱与铁光谱的标准谱对照，以铁谱线为波长标尺，逐一检查待测元素的灵敏线，若试样光谱中的元素谱线与铁标准谱图中标明的某一元素谱线出现的波长位置相同，说明试样中存在该元素。铁光谱比较法可同时对多种元素进行定性鉴定。

2. 半定量分析 半定量分析主要是根据谱线的黑度来粗略估计含量。摄谱法是目前光谱半定量分析最重要的手段，它可以迅速给出试样中待测元素的大致含量，常用的方法有谱线黑度比较法和谱线呈现法等。

谱线黑度比较法是将试样与已知不同含量的标准试样在一定条件下摄谱于同一光谱感光板上，然后在映谱仪上用目视法直接比较待测试样与标准试样光谱中分析线的黑度，若黑度相等，则待测试样的元素含量近似于该标准试样中该元素的含量。

谱线呈现法是指当元素含量低时，仅出现少数灵敏线，随着元素含量增加，一些次灵敏线与较弱谱线相继出现，将其编成一张谱线出现与含量的关系表，再根据某一谱线是否出现，来粗略估计试样中该元素的大致含量。

3. 定量分析

（1）定量分析基本关系式　谱线强度 I 与待测元素浓度 c 之间的关系，通常用塞伯 – 罗马金（Scheibe – Lomakin）经验式来表示，即

$$I = ac^b \quad \text{或} \quad \lg I = \lg a + b \lg c \tag{12-3}$$

式中，b 为自吸系数，与元素性质、激发条件、蒸发条件、基体等因素有关，其值与谱线的自吸现象有关。待测元素浓度 c 越大，自吸现象越严重，自吸系数越小，$b < 1$；当 c 很小，无自吸时，$b = 1$。

（2）内标法　内标法是利用分析线与比较线谱线强度之比对元素含量进行定量分析的方法。所采用的比较线称为内标线，提供内标线的元素称为内标元素。内标元素可以是试样基体成分，也可以是外加元素。内标元素与待测元素在化学性质、激发电压、波长和强度等方面必须十分相似。

（3）标准加入法　当没有合适的内标元素可用时采取标准加入法。取若干份试液，依次按比例加入含不同量待测元素的标准溶液，稀释到相同体积，则浓度依次为 c_x，$c_x + c_0$，$c_x + 2c_0$，$c_x + 3c_0$，$c_x + 4c_0$，……在相同条件下，测定相对强度 R_x，R_1，R_2，R_3，R_4……以 R（相对谱线强度 R 是检测样品的谱线强度与内标物的谱线强度之比）对加入的标准溶液浓度 c 作图，即可求得待测元素浓度。

实践实训

实训十九　灵芝中重金属及有害元素（铅、镉、砷、汞、铜）检查

【实训内容】

1. 配制 0.2g/ml 灵芝溶液 25ml。

2. 绘制元素（铅、镉、砷、汞、铜）标准曲线。

3. 测定灵芝中重金属及有害元素（铅、镉、砷、汞、铜）含量。

【实训目的】

1. 掌握原子吸收分光光度法的基本原理。

2. 熟悉原子吸收分光光度计的主要结构及操作方法。

3. 了解使用标准曲线法进行定量分析。

【实训原理】

灵芝具备很高的药用价值，市场上灵芝类保健食品种类繁多，测定灵芝中的铅、镉、砷、汞、铜等

元素的含量对灵芝的质量控制和合理使用具有重要意义。

原子吸收分光光度法是利用被测元素的基态原子对特征辐射线的吸收程度来确定试样中元素含量的一种分析方法。溶液中重金属离子在高温下变成相应的金属原子蒸气，由空心阴极灯辐射出相应的锐线光源，经过金属原子蒸气时，特定波长的共振线将被金属原子蒸气强烈吸收，其吸收的强度与金属原子蒸气浓度的关系符合朗伯 – 比尔定律：

$$A = KcL$$

通过测定金属离子标准系列溶液的吸光度，可绘制成标准曲线，再测样品中金属离子的吸光度，从标准曲线上能够求得金属离子含量。

【实训仪器和试剂】

1. 仪器　原子吸收分光光度计（应配备有火焰原子化器、石墨炉原子化器和适宜的氢化物发生装置），铅、镉、砷、汞、铜等元素的空心阴极灯，分析天平，微波消解仪，电热板。

2. 试剂　铅、镉、砷、汞、铜单元素标准溶液；硝酸、高氯酸（高纯试剂）；盐酸、硫酸、磷酸二氢铵、硝酸镁（均为优级纯）；碘化钾、维生素 C、盐酸羟胺（均为分析纯）；25% 碘化钾溶液、10% 维生素 C 溶液（临用新制）；含 1% 磷酸二氢铵溶液和 0.2% 硝酸镁溶液的混合溶液（取磷酸二氢铵 1g，硝酸镁 0.2g，加水 100ml 使溶解，即得）；1% 硼氢化钠和 0.3% 氢氧化钠混合溶液（取氢氧化钠 3g，加水 1000ml 使溶解，加入硼氢化钠 3g，使溶解，即得。应临用新制）；4% 硫酸溶液（取硫酸 4ml，加入水中稀释，并加水至 100ml，即得）；5% 高锰酸钾溶液（取高锰酸钾 5g，加水溶解并稀释至 100ml，即得）；5% 盐酸羟胺溶液（取盐酸羟胺 5g，加水溶解并稀释至 100ml，即得）；2% 硝酸溶液（取硝酸 2ml，加水稀释至 100ml，即得）。

【实训步骤】

1. 铅的测定

（1）测定条件　参考条件：空心阴极灯工作电流 9mA，狭缝 0.5nm，波长 283.3nm，干燥温度 110℃，持续 20 秒；灰化温度 800℃，持续 13 秒；原子化温度 1600℃，持续 4 ~ 5 秒；清除温度 2200℃，持续 2 秒。

（2）样品溶液的制备　取样品粗粉 0.5g，精密称定，置聚四氟乙烯消解罐内，加硝酸 5ml，混匀，浸泡过夜，盖好内盖，旋紧外套，置适宜的微波消解炉内，进行消解（按仪器规定的消解程序操作）。消解完全后，取消解罐置电热板上缓缓加热至红棕色蒸汽挥尽，并继续缓缓浓缩至 2 ~ 3ml，放冷，用水转入 25ml 量瓶中，并稀释至刻度，摇匀，即可。消解后的样品应呈无色或略带浅黄绿色的澄明溶液，部分样品可能残存有少量灰色硅酸盐沉淀，可振摇后离心处理。同法同时制备试剂空白溶液。

（3）铅标准曲线的绘制　精密量取铅单元素标准溶液适量，用 2% 硝酸溶液稀释，制成每 1ml 含铅（Pb）1μg 的铅标准储备液，于 0 ~ 5℃贮存。

分别精密量取铅标准储备液适量，用 2% 硝酸溶液制成每 1ml 分别含铅 0、5、20、40、60、80ng 的铅标准溶液。分别精密量取 1.00ml，加含 1% 磷酸二氢铵和 0.2% 硝酸镁的混合溶液 0.5ml，混匀。精密吸取 20μl，注入石墨炉原子化器，测定吸光度，以吸光度为纵坐标，浓度为横坐标，绘制标准曲线。求出线性回归方程。

（4）灵芝中铅含量测定　精密量取空白溶液与样品溶液各 1.00ml，精密加含 1% 磷酸二氢铵和

0.2%硝酸镁的溶液0.5ml，混匀，精密吸取20μl，注入石墨炉原子化器，照"铅标准曲线的绘制"项下的方法测定吸光度，由标准曲线法及其线性回归方程计算样品中铅（Pb）的含量（mg/kg）。

2. 镉的测定

（1）测定条件　参考条件：空心阴极灯工作电流4mA，狭缝0.5nm，波长228.8nm，干燥温度110℃，持续20秒；灰化温度800℃，持续13秒；原子化温度1300℃，持续4~5秒；清除温度2100℃，持续2秒。

（2）样品溶液的制备　同"铅的测定"项下。

（3）镉标准曲线的绘制　精密量取镉单元素标准溶液适量，用2%硝酸溶液稀释，制成每1ml含镉（Cd）1μg的镉标准储备液，于0~5℃贮存备用。

分别精密量取镉标准储备液适量，用2%硝酸溶液稀释，制成每1ml分别含镉0、0.8、2.0、4.0、6.0、8.0ng的溶液。分别精密吸取20μl，注入石墨炉原子化器，测定吸光度，以吸光度为纵坐标，浓度为横坐标，绘制标准曲线，求出线性回归方程。

（4）灵芝中镉含量测定　精密吸取空白溶液与样品溶液各20μl，照"镉标准曲线的绘制"项下方法测定吸光度（若样品有干扰，可分别精密量取标准溶液、空白溶液和样品溶液各1ml，精密加含1%磷酸二氢铵和0.2%硝酸镁的溶液0.5ml，混匀，依法测定），由标准曲线法及其线性回归方程计算样品中镉（Cd）的含量（mg/kg）。

3. 砷的测定

（1）测定条件　参考条件：采用适宜的氢化物发生装置，以含1%硼氢化钠的0.3%氢氧化钠的混合溶液（临用前配制）作为还原剂，盐酸溶液（1→100）为载液，氮气为载气，吸收管温度为800~900℃，检测波长为193.7nm。反应时间、进样体积（时间）、载气流量等参数，可参照氢化物发生器生产厂家推荐的条件，结合原子吸收分光光度计测定条件加以优化后确定。

（2）样品溶液的制备　同"铅的测定"项下。

（3）砷标准曲线的绘制　精密量取砷单元素标准溶液适量，用2%硝酸溶液稀释，制成每1ml含砷（As）1μg的砷标准储备液，于0~5℃贮存备用。

分别精密量取砷标准储备液适量，用2%硝酸溶液制成每1ml分别含砷0、5、10、20、30、40ng的溶液。分别精密量取10ml，置25ml量瓶中，加25%碘化钾溶液（临用前配制）1ml，摇匀，加10%维生素C溶液（临用前配制）1ml，摇匀，用盐酸溶液（20→100）稀释至刻度，摇匀，密塞，置80℃水浴中加热3分钟，取出，放冷。取适量，吸入氢化物发生装置，测定吸光度，以吸光度为纵坐标，浓度为横坐标，绘制标准曲线，求出线性回归方程。

（4）灵芝中砷含量测定　精密吸取空白溶液与样品溶液各10μl，照"砷标准曲线的绘制"项下的方法测定吸光度，由标准曲线法及其线性回归方程计算样品中砷（As）的含量（mg/kg）。

4. 汞的测定

（1）测定条件　参考条件：采用适宜的氢化物发生装置（与砷测定所采用的氢化物发生装置相同，因汞在室温下即可原子化，所以测定汞时吸收管不需加热）。以含0.5%硼氢化钠和0.1%氢氧化钠的溶液（临用前配制）作为还原剂，盐酸溶液（1→100）为载液，氮气为载气，检测波长为253.6nm。其他测定参数可根据仪器具体条件加以优化后确定。

（2）样品溶液的制备　消解过程同"铅的测定"项下。消解完全后，取消解内罐置电热板上，于

120℃缓缓加热至红棕色蒸汽挥尽，并断续浓缩至2~3ml，放冷，加20%硫酸溶液2ml、5%高锰酸钾溶液0.5ml，摇匀，滴加5%盐酸羟胺溶液至紫红色恰消失，转入10ml量瓶中，用水洗涤容器，洗液合并于量瓶中，并稀释至刻度，摇匀，必要时离心，取上清液，即得。同法同时制备试剂空白溶液。

（3）汞标准曲线的绘制　精密量取汞单元素标准溶液适量，用2%硝酸溶液稀释，制成每1ml含汞（Hg）1μg的汞标准储备液，于0~5℃贮存备用。

分别精密量取汞标准储备液0、0.1、0.3、0.5、0.7、0.9ml，置50ml量瓶中，加20%硫酸溶液10ml、5%高锰酸钾溶液0.5ml，摇匀，滴加5%盐酸羟胺溶液至紫红色恰消失，用水稀释至刻度，摇匀。取适量，吸入氢化物发生装置，测定吸光度，以吸光度为纵坐标，浓度为横坐标，绘制标准曲线，求出线性回归方程。

（4）灵芝中汞含量测定　精密吸取空白溶液与样品溶液适量，照"汞标准曲线的绘制"项下的方法测定吸光度，由标准曲线法及其线性回归方程计算样品中汞（Hg）的含量（mg/kg）。

5. 铜的测定

（1）测定条件　参考条件：火焰原子吸收法测定，检测波长为324.7nm，采用空气-乙炔火焰。燃气流量0.9L/min，必要时背景校正，空心阴极灯工作电流为4mA，狭缝为0.5nm。

（2）样品溶液的制备　同"铅的测定"项下。

（3）铜标准曲线的绘制　精密量取铜单元素标准溶液适量，用2%硝酸溶液稀释，制成每1ml含铜（Cu）10μg的铜标准储备液，于0~5℃贮存备用。

分别精密量取铜标准储备液适量，用2%硝酸溶液制成每1ml分别含铜0、0.05、0.2、0.4、0.6、0.8μg的溶液。依次喷入火焰，测定吸光度，以吸光度为纵坐标，浓度为横坐标，绘制标准曲线，求出线性回归方程。

（4）灵芝中铜含量测定　精密吸取空白溶液与样品溶液适量，照"铜标准曲线的绘制"项下的方法测定吸光度，由标准曲线法及其线性回归方程计算样品中铜（Cu）的含量（mg/kg）。

注意事项

1. 电压要稳定，不要频繁开关机。

2. 在使用之前，废液管内一定要有水（从下端倒入即可）。

3. 开机时，先开空气阀，后开乙炔阀，熄火时先关乙炔阀后关空气阀，防止回火事故的发生。

4. 元素灯使用前应预热20~30分钟以上，测什么元素用什么灯。

5. 元素灯的通光窗口不可用手或油污触摸，若脏了可用乙醇：乙醚（1:3）混合液擦净。

6. 使用过程中，若突然断电，必须立刻关闭电源和乙炔阀。

7. 样品溶液不能有气泡，如有气泡可用注射器吸走。

8. 燃烧头使用后温度很高，严禁用手触摸。

9. 每次测量完，雾化器用蒸馏水洗2~3分钟。

【数据记录与结果处理】

1. 铅含量

年　月　日

铅标准溶液浓度（ng/ml）	0	5	20	40	60	80
吸光度						
铅标准曲线方程						
样品测定序号		1		2		3
样品溶液吸光度						
样品中铅浓度（ng/ml）						
平均浓度（ng/ml）						
偏差						
平均偏差						
相对平均偏差						

2. 镉含量

年　月　日

镉标准溶液浓度（ng/ml）	0	0.8	2	4	6	8
吸光度						
镉标准曲线方程						
样品测定序号		1		2		3
样品溶液吸光度						
样品中镉浓度（ng/ml）						
平均浓度（ng/ml）						
偏差						
平均偏差						
相对平均偏差						

3. 砷含量

年　月　日

砷标准溶液浓度（ng/ml）	0	5	10	20	30	40
吸光度						
砷标准曲线方程						
样品测定序号		1		2		3
样品溶液吸光度						
样品中砷浓度（ng/ml）						
平均浓度（ng/ml）						
偏差						
平均偏差						
相对平均偏差						

4. 汞含量

年　月　日

汞标准溶液浓度（ng/ml）	0	2	6	10	14	18
吸光度						
汞标准曲线方程						
样品测定序号		1		2		3
样品溶液吸光度						
样品中汞浓度（ng/ml）						
平均浓度（ng/ml）						
偏差						
平均偏差						
相对平均偏差						

5. 铜含量

年　月　日

铜标准溶液浓度（ng/ml）	0	50	200	400	600	800
吸光度						
铜标准曲线方程						
样品测定序号		1		2		3
样品溶液吸光度						
平均浓度（ng/ml）						
偏差						
平均偏差						
相对平均偏差						

【实训结论】

规定：铅不得过 5mg/kg；镉不得过 1mg/kg；砷不得过 2mg/kg；汞不得过 0.2mg/kg；铜不得过 20mg/kg。

结果：铅的限量 =　　　　　　　$n =$　　　　　　　$\overline{Rd}$

　　　　镉的限量 =　　　　　　　$n =$　　　　　　　$\overline{Rd}$

　　　　砷的限量 =　　　　　　　$n =$　　　　　　　$\overline{Rd}$

　　　　汞的限量 =　　　　　　　$n =$　　　　　　　$\overline{Rd}$

　　　　铜的限量 =　　　　　　　$n =$　　　　　　　$\overline{Rd}$

结论：

【实践思考】

1. 使用本法测量元素含量时，为什么必须做空白实验？

2. 原子吸收分光光度法与紫外 - 可见分光光度法有哪些相同之处？哪些不同之处？

【实训体会】

实训二十　水中微量锌的测定

【实训内容】

1. 待测水样的处理与富集浓缩。
2. 配制 1000mg/L 的锌储备液。
3. 绘制锌标准工作曲线。
4. 测定水样中锌含量。

【实训目的】

1. 掌握用标准曲线法测定水中微量锌的方法。
2. 熟悉原子吸收分光光度法的基本原理。
3. 了解火焰原子吸收分光光度计的基本构造、使用方法。

【实训原理】

通常情况下，江河、湖及地下水中的锌元素含量较低，用原子吸收分光光度法直接测定原水样往往不能检出。可采取水样，富集浓缩 10 倍后，再用原子吸收分光光度法直接测定水样中的微量锌。该方法可以大幅度提高检出限，且具有较高的精密度和准确度，操作简便，易于掌握，适用于环境监测实验室对江河、湖、水库及地下水中微量锌元素的日常监测。

锌离子溶液雾化成气溶胶后进入火焰，在火焰温度下气溶胶中的锌变成锌原子蒸气，由光源锌空心阴极灯辐射出波长为 213.9nm 的锌特征谱线，被锌原子蒸气吸收。在恒定条件下，吸光度与溶液中锌离子浓度符合比尔定律 $A = KcL$。利用吸光度（A）和浓度（c）的关系，用锌标准系列溶液分别测定其吸光度，绘制标准曲线。在同样的条件下测定水样的吸光度，从标准曲线上求得水样中锌的浓度，进而计算自来水中微量锌。

【仪器与试剂】

1. 仪器　原子吸收分光光度仪，锌空心阴极灯，容量瓶，吸量管。

2. 试剂　锌（光谱纯），硝酸溶液（优级纯），去离子水。

【实训步骤】

1. 锌标准储备液的配制　称取锌 1.0000g，用优级硝酸溶解，必要时可以适当加热，直至完全溶解，于 1000ml 容量瓶定容，摇匀，备用，得浓度为 1000mg/L 的储备液。锌标准系列溶液则用该储备液逐级稀释而成。

2. 操作内容

（1）仪器工作条件　原子吸收仪的最佳工作条件列于下表。

元素	波长（nm）	灯电流（mA）	狭缝宽度（nm）	燃烧器高度（mm）	乙炔流量（L）	空气流量（L）
铜	324.7	2	0.4	6	1.0	6.5
铅	283.3	2	0.4	5	1.5	6.5
锌	213.9	2	0.4	6	1.0	6.5
镉	228.9	2	0.4	5	1.0	6.5

（2）水样处理与富集浓缩　水样正常采集后，立即用 0.45μm 滤膜过滤，滤液加入优级硝酸防腐

（pH＜2）。一般地面水和地下水中待测金属浓度较低，不能直接测定，需浓缩处理。用容量瓶准确量取500ml已用硝酸防腐并过滤的水样置于1000ml烧杯中，在电热板上低温加热蒸发至20ml左右，冷却后加入1.00ml 50%优级硝酸，反复用水吹洗杯壁，过滤后转入50ml的容量瓶中定容，摇匀待测。按同样的方法制备两份空白试液（吸光度相对偏差不大于50%）。

（3）绘制标准工作曲线　用10mg/L锌标准溶液，在100ml容量瓶中配制浓度为0.00、0.20、0.40、0.60、0.80、1.00mg/L的系列标准溶液。在最佳仪器操作条件下，每次以空白溶液为参比调零，用原子吸收分光光度法直接测定该系列溶液的吸光度。以锌浓度为横坐标，吸光度为纵坐标，绘制标准工作曲线。

（4）富集水样中锌的含量测定　与上述相同条件下，用原子吸收分光光度法测定富集水样的吸光度。根据水样吸光度值，根据标准工作曲线方程计算含量。再根据稀释倍数，计算出水样中锌的含量。平行测定3次，取平均值，计算相对平均偏差。

注意事项

1. 电压要稳定，不要频繁开关机。
2. 在使用之前，废液管内一定要有水（从下端倒入即可）。
3. 开机时，先开空气阀，后开乙炔阀，熄火时，先关乙炔阀，后关空气阀，防止回火事故的发生。
4. 元素灯使用前应预热20~30分钟以上，测什么元素用什么灯。
5. 元素灯的通光窗口不可用手或油污触摸，若脏了可用乙醇：乙醚（1:3）混合液擦净。
6. 使用过程中，若突然断电，必须立刻关闭电源和乙炔阀。
7. 金属套玻璃喷雾器，要防震，拔出时要轻。
8. 雾化燃烧器清洁时，用10% HCl（硝酸）浸泡一夜，用自来水冲洗，再用蒸馏水清洗。
9. 样品溶液不能有气泡，如有气泡可用注射器吸走。
10. 燃烧头使用后温度很高，严禁用手触摸。
11. 每次测量完，雾化器用蒸馏水洗2~3分钟。

【数据记录和结果处理】

年　　月　　日

浓度（mg/L）	0.00	0.20	0.40	0.60	0.80	1.00
吸光度						
标准工作曲线方程						
样品测定序号		1		2		3
富集水样吸光度						
富集水样浓度（mg/L）						
实际水样浓度（mg/L）						
平均浓度（mg/L）						
偏差						
平均偏差						
相对平均偏差						

【实训结论】

测定份数：　　　　　　　　平均含量：

【实训思考】

1. 如果该实验要求做回收实验，该如何操作？

2. 实验绘得的标准曲线有时会发生向上或向下弯曲现象，造成标准曲线弯曲的原因有哪些？

【实训体会】

目标检测

答案解析

一、选择题

（一）最佳选择题

1. 药物中微量元素的测定，可采用的测定方法是

　　A. 原子吸收分光光度法　　　　B. 荧光分析法　　　　　　C. 紫外光谱法

　　D. 红外光谱法　　　　　　　　E. 质谱法

2. 原子吸收光谱法的主要干扰来源是

　　A. 物理干扰　　　　　　　　　B. 化学干扰　　　　　　　C. 电离干扰

　　D. 光谱干扰　　　　　　　　　E. 背景干扰

3. 原子化器的主要作用是

　　A. 将试液中待测元素转化为基态原子　　　　B. 将试样中待测元素转化为激发态原子

　　C. 将试样中待测元素转化为中性分子　　　　D. 将试样中待测元素转化为分子离子

　　E. 将试样中待测元素转化为碎片离子

4. 原子吸收光谱产生的原因是

　　A. 振动能级跃迁　　　　　　　B. 转动能级跃迁　　　　　C. 振转能级跃迁

　　D. 原子最外层电子跃迁　　　　E. 分子中电子能级跃迁

5. 火焰原子吸收法与石墨炉原子吸收法相比较优势在于

　　A. 检出限低　　　　　　　　　B. 精密度高　　　　　　　C. 原子化效率高

　　D. 选择性强　　　　　　　　　E. 干扰小

6. 可以消除原子吸收法中的化学干扰的方法是

　　A. 加入释放剂　　　　　　　　B. 标准加入法　　　　　　C. 采用稀释法

　　D. 扣除背景　　　　　　　　　E. 加入消电离剂

7. 原子吸收线一般位于光谱的

　　A. X 射线　　　　　　　　　　B. 紫外光区　　　　　　　C. 可见光区

　　D. 紫外和可见光区　　　　　　E. 红外光区

8. 与单光束原子吸收光度计相比，双光束原子吸收光度计的优点在于

    A. 共振线辐射能量损失少　　　　B. 灵敏度高　　　　　　　C. 可以消除背景影响

    D. 价格低廉　　　　　　　　　　E. 可以消除光源强度变化的影响

9. 原子吸收光谱法中，被测元素的灵敏度、精密度在很大程度上取决于

    A. 空心阴极灯　　　　　　　　　B. 火焰　　　　　　　　　C. 原子化器

    D. 单色器　　　　　　　　　　　E. 检测器

10. 当被测样品的基体干扰较大、配制与被测样品组成一致的标准溶液困难时，进行分析常采用

    A. 标准曲线法　　　　　　　　　B. 标准加入法　　　　　　C. 内标法

    D. 间接测定法　　　　　　　　　E. 直接测定法

（二）配伍选择题

[11～14]

    A. 电弧光源　　　　　　　　　　B. 氙灯　　　　　　　　　C. 硅碳棒

    D. 空心阴极灯　　　　　　　　　E. 氘灯

11. 紫外吸收分光光度计的光源为

12. 红外光谱仪的光源为

13. 荧光光谱仪的光源为

14. 原子吸收分光光度计的锐线光源为

（三）共用题干单选题

[15～16]

精密量取 1～4ml（含奎宁 $C_{20}H_{24}N_2O_2$ 约 10mg）的稀盐酸供试液置于 20ml 离心管中，加入 6ml 0.01mol/L 的 Mayer 试剂（HgI_4^{2-}）溶液，摇匀，放置 30 分钟。离心，弃去上层液，用去离子水洗涤沉淀几次，完全除去 Hg^{2+}，洗净的沉淀溶于乙醇，转移至 100ml 容量瓶中，用乙醇定容至刻度，混匀后将乙醇溶液喷入空气 – 乙炔火焰，在 253.7nm 波长处测量汞的原子吸收，根据标准曲线法计算汞的含量，按 1mg 汞相当于 3.42mg 奎宁计算分析结果。

15. 精密量取 1～4ml 含奎宁的稀盐酸供试液所用量具是

    A. 吸量管　　　　　　　　　　　B. 量杯　　　　　　　　　C. 量瓶

    D. 烧杯　　　　　　　　　　　　E. 试管

16. 该测量方法为

    A. 原子发射分光光度法　　　　　B. 原子吸收分光光度法　　C. 荧光分析法

    D. 紫外 – 可见分光光度法　　　　E. 红外分光光度法

（四）X 型题（多项选择题）

17. 属于发射原理的光谱法有

    A. 紫外光谱法　　　　　　　　　B. 红外光谱法　　　　　　C. 荧光光谱法

    D. 原子吸收光谱法　　　　　　　E. 原子发射光谱法

18. 属于原子吸收分光光度计部件的是

    A. 质量分析器　　　　　　　　　B. 试样池　　　　　　　　C. 单色器

    D. 原子化器　　　　　　　　　　E. 射频发射器

二、填空题

19. 原子吸收分光光度法中，由原子无规则热运动所产生的变化称为_____，是谱线变宽的主要因素。_____可引起谱线频率移动和不对称性变化，从而影响原子吸收分析的灵敏度。

20. 原子发射光谱法中，原子由激发态直接跃迁至基态时所辐射的谱线称为_____；原子外层电子受激发，发生能级跃迁所产生的谱线称为_____。

书网融合……

知识回顾　　　微课　　　习题

（马　允）

第十三章　经典液相色谱法

现代医学、药学、生命科学和环境科学等现代科学技术的发展对分析化学提出了越来越高的要求，要快速、准确地确定多组分的待测对象中各组分的分子结构、含量等多维信息，对复杂的多元体系要进行逐一分离并纯化等。其中分离和纯化效果的好坏是决定分析结果的关键，不同样品需要采取不同的分离纯化的方法和步骤。目前，色谱分析技术是分离纯化物质中应用最普遍、最重要的方法。

本章主要介绍：色谱法的基本概念、分类和特点；将固定相填覆在玻璃管或不锈钢管柱中的柱色谱法，按分离原理不同分为吸附柱色谱法、分配柱色谱法、离子交换柱色谱法和凝胶色谱法4种；组分在以平面为载体的固定相和流动相之间因吸附或分配而进行分离的平面色谱法；柱色谱法和薄层色谱法的应用实例。

📖 学习目标

1. **掌握**　薄层色谱法、薄层扫描法的基本原理和操作方法；色谱法中固定相、流动相的选择，色谱分离条件的选择。

2. **熟悉**　色谱法的概念和分离原理；经典液相色谱的分离机制和操作方法；色谱法的分类，常见的固定相、流动相的性质特点和分类。

3. **了解**　经典液相色谱法试剂配制。

第一节　概　述 🄴 微课 I

一、基本概念

1906 年，俄国植物学家茨维特（M. S. Tswett）在研究植物色素时，将碳酸钙吸附剂填充到竖立的玻璃柱中，从柱的顶端加入用石油醚提取的植物色素溶液，而后用石油醚自上而下冲洗，使植物色素溶液自柱中通过。随着石油醚不断地加入，植物色素渐渐向下移动，在柱的不同部位，形成不同颜色和有规则的色带。由于色带与光谱相似，茨维特把它命名为色谱，上述分离方法命名为色谱法。随着色谱法的不断发展，其不再限于有色物质，但"色谱"一词仍沿用至今。

在色谱法中，常将装有用于分离的填充物（如上述实验中的碳酸钙）的细长管（如玻璃管、不锈

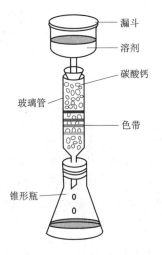

图 13 - 1　次维特实验装置图

（漏斗　溶剂　碳酸钙　玻璃管　色带　锥形瓶）

钢管）称为色谱柱；管内起分离作用并保持固定的填充物称为固定相，流经固定相孔隙及表面的溶剂（如石油醚）称为流动相。次维特实验装置图见图 13 - 1。如今，固定相可以是固体，也可以是液体（将液体涂在固态的载体或管壁上）；流动相可以是气体，也可以是液体或超临界流体。

色谱法又称层析法，是一种物理化学分析方法（仪器分析方法），是分离混合物各组分或纯化物质的实验手段之一。它利用不同溶质（样品）在两相中具有不同作用力（分配、吸附、离子交换等）的差别，当两相做相对运动时，各溶质（样品）在两相间进行多次分配（即溶质在两相之间反复多次的吸附、脱附或溶解、挥发），从而使各溶质达到完全分离。

在色谱法中，将填入玻璃管或不锈钢管内静止不动的一相（固体或液体）称为固定相；自上而下运动的一相（一般是气体或液体）称为流动相；装有固定相的管子（玻璃管或不锈钢管）称为色谱柱。

二、色谱法的分类

1. 按流动相的状态分类　见表 13 - 1。

表 13 - 1　色谱法分类（按流动相的状态不同）

色谱类型	流动相	主要分析对象
气相色谱法	气体	挥发性、低沸点或加热不易分解的物质
液相色谱法	液体	可以溶于水或有机溶剂的物质
超临界流体色谱法	超临界流体	有机化合物
毛细管电泳色谱法	缓冲溶液	离子和有机化合物

2. 按固定相、流动相两相所处的状态分类　色谱法分为：气 - 固色谱法、气 - 液色谱法、液 - 液色谱法、液 - 固色谱法。

3. 按固定相的性质和操作方式分类　色谱法分为柱色谱、纸色谱和薄层色谱。

4. 按分离机制分类　色谱法分为吸附色谱法、分配色谱法、离子交换色谱法、凝胶色谱法和亲和色谱法。

5. 按展开程序分类　色谱法分为洗脱法、顶替法和迎头法。

（1）洗脱法　也称冲洗法。工作时，首先将样品加到色谱柱头上，然后用气体或液体作流动相进行冲洗。由于各组分在固定相上的吸附或溶解能力不同，被冲洗剂带出的先后次序也不同，从而使组分彼此分离。这种方法是色谱法中最常用的一种方法。

（2）顶替法　是将样品加到色谱柱头后，在惰性流动相中加入对固定相的吸附或溶解能力比所有试样组分强的物质为顶替剂（或直接用顶替剂作流动相），通过色谱柱，将各组分按吸附或溶解能力的强弱顺序，依次顶替出固定相，吸附或溶解能力最弱的组分最先流出，吸附或溶解能力最强的最后流出。

（3）迎头法　是将试样混合物连续通过色谱柱，吸附或溶解能力最弱的组分首先以纯物质的状态流出，其次以第一组分和吸附或溶解能力较弱的第二组分混合物流出，以此类推。

即学即练 13 − 1

在液相色谱法中，按分离原理分类，液固色谱法属于（　　）。

A. 分配色谱法　　　　B. 排阻色谱法　　　　C. 离子交换色谱法

D. 吸附色谱法　　　　E. 亲和色谱法

三、色谱法的特点

色谱法集分离、纯化、分析于一体，有简便、快速、设备简单的优点，是医药、卫生、化工、环境等领域中不可缺少的实验手段。随着科学技术迅速发展，目前色谱法这一分离、分析技术的灵敏度及自动化程度有了极大提高。

 知识拓展

由于色谱法分析复杂多组分体系具有高效、快速的特点，使得气相色谱（GC）、高效液相色谱（HPLC）技术得到了广泛的应用。在运动员兴奋剂检测、食品激素残留、粮食农药残留等诸多领域中，均可采用色谱分析法进行定性或定量分析，并且能够快速、准确地分析出结果；啤酒生产商用色谱分析技术对啤酒中的各种有机酸、氨基酸等进行定性或定量分析，可以随时监控所生产啤酒的风味和营养。

第二节　柱色谱法 微课 2

柱色谱法又称柱层析法。它是将色谱填料（固定相）装于色谱柱内，流动相为液体，样品沿竖直方向由上而下移动而达到分离的色谱法。本法主要用于分离，有时也起到浓缩富集作用，广泛用于样品的前处理。

柱色谱法按分离原理可分为吸附柱色谱法、分配柱色谱法、离子交换柱色谱法和凝胶色谱法。根据色谱柱的尺寸、结构和制作方法的不同，可分为填充柱色谱和毛细管柱色谱。

一、液 − 固吸附柱色谱法

（一）原理

液 − 固吸附柱色谱法是在柱管内填入表面积很大、经过活化的多孔性粉状固体吸附剂为固定相，构成色谱柱，液体为流动相；待分离的混合物溶液流过色谱柱时，用液体流动相冲洗色谱柱，对各组分进行洗脱分离，由于不同化合物吸附能力不同，洗脱的速度也不同，于是溶质在柱中自上而下按对吸附剂的亲和力大小分别形成若干"色带"，分开的各组分溶质可以从色谱柱上分别洗出收集；或将色谱柱吸干，然后按色带分割开，再用溶剂将色带中的溶质萃取出来。吸附柱色谱法装置图见图 13 − 2。

（二）吸附剂

吸附剂应具有较大的吸附表面积和一定的吸附活性，粒度均匀，有一定的细度，与样品、溶剂和洗脱剂均不发生化学反应。吸附剂的选择是色谱分离中的一项重要工作，常用的吸附剂有硅胶 G、氧化

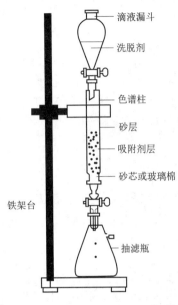

图 13-2　吸附柱色谱法装置图

铝、氧化镁、聚酰胺、大孔吸附树脂、活性炭等，目前常用的吸附剂极性的顺序为：纸＜纤维素＜淀粉＜糖类＜硅酸镁＜硫酸钙＜硅酸＜硅胶＜氧化镁＜氧化铝＜活性炭。

1. 硅胶　硅胶是色谱法中最常用的一种吸附剂，是一种坚硬、无定形链状和网状结构的硅酸聚合物颗粒，分子式为 $SiO_2 \cdot nH_2O$，为一种亲水性的极性吸附剂。它是用硫酸处理硅酸钠的水溶液，生成凝胶，水洗除去硫酸钠再经干燥后得到的，适用于分离酸性或中性物质（有机酸、氨基酸、萜类、甾体等样品）的分离。硅胶分子具有多孔性的硅氧交联结构，骨架表面具有许多硅醇基，能吸附极性分子，与化合物形成氢键，从而使得硅胶具有吸附能力。硅胶表面能吸附大量水分，这些水与硅胶表面的羟基结合成水合硅醇基，会导致硅胶失去活性。这种硅胶表面吸附的水称"自由水"，当表面"自由水"的含量大于17%时，其吸附能力极弱。将硅胶加热到100℃左右，这些"自由水"能可逆地被除去。利用这一原理可以对吸附剂进行活化（去水）和脱活性（加水）处理，以控制吸附剂的活性。一般将硅胶于105℃～110℃加热活化0.5～1小时，从而达到活化目的。当硅胶加热至500℃时，硅醇基就会不可逆地失水，由硅醇结构变为硅氧烷结构，使吸附性能显著下降。

2. 氧化铝　氧化铝的吸附能力稍高于硅胶。色谱用氧化铝有碱性、酸性、中性3种，以中性氧化铝使用最多。

碱性氧化铝（pH9～10）适用于碳氢化合物、对碱稳定的中性物质、甾类化合物、生物碱的分离等。

酸性氧化铝（pH4～5）适用于分离氨基酸及对酸稳定的中性物质。

中性氧化铝（pH7.5）适用于分离生物碱、甾体、萜类化合物以及在酸、碱中不稳定的苷类、酯、内酯等化合物。中性氧化铝用途最广，凡是酸性、碱性氧化铝能分离的化合物，中性氧化铝均适用。

氧化铝的活性分为Ⅰ～Ⅴ级，Ⅰ级吸附能力太强，Ⅴ级吸附能力太弱，很少应用，一般选用Ⅱ～Ⅲ级。

在适当的温度下加热，可除去水分，使氧化铝活化，反之，加入一定量水分，可使氧化铝脱活。

硅胶、氧化铝的活性与含水量的关系：含水量越低，活性级数越小，活性越高，吸附能力越强。

3. 聚酰胺　聚酰胺是一类由酰胺聚合而成的高分子化合物，色谱分析法中常用的是聚己内酰胺。聚酰胺分子内有许多酰胺基，酰胺基可与酚类、酸类、硝基化合物、醌类等形成吸附能力不同的氢键，使各类化合物得以分离，一般来说，溶质分子中形成氢键基团越多，其吸附能力越大。

硅藻土、硅酸镁、活性炭、天然纤维素等也可作为吸附剂。

（三）流动相的选择

流动相具有洗脱作用，其洗脱能力决定于流动相占据吸附剂表面活性中心的能力。强极性的流动相分子，占据极性吸附活性中心的能力强，具有强的洗脱作用。极性弱的流动相占据吸附活性中心的能力弱，洗脱作用弱。通常情况下，被分离试样的性质和吸附剂的活性均已固定，分离试样能力的关键就取决于流动相的选择。流动相的选择应考虑以下三个方面的因素。

1. 被分离物质的结构、极性与吸附力的关系　被分离物质的结构不同，其极性不同，在吸附剂表面的被吸附力也不同。极性大的物质易被极性较强的吸附剂吸附,需要极性较大的流动相才能洗脱。

常见基团的极性由小到大的顺序如下:

烷烃（—CH$_3$，—CH$_2$—）＜烯烃（—CH＝CH—）＜醚类（—OCH$_3$，—OCH$_2$—）＜硝基化合物（—NO$_2$）＜酯类（—COOR）＜酮类（＝C＝O）＜醛类（—CHO）＜硫醇（—SH）＜胺类（—NH$_2$）＜醇类（—OH）＜酚类（Ar—OH）＜羧酸类（—COOH）

2. 吸附剂的活性 分离极性小的物质,一般选择吸附活性(极性)大的吸附剂,以免组分流速太快,难以分离。分离极性大的组分,选用吸附活性(极性)较小的吸附剂,以免吸附过牢,不易洗脱。

3. 流动相的极性与被分离组分的关系 一般根据相似相溶的原则来选择流动相。因此,当分离极性较大的物质时,应选择极性较大的溶剂作流动相,而分离极性较小的物质时,要选择极性较小的溶剂作流动相。

常用的流动相极性递增的次序是:

石油醚＜环己烷＜四氯化碳＜苯＜甲苯＜乙醚＜三氯甲烷＜乙酸乙酯＜正丁醇＜丙酮＜乙醇＜甲醇＜水＜醋酸

总之,在选择色谱分离条件时,必须从被分离物质极性、吸附剂的活性和流动相三方面综合考虑。一般原则是:如果分离极性较大的组分,应选用吸附活性较小的吸附剂和极性较大的流动相;如果分离极性较小的组分,应选用吸附活性较大的吸附剂和极性较小的流动相。选择规律如图13-3,但这仅仅是一般规律,具体应用时还需要通过实践来摸索合适的分离条件。为了得到极性适当的流动相,多采用混合溶剂作流动相。

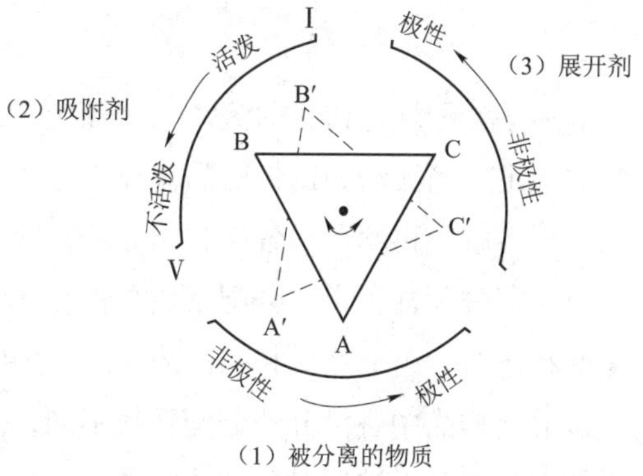

图13-3 被分离组分的极性、吸附剂的活性、展开剂极性三者之间的关系图

(四) 操作方法

柱色谱法操作步骤分为装柱、加样、洗脱、收集、鉴定五步。

1. 装柱 根据被分离组分量的多少、性质以及分离要求选择色谱柱管,色谱柱的直径与长度比一般为1:10~1:20。色谱柱的装填要均匀,不能有裂隙或气泡,以免被分离组分的移动速度不一致,影响分离效果。

装柱方法有干法装柱和湿法装柱两种。

(1) 干法装柱 将80~120目(相当于药筛五号~七号)活化后的吸附剂,经漏斗均匀地成一细流慢慢装入柱中,边装边轻轻敲打色谱柱,使柱填得均匀,有适当的紧密度,装完后在吸附剂顶端加少许脱脂棉。然后沿管壁慢慢滴加洗脱剂,使吸附剂湿润。然后加入溶剂,使吸附剂全部润湿。此法简便,缺点是易产生气泡。

(2) 湿法装柱 将洗脱剂与一定量的吸附剂调成糊状,慢慢倒入柱中,将柱下的活塞打开,使过剩洗脱剂慢慢流出,并从顶端加入一定量的洗脱剂,使其保持一定液面,待吸附剂渐渐沉于柱底,在柱顶上加少许脱脂棉。

湿法装柱效果较好,经常使用。

吸附剂用量一般为被分离组分的量的30~50倍。如果被分离组分性质相接近,吸附剂用量要更大些,甚至达到100倍。

2. 加样 样品为液体,可直接加样;样品为固体,可选合适溶剂溶解为液体再加样。加样时,沿管壁慢慢加入直至柱顶部，勿使样品搅动吸附剂表面。打开柱子下端活塞，样品会慢慢进入吸附剂中，待样品刚全部进入吸附剂中，再用少量洗脱剂冲洗原来盛样品溶液的容器 2~3 次，一并轻轻加入色谱柱内。关闭活塞，此时样品集中在柱顶端一小范围的区带。

3. 洗脱　在柱顶用一滴液漏斗，不断加入洗脱剂，使洗脱剂永远保持有适当的量。调节下面开关大小，使流动相流速适当。如果流速过快，组分在柱中吸附 – 溶解来不及达成平衡，影响分离效果；流速太慢则会延长整个操作时间。

4. 收集样品　各组分如果都有颜色，则在柱上分离情况可直接观察出来，直接收集各种不同颜色的组分。多数情况时，各组分无颜色。一般采用多份收集，每份收集量要小。然后对每份收集液进行定性检查，根据检查结果，合并组分相同的收集液，蒸去洗脱剂，留待作进一步的结构分析。

5. 鉴定　对各组分进行结构分析。在此不作介绍。

二、液 – 液分配柱色谱法

（一）分离原理

液 – 液分配柱色谱法的流动相和固定相都是液体，固定相的液体必须吸着在载体（担体）的表面上而被固定。当流动相携带样品流经固定相时，样品的各组分在互不相溶的两种液体中不断进行溶解、萃取，再溶解、再萃取，各组分因分配系数不同，经多次萃取后得到分离。

液 – 液分配柱色谱的分配系数是指在低浓度和一定温度下，各组分在互不相溶的两相中溶解，当达到平衡状态时，组分在两相间的浓度之比为常数。

被分离样品中各组分的分配系数不同，分配系数小的组分，洗脱时移动速率快，先从柱中流出。分配系数大的组分，洗脱时移动速率慢，后从柱中流出。各组分间的分配系数相差越大，越容易分离。当各组分的分配系数相差不大时，可通过增加柱长来达到较好的分离效果。

（二）载体

载体又称担体，在分配色谱中起负载固定相的作用。载体本身是惰性的，不具吸附作用，具有较大的表面积，能吸着大量的固定相液体。在分配色谱中常用的载体有吸水硅胶、多孔硅藻土、纤维素微孔聚乙烯小球以及烷基化硅胶（如 ODS）等。

（三）流动相与固定相

根据流动相和固定相的强弱，分配色谱法分为正相分配色谱法和反相分配色谱法。流动相的极性比固定相的极性弱时，称为正相分配色谱法，反之，称为反相分配色谱法。

固定相：正相分配色谱是水、酸或低级醇等强极性溶剂；反相分配色谱是石蜡油等非极性或弱极性液体。

流动相：正相分配色谱中常用的流动相是石油醚、醇类、酮类、酯类、卤代烃类及苯或它们的混合物；反相分配色谱中常用的有水、稀醇等。

选择流动相的一般方法：根据色谱方法、组分性质以及固定相的极性，选用对各组分溶解度较大的单一溶剂作流动相，如分离效果不理想，改用混合溶剂作流动相，以改善分离效果。

（四）操作方法

1. 装柱　装柱的要求与吸附柱色谱法基本相同，不同之处是装柱前先将固定相液体与载体充分混合。

2. 洗脱 洗脱剂必须先用固定液饱和，否则，当洗脱剂不断流过固定相时，会把担体上固定液逐步溶解，使分离失败。

洗脱剂的收集与处理方法和吸附柱色谱法相同。

三、离子交换柱色谱法

离子交换柱色谱法是以离子交换树脂为固定相，以水、酸或碱作为流动相，由流动相携带被分离的离子型化合物在离子交换树脂上进行离子交换，而达到分离和提纯的色谱方法。

离子交换色谱一般采用柱色谱（也可采用薄层色谱）。该方法的操作与柱色谱法相似，当待分离组分的离子随流动相通过离子交换柱时，由于各种离子对交换树脂的竞争交换能力不同，因而在柱内的移行速率不同。交换能力弱的离子在柱中移动速率快，保留时间短，先流出色谱柱；交换能力强的离子在柱中移动速率慢，保留时间长，后流出色谱柱。

四、凝胶柱色谱法

（一）分离原理

凝胶柱色谱法是按分子尺寸的差异进行分离的一种液相色谱方法，也称分子排阻色谱法。凝胶柱色谱法的固定相多为凝胶。凝胶是一种由有机分子制成的分子筛，其表面惰性，含有许多不同大小孔穴或立体网状结构。凝胶的孔穴大小与被分离组分大小相当，对不同大小的组分分子则可分别渗到凝胶孔内的不同深度。尺寸大的组分分子，可以渗入到凝胶的大孔内，但进不了小孔，甚至完全被排斥而先流出色谱柱。尺寸小的组分分子，大孔小孔都可以渗进去，最后流出色谱柱。因此，大的组分分子在色谱柱中停留时间较短，很快被洗出；小的组分分子在色谱柱中停留时间较长。经过一定时间后，各组分按分子大小得到分离。凝胶色谱分离过程示意图如图 13 - 4 所示。

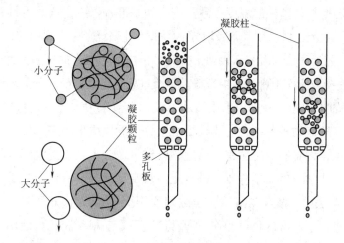

图 13 - 4 凝胶色谱分离过程示意图

（二）固定相

常用固定相有无机凝胶和有机凝胶两大类。无机凝胶又称硬质凝胶，是具有一定孔径范围的多孔性凝胶，如多孔硅胶、多孔玻璃珠等。此类凝胶化学惰性、稳定性及机械强度均好，耐高温，使用寿命长，需注意装柱时易碎，不易装紧，柱分离效能较低。有机凝胶又称半硬质凝胶，如苯乙烯二乙烯苯交联共聚物凝胶，能耐较高压力，适用于有机溶剂作流动相，有一定可压缩性，可填得紧密，柱分离效能较高。要注意在有机溶剂中有轻度膨胀。新型凝胶色谱填料，克服了传统软填料的一些弱点，粒度细，机械强度高，分离速度快，效果好，特别是无机填料表面键合亲水性单分子层或多层覆盖的单糖或多糖型等填料（如交联葡萄聚糖凝胶）广泛用于生物大分子的分离。

（三）流动相

流动相必须与凝胶本身非常相似，能溶解样品，浸润凝胶，且具有较低的黏度，有利于大分子的扩散。常用的流动相有四氢呋喃、甲苯、二甲基甲酰胺、三氯甲烷和水等。以水溶液为流动相的凝胶色谱适用于水溶性样品的分析，以有机溶剂为流动相的凝胶色谱适用于非水溶性样品。

（四）操作方法

1. **溶胀**　商品凝胶是干燥的颗粒，通常以直径 $40\sim63\mu m$ 的使用最多。凝胶使用前需要在洗脱液中充分溶胀一至数天，如在沸水浴中将湿凝胶逐渐升温到近沸，则溶胀时间可以缩短到 $1\sim2$ 小时。凝胶的溶胀一定要完全，否则会导致色谱柱的不均匀。热溶胀法还可以杀死凝胶中产生的细菌、脱掉凝胶中的气泡。

2. **装柱**　由于凝胶的分离是靠筛分作用，所以凝胶的填充要非常均匀，否则必须重填。凝胶在装柱前，可用水浮选法去除凝胶中的单体、粉末及杂质，并可用真空泵抽气排出凝胶中的气泡。最好购买商品中的玻璃或有机玻璃的凝胶空柱，在柱的两端皆有平整的筛网或筛板。将空柱垂直固定，加入少量流动相以排除柱中底端的气泡，再加入一些流动相至柱中约1/4的高度。柱顶部连接一个漏斗，颈直径约为柱颈的一半，然后在搅拌下，缓慢、均匀、连续地加入已经脱气的凝胶悬浮液，同时打开色谱柱的出口，维持适当的流速，凝胶颗粒将逐层水平、均匀地沉积，直到所需高度位置。最后拆除漏斗，用较小的滤纸片轻轻盖住凝胶床的表面，再用大量洗脱剂洗涤凝胶床一段时间。

3. **加样**　凝胶柱装好后，一定要对柱用流动相进行很好地平衡处理，才能上样。一般在上柱前将样品过滤或离心。样品溶液的浓度应该尽可能的大一些，但如果样品的溶解度与温度有关时，必须将样品适当稀释，并使样品温度与色谱柱的温度一致。当一切都准备好后，这时可打开色谱柱的活塞，让流动相与凝胶床刚好平行，关闭出口。用滴管吸取样品溶液沿柱壁轻轻加入到色谱柱中，打开流出口，使样品液渗入凝胶床内。当样品液面恰与凝胶床表面平齐时，再次加入少量的洗脱剂冲洗管壁，使样品恰好全部渗入凝胶床，又不致使凝胶床面干燥而发生裂缝。整个过程一定要仔细，避免破坏凝胶柱的床层。

4. **洗脱**　凝胶色谱的流动相大多采用水或缓冲溶液，少数采用水与一些极性有机溶剂的混合溶液，此外，还有个别比较特殊的流动相系统，需要根据溶液分子的性质来决定。加完样品后，可将色谱床与洗脱液贮瓶及收集器相连，设置好一个适宜的流速，以定量地分步收集洗脱液。然后，根据分离组分溶质分子的性质选择光学、化学或生物学等方法进行定性和定量测定。

5. **再生**　在凝胶色谱法中，凝胶与溶质分子之间原则上不会发生任何作用，因此在一次分离后用流动相稍加平衡就可以进行下一次的色谱操作。通常情况下，一根凝胶柱可使用半年之久。但在实际应用中，常有一定的污染物污染凝胶。对已沉积于凝胶床表面的不溶物，可挖去表层凝胶，再适当增补一些新的溶胀胶，并进行重新平衡处理。如果整个柱有微量污染，可用 $0.5mol/L$ NaCl 溶液洗脱。凝胶柱若经多次使用后，其色泽改变，流速降低，表面有污渍等，就要对凝胶进行再生处理。凝胶的再生指用恰当的方法除去凝胶中的污染物，使其恢复原来的性质。交联葡萄糖凝胶用温热的 $0.5mol/L$ 氢氧化钠和的氯化钠的混合液浸泡，用水冲洗到中性；聚丙烯酰胺和琼脂糖凝胶由于遇酸碱不稳定，则常用盐溶液浸泡，然后用水冲至中性。

 **知识拓展**

分配色谱是利用试样中各组分在两种互不相溶溶剂间的分配系数不同而达到分离。分配色谱的固定相一般为液相的溶剂，依靠涂铺、键合、吸附等手段分布于色谱柱或者担体表面。根据固定相和流动相的相对强弱，分配色谱法又分为正相分配色谱法和反相分配色谱法。

第三节　平面色谱法 ⓔ 微课3

一、薄层色谱法

（一）概述

薄层色谱法（TLC）是将固定相糊剂均匀地涂铺在光洁的玻璃板、塑料板或金属板表面上，形成一定厚度的薄层，将被分离的样品溶液点加在薄层板下沿的位置，再把下沿向下放入盛有流动相（深度约5mm）的密闭缸中，进行色谱展开，实现混合组分分离的方法。铺好固定相的板称为薄层板，简称薄板。被展开的组分斑点即色谱谱带，通过适当技术对色谱谱带进行处理可得到定性和定量的检测结果。

薄层色谱法具有技术比较简单、操作容易、分析速度快、分辨能力高、结果直观、不需昂贵仪器设备就可以分离较复杂混合物等特点。

（二）薄层板

薄层色谱法分离的选择性主要取决于固定相的化学组成及其表面的化学性质。可通过改变涂层材料的化学组成或对材料表面进行化学改性来实现改变薄层色谱分离的选择性。薄层板中主要含有以下物质。

1. 载板　应机械强度好、化学惰性好（对溶剂、显色剂等）、耐一定温度、表面平整、厚度均匀。

2. 固定相　薄层色谱法的吸附剂颗粒要求更细，颗粒大小要均匀，如不均匀则制成的薄层板不均匀，影响分离效果。硅胶、氧化铝、硅藻土、聚酰胺等都可作薄层色谱的固定相，常用的是氧化铝和硅胶。

薄层色谱法常用的硅胶有硅胶 H、硅胶 G、硅胶 HF_{254} 和硅胶 GF_{254} 等。硅胶 H 不含黏合剂，铺成硬板时需要加入黏合剂；硅胶 HF_{254} 不含黏合剂而含有一种荧光剂，在 254nm 紫外光下呈现强烈的黄绿色荧光背景；硅胶 GF_{254} 含煅石膏和荧光剂。用含荧光剂的吸附剂制成的荧光薄层板可用于本身不发光且不易显色的物质的研究。

氧化铝和硅胶类似，有氧化铝 G、氧化铝 H 和氧化铝 HF_{254} 等。

3. 黏合剂　在制备薄层板时，一般需在吸附剂中加入适量黏合剂，其目的是使吸附剂颗粒之间相互黏附并使吸附剂薄层紧密附着在载板上。常用的黏合剂有羧甲基纤维素钠（CMC - Na）和煅石膏（G）等。CMC - Na 常配成 0.5% ~1% 的溶液使用。

4. 荧光指示剂　荧光剂是便于在薄层色谱图上对一些基本化合物斑点（无颜色斑点、无特征紫外吸收斑点）定位的试剂。加入荧光剂后，可以使这些化合物斑点在激发光波照射下显出清晰的荧光，便于检测。

（三）薄层板的涂铺

涂板方法可以分为涂布法、倾注法、喷洒法及浸渍法四类，其中涂布法应用最广泛，多采用湿法匀浆，要求薄层均匀、平整、无气泡、不易造成凹坑和龟裂。制备的硅胶板应在 105～110℃活化 1 小时，冷却后保存于干燥器中备用。制好的薄层板应表面平整、厚薄一致，没有气泡和裂纹。

（四）展开剂的选择

薄层色谱法中展开剂的选择原则和柱色谱中洗脱剂的选择原则相似。展开后，如被测组分的 R_f 值太大，则应降低展开剂的极性；如被测组分的 R_f 值太小，则应适当增大展开剂极性。在薄层分离中一般各斑点的 R_f 值要求在 0.2～0.8 之间，不同组分的 R_f 值之间应相差 0.05 以上。

（五）点样

距玻璃板一端 1.5～2cm 处用铅笔轻轻画一条线，作为起始线，在线上画一"×"号表示点样位置。用内径为 0.5mm 的平头毛细管或微量注射器点样。滴加样品的量要均匀，原点面积要小，其直径一般不超过 2～3mm，点与点之间距离为 2cm，若样品溶液浓度太稀，可反复点几次，每次点样后用红外灯或电吹风迅速干燥，以缩短点样时间，点样后立即将薄层板放入色谱缸内展开。

点样是薄层色谱法分离和精确定量的关键。不同种类的样品常需选用不同的溶剂，一般采用易挥发的非极性或弱极性溶剂配样，最适合点样的样品浓度应为 1～5 μg/μl。薄层色谱法定量分析时，样品量的适宜范围为最小检出量的几倍至几十倍。点样步骤一般占薄层色谱法全部分析时间的 1/3 左右，所以使点样仪器化、自动化，既快又准，获得好的重复性，是薄层色谱法工作者所期盼的。

（六）展开

薄层色谱法展开就是流动相沿薄层板（固定相）运动，以实现样品混合组分分离的过程。展开必须在密闭容器内进行，并根据所用薄层板的大小、形状、性质选用不同的色谱缸和展开方式。

（七）定性定量分析

将展开后薄层板取出，干燥后喷以显色剂，或在紫外光灯下显色。记下原点至主斑点中心及展开剂前沿的距离，计算比移值（R_f）：

$$R_f = \frac{成分离开点样点的距离}{展开剂离开点样点的距离}$$

根据图 13-5，对 R_f 实例分析如下：$R_{fA} = \frac{8.2}{12.0} = 0.68$，$R_{fB} = \frac{3.0}{12.0} = 0.25$。

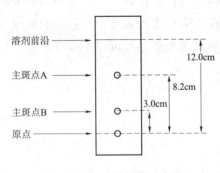

图 13-5　R_f 的测量示意图

1. 定性分析　薄层色谱法定性分析的依据是：在固定的色谱条件下，相同物质的 R_f 值相同或十分相近。当薄层板上斑点位置确定以后，便可测算出组分的 R_f 值。将该 R_f 值与文献记载的 R_f 值相比较来进行各组分定性鉴定。常用的定性方法是已知物对照法。即将样品与对照品在同一薄层板上点样、展开，测算 R_f 值，比较样品组分与对照品的 R_f 值。如果两者为同一物质，其 R_f 值应相同或十分相近。进一步确定，常用几种不同的展开剂展开，若得出组分的 R_f 值与对照品 R_f 仍相同或十分相近，可确定是同一物质。

因影响 R_f 值的因素较多，所以，最好采用相对比移值 R_s 进行定性鉴别，R_s 表达式为：

$$R_s = \frac{样品成分从点样点离开的距离}{对照品从点样点离开的距离}$$

实例分析

实例 某样品在薄层色谱法中，原点到溶剂前沿的距离为 6.5cm，原点到斑点中心的距离为 4.4cm。

问题 其 R_f 值为＿＿＿＿＿＿＿。

答案解析

2. 定量分析

（1）间接定量法 间接定量法就是将 TLC 已分离的物质斑点洗脱下来，再选用分光光度法、HPLC 法、GC 法或质谱法等其他方法对该洗脱液进行定量分析。

（2）直接定量法

①斑点面积测量法 以半透明纸扫 TLC 图上的斑点界限，然后测量其面积。将斑点面积同平行操作的标准样品面积相比较进行定量。

②目测法 将被测样品溶液和标准溶液点在同一薄层板上，展开后用适当方法显色，可以得到系列斑点，将被测样品的斑点面积大小和颜色与标准溶液斑点面积大小和颜色比较，可推测出样品的含量范围。这种定量法非常适用于对常规大量样品的重复分析。

③薄层扫描仪定量 是用薄层扫描仪直接测定斑点含量，现已成为薄层色谱法定量的主要方法。本方法是用一定波长、一定强度的光束照射到薄层板被分离组分的色斑上，用仪器进行扫描后，求出色斑中组分的含量。

即学即练 13 −2

薄层色谱法常用的吸附剂有

答案解析 A. 硅胶　　　　B. 聚乙二醇　　　　C. 氧化铝　　　　D. 硅氧烷　　　　E. 鲨鱼烷

二、纸色谱法

（一）纸色谱法的原理

纸色谱法（PC）是以滤纸作为载体的色谱法，按分离原理属于分配色谱法。其分离原理与液－液分配柱色谱法相同。滤纸纤维上吸附的水（或水溶液）为固定相；流动相是不与水混溶的有机溶剂。但在实际应用中，也常选用与水相混溶的溶剂作为流动相。

纸色谱法的固定相除水外，滤纸也可吸附其他物质作固定相，如甲酰胺、各种缓冲液。以水为固定相的纸色谱法可用于分离极性物质。对于非极性物质，可采用极性很小（如石蜡油、硅油）的有机溶剂作为固定相，用水或极性有机溶剂作为展开剂。

（二）影响 R_f 值的因素

R_f 可作为定性分析的参数，但是在实际分析时，影响 R_f 值的因素很多，如展开时的温度、展开剂的组成、展开剂蒸气的饱和程度以及滤纸的性能等。要提高 R_f 值的重现性，必须严格控制色谱条件。为减小系统误差，可用相对比移值 R_s 代替 R_f 值。

（三）实验方法

1. 滤纸的选择　对纸色谱法滤纸的一般要求：①滤纸纸质均匀、边缘整齐，平整无折痕。②滤纸纸质的松紧适宜。过于紧密展开速率太慢，过于疏松易使斑点扩散。③滤纸应有一定的机械强度。④滤纸纸质要纯、杂质含量少，无明显的荧光斑点。⑤对滤纸型号的选择要依据分离对象、分析目的以及展开剂的性质综合考虑。如当几种组分的 R_f 值相差很小时，宜采用慢速滤纸；当几种组分的 R_f 值相差较大时，则可采用中速或快速滤纸；定性鉴别选用薄滤纸，定量、制备选用厚滤纸。

2. 展开剂的选择　展开剂的选择主要依据待分离样品组分在两相中的溶解度以及展开剂的极性来考虑。在流动相中溶解度较大的物质移动速率快，具有较大的比移值。对于极性化合物，增加展开剂中非极性溶剂的比例，可以减小比移值。

被测组分用某展开剂展开后，R_f 值应在 0.05~0.85 之间，分离两个以上组分时，其 R_f 值相差至少要大于 0.05。最好不用高沸点溶剂作展开剂，便于滤纸干燥。在纸色谱法中，常用的展开剂是用水饱和的正丁醇、正戊醇、酚等。展开剂预先要用水饱和，否则展开过程中会把固定相中的水夺去。

（四）操作方法

1. 点样　与薄层色谱法基本相似。

2. 展开方式　纸色谱法的展开方式有上行法、下行法、双向展开法、多次展开法和径向展开法等，其中，最常用的是上行法。上行法是让展开剂借助于纤维毛细管效应向上扩展，适用于分离 R_f 值相差较大的样品。下行法是借助于重力使溶剂由纤维毛细管向下移动，适用于 R_f 值较小的组分。双向展开法和多次展开法适于分离组分复杂的混合物。径向展开法是采用圆形滤纸进行分离。需要注意的是：即使是同一物质，如展开方式不同，其 R_f 值也不一样。

📱 **知识拓展** --

高效薄层色谱法（HPTLC）是指以经典薄层色谱法为基础，采用更细、更均匀的改性硅胶和纤维素为固定相，对吸附剂进行疏水和亲水改性，实现正相和反相薄层色谱分离。高效薄层色谱法提高了色谱的选择性，较常规薄层色谱法改善了分离度，提高了灵敏度和重现性，适用于定量测定。

第四节　薄层色谱法的应用 📱微课4

薄层色谱法具有仪器简单、操作方便、专属性强、展开剂灵活多变、分离能力较强、色谱图直观并易于辨认等特点。薄层色谱法广泛应用于合成药物和天然药物的分离与鉴定，在药品质量控制中，薄层色谱法主要用于药物的鉴别和特殊杂质检查，特别是中药药材、制剂的鉴别和有关物质检查。

一、六味地黄丸中牡丹皮的鉴别

（一）基本原理

薄层色谱法鉴别药品真伪时的方法：是将样品溶液与对照品溶液在同一块薄层板上点样、展开与检视，要求样品溶液所显示主斑点的颜色（或荧光）与同位置（R_f）对照品溶液的主斑点一致，而且主斑点的大小与颜色的深浅也应大致相同。六味地黄丸由熟地黄、山药、酒萸肉、茯苓、泽泻和牡丹皮六味药组成，其中牡丹皮主要成分为酚类及酚苷类、单萜及单萜苷类等。《中国药典》（2020 年版一部）采用丹皮酚作为该制剂的鉴别指标。六味地黄丸小蜜丸或大蜜丸或水丸、水蜜丸加硅藻土研匀，目的在于吸附蜂蜜分散样品。样品中的丹皮酚易升华挥发，易溶于乙醚、丙酮、乙酸乙酯等弱极性溶剂中，故用乙醚从牡丹皮中提取且需缓缓加热，低温回流。根据薄层色谱法分离组分、吸附剂和展开剂的选择原则，选用环己烷－乙酸乙酯（3∶1）作为展开剂。丹皮酚本身无颜色，但分子结构中含有酚羟基，可在酸性条件下与三氯化铁发生显色反应，呈现蓝褐色斑点，以此判断牡丹皮是否存在。丹皮酚斑点大小及颜色深浅受样品中丹皮酚含量、显色剂的用量和加热显色程度等因素的影响，故在点样时，点样量需稍大，原点点样呈条带状，鉴别效果会更明显。在展开过程中，温度对丹皮酚 R_f 值会有影响，但由于色谱较简单，不影响结果判断。加热显色可使用电吹风机加热。

（二）鉴别方法

取六味地黄水丸 4.5g、水蜜丸 6g，研细；或取小蜜丸或大蜜丸 9g，剪碎，加硅藻土 4g，研匀。加乙醚 40ml，回流 1 小时，滤过，滤液挥去乙醚，残渣加丙酮 1ml 使溶解，作为供试品溶液。另取丹皮酚对照品，加丙酮制成每 1ml 含 1mg 的溶液，作为对照品溶液。照薄层色谱法（《中国药典》2020 年版四部通则 0502）试验，吸取上述两种溶液各 10μl，分别点于同一块硅胶 G 薄层板上，以环己烷－乙酸乙酯（3∶1）为展开剂，展开，取出，晾干，喷以盐酸酸性 5％ 三氯化铁乙醇溶液，加热至斑点显色清晰。

（三）鉴别结果

供试品色谱中，在与对照药材色谱相应的位置上，显相同颜色的斑点。如图 13－6 所示，六味地黄丸中含有牡丹皮成分。

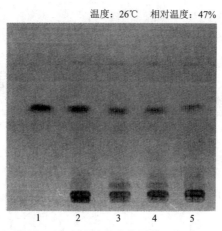

温度：26℃　相对温度：47%

图 13－6　六味地黄丸鉴别薄层色谱图
1. 丹皮酚；2～5. 六味地黄丸

二、甲苯咪唑中有关物质检查

（一）基本原理

化学原料药中杂质限度检查时，如杂质结构明晰且有对照品，一般采用对照品限度比较法；如杂质没有对照品或结构不明晰，常用主成分自身对照法，即将样品溶液按杂质限量稀释至一定浓度的溶液作为对照溶液，取样品溶液和对照溶液分别点于同一薄层板上，展开，样品溶液色谱中除主斑点外的其他斑点与自身稀释对照溶液所显示的主斑点比较，不得更深。甲苯咪唑（图 13－7）在制备过程中发生还原反应，生成物 3,4 – 二氨基二苯甲酮与副反应产物 α – 氨基 – 1H – 苯并咪唑 – 5 – 苯甲酮及 α – 羟基 – 1H – 苯并咪唑 – 5 – 苯甲酮。甲苯咪唑和上述杂质易溶于甲酸、甲醇，三氯甲烷中微溶，故选择三氯甲烷 – 甲醇 – 甲酸（90：5：5）为展开剂，使主成分甲苯咪唑和杂质在硅胶薄层板上都有很好的分离度。上述物质都有一定的紫外吸收，在紫外光（254nm）照射下，在硅胶 GF$_{254}$ 薄层板上显清晰暗斑。根据自身对照溶液的主成分斑点检视有无，确证检测灵敏度和色谱系统适用性要求。

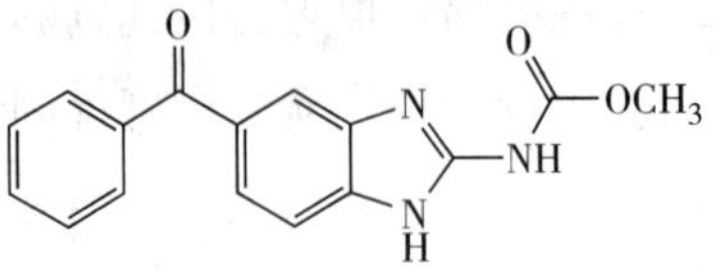

图 13 – 7 甲苯咪唑

（二）检查方法

取甲苯咪唑 50mg，置 10ml 量瓶中，加甲酸 2ml 溶解后，用丙酮稀释至刻度，摇匀，作为供试品溶液。精密量取供试品溶液适量，用丙酮定量稀释制成每 1ml 中约含 25μg 和 12.5μg 的溶液，作为对照溶液（1）和（2）。吸取上述 3 种溶液各 10μl，分别点于同一硅胶 GF$_{254}$ 薄层板上，以三氯甲烷 – 甲醇 – 甲酸（90：5：5）为展开剂，展开，晾干，置紫外光灯（254mn）下检视。

（三）检查结果与结论

对照溶液（2）应显一个明显斑点，色谱系统适用性符合检测灵敏度要求；供试品溶液如显现杂质斑点，其颜色与对照溶液（1）的主斑点比较，不得更深，杂质限度符合规定。

实践实训

实训二十一　甲基黄与罗丹明 B 的薄层色谱鉴别

【实训内容】

1. 甲基黄溶液的制备。
2. 罗丹明 B 溶液的制备。
3. 薄层板的制备、点样、展开、显色。
4. 甲基黄与罗丹明 B 的鉴别。

【实训目的】

1. 掌握硅胶 CMC – Na 硬板的制备方法。
2. 熟悉薄层色谱法的操作。

【实训原理】

薄层色谱法是将吸附剂均匀地涂在玻璃板上作为固定相，薄层板经干燥活化后点上样品，以具有适当极性的有机溶剂作为展开剂。当展开剂沿薄层展开时，混合样品中易被固定相吸附的组分移动较慢，而较难被固定相吸附的组分移动较快。经过一定时间的展开后，不同组分彼此分开，形成互相分离的斑点。

本实验采用硅胶吸附剂涂于玻璃板上作固定相，以 95% 乙醇为展开剂分离二甲基黄、罗丹明 B 以及两者的混合物。

【实训仪器与试剂】

1. 仪器 玻璃片、毛细管、层析缸。

2. 试剂 二甲基黄溶液、罗丹明 B 溶液、二甲基黄与罗丹明 B 的混合液、硅胶、0.5% 羟甲基纤维素钠溶液、95% 的乙醇。

【实训步骤】

1. 薄层板的制备 实验采用倾注法：称取 5g 硅胶，置于研钵中，加入 8ml 的 CMC，调成糊状，再加入 4ml CMC – Na，继续调成糊状。将调好的糊状物倒在玻璃板上，用手摇晃，使糊状物均匀地分布于整块玻璃板上。

2. 点样 取已活化的薄层板，用铅笔在距离薄层板一端约 1cm 处的两边缘各做标记点，两点在一直线上，然后在此虚拟直线的 1/4 中心点，用毛细管分别点上二甲基黄、罗丹明 B 和二甲基黄与罗丹明 B 的混合液。三点相隔相同距离，外缘两点不能太靠近薄层板外缘。

3. 展开 将已用吹风机吹干的薄层板放入装有 95% 乙醇溶剂的层析缸中，盖好缸盖，展开。当展开剂行至薄层板前行端头，距离薄层板长 4/5 处停止展开，取出薄层板。用铅笔画出溶剂前沿标识。

注意事项

1. 薄层色谱法兼有柱色谱和纸色谱的优点，它不仅适用于少量样品，而且适用于较大量样品的精制。此法特别适用于挥发性较少或在较高温度时易发生变化而不能用气相色谱法分析的物质。

2. 薄层板制备的好坏，是实验成败的关键，薄层应尽量牢固、均匀，厚度适宜。

3. 本实验所用样品本身有颜色，故无须显色即可计算 R_f 值。

4. 罗丹明 B 又称玫瑰红 B 或碱性玫瑰精，俗称花粉红，是一种具有鲜桃红色的人工合成染料。罗丹明 B 为绿色结晶或红紫色粉末，易溶于水、乙醇，微溶于丙酮、三氯甲烷、盐酸和氢氧化钠溶液；水溶液为蓝红色，稀释后有强烈荧光，其水溶液加入氢氧化钠呈玫瑰红色，加热后产生絮状沉淀。于浓硫酸中呈黄棕色，带有较强的绿色荧光，稀释后呈猩红色，随后变为蓝红色至橙色。醇溶液为红色荧光，最大吸收波长 552nm，最大荧光波长 610nm，激光峰值波长 610nm，调谐范围 578 ~ 610nm。

5. 罗丹明 B 用途：光度测定金、镓、汞、锑（V）、铊（Ⅲ），荧光测定锰、钴等，比色测定镉；作氧化还原指示剂，用以滴定锡、锑、铌、钽的沉淀剂、生物染色剂系列激光染料。在化妆品工业中，可用于浴液、洗发水、冷烫水等类产品的着色，但不得用于眼部、口腔及唇部使用的化妆品中。

6. 二甲基黄，又名甲基黄或对二甲氨基偶氮苯，常用作酸碱指示剂，pH2.9（红）~ 4.0（黄），测定胃液中的游离盐酸，过氧化脂肪的点滴试验；非水溶液滴定用指示剂及胃液中游离盐酸的测定。

【数据记录与处理】

R_f 值的计算

混合液中易被固定相吸附的物质是罗丹明 B，难被固定相吸附的物质是二甲基黄。量出样品原点到各色斑点中心的距离和样品原点到各溶剂前沿的距离，计算出 R_f 值。

二甲基黄的 R_f 罗丹明 B 的 R_f

二甲基黄与罗丹明 B 混合液中二甲基黄的 R_f

二甲基黄与罗丹明 B 混合液中罗丹明 B 的 R_f

二甲基黄的 R_{St} 罗丹明 B 的 R_{St}

【实训结论】

混合液中有 ＿＿＿＿＿＿＿＿＿＿ 和 ＿＿＿＿＿＿＿＿＿＿ 。

【实践思考】

1. 展开时，点样部分为什么不能浸入展开剂中？
2. 比移值的定义是什么？
3. 影响 R_f 值的因素有哪些？
4. 相对比移值的定义是什么？
5. 影响点样的关键因素是什么？
6. 二甲基黄和罗丹明 B 哪个极性大？

【实训体会】

实训二十二　氨基酸的纸色谱分析

【实训内容】

1. 层析缸的准备。
2. 色谱纸的制作。
3. 氨基酸的分离和鉴别。

【实训目的】

1. 掌握纸色谱法的操作方法。
2. 了解纸色谱法的基本原理。

【实训原理】

色谱法又称为层析法，是一种分离混合物的物理化学分析方法。分离原理：是混合物中各组分在两相之间溶解能力、吸附能力或其他亲和作用的差别，使其在两相中分配系数不同，当两相做相对运动时，组分在两相间进行连续多次分配，使各组分达到彼此分离。两相中一相是不动的称为固定相，另一相是携带混合物流过固定相的流体称为流动相。

当流动相所含混合物经过固定相时，由于各组分在性质和结构上有差异，与固定相发生作用的大小、强弱也有差异，换言之，在相同流动相下，不同组分在固定相中的滞留时间有长有短，从而按先后不同的次序从固定相中流出。这种借助在两相间分配差异而使混合物中各组分分离的技术方法，称为色谱法。

纸色谱法是以滤纸为载体，固定相是滤纸纤维上吸附的水分；流动相（通常称为展开剂）一般是指与水相混溶的有机溶剂，样品在固定相水与流动相展开剂之间连续抽提，依靠溶质在两相间的分配系数不同而达到分离的目的。

氨基酸是无色的化合物，可与茚三酮反应产生颜色，因此，溶剂自滤纸挥发后，喷上茚三酮溶液后加热，可形成色斑而确定其位置。

【实训仪器与试剂】

1. 仪器　色谱纸、层析缸、量筒（量杯，10ml）、分液漏斗、毛细管（微量进样器）、喷雾器、剪刀、尺子、铅笔、红外灯、电吹风。

2. 试剂　0.5%丙氨酸、0.5%亮氨酸以及它们的混合溶液（1∶1）。

展开剂：将20ml水饱和的正丁醇和5ml醋酸以4∶1体积比在分液漏斗中进行混合。显色剂：0.1%水合茚三酮正丁醇溶液。

【实训步骤】

1. 点样　取16cm×6cm的中速色谱滤纸在距离底边2cm处用铅笔划起始线，在起点线上分别点上0.5%丙氨酸、0.5%亮氨酸以及它们的混合液（1∶1）。样点间距1cm，点样直径控制在2～4mm，然后将其晾干或在红外灯下烘干。

2. 展开　色谱缸中加入25ml展开剂，盖上盖子约5min（使缸内展开剂蒸气饱和），将点样后的滤纸悬挂在缸内，如实训图22-1所示，使滤纸底边浸入展开剂0.3～0.5cm，待溶剂前沿展开到合适部位（8～10cm），取出，画出前沿线。

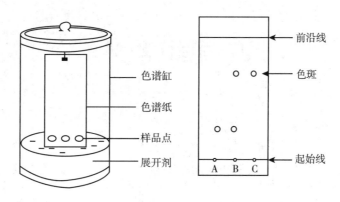

实训图 22-1　展开示意图

3. 显色　喷上0.5%的茚三酮溶液，再用电吹风热风吹干，即出现氨基酸的色斑。

注意事项

1. 展开完毕的滤纸，用电吹风吹干，使展开剂挥发。

2. 通常用相对比移值R_f表示物质相对距离。R_f值的大小与物质结构、展开剂系统、滤纸种类、温度、pH、时间等有关。在同样条件下，R_f值只与各物质的分配系数有关。因此，用R_f值来进行比较，就可以初步鉴定出混合样品中的不同物质。

3. 样点不能过大。

4. 展开剂液面不能高于起始线。

【数据记录与处理】

R_f值的计算

分别计算丙氨酸、亮氨酸及未知溶液中各成分的R_f值。

0.5%丙氨酸R_f 0.5%亮氨酸R_f

0.5%丙氨酸和0.5%亮氨酸混合液（1:1）中0.5%丙氨酸R_f

0.5%丙氨酸和0.5%亮氨酸混合液（1:1）中0.5%亮氨酸R_f

0.5%丙氨酸R_{St} 0.5%亮氨酸R_{St}

【实训结论】

氨基酸混合溶液有_____和_____。

【实践思考】

1. 纸色谱法的原理是什么？

2. 纸色谱法中，样品点样处为什么不能浸泡在展开剂中？

3. 测定R_f值的意义是什么？

4. R_f值常受哪些因素的影响？

【实训体会】

目标检测

答案解析

一、选择题

（一）最佳选择题

1. 液－固色谱法属于

   A. 吸附色谱　　　　　　　　B. 分配色谱　　　　　　　　C. 离子交换色谱

   D. 分子排阻色谱

2. 某样品在薄层色谱中，原点到溶剂前沿的距离为6.3cm，原点到斑点中心的距离为4.2cm，其R_f值为

   A. 0.67　　　　　　　　　　B. 0.54　　　　　　　　　　C. 0.80

   D. 0.15

3. 不同组分进行色谱分离的条件是

   A. 硅胶作固定相　　　　　　B. 极性溶剂作流动相　　　　C. 具有不同的分配系数

   D. 具有不同的容量因子

4. 液－固吸附柱色谱法的分离机制是利用吸附剂对不同组分的哪种能力差异而实现分离

   A. 吸附　　　　　　　　　　B. 分配　　　　　　　　　　C. 交换

   D. 渗透

5. 色谱用的氧化铝在使用前常需进行"活化"，活化是指进行哪项处理

   A. 加活性炭　　　　　　　　B. 加水　　　　　　　　　　C. 脱水

   D. 加压

6. 以 ODS 为固定相、甲醇 - 水为流动相进行 HPLC 分离
   A. 分子量大的组分先流出
   B. 沸点高的组分先流出
   C. 极性强的组分后流出
   D. 极性弱的组分先流出

7. 选择分离色谱类型时，最优先考虑的因素是
   A. 分离物质性质
   B. 吸附剂种类
   C. 流动相的组成
   D. 以上都是

8. 大孔吸附树脂是下列哪种色谱方法的固定相
   A. 液 - 固吸附柱色谱法
   B. 液 - 液分配柱色谱法
   C. 离子交换柱色谱法
   D. 分子排阻色谱法

9. 对于中药制剂，下列哪个选项是鉴别的首选方法
   A. 气相色谱法
   B. 紫外分光光度法
   C. 液相色谱法
   D. 薄层色谱法

10. 薄层色谱法最常用的吸附剂是
    A. 高分子多孔小球
    B. 硅胶
    C. ODS
    D. 硅藻土

11. 硅胶薄层板的活化条件是
    A. 80℃烘 30 分钟
    B. 110℃烘 30 分钟
    C. 500℃烘 30 分钟
    D. 600℃烘 30 分钟

12. 薄层色谱法在展开过程中，极性较弱和沸点较低的溶剂在薄层板边缘容易引起边缘效应，消除办法为
    A. 展开前应用展开剂预饱和
    B. 展开过程中展开槽的盖子是打开的
    C. 增加展开槽中展开剂的量
    D. 薄层板在展开剂中浸泡一段时间

13. 纸色谱法属于
    A. 吸附色谱
    B. 分配色谱
    C. 离子交换色谱
    D. 液 - 固色谱

14. 用硅胶 G 的薄层色谱法分离混合物中偶氮苯时，以环己烷 - 乙酸乙酯（9∶1）为展开剂，经 2 小时展开测得偶氮苯斑点中心离原点的距离为 9.5cm，原点与溶剂前沿距离为 24.5cm，则在此色谱体系中偶氮苯的比移值 R_f 为
    A. 0.56
    B. 0.39
    C. 0.45
    D. 0.25

15. 在吸附色谱中，分离极性大的物质应选用
    A. 活性大的吸附剂和极性小的洗脱剂
    B. 活性大的吸附剂和极性大的洗脱剂
    C. 活性小的吸附剂和极性大的洗脱剂
    D. 活性小的吸附剂和极性小的洗脱剂

（二）配伍选择题

[16～18]
    A. 色谱柱
    B. 流动相
    C. 固定相
    D. 分散相

16. 填入玻璃管或不锈钢管内静止不动的一相（固体或液体）称为

17. 自上而下运动的一相（一般是气体或液体）称为

18. 装有固定相的管子（玻璃管或不锈钢管）称为

[19～22]

  A. 液相色谱法　　　　　　B. 气相色谱法　　　　　　C. 纸色谱法

  D. 薄层色谱法

19. 检测低沸点或加热不易分解的物质可以使用

20. 检测可以溶于水或有机溶剂的物质可以使用

21. 检测氨基酸类物质可以使用

22. 鉴别药物组分可以使用

[23～25]

  A. 硅胶 G　　　　　　　B. 氧化铝　　　　　　　C. 氧化镁

  D. 聚酰胺

23. 常用的具有中性、酸性、碱性的固体吸附剂是

24. 常用的具有微酸性的固体吸附剂是

25. 由酰胺聚合而成的高分子化合物的吸附剂是

（三）共用题干单选题

26. 使用 TLC 鉴别物质，化合物 A 在薄层板上从样品原点迁移 7.6cm，样品原点至溶剂前沿 16.2cm。化合物 A 的 R_f 值是

  A. 0.12　　　　　　　　B. 0.47　　　　　　　　C. 2.13

  D. 8.6

27. 在相同的薄层板上，展开系统相同，样品原点至溶剂前沿是 14.3cm，则此时化合物 A 应在薄层板的何处

  A. 4.7　　　　　　　　　B. 5.7　　　　　　　　　C. 6.7

  D. 7.7

（四）X 型题（多项选择题）

28. 下列能作为固定相中吸附剂的物质是

  A. 硅胶　　　　　　　　B. 氧化铝　　　　　　　C. 聚酰胺

  D. 羧甲基纤维素钠

29. 色谱峰高（或面积）不可用于

  A. 定性分析　　　　　　B. 判定被分离物质分子量　　　　C. 定量分析

  D. 判定被分离物质组成

30. 薄层色谱法中所使用的硅胶 GF_{254}，其中 F_{254} 代表

  A. 这种硅胶通过了 F_{254} 检验

  B. 含吸收 254nm 紫外光的物质

  C. 硅胶中配有在紫外光 254nm 波长照射下产生荧光的物质

  D. 这种硅胶制备的薄层板在 254nm 紫外光照射下有绿色荧光背景

31. 下列不能用于定性分析的参数是

  A. 色谱峰高或峰面积　　　B. 色谱峰宽　　　　　　C. 色谱峰保留时间

D. 色谱峰保留体积

32. 按照展开程序的不同，可将色谱法分为

A. 洗脱法　　　　　　　　　B. 顶替法　　　　　　　　　C. 迎头法

D. 亲和法

33. 按分离原理不同，柱色谱法可分为

A. 吸附柱色谱法　　　　　　B. 分配柱色谱法　　　　　　C. 离子交换柱色谱法

D. 凝胶色谱法

34. 吸附剂的选择是色谱分离中的一项重要工作，常用的吸附剂有

A. 硅胶 G　　　　　　　　　B. 氧化铝　　　　　　　　　C. 氧化镁

D. 聚酰胺

35. 薄层板涂铺时，涂板方法可分为

A. 涂布法　　　　　　　　　B. 倾注法　　　　　　　　　C. 喷洒法

D. 浸渍法

36. 薄层色谱法是可以将固定相糊均匀地涂铺在

A. 玻璃板　　　　　　　　　B. 塑料板　　　　　　　　　C. 金属板

D. 木板

37. 在制备薄层板时，一般需在吸附剂中加入适量黏合剂，常用的黏合剂有

A. 氧化镁　　　　　　　　　B. 羧甲基纤维素钠　　　　　C. 煅石膏

D. 碳酸钠

二、综合分析题

38. 请指出色谱法有哪些类型？简述色谱分析的分离原理。

39. 化学键合相与一般固定相比较，具有哪些优点？

40. 已知某化合物在硅胶薄层板 A 上，以苯－甲醇（1∶3）为展开剂，其 R_f 为 0.50，在硅胶薄层板 B 上，用上述相同的展开剂展开，该化合物的 R_f 值降为 0.40，问 A、B 两种硅胶薄层板，哪一种薄层板的活性大些？

书网融合……

知识回顾　　　　微课1　　　　微课2　　　　微课3　　　　微课4　　　　习题

（卞富永）

PPT

学习引导

在《中国药典》（2020 年版）与《食品安全法》中，气相色谱技术由于技术成熟、选择性高、分析效能高、方便快捷等特点，被广泛应用于定性、定量、结构分析中。由于大多数检测对象是易挥发的有机化合物或者可以制备成易挥发的有机化合物，因此，气相色谱技术在食品、化学药、中药检测中有着广泛的应用。气相色谱技术适用于哪种物质检测？气相色谱法的检测原理是什么？

本章主要介绍气相色谱法的原理、流动相、固定相、检测原理、定性定量方法。

学习目标

1. **掌握**　气相色谱法定性依据；定量分析原理及方法；定性分析与定量分析的应用。

2. **熟悉**　气相色谱法的特点及分类；气相色谱仪的基本组成及流程；气相色谱法的基本理论；气相色谱分离条件的选择。

3. **了解**　常用的检测器。

第一节　概　述

气相色谱法（gas chromatography；GC）是以气体为流动相的柱色谱分离分析方法，主要用于分离分析具有挥发性的物质。自 1955 年 Perkin‑Elmer 公司推出第一套气相色谱仪以来，气相色谱技术得到迅速发展，目前已经成为重要的仪器分析方法之一，广泛应用于化学工业、医药卫生、环境监测和食品分析、驾驶员酒精检测、运动员兴奋剂检测等领域。近年来，随着电子计算机技术的应用以及与质谱、光谱的联用，为气相色谱法开辟了更加广阔的应用前景。

一、特点和分类

（一）特点

气相色谱法是一种分辨率高、选择性好、样品用量少、灵敏度高、分析速度快、应用广泛的分离分析方法。主要特点如下：

1. 高分离效能　一般填充柱的理论塔板数可达数千，毛细管柱可达一百多万，可以使一些分配系数相近的难分离物质获得满意的分离效果。例如用空心毛细管柱，一次可以从蔬菜、水果中检测出 54 种残留的有机磷类农药。

2. 高灵敏度　由于检测器的灵敏度高，气相色谱法可以检测含量低至 $10^{-13} \sim 10^{-11}$g 的物质，适合痕量分析，如检测农副产品、食品、中药、饮用水中的农药残留量，药品中残留有机溶剂，运动员体液中的兴奋剂等。

3. 高选择性　通过选择合适的固定相，可以使化学性质极为相似的组分得到分离，如钯色谱柱可以分离氢和氘，毛细管色谱柱可分离对二氯菊酸对映异构体。

4. 简单快速　气相色谱法速度快操作简单，分析速度快，通常一个试样的分析可在几分钟至几十分钟之内完成，最快在几秒钟就可以完成。而且色谱操作、数据处理实现了自动化。

5. 应用广泛　气相色谱法可以分析气体试样，也可以分析易挥发或可转化为易挥发固体和液体的试样。只要是分子量在 400 以下，热稳定性好，沸点不高于 500℃ 的物质，原则上都可直接采用气相色谱法分析。

（二）分类

1. 按分离机制分类　可分为吸附色谱法、分配色谱法。

2. 按固定相状态分类　可分为气 – 固色谱法、气 – 液色谱法、利用离子交换原理的离子交换色谱法、利用胶体的电动效应建立的电色谱法。

一般来说，气 – 液色谱法属于分配色谱法，是最常用的气相色谱法；气 – 固色谱法属于吸附色谱法。

3. 按色谱柱不同分类　可分为填充色谱柱法、填充柱色谱柱法、毛细管柱色谱法。

二、仪器构造和流出曲线分析

（一）仪器构造

气相色谱法的基本结构，一般由下面五部分组成。

1. 载气系统　包括气源、气体净化、气体流速控制装置。

2. 进样系统　包括进样器、气化室和控温装置，以保证试样气化。

3. 分离系统　包括色谱柱和柱温箱，是色谱仪的心脏部分。

4. 检测系统　包括检测器、控温装置。

5. 记录系统　包括放大器、记录仪或数据处理装置。

气相色谱仪的基本构造如图 14 – 1 所示，载气由高压气瓶供给（载气是一种惰性气体，用来携带试样，常用的有氢气和氮气），经过减压阀，净化器脱水及净化，然后通过针形阀控制载气的流量和压力，经转子流量计测定载气流速，压力表指示色谱柱前压力。样品进入进样器后经气化室汽化后，被气体带入色谱柱中。试样在色谱柱中，由于载气不断流过色谱柱，试样中的各组分在色谱柱中逐渐被分离，被载气带出色谱柱。流出色谱柱的组分被载气带入检测器，检测器各组分浓度（或质量）的变化，转为电压（或者电流），经放大器放大后再由记录仪记录下来，即可得到流出曲线（色谱图），如图 14 – 2 所示。其中色谱柱和检测器是色谱仪的关键部件。

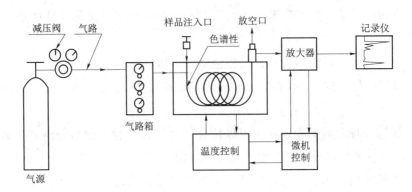

图 14-1　气相色谱仪示意图

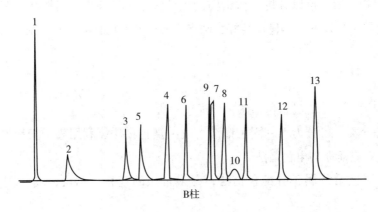

图 14-2　有机磷类农药标准溶液色谱图

1. 敌敌畏　2. 乙酰甲胺磷　3. 百治磷　4. 乙拌磷　5. 乐果　6. 甲基对硫磷　7. 毒死蜱
8. 嘧啶磷　9. 倍硫磷　10. 辛硫磷　11. 灭菌磷　12. 三唑磷　13. 亚胺硫磷

（二）流出曲线分析

1. 色谱流出曲线　经色谱柱分离后的试样组分通过检测器时，所产生电信号对时间作图，得到的曲线叫色谱流出曲线，又称色谱图（图 14-3）。

2. 基线　在操作条件下，仅有流动相通过检测系统时产生的信号曲线。稳定的基线是一条平行或重复于时间轴的直线。基线反应仪器（主要是检测器）的噪音随时间变化。

3. 色谱峰　流出曲线上的突起部分，即组分流经检测器所产生的信号，如图 14-3 CAD 区域。理论上说，色谱峰是左右对称的正态分布曲线，但很多情况下，色谱峰是不对称的，出现拖尾峰和前延峰。在气相色谱中，组分的分离不完全和溶质在固定相中的空隙中扩散，是出现不对称峰的主要原因。一个组分的色谱峰通常用三个参数来描述：①峰高或峰面积，用于定量；②保留时间，用于定性；③色谱峰宽度，用于衡量柱效。

4. 峰高（h）和峰面积（A）　峰高是色谱峰顶点到基线的距离。峰面积（A）是组分的流出曲线与基线所包围的区域的面积。峰高或峰面积的大小和被测试样中每个组分的含量有关，是色谱法进行定量分析的主要依据。

5. 色谱峰区域宽度　衡量柱效的重要参数之一，区域宽度越小柱效越高。区域宽度有以下 3 种表示方法。

（1）标准差 σ　即 0.607 倍峰高处色谱宽度的一半。

（2）半高峰宽 $W_{1/2}$　即峰高一半处的峰宽。半高峰宽与标准差的关系为：

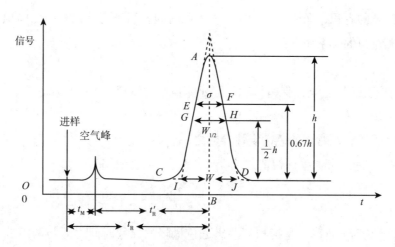

图 14 – 3 色谱流出曲线和区域宽度

$$W_{1/2} = 2.355\sigma \qquad (14-1)$$

（3）峰宽 W 又称色谱峰带宽，是通过色谱峰两侧拐点作切线在基线上所截得的距离，如图 14 – 3IJ。它与标准差 σ 的关系是：

$$W = 4\sigma = 1.699\ W_{1/2}$$

峰宽越窄，色谱分离效果越好。

6. 拖尾因子 T 衡量色谱峰对称与否，又称不对称因子，见图 14 – 4。用下式计算对称因子：

$$T = \frac{W_{0.05h}}{2d_1} \qquad (14-2)$$

式中，$W_{0.05h}$ 为 5% 峰高处的峰宽。对称因子在 0.95～1.05 之间为对称峰；$T < 0.95$ 为前延峰；$T > 1.05$ 为拖尾峰。

7. 保留值 当仪器操作条件不变时，任一组分的峰值总在色谱图的固定位置出现，即有一定的保留值。在一定的条件下保留值具有特征性，是色谱法定性的基本依据。可以用保留时间和保留体积表示。

（1）保留时间 t_R 如图 14 – 3 所示，被分离组分从进样到流出色谱柱过程中，出现该组分浓度极大值时的时间。

（2）死时间 t_M 从进样开始到空气峰出现的时间。

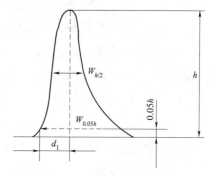

图 14 – 4 拖尾因子计算示意图

（3）调整保留时间（t'_R） 是某组分由于被吸附于固定相，比不吸附的组分在色谱柱中多停留的时间，即组分在固定相中滞留的时间。调整保留时间和死时间有如下关系：

$$t'_R = t_R - t_M \qquad (14-3)$$

在温度和固定相一定的条件下，调整保留时间仅决定于组分的性质，因此调整保留时间是定性分析的基本参数。但同一组分的保留时间受流动相流速的影响，因此又常用保留体积表示保留值。

（4）保留体积（V_R） 被分离样品组分从进样开始到柱后出现该组分浓度极大值时所需要的流动相的体积。保留体积与保留时间和流动相流速（F_c，ml/min）有如下关系：

$$V_R = t_R \times F_C \qquad (14-4)$$

流动相流速大，保留时间短，但两者的乘积不变，因此 V_R 与流动相流速无关。

（5）死体积（V_0） 是色谱柱中不被固定相占据的体积总和。如果忽略各种柱外死体积，则死体积为柱内固定相颗粒间隙的容积，即柱内流动相体积。死时间相当于流动相充满死体积所用的时间。死体积与死时间和流动相流速的关系如下：

$$V_0 = t_0 \times F_C \qquad (14-5)$$

（6）调整保留体积（V'_R） 是由保留体积扣除死体积后的体积。

$$V'_R = V_R - V_0 = t'_R \times F_C \qquad (14-6)$$

V'_R 与流动相流速无关，是常用的色谱定性参数之一。

8. 选择因子（α） 两组分调整保留值之比。

$$\alpha = \frac{t'_{R_2}}{t'_{R_1}} = \frac{V'_{R_2}}{V'_{R_1}} \qquad (14-7)$$

9. 分离度（R） 又称分辨率，是指相邻两组分色谱峰的保留时间之差与两组分色谱峰峰宽之和的一半的比值。

$$R = \frac{t_{R_2} - t_{R_1}}{\frac{W_1 + W_2}{2}} = \frac{2(t_{R_2} - t_{R_1})}{W_1 + W_2} \quad \text{或} \quad R = \frac{2 \times (t_{R_2} - t_{R_1})}{1.70 \times (W_{1,h/2} - W_{2,h/2})} \qquad (14-8)$$

式中，t_{R_1} 为相邻两色谱峰中后一峰的保留时间；t_{R_2} 为相邻两色谱峰中前一峰的保留时间；W_1、W_2 及 $W_{1,h/2}$、$W_{2,h/2}$ 分别为相邻色谱峰的峰宽及半高峰宽。

R 用于衡量色谱柱分离效果，是色谱分离参数之一。《中国药典》（2020 年版）规定：做定量分析时，为了获得较好的精密度和准确度，除另有规定外，待测物质色谱峰与相邻色谱峰之间的分离度应不小于 1.5，即 $R \geqslant 1.5$。

从色谱流出曲线中，可得到如下重要信息：

（1）由色谱峰的个数可判断试样中所含组分的个数。

（2）根据色谱峰的保留值，可进行定性分析。

（3）根据峰面积或者峰高，可进行定量分析。

（4）色谱峰的保留值和区域宽度，是评价色谱柱分离效能的依据。

（5）色谱峰两峰间的距离是评价固定相（或流动相）选择是否合适的依据。

10. 塔板高度与柱效

（1）理论塔板数（n） 组分通过色谱柱时，在两相间进行平衡分配的总次数。

$$n = 5.54 \left(\frac{t_R}{W_{0.5}}\right)^2 = 16 \left(\frac{t_R}{W}\right)^2 = \left(\frac{t_R}{\sigma}\right)^2 \qquad (14-9)$$

（2）塔板高度（H）

$$H = \frac{L}{n} \qquad (14-10)$$

式中，L 为色谱柱的长度；H 一般为 1mm。单位柱长的塔板数越多，表明柱效越高；用不同的物质计算可得到不同的理论塔板数，用塔板数表示塔板高度来衡量柱效时，应表明测定物质。

三、基本原理

由式（14-8）可知，若两组分的保留时间差异越大，色谱峰越窄，R 越大，分离效果越好。在气相色谱中，保留时间与分配系数有关，而分配系数与固定相极性、柱温有关，即与色谱热力学过程相关。另一方面，峰宽与色谱的动力学过程有关。因此，气相色谱理论主要包括热力学理论和动力学理论。热力学理论是从相平衡观点来研究分离过程，以塔板理论为代表。动力学理论从动力学观点来研究各种动力学因素对峰展宽的影响，以速率理论为代表。

（一）塔板理论

塔板理论是由马丁和辛格最早提出的。它把色谱柱看作一个分馏塔，假设其由许多的塔板组成。在每一个塔板内，组分分子在固定相和流动相之间分配并达到平衡。经过多次的分配平衡后，分配系数小（挥发性大）的组分先到达塔顶，从而先流出色谱柱。

塔板理论有如下基本假设：①在一个塔板高度 H 内，组分可以在两相中瞬间达到分配平衡。②分配系数在各塔板内是常数。③流动相是脉冲式的进入色谱柱，且每次只进入一个塔板体积。④忽略试样在柱内的纵向扩散。

（二）速率理论

塔板理论是基于热力学近似的理论，在真实的色谱柱中并不存在一片片相互隔离的塔板，也不能完全满足塔板理论的前提假设。如塔板理论认为物质组分能够迅速在流动相和固定相之间建立平衡，还认为物质组分在沿色谱柱前进时没有径向扩散，这些都是不符合色谱柱实际情况的，因此塔板理论虽然能很好地解释色谱峰的峰型、峰高，客观地评价色谱柱的柱效，却不能很好地解释与动力学过程相关的一些现象，如色谱峰峰型的变形、理论塔板数与流动相流速的关系等。

荷兰学者范特霍夫提出了色谱过程动力学理论——速率理论。速率理论认为，单个组分分子在色谱柱内固定相和流动相间是随机的，无规律的，在柱中随流动相前进的速率也是不均一的。但无限多个随机运动的组分粒子流经色谱柱所用的时间应该呈正态分布，这与偶然误差造成的无限多次测定的结果呈正态分布相类似。

范特霍夫方程式如下：

$$H = A + \frac{B}{u} + Cu \tag{14-11}$$

式中，H 为塔板高度；A、B、C 为常数，它们分别表示涡流扩散项、纵向扩散系数和传质阻力扩散系数；u 为载气线速度，单位 cm/s。当线速度一定时，只有当 A、B、C 都较小时，H 才能有较小值，柱效更高。反之，色谱峰变宽，柱效能降低。在 A、B、C 固定时，$\frac{dH}{du} = 0$ 时，$u = \sqrt{\frac{B}{C}}$，H 存在最小值，此时柱效最高。

第二节 气相色谱法的固定相和流动相

色谱柱是气相色谱法的关键部件，色谱柱的选择直接影响着组分是否能完全分离。色谱柱内由固定相填充，根据固定相的不同可分为气－液色谱柱和气－固色谱柱。组分经气化后，由流动相带入色谱柱内，不同组分在固定相和流动相中的分配系数不同，流出色谱柱的时间不同，从而得以分离。

一、气－液色谱法的固定相

气－液色谱法的固定相是由固定液和载体组成。载体是一种惰性固体颗粒，用作支持物。固定液是涂渍在载体上的高沸点物质。

（一）固定液

1. 对固定液的要求

（1）一般是一些高沸点液体，在操作温度下是液体，蒸汽压低，不易流失，黏度小。

（2）热稳定性好，在高柱温下不分解，不与试样组分发生反应。

（3）对试样中各组分有足够的溶解能力。

2. 固定液的分类　　固定液的种类现有 700 多种，为便于使用时选择合适的固定液，可按化学结构类型和极性进行分类。

（1）按化学结构类型分类　　根据化学结构类型，固定液可分为烃类、硅氧烷类、醇类、酯类等。此类方法便于依据"相似相溶"原则选择固定相。

（2）按极性分类　　固定液的极性是表示含有不同官能团的固定液，与分析组分中官能团与亚甲基之间的相互作用的能力，通常用相对极性（P）表示。这种表示方法规定：β,β' - 氧化二丙腈的相对极性 $P=100$，角鲨烷的相对极性 $P=0$，其他固定液以此为标准，实验测得 P 均在 $0\sim100$。

根据相对极性值在 $0\sim100$，可将固定液分为 5 级，$1\sim20$ 为 +1 级，$21\sim40$ 为 +2 级，依次类推。0 或 +1 级为非极性固定液，+2 和 3 级为中等极性固定液，+4 和 5 级为极性固定液。

3. 固定液的选择　　固定液的极性直接影响组分与固定液分子间的作用力类型和大小，因此对于给定的待测组分，固定液的极性是固定液选择的重要依据。一般根据"相似性原则"，即按被分离组分的极性或基团与固定液相似的原则来选择，其一般规律如下：

（1）相似相溶原则　　这一原则是人们研究物质溶解过程时总结出来的规律，即溶质和溶剂在极性、官能团和化学性质等相似时，可以相互溶解。在研究气相色谱固定液和被分离物质之间的作用时，也应用了这一原理，即被分离物质和固定液的极性、结构、官能团相似时，两者的作用力强，保留时间就长。在分离同类型的混合物时只要他们的沸点有差别，使用和样品相同类型的固定液就可以得到良好的分离。但是该原则不是在任何情况下都有效的，即不能不考虑具体情况一概使用"极性混合物用极性固定液进行分离，非极性混合物用非极性固定液进行分离"的规律。例如分离苯和环己烷时使用非极性固定液反而不好，而使用极性固定液就可以把两者分开。一般来说，在同系物或相同官能团的混合物组分在沸点上有差别时，使用相似相溶原则有效。

（2）固定液和被分离物分子间的特殊作用力　　特殊作用力是指除色散以外的几种作用力，利用固定液和被分离物分子之间的特殊作用力是选择固定液重要的原则。

特殊作用力有：固定液的诱导力、固定液的氢键力、固定液的受质子力、固定液的给质子力、形成超分子的固定液。

（3）产生协同效应的固定液　　侧链冠醚聚硅氧烷和环糊精、环芳烃和环糊精、液晶和冠醚、环糊精和过渡金属化合物。

（4）分离非极性物质，一般选用非极性固定液。试样中各组分按沸点从低到高的顺序流出色谱柱。

（5）分离极性物质，一般按极性强弱来选择相应极性的固定液。试样中各组分一般按极性从小到大的顺序流出色谱柱。

（6）分离非极性和极性混合物时，一般选用极性固定液。这时非极性组分先出峰，极性组分后出峰。

（7）对于易形成氢键的试样，如醇、酚、胺和水的分离，一般选用氢键型固定液或极性固定液，如腈醚、多元醇等。此时试样中各组分按与固定液分子间形成氢键能力大小的顺序流出色谱柱。

由于固定液种类繁多，选择范围大，灵活性强，选择的工作量大，20世纪70年代就有人对固定液进行了优选，选出可以对90%以上的样品提供较满意分离的优选固定液（表14-1）。

表14-1 优选固定液

名称	型号	相对极性	最高使用温度/℃	溶剂	分析对象
甲基硅油或甲基硅橡胶	SE-30 OV-101	+1	350 200	三氯甲烷、丙酮	各种高沸点化合物
苯基（10%）甲基聚硅氧烷	OV-3	+1	350	丙酮、苯	各种高沸点化合物、对芳香族和极性化合物保留值增大 OV-17+QF-1可分析含氯农药
苯基（25%）甲基聚硅氧烷	OV-7	+2	300	丙酮、苯	
苯基（50%）甲基聚硅氧烷	OV-17	+2	250	丙酮、苯	
三氟丙基（50%）甲基聚硅氧烷	QF-1 OV-210	+3	200	三氯甲烷 二氯甲烷	含卤化合物、金属螯合物、甾类
β-氰乙基（25%）甲基聚硅氧烷	XE-60	+3	275	三氯甲烷 二氯甲烷	苯酚、酚醚、芳胺、生物碱、甾类
聚乙二醇	PEG-20M	+4	225	丙酮、三氯甲烷	选择性保留分离含O、N化合物和含O、N杂环化合物
聚丁二酸二乙二醇酯	DEGS	+4	220	丙酮、三氯甲烷	分离饱和及不饱和脂肪酸酯，苯二甲酸酯异构体
1,2,3-三（2-氰乙氧基）丙烷	TCEP	+5	175	三氯甲烷、甲醇	选择性保留低级含O化合物，伯仲胺，不饱和烃、环烷烃等

（二）载体

一般载体是一种化学惰性、多孔性的固体颗粒。特殊载体如玻璃微球，是比表面积大的化学惰性物质，并非多孔。固定液分布在载体表面，形成一层薄而均匀的液膜。

气-液色谱法要求载体具有如下特性：①具有化学惰性或化学性质均匀，无表面吸附作用；②载体粒度均匀，便于填充，减小涡流扩散，提高柱效；③孔径适度，孔穴均匀，比表面积大，有一定的机械强度和浸润性；④热稳定性好，无催化活性。

气-液色谱法使用的载体主要有硅藻土和非硅藻土两类。硅藻土载体是目前气相色谱法中常用的一种载体，它是由天然硅藻土煅烧而得，分为红色载体和白色载体。非硅藻土载体有玻璃珠载体、氟载体、高分子多孔微球等，这类载体常用于特殊分析。

二、气－固色谱法的固定相

气－固色谱法的固定相可分为吸附剂、分子筛、高分子多孔微球及化学键合相等。吸附剂主要有强极性硅胶、中等极性氧化铝、非极性活性炭。分子筛常用4A、5A及13X。4、5、13 表示平均孔径，A 表示长度单位（埃），$1A = 0.1nm = 10^{-10}m$，X 代表分子筛的晶体结构的形状。吸附剂与分子筛多用于惰性气体和 H_2、O_2、N_2、CO 等一般性气体及低分子量化合物的分离分析。高分子多孔微球（GDX）是苯乙烯与二乙烯苯共聚所得到的交联多孔共聚物，是新型固定相，具有粒度均匀、机械强度高、热稳定性好、柱寿命长和分离效果好等特点，常用于药物分析。化学键合相是新型气相色谱固定相，具有分配和吸附两种作用，化学键合相的热稳定性和化学稳定性大大提高，而且键合的固定液往往以单分子层存在，液相传质阻力小、柱效高，适用于快速分析，但价格昂贵。

 知识链接

毛细管柱色谱法

1957 年 Golay 提出了毛细管柱色谱法。根据制备方法不同，分为开管型毛细管柱和填充性毛细管柱。开管型毛细管柱的中心是空心的，内径一般小于1mm，长度在 10～300m 之间，因此柱效较普通色谱柱高；填充性毛细管柱常见管材为不锈钢、玻璃、聚四氟、铜、铝等，除玻璃材质外，其他种类的不易损坏。填充柱分离能力较差，柱效较低，但柱容量大，柱较短，因此分析时间较快。

毛细管柱色谱法具有高效、快速等优点，但柱容量小，更适合痕量分析。常用于药代动力学研究，药品中有机溶剂残留、体液分析、病因调查以及兴奋剂检测等。

三、气相色谱法的流动相

气相色谱的流动相称为载气，常用 N_2、H_2、He、Ar 等气体。载气功能仅是携带试样、洗脱组分，不与组分分子相互作用。载气的选择和纯化主要取决于使用何种检测器。例如，使用热导检测器（TCD），选用 H_2、He 作载气，提高灵敏度；使用火焰离子化检测器（FID）则选用 N_2 作载气，再考虑所选载气要利于提高柱效能和分析速度。

第三节　检测器和分离条件

一、检测器

检测器是气相色谱仪的重要组成部分，它是将流出色谱柱的载气中的被分离的组分的浓度（或量）变化转换为电信号（电压或电流）变化的装置。其中最常用的是热导检测器（TCD）、氢焰离子化检测器（FID）、电子捕获检测器（ECD）、火焰光度检测器（FPD）及热离子化检测器（TID）等。目前普及型的仪器大都配 TCD 和 FID 这两种检测器。

（一）检测器的性能指标

检测器的性能指标主要指灵敏度、检测限、噪声、线性范围和响应时间等。

1. 灵敏度　又称响应值或应答值，常用两种方法表示，即浓度型检测器常用 Sc、质量型检测器常用 Sm 表示。Sc 为 1ml 载气携带 1mg 的某组分通过检测器时产生的电压，单位为（mV·ml）/mg。Sm 为每秒钟有 1g 的某组分被载气携带通过检测器所产生的电压，单位为（mV·s）/g。

2. 噪音和漂移 无样品通过检测器时，由于仪器本身和工作条件等的偶然因素引起的基线起伏为噪音（N），单位用 mV 表示。测量噪音时，可让仪器在最灵敏档走基线约 1h，基线上下起伏的最大峰值即为 N（如图 14-5），一般为 ±（0.01~0.05）mV。实验条件稳定时，基线是一条波动极小的直线，基线随时间定向的缓慢变化称为漂移（M），单位用 mV/h 表示。漂移应予以消除或控制，一般情况下，基线漂移应小于 0.05mV/h。

3. 检测限 又称敏感度，某组分的峰高恰为噪音的 2 倍（有时是 3 倍）时，单位时间内载气引入检测器中该组分的质量（g/s）或单位体积载气中所含组分的量（mg/ml）称为检测限。低于此限时组分峰将被噪音所淹没，而检测不出来。检测限越低，检测器性能越好。

常用检测器的性能见表 14-2。

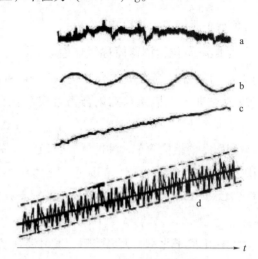

图 14-5 噪声和基线漂移

表 14-2 常用检测器的性能

检测器	检测对象	噪音	检测限	线性	适用载气
TCD	通用	$0.005 \sim 0.01\,mV$	$10^{-6} \sim 10^{-10}\,mg/ml$	$10^4 \sim 10^5$	H_2、He
FID	含 C、H 化合物	$10^{-14} \sim 5 \times 10^{-14}\,A$	$<2 \times 10^{-12}\,mg/s$	$10^6 \sim 10^7$	N_2
ECD	含电负性基团	$10^{-11} \sim 10^{-12}\,A$	$10^{-14}\,mg/ml$	$10^2 \sim 10^5$	N_2
TID	含 P、N 化合物	$5 \times 10^{-14}\,A$	$10^{-12}\,mg/s$	$10^4 \sim 10^5$	N_2、Ar
FPD	含 S、P 化合物	$10^{-9} \sim 10^{-10}\,A$	P: $\leq 10^{-12}\,mg/s$ S: $\leq 5 \times 10^{-11}\,mg/s$	10^5	N_2、He

（二）热导检测器

热导检测器是利用被检测组分与载气之间导热能力不同而响应的浓度型检测器，具有结构简单、不破坏样品、通用性强等优点，但灵敏度较低。

热导检测器由池体和热敏元件组成。池体用铜块或不锈钢块制成，热敏元件常用钨丝或铼钨丝制成，它的电阻随温度的变化而变化。将两个材质、电阻完全相同的热敏元件，装入一个双腔池体中即构成双臂热导池。

其中一臂接在色谱柱前只通载气，作为参考臂；另一臂接在色谱柱后，让组分和载气通过，作为测量臂。两臂的电阻分别是 R_1 和 R_2，将 R_1 和 R_2 与两个阻值相等的固定电阻 R_3、R_4 组成惠斯顿电桥，如图 14-6 所示。

将热导池通电，钨丝升温，所产生的热量被载体带走，并以热导方式传给池体。如果热导池只有载气通过，载气从两个热敏元件带走的热量相同，两个热敏元件的温度变化是相同的，其电阻值变化也相同，电桥处于平衡状态。如果样品混在载气中通过测量池，由于被测组分和载

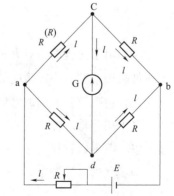

图 14-6 惠斯顿电桥示意图

气导热系数不同，两边带走的热量不相等，热敏元件的温度和阻值也就不同，从而使得电桥失去平衡，记录器上就有信号产生。被测物质与载气的热导系数相差愈大，灵敏度也就愈高。

（三）氢焰离子化检测器

氢焰离子化检测器简称氢焰检测器，是典型的破坏性、质量型检测器。是以 H_2 和空气燃烧生成的火焰为能源，当有机化合物进入以 H_2 和空气燃烧的火焰，在高温下产生化学电离，形成的离子流成为与进入火焰的有机化合物量成正比的电信号，因此可以根据信号的大小对有机物进行定量分析。

FID 由于结构简单、性能优异、稳定可靠、操作方便，经过 40 多年的发展，FID 结构无大的变化。FID 具有灵敏度高、线性范围宽、死体积小、响应快等特点，但不能检测惰性气体、空气、水、CO、CO_2、CS_2、NO、SO_2、H_2S。FID 主要缺点是需要 3 种气源及其流速控制系统，尤其是对防爆有严格的要求。

FID 由离子化室、火焰喷嘴、发射极（负极）和收集极（正极）组成（图 14 - 7）。在收集极和发射极之间加有 $150 \sim 300V$ 的极化电压，形成一外加电场。收集极捕集的离子流经放大器的高阻产生信号、放大后送至数据采集系统；燃烧气、辅助气和色谱柱由底座引入；燃烧气及水蒸气由外罩上方小孔逸出。

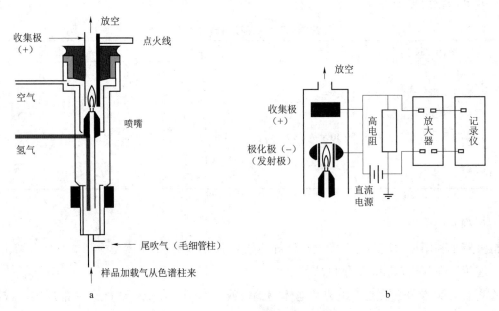

图 14 -7　氢焰离子化检测器示意图
a. 离子化室　b. 放大室

氢焰离子化检测器对大多数有机化合物有很高的灵敏度，适宜痕量有机物的分析。电子捕获检测器是一种高选择性、高灵敏度的检测器，它只对含强电负性元素的物质，如含有卤素、硝基、羰基、氰基等的化合物响应，元素的电负性越强，检测灵敏度越高。

电子捕获检测器的结构如图 14 - 8 所示。在检测器的池体内，装有一个圆筒状的 β 射线放射源作负极，以一个不锈钢棒为正极，在两极之间施加直流电或脉冲电压。^3H 或 ^{63}Ni 可为放射源。

当载气进入检测室时，在 β 射线的作用下发生电离：

$$N_2 \longrightarrow N_2^+ + e$$

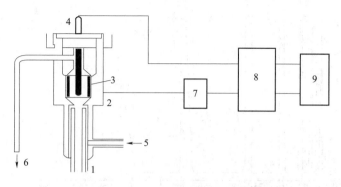

图 14 - 8　电子捕获检测器示意图

$$N_2 \longrightarrow N_2^+ + e$$

　　生成的正离子和电子在电场作用下分别向两极运动，形成恒定的电流，称为基流。当含强电负性元素的物质进入检测器时，就会捕获电子，产生带负电荷的离子并释放出能量：$AB + e \longrightarrow AB^- + E$，带负电的离子和载气电离生成的正离子碰撞生成中性化合物，使基流降低，产生负信号，形成倒峰。组分浓度越高，倒峰越强。

二、分离条件

　　气相色谱法分离条件的选择主要是固定相、柱温及载气的选择。分离度是衡量分离效果的指标。

　　1. 试样的处理　对于一些挥发性或热稳定性很差的物质，需进行预处理后才能用气相色谱法来进行分离分析。根据色谱分析的目的、试样的组成和含量、试样的理化性质确定合适的处理方法，通常用分解法与衍生化法。分解法适用于高分子药物及中药材的鉴定，而衍生化法则是将不稳定的被测物转化为较稳定的衍生物，如酰化物、硅烷化物和酯类，适用于高级脂肪酸、糖类、氨基酸、维生素等。

　　2. 载气条件

　　（1）载气种类的选择　载气种类的选择首先要考虑使用何种检测器。如使用 TCD，选用氢或氦作载气，能提高灵敏度；若使用 FID，则应选用氮气。然后再考虑选用载气要有利于提高柱效能和分析速度。选用摩尔质量大的载气（如 N_2）可以提高柱效。

　　（2）载气流速的选择　在实际工作中，常选择载气流速稍高于最佳流速。当载气流速较小时，纵向扩散是色谱峰扩张的主要因素，可采用分子量较大的载气（如 N_2、Ar），来减小纵向扩散。当载气流速较大时，传质阻力为控制要素，此时则宜采用分子量较小的载气（如 H_2、He）。

　　3. 色谱柱的选择　色谱柱的选择主要是固定相、柱长和柱径。选择固定相一般是利用"相似相溶"原则，即按被分离组分的极性或官能团与固定液相似的原则来选择。分析高沸点化合物，可选择高温固定相。

　　在塔板高度不变的情况下，分离度随塔板数增加而增加，增加柱长对分离有利。但柱长过长，峰变宽，柱压增加，分析时间变长。因此，在达到一定分离度的条件下应尽可能使用短柱，一般填充柱柱长为 1 ~ 5m。色谱柱的内径增加会使柱效下降，一般柱内径 2 ~ 4mm。

　　4. 柱温的选择　柱温直接影响分离效能和分析速度。选择柱温的原则：使难分离物质能得到良好的分离，尽量采取较低的柱温，但应以保留时间适宜、色谱峰不拖尾为度。

　　对于宽沸程的多组分混合物，可采用程序升温法，即在分析过程中按一定速度提高柱温，在程序开始时，柱温较低，低沸点的组分得到分离，中等沸点的组分移动很慢，高沸点的组分还停留于柱口附近；随着温度上升，组分由低沸点到高沸点依次分离出来。图 14 - 9 是正构烷烃恒温和程序升温色谱图比较。

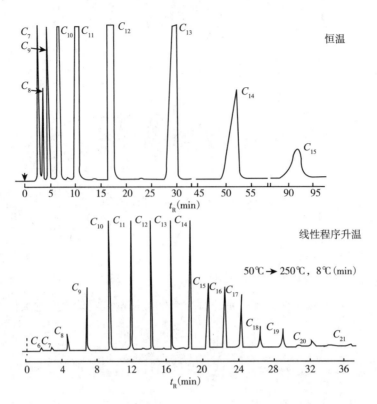

图 14-9　正构烷烃恒温和程序升温色谱图比较

5. 其他条件的选择

（1）**汽化室温度**　根据试样的沸点、稳定性和进样量选择汽化温度。一般可等于或稍高于试样的沸点，以保证试样迅速完全汽化。汽化室温度应高于柱温 30～50℃。对于易分解组分应尽可能采用较低的温度，防止分解。对于高沸点组分，汽化室温度可低于其沸点。

（2）**检测室温度**　为了使色谱柱的流出物不在检测器中冷凝而造成污染，一般检测室温度高于柱温 20～50℃。

（3）**进样时间和进样量**　进样速度必须很快，一般在 1s 以内。若进样时间过长，则试样起始宽度大，峰形变宽甚至变形。液体试样进样量不超过 10μl，以 0.1～2μl 为宜，气体试样不超过 10ml，以 0.5～3ml 为宜。最大允许进样量应控制在使半峰宽基本不变而峰高与进样量成线性关系。进样量太多，使柱超载时峰宽变大，峰形异常。

三、系统适用性试验

系统适用性试验，也叫系统适应性试验，简称 SST。SST 主要考察分析方法对于一个硬件系统的适用能力。因为在分析方法建立时，是在少量的分析系统上建立的，为了证明分析方法的广泛适用性，SST 被采用来证实分析方法的适用性。另外，即使一个系统，随着时间的变化，系统本身也会发生变化，也需要考察分析方法和分析系统的适用性。

《中国药典》（2020 年版）规定，气相色谱法的 SST 中，固定相种类、流动相组成、检测器类型不得改变，其余可适当改变，以达到色谱系统适用性试验要求。

1. 理论塔板数　不得低于各品种项下规定的最小理论塔板数。

2. 分离度　除另有规定外，分离度应大于 1.5。

3. 重复性 取各品种项下对照品连续进样 5 次，除另有规定外，其峰面积测量值的相对标准偏差不大于 2.0% 。

4. 拖尾因子 除另有规定外，拖尾因子应在 0.95 ~ 1.05 。

5. 灵敏度 定量测定时，信噪比应不小于 10；定性测定时，信噪比应不小于 3。建立方法时，可通过测定一系列不同浓度的供试品或对照品溶液来测定信噪比。

SST 开始主要在色谱分析方法适用，随着技术发展，在更多类型的分析方法上开始推广使用。

第四节　定性定量分析

一、定性分析方法

气相色谱法的分析对象是在汽化室温度下能成为气态的物质。除少数物质外，大多数物质在分析前都需要预处理。例如，样品中含有大量的水、乙醇或被强烈吸附的物质，可导致色谱柱性能变坏。一些非挥发性物质进入色谱柱，会逐渐降解不同的物质，造成严重噪声。还有些物质，如有机酸，极性很强，挥发性很低，热稳定性差。必须先进行化学处理，才能进行色谱分析。

气相色谱法是一种高效、快速的分离分析技术，它可以在很短时间内分离几十种甚至上百种组分的混合物。但是，由于色谱法定性分析主要依据是保留值，所以需要标准品（对照品或纯品）。而且单用色谱法对每个组分进行鉴定，往往不能令人满意。近年来，气相色谱与质谱、光谱等联用，既充分利用色谱的高效分离能力，又利用了质谱、光谱的高鉴别能力，加上运用计算机对数据的快速处理和检索，为未知物的定性分析开辟了一个广阔的前景。

1. 保留值定性法

（1）已知物对照定性 在完全相同的色谱分析条件下，同一物质应具有相同的保留值。因此，可将试样与纯组分在相同的色谱分析条件下进行分析，根据各自的保留值进行比较定性，如图 14 - 10 所示。

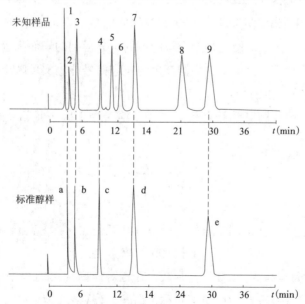

图 14 - 10　用已知纯物质与未知样品对照比较进行定性分析

1~9. 未知物的色谱峰　a. 甲醇峰　b. 乙醇峰　c. 正丙醇峰　d. 正丁醇峰　e. 正戊醇峰

（2）相对保留值定性　　在无已知物的条件下，对于一些组分比较简单的已知范围的混合物可用此法定性。相对保留值表示任一组分（i）与标准物（s）的调整保留值的比值，用 $r_{i,s}$ 表示：

$$r_{i,s} = \frac{t'_{R_i}}{t'_{R_s}} = \frac{V'_{R_i}}{V'_{R_s}} = \frac{K_i}{K_s} \tag{14-12}$$

可根据气相色谱手册及文献中收载的各种物质的相对保留值，在与色谱手册固定的实验条件和所用的标准物质进行实验，然后对色谱进行比较定性。

2. 保留指数　　保留指数（I）是以正构烷烃为标准，规定其保留指数为分子中碳原子个数乘以 100（如正己烷的保留指数为 600）。其他物质的保留指数（I_x）是通过选定两个相邻的正构烷烃，其分别具有 Z 和 $Z+1$ 个碳原子。保留指数的定义式为：

$$I_x = 100\left(\frac{\lg t'_{R_X} - \lg t'_{R_Z}}{\lg t'_{R_{Z+1}} - \lg t'_{R_Z}}\right) + Z \tag{14-13}$$

3. 官能团分类定性　　试样各组分经色谱柱分离后，依次加入官能团分析试剂，观察是否反应，如显色或产生沉淀，据此判断该组分具有什么官能团、属于哪类化合物。

4. 与其他分析仪器联用定性　　将气相色谱仪和其他分析仪器联用可获得丰富的结构信息。目前比较成熟的联用仪器有气相色谱－质谱联用（GC－MS）、气相色谱－傅里叶红外光谱联用（GC－FTIR）等。

二、定量分析方法

定量分析的依据是实验条件恒定时，组分的量（质量或浓度）与峰面积或峰高成正比，为此，必须准确测量峰面积。

即学即练

气相色谱法用峰高乘以半高峰宽法计算含量时，对色谱峰的拖尾因子 T 要求是

答案解析　　A. 对称峰　　　　B. 1.0　　　　C. 0.9　　　　D. 1.1　　　　E. 0.95~1.05

1. 定量校正因子　　气相色谱定量分析是基于被测物质的量与其峰面积的正比关系。由于同一检测器对不同物质具有不同的响应值，即使是相同质量的不同组分得到的峰面积也是不相同的，所以不能用峰面积直接计算不同物质的含量。为了使检测器产生的响应信号能真实反映出物质的含量，所以要对响应值进行校正，而引入定量校正因子。

定量校正因子分为绝对校正因子和相对校正因子。绝对校正因子是指单位峰面积所代表的组分的量。即

$$f'_i = \frac{m_i}{A_i} \tag{14-14}$$

2. 峰面积的测量

（1）峰高乘以半峰宽法　　此法适用于对称色谱峰，计算公式为：

$$A = 1.065h\, W_{1/2}$$

式中，h 为峰高；$W_{1/2}$ 为半峰宽；1.065 为常数，在相对计算时，1.065 可约去。

（2）峰高乘以平均峰宽法　　此法适用于不对称色谱峰，计算公式为：

$$A = 1.065 \times h \times \frac{W_{0.15} + W_{0.85}}{2} \tag{14-15}$$

式中，$W_{0.15}$、$W_{0.85}$ 分别为 $0.15h$ 和 $0.85h$ 处的峰宽。

（3）其他方法　除上述方法以外，目前大部分气相色谱仪配备自动积分程序来计算峰面积。

3. 定量计算方法　气相色谱法的定量方法有：面积归一化法、内标法、标准曲线法、外标法、标准溶液加入法。

（1）面积归一化法　若试样中所有组分都能流出色谱柱，且在检测器上都有响应，可用面积归一化法计算组分含量。面积归一化法是以样品中被测组分经校正过的峰面积（或峰高）占样品中各组分经校正过的峰面积（或峰高）之和的比例来表示样品中各组分的含量的定量方法。

$$\text{某组分 } i \text{ 的百分含量} = \frac{A_i f_i}{\sum\limits_{i=1}^{n} A_i f_i} \times 100\% = \frac{A_i f_i}{A_1 f_1 + A_2 f_2 + \ldots + A_i f_i} \times 100\% \qquad (14-16)$$

式中，A_i、f_i 分别是试样溶液中被测组分色谱峰的面积及相对质量校正因子。各组分百分含量之和为 1。

例 14-1　用热导检测器分析乙醇、庚烷、苯及乙酸乙酯的混合物。实验测得它们的色谱峰面积各为 5.0cm^2、8.0cm^2、6.0cm^2 及 7.0cm^2。按面积归一化法分别求它们的百分含量。已知它们的相对质量校正因子 f_i 分别为 0.64、0.70、0.78、0.79。

解：根据某组分 i 的百分含量 $= \dfrac{A_i f_i}{\sum\limits_{i=1}^{n} A_i f_i} \times 100\% = \dfrac{A_i f_i}{A_1 f_1 + A_2 f_2 + \ldots + A_i f_i} \times 100\%$，计算如下：

$$\text{混合物中乙醇的百分含量} = \frac{5.0 \times 0.64}{5.0 \times 0.64 + 8.0 \times 0.70 + 6.0 \times 0.78 + 7.0 \times 0.79} \times 100\% = 16.83\%$$

$$\text{混合物中庚烷的百分含量} = \frac{8.0 \times 0.70}{5.0 \times 0.64 + 8.0 \times 0.70 + 6.0 \times 0.78 + 7.0 \times 0.79} \times 100\% = 29.46\%$$

$$\text{混合物中苯的百分含量} = \frac{6.0 \times 0.78}{5.0 \times 0.64 + 8.0 \times 0.70 + 6.0 \times 0.78 + 7.0 \times 0.79} \times 100\% = 24.62\%$$

$$\text{混合物中乙酸乙酯的百分含量} = \frac{7.0 \times 0.79}{5.0 \times 0.64 + 8.0 \times 0.70 + 6.0 \times 0.78 + 7.0 \times 0.79} \times 100\% = 29.09\%$$

面积归一化法简便、准确，进样量的多少与测定结果无关，操作条件的变化对结果影响也较小，但如果试样中的组分不能全部出峰，则不能采用这种方法。

（2）内标法　若试样中所有组分不能全部出峰，或只要求测定试样中某个或某几个组分的情况时，可以考虑采用内标法定量。内标法就是将一定量选定的标准物（称内标物 s）加入到一定量试样中，混合均匀后，在一定操作条件下注入色谱仪，出峰后分别测量组分 i 和内标物 s 的峰面积（或峰高），按下式计算组分 i 的含量。

$$c_i = \frac{f_i A_i}{f_s A_s} \times \frac{m_s}{m} \times 100\% \qquad (14-17)$$

式中，f_i、A_i 分别代表被测组分的相对质量校正因子和峰面积；f_s、A_s 分别代表加入内标物的相对质量校正因子和峰面积；m_s 代表加入内标物的质量；m 代表试样的质量。

内标法的关键是选择合适的内标物，对于内标物的要求是：

①应是试样中不存在的纯物质；

②内标物的性质应与待测组分性质相近，以使内标物的色谱峰与待测组分色谱峰靠近并与之完全分离；

③内标物与样品应完全互溶，但不能发生化学反应；

④内标物加入量应接近待测组分含量。

内标法的优点是准确度高，对进样量及操作条件要求不严格，使用没有限制。内标法的缺点是每次测定都要用分析天平准确称取内标物和样品，较费时。

>> **实例分析**

实例 无水乙醇中微量水分的测定采用的是内标法。无水乙醇样 100ml 称重为 79.3887g，无水甲醇（内标物）称重为 0.2567g，混匀，进样。测得无水乙醇中水的峰高为 4.50cm，半峰宽为 0.140cm；甲醇峰高为 4.40cm，半峰宽为 0.183cm；查得以峰面积表示水的相对质量校正子 f = 0.55，$f_{甲醇}$ = 0.58。

问题 用内标法计算无水乙醇中微量水分的含量。

答案解析

（3）**外标法** 取待测组分的纯物质配成一定浓度的对照溶液，与待测组分的供试品溶液在同一色谱条件下定量进样，出峰后依次测量对照溶液和供试品溶液的峰面积（或峰高）。可根据式（14-18）计算并换算为原样品某组分的百分含量或标示量百分含量。

$$c_i = \frac{A_i}{A_s} \times c_s \qquad (14-18)$$

式中，c_i、A_i分别表示供试品溶液中待测组分的浓度及峰面积；c_s、A_s分别表示对照品溶液的浓度和峰面积。

外标法操作简单，不需要校正因子，计算方便，其他组分是否出峰都无影响，但要求分析组分与其他组分完全分离，实验条件稳定，标准品的纯度高。

（4）**标准曲线法** 取待测组分的纯物质配成一系列不同浓度的标准溶液，与试样在同一色谱条件下定量进样，出峰后依次测量不同浓度的标准溶液及试样中待测组分的峰面积（或峰高），根据标准溶液的峰面积（或峰高）及对应的准确浓度绘制标准曲线，由试样中待测组分的峰面积（或峰高）从标准曲线中查出待测组分含量，换算为原样品某组分的百分含量或标示量百分含量。

（5）**标准加入法** 又称为叠加法或内加法。如果没有合适的内标物或各组分峰之间没有适当位置插入内标峰时，也可用标准溶液加入法定量。此法是以样品中已有组分的对照品为标准溶液，比较加入标准溶液后供试品溶液信号的变化，计算被测组分的含量。其方法如下：在一定的色谱条件下，先注入原样品溶液，记录其色谱图（A_i、c_i），然后在保持原样品溶液浓度不变的情况下，准确加入一定质量的被测组分纯物质（供试品及对照品均应准确称量），混匀后再进样（进样量以及色谱条件与未加标准溶液保持一致），记录色谱图（A_{i+s}、$c_i + c_s$）。根据式（14-19）计算进样样品溶液浓度，换算为原样品某组分的百分含量或标示量百分含量。

$$c_i = \frac{A_i}{A_{i+s} - A_i} \times c_s \qquad (14-19)$$

标准加入法是一种相对测量法，它不需要内标物，要求两次进样的色谱操作条件相同。

三、气相色谱法的应用

气相色谱法广泛应用于石油、化工、医药、环境保护和食品分析等领域。在药学领域常用于药物的含量测定、杂质检查及微量水分和有机溶剂残留的测定、中药挥发性成分测定以及体内药物代谢分析等方面。

例 14 - 2 复方制剂分析（4 种中药膏剂中樟脑、薄荷脑、冰片和水杨酸甲酯含量的气相色谱法测定）

用气相色谱法同时测定伤湿止痛膏、安阳精制膏、风湿跌打膏和风湿止痛膏中樟脑、薄荷脑、冰片和水杨酸甲酯的百分含量。方法灵敏、准确、重现性好、耐用性强。

（1）色谱条件和系统适用性试验 玻璃柱（3mm×3m），固定相为聚乙二醇（PEG）-20M（10%），FID 检测器。载气 N_2、压力 60kPa、流速为 58ml/min，H_2 压力为 70kPa，空气压力为 15kPa，柱温 130℃，进样器/检测器温度 170℃。

（2）试样测定及结果 以萘为内标物，采用内标物预先加入法，用挥发油测定器蒸馏制备供试液。4 种制剂试样中的樟脑、薄荷脑、冰片和水杨酸甲酯的加样回收率都大于 95.54%（RSD≤2.8%）。

在治疗药物监测和药代动力学研究中都需要测定血液、尿液或其他组织中的药物浓度，这些试样中往往药物浓度低，干扰较多。气相色谱法具有灵敏度高、分离能力强的优点，因此也适用于体内药物分析。

📱 **知识链接**

顶空进样色谱法

当试样中有固体不溶物或者对色谱柱伤害较大的物质时，一般选择顶空进样。顶空进样分为溶液顶空和固体顶空。溶液顶空就是将样品溶解于适当溶剂中，置顶空瓶中保温一定时间，使残留溶剂在两相中达到气液平衡，定量取气体进行测定。固体顶空是直接将固体样品置顶空瓶中保温一定时间，使残留溶剂在两相中达到气液平衡，定量取气体进行测定。

📝 实践实训

实训二十三 维生素 E 的含量测定

【实训内容】

1. 气相色谱仪检查、启动预热。

2. 内标溶液配制。

3. 对照品溶液配制。

4. 维生素 E 供试品溶液配制。

5. 含量测定。

【实训目的】

1. 掌握气相色谱法测定药物含量的原理和方法。

2. 熟悉内标法的原理及气相色谱法在药物分析中的应用。

3. 了解维生素 E 含量测定的操作条件。

【实训仪器和试剂】

1. **仪器** 气相色谱仪、HP – 5 石英毛细管色谱柱（30.0m × 320μm）、氢焰离子化检测器（FID）、氢气钢瓶、微量注射器。

2. **试剂** 正己烷、维生素 E 软胶囊。

【实训原理】

维生素 E 原料及制剂的含量测定 各国药典多采用气相色谱法，该法具有高度选择性，可分离维生素 E 及其同分异构体，选择性的测定维生素 E。维生素 E 的沸点虽高达 350℃，但不需要经衍生化法可直接用气相色谱法测定含量。《中国药典》（2020 年版）收载的维生素 E 及其制剂均采用气相色谱法测定含量。

含量：$c_X = \bar{f} \dfrac{A_X}{A_R} c_R$

校正因子：$\bar{f} = \dfrac{\dfrac{c_S}{A_S}}{\dfrac{c_R}{A_R}}$

标示量百分含量 $= \dfrac{\bar{f} \times \dfrac{A_X}{A_R} \times c_R \times D \times V \times 平均装量}{S_{供试品} \times S_{标示量}} \times 100\%$

式中，c_X 为供试品溶液中测定组分的浓度（mg/ml）；D 为供试品的稀释倍数；V 为供试品溶液原始体积（ml）；A_X 为维生素 E 的峰面积；A_S 为对照品溶液的峰面积；c_S 为对照品溶液的浓度；c_R 为内标物溶液的浓度；A_R 内标物溶液的峰面积；$\bar{f}$ 为校正因子。

本实验采用的是气相色谱法含量测定中的内标法。内标法是一种准确而应用广泛的定量分析方法，操作条件和进样量不必严格控制，限制条件较少。当样品中的所有组分不能全部流出色谱柱，某些组分在检测器上无信号或只需测定样品中的某几个组分时，可采用内标法。

【实训步骤】

1. GC – 102M 气相色谱仪操作规程

（1）对仪器系统进行检漏，检测无漏后可打开氮气瓶总阀调节压力为 0.2MPa，把氮载气压力调节到 0.1MPa 左右。

（2）依次打开气相色谱仪、显示器、计算机电源开关。

（3）调节总流量为适当值（根据刻度的流量表测得）。

（4）调节分流阀使分流流量为实验所需的流量（用皂膜流量计在气路系统面板上实际测量），柱流量即为总流量减去分流量。

（5）打开空气、氢气开关阀，调节空气、氢气流量为适当值。

（6）根据实验需要设置柱温，进样口温度和 FID 温度。

（7）打开计算机与工作站。

（8）FID 温度达到 150℃以上，按下"点火"键，自动点火。（注意：判断火有没有点着，可以用金属物放到收集筒看看有没有水蒸气产生。如果有水蒸气，说明火已经点着了，如果没有水蒸气，可以

重新点火）

（9）设置 FID 灵敏度和输出信号衰减。

（10）待所设参数达到设置时，即可进样分析。

（11）实验完毕后，先关闭氢气与空气，用氮气将色谱柱吹净后关机。

2. 色谱条件与系统适用性试验　以硅酮（OV－17）为固定相，涂布浓度为 2%；或以 HP－1 毛细管柱（100% 二甲基聚硅氧烷）为分析柱；柱温为 265℃。理论板数按维生素 E 峰计算应不低于 500（填充柱）或 5000（毛细管柱），维生素 E 峰与内标物质峰的分离度应符合要求。

3. 校正因子的测定　取正三十二烷适量，加正己烷溶解并稀释成每 1ml 中含 1.0mg 的溶液，作为内标溶液。另取维生素 E 对照品约 20mg，精密称定，置棕色具塞锥形瓶中，精密加内标溶液 10ml，密塞，振摇使溶解；取 1～3μl 注入气相色谱仪，计算校正因子。

4. 测定法　取装量差异项下的内容物，混合均匀，取适量（约相当于维生素 E 20mg），精密称定，置棕色具塞锥形瓶中，精密加内标溶液 10ml，密塞，振摇使其溶解，作为供试品溶液，取 1～3μl 注入气相色谱仪，测定，计算，即得。

5. 具体操作

标准溶液的配制　称取维生素 E 对照品约 20mg，精密称定，置棕色具塞锥形瓶中，精密量取正三十二烷内标物 10ml，密塞，振摇使溶解，作为标准溶液。待基线平直后，取供试液 1～3μl，连续注入气相色谱仪 3 次，记录峰面积值，计算校正因子，取平均值。

供试液的制备　称取维生素 E 胶囊内容物约 20mg，精密称定，置棕色具塞锥形瓶中，精密量取正三十二烷内标物 10ml，密塞，振摇使溶解，作为供试品溶液。待基线平直后，取供试液 1～3μl，连续注入气相色谱仪 2 次，记录峰面积值，计算含量。

注意事项
1. 氢气发生器液位不得过高或过低。
2. 空气源每次使用后必须进行放水操作。
3. 进样操作要迅速，每次操作要保持一致。
4. 使用完毕后必须在记录本上记录使用情况。

【实训记录与数据处理】

1. 记录
对照品溶液的峰面积值：＿＿＿＿＿、＿＿＿＿＿、＿＿＿＿＿；
对照品溶液中内标物的峰面积值：＿＿＿＿＿、＿＿＿＿＿、＿＿＿＿。
供试品溶液的峰面积值：＿＿＿＿＿＿、＿＿＿＿＿；
供试品溶液中内标物的峰面积值：＿＿＿＿＿、＿＿＿＿。
2. 数据处理

【实训结论】

1. 校正因子：＿＿＿＿＿、＿＿＿＿＿、＿＿＿＿＿。平均值：＿＿＿＿＿。

2. 维生素 E 胶囊标示量百分含量 =

维生素 E 胶囊标示量百分含量 =

平均值

平均值的修约值：$\qquad$ $n = \qquad$ $R\bar{d}$

《中国药典》（2020 年版）规定，维生素 E 胶囊中维生素 E 的含量应为标示量的 90.0% ~ 110.0%。

结论：

【实践思考】

1. 气相色谱法测定维生素 E 含量时为什么使用内标法？
2. 试述气相色谱法的特点及分析适用范围。
3. 从结构出发分析，维生素 E 含量测定的其他方法有哪些？各有什么特点？

【实训体会】

实训二十四　藿香正气口服液中紫苏叶油的含量测定

【实训内容】

1. 气相色谱仪检查、启动预热。
2. 对照品溶液配制。
3. 供试品溶液配制。
4. 含量测定。

【实训目的】

1. 掌握用外标法测定藿香正气口服液中紫苏叶油含量的方法。
2. 熟悉采用外标法的原理及气相色谱法在药物分析中的应用。
3. 了解气相色谱仪的基本结构和工作原理。

【实训仪器和试剂】

1. **仪器**　气相色谱仪、10ml 量瓶。
2. **试剂**　藿香正气口服液、紫苏醛对照品、紫苏烯对照品、无水甲醇、正己烷。

【实训原理】

【藿香正气口服液处方】 苍术 80g	陈皮 80g
厚朴（姜制）80g	白芷 120g
茯苓 120g	大腹皮 120g
生半夏 80g	甘草浸膏 10g
广藿香油 0.8ml	紫苏叶油 0.4ml

紫苏叶油为唇形科植物紫苏 *Perilla frutescens* （L.）Britt. 的干燥叶（或带嫩枝叶）经水蒸气蒸馏提取的挥发油。

内标法即准确称取一定量的试样（m），并准确加入一定量的内标物（m_S），混匀后进样，根据所称重量与相应峰面积之间的关系求出待测组分的含量。

含量：$c_X = \dfrac{A_X}{A_S} c_S$

$$组分百分含量 = \dfrac{\dfrac{A_X}{A_S} \times c_S \times D}{S_{供试品}} \times 100\%$$

式中，c_X 为供试品溶液中测定组分的浓度（mg/ml）；D 为供试品的稀释倍数；A_X 为供试品溶液的峰面积；A_S 为对照品溶液的峰面积；c_S 为对照品溶液的浓度。

【实训操作】

色谱条件与系统适用性试验　以交联5%苯基甲基聚硅氧烷为固定相的毛细管柱（柱长为30m，柱内径为0.32mm，膜厚度为0.25μm）；柱温为程序升温：初始温度为60℃，保持10分钟，以每分钟8℃的速率升温至115℃，保持2分钟，再以每分钟30℃的速率升温至230℃，保持4分钟；分流比15∶1。理论板数以紫苏醛峰计算应不低于50000。

对照品溶液的制备　取紫苏醛对照品、紫苏烯对照品适量，精密称定，加无水乙醇-正己烷（1∶1）混合溶液制成每1ml分别含紫苏醛1mg、紫苏烯1mg的混合溶液，即得。

供试品溶液的制备　取本品约20mg，精密称定，置10ml量瓶中，加无水乙醇-正己烷（1∶1）混合溶液至刻度，摇匀，即得。

测定法　分别精密吸取对照品溶液和供试品溶液各1μl，注入气相色谱仪，测定，即得。

本品含紫苏烯（$C_{10}H_{14}O$）不得少于20%；含紫苏醛（$C_{10}H_{14}O$）不得少于25%。

> **注意事项**
> （1）供试品溶液和对照品溶液应平行操作。
> （2）供试品溶液称量必须准确，注意液体的外溢。
> （3）毛细管柱建议选择大口径、厚液膜色谱柱，规格为30m×0.32mm×0.25μm。

【实训记录与数据处理】

1. 记录

紫苏醛对照品溶液的峰面积值：_____、_____；

紫苏烯对照品溶液的峰面积值：_____、_____。

供试品溶液中紫苏醛的峰面积值：_____、_____；

供试品溶液中紫苏烯的峰面积值：_____、_____。

2. 数据处理

【实训结论】

1. 对照品溶液

紫苏醛的浓度　　　　　　　　　　紫苏醛的峰面积

紫苏烯的浓度　　　　　　　　　　紫苏烯的峰面积

2. 藿香正气口服液

紫苏醛的浓度   紫苏醛的峰面积

紫苏烯的浓度   紫苏烯的峰面积

3. 藿香正气口服液

紫苏烯的百分含量

紫苏烯的百分含量

紫苏烯的百分含量平均值

平均值的修约值 $n =$ $R\overline{d}$

紫苏醛的百分含量

紫苏醛的百分含量

紫苏醛的百分含量平均值

平均值的修约值： $n =$ $R\overline{d}$

《中国药典》（2020 年版一部）规定，含紫苏烯（$C_{10}H_{14}O$）不得少于 20%；含紫苏醛（$C_{10}H_{14}O$）不得少于 25%。

结论：

【实践思考】

1. 气相色谱测定紫苏烯和紫苏醛含量时为什么采用外标法？
2. 试述气相色谱法的特点及分析适用范围。

【实训体会】

目标检测

答案解析

一、单项选择题

1. 色谱法中下列说法正确的是

    A. 分配系数 K 越大，组分在柱中滞留的时间越长

    B. 分离极性大的物质应选活性大的吸附剂

    C. 混合试样中各组分的 K 值都很小，则分离容易

    D. 吸附剂含水量越高则活性提高

2. 色谱峰高（或面积）可用于

    A. 定性分析   B. 确定分子量   C. 定量分析

    D. 确定被分离物组成

3. 属于质量型检测器的是

    A. 氢焰离子化检测器   B. 热导检测器   C. 电子捕获检测器

D. 三种都是

4. 不同组分进行色谱分离的条件是

    A. 硅胶作固定相　　　　　　B. 极性溶剂作流动相　　　　C. 具有不同的分配系数

    D. 具有相同的容量因子

5. 下列可作定性分析的参数是

    A. 色谱峰高或峰面积　　　　B. 色谱峰宽　　　　　　　　C. 色谱峰保留时间

    D. 死体积

6. 测定有机溶剂中微量的水，宜选用以下何种检测器

    A. TCD　　　　　　　　　　B. FID　　　　　　　　　　C. ECD

    D. FPD

7. 气相色谱图的横坐标是

    A. 体积　　　　　　　　　　B. 时间　　　　　　　　　　C. 信号

    D. 浓度

8. 气相色谱中，可作为定性依据的是

    A. 保留时间　　　　　　　　B. 半峰宽　　　　　　　　　C. 峰高

    D. 死时间

9. 气相色谱定量分析时，当试样中各组分不能全部出峰或在多种组分中只需定量其中某几个组分时，最好不选用

    A. 归一化法　　　　　　　　B. 标准曲线法　　　　　　　C. 外标法

    D. 内标法

10. 气相色谱分析影响组分之间分离程度的最大因素是

    A. 进样量　　　　　　　　　B. 柱温　　　　　　　　　　C. 载体粒度

    D. 气化室温度

11. 气相色谱中，作为流动相的是

    A. 液体　　　　　　　　　　B. 气体　　　　　　　　　　C. 固体

    D. 洗脱剂

二、填空题

12. 组成气相色谱仪器的六大系统中，关键部位是_____、_____。

13. 色谱分析中使用归一化法定量的前提是_____。

14. 色谱系统适用性试验主要是考察分析方法对硬件系统的适用能力。主要测量的参数包括：_____、_____、_____和_____。

15. 《中国药典》（2020 年版）规定，除另有规定外，色谱系统性试验中分离度 R 应大于_____。

16. 在气相色谱法中，常采用程序升温分析_____样品。

三、判断题

17. 在气相色谱中两个组分分离的基础是它们具有不同的热导系数。

18. 柱温提高，保留时间缩短，但相对保留值不变。

19. 内标法定量时对进样量没有严格要求，但要求选择合适的内标物。

20. 分离非极性样品时，一般选择极性固定液，以增强在色谱柱中的保留时间。

21. 在气相色谱图上出现 4 个色谱峰，因此可以肯定样品由 4 种组分组成。

22. 采用归一化法定量的前提是试样中所有组分都出峰。

23. 组分在气相色谱法中分离的程度取决于组分之间沸点差异。

四、简答题

24. 保留时间相同的组分是否一定是相同的物质？

25. 简述分离度和理论塔板数的关系。

26. 在气相色谱中，如何选择固定液？

五、计算题

冰醋酸的含水量测定，内标物为甲醇（分析纯），质量为 0.4992g，冰醋酸为 53.1554g，H_2O 的峰高为 16.30cm，半峰宽为 0.161cm，相对质量校正因子为 0.55，甲醇的峰高为 14.33cm，半峰宽为 0.235cm，相对质量校正因子为 0.58，用内标法计算冰醋酸中水的含量。

书网融合……

知识回顾

微课

习题

（郭森辉）

第十五章　高效液相色谱法

学习引导

　　头孢拉定片是一种广谱抗菌药物，可用于治疗敏感病原菌所致呼吸道感染（如急性咽炎、扁桃体炎、支气管炎、中耳炎、肺炎等）、生殖泌尿道感染、皮肤组织感染等。《中国药典》（2020年版二部）规定：头孢拉定片中含头孢拉定（$C_{16}H_{19}N_3O_4S$）应为标示量的 90.0% ~ 110.0%。头孢拉定（$C_{16}H_{19}N_3O_4S$）的含量采用高效液相色谱法测定。那么什么是高效液相色谱法？高效液相色谱法与气相色谱法有何区别？

学习目标

　　1. **掌握**　高效液相色谱法的基本原理；化学键合相的概念、种类和优点；高效液相色谱法流动相的基本要求、流动相的选择以及预处理方法；检测器和分离条件的选择；高效液相色谱法的定性、定量分析。

　　2. **熟悉**　高效液相色谱仪的基本组成部件；高效液相色谱法的工作流程。

　　3. **了解**　高效液相色谱法的特点和应用；系统适用性试验。

第一节　概　述　微课

　　高效液相色谱法（high performance liquid chromatography，HPLC）是以高压液体为流动相的液相色谱分析法，在经典液相色谱法的基础上，引用气相色谱的理论和技术，采用高压输液泵、高效的固定相及高灵敏度在线检测手段而发展起来的一种现代分离分析方法。高效液相色谱法具有分离效能高、分析速度快、检出限低、流动相选择范围宽、色谱柱可重复使用、流出组分易收集、操作自动化和应用范围广等优点。目前，高效液相色谱法作为一种重要的分离分析手段，广泛应用于医药、生化、石油、化工、食品和环境卫生等领域。

一、特点和分类

（一）特点

与经典液相色谱法相比较，高效液相色谱法的特点如下：

（1）高压　在高效液相色谱法中，流动相为液体，流经色谱柱时，受到的阻力较大，为了使流动相迅速通过色谱柱，必须对流动相施加高压。高压是高效液相色谱法的一个突出特点。

（2）高速　高效液相色谱法采用高压输液泵输送流动相，流速快，分析速度快。高效液相色谱法所需的分析时间一般都小于1h，一般试样的分离分析只需几分钟，复杂试样的分析在数十分钟内即可完成。

（3）高效　高效液相色谱法可选择不同的固定相和流动相搭配达到最佳分离效果，其分离效能远远高于气相色谱法的分离效能。特别是化学键合固定相的广泛应用，使色谱柱的传质阻力大大降低，柱效提高，分离效率提高。

（4）高灵敏度　高效液相色谱法广泛使用紫外、荧光、电导等高灵敏度检测器，进一步提高了分析的灵敏度。如紫外检测器的最小检测浓度为$10^{-9}g/ml$，荧光检测器的最小检测浓度为$10^{-12}g/ml$。

（5）高自动化　智能化的色谱工作站结合自动进样装置，使高效液相色谱从进样、分析、检测、数据采集、处理完全实现了操作的自动化。

与气相色谱法相比较，高效液相色谱法的特点如下：

（1）气相色谱法要求样品能够汽化，仅用于分析易汽化、对热稳定的化合物。高效相色谱法只要求试样能制成溶液，不需要汽化，因此不受试样的挥发性和热稳定性的限制，应用范围广，对于高沸点的、热稳定性差的、相对分子质量较大的有机物以及具有生理活性的物质，都可以采用高效液相色谱法进行分离、分析。

（2）气相色谱法中的流动相选择较单一，高效液相色谱法中的流动相种类多，可通过选择流动相的种类和配比提高分离效率。

（3）高效液相色谱法在室温条件下进行分离，试样组分经色谱柱分离后不被破坏，易于收集，有利于单一组分的制备。

（二）分类

随着高效液相色谱分析技术的迅速发展，在经典液相色谱法的基础上，新的方法不断涌现和完善。与经典液相色谱法相似，高效液相色谱法也按固定相的物理状态分为液–液色谱法和液–固色谱法两大类；按照分离机制分为吸附色谱法、分配色谱法、离子交换色谱法、分子排阻色谱法、化学键合相色谱法、离子色谱法、亲和色谱法等类型，目前最常用的是化学键合相色谱法。

二、高效液相色谱仪

高效液相色谱仪（high performance liquid chromatograph）主要由高压输液系统、进样系统、色谱分离系统、检测系统、数据记录和处理系统等五部分组成。较先进的高效液相色谱仪还配有在线脱气、柱温箱及自动进样器等辅助装置；制备型的高效液相色谱仪配有自动馏分收集装置。高效液相色谱仪的结构示意图如图15–1所示。

高效液相色谱仪分析流程如下：首先选择适当的色谱柱和流动相，运行流动相平衡色谱柱。贮液器中的流动相在高压输液泵作用下经由进样器进入色谱柱，然后从检测器流出。待基线平直后，通过进样器注入试样溶液，流动相将试样带入色谱柱中进行分离。分离后的各组分依次进入检测器时，检测器输出信号，数据处理系统采集数据、记录下来，得到色谱图。各组分随洗脱液一起排入流出物收集器中。依据色谱图可进行各组分的定性和定量分析，并评价色谱柱的分离效能。

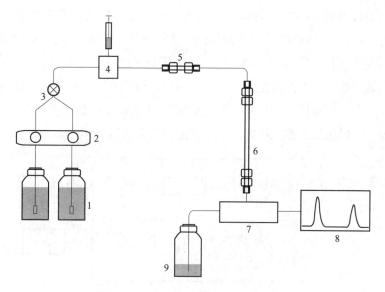

图 15 - 1　高效液相色谱仪结构示意图

1. 贮液瓶　2. 高压输液泵　3. 混合器　4. 进样器　5. 预柱　6. 色谱柱
7. 检测器　8. 数据系统　9. 废液瓶

（一）高压输液系统

高效液相色谱仪的高压输液系统包括贮液器、过滤与脱气装置、高压输液泵、梯度洗脱装置等。其中高压输液泵为主要部件。

1. 贮液器　贮液器是用于存放流动相的容器，贮液器材料应耐腐蚀，对所存放的流动相是化学惰性的。常用材料为玻璃、不锈钢（或表面涂聚四氟乙烯的不锈钢）等。贮液器应能存放足够量的流动相，以确保连续测定的需要，贮液器的容积一般为 0.5 ~ 2.0L。为防止长霉，贮液器中的流动相要经常更换，贮液器也要经常清洗。

贮液器应配有溶剂过滤器，以防止流动相中的颗粒进入高压输液泵内。溶剂过滤器一般用耐腐蚀的镍合金制成，滤芯的孔隙大小 2μm 左右。

2. 过滤与脱气装置　流动相和试样溶液的过滤非常重要，以免其中的细小颗粒堵塞输液管路、色谱柱以及影响高压输液泵的正常工作。流动相在使用前应根据其性质选用不同材料的滤膜过滤，也可使用微孔玻璃漏斗过滤。滤膜过滤一般选用市售 0.45μm 或 0.2μm 的微孔滤膜，超纯水用水系滤膜过滤，凡含有有机溶剂的溶液均需使用有机滤膜过滤，试样溶液一般用针头式过滤器过滤。另外，在流动相入口、泵前、泵与色谱柱之间都配置有各种各样的滤柱或滤板。

因流动相和试样溶液中的气泡进入检测器使噪声剧增，甚至不能正常检测，流动相进入高压输液泵前必须进行脱气处理，常用的脱气方法有吹氦脱气、超声波脱气、真空脱气（或低压脱气）和在线真空脱气等。

（1）吹氦脱气　氦气通过一个圆筒过滤器缓慢地通入流动相中，在 0.1MPa 压力下维持大约 15 分钟，由于氦气在流动相中的溶解度极低，因此可除去流动相中溶解的气体。该法使用方便、脱气效果好，但氦气较贵。

（2）超声波脱气　将装有流动相的贮液器置于超声波清洗器中，用超声波振荡 15 ~ 20 分钟。这种脱气方法操作简便，且不会影响流动相的组成，基本上能满足日常分析工作的要求，是目前较为常用的脱气方法。

（3）真空脱气　通过抽真空除去流动相中的气体。减压过滤也具有除去部分气体的作用。但由于抽真空会导致溶剂的蒸发，对二元或多元流动相的组成会有影响，则仅适用于单溶剂体系。

（4）在线真空脱气　目前，许多高效液相色谱仪都配备了在线真空脱气装置（图 15 - 2）。在线真空脱气的原理是将流动相通过一段由多孔性合成树脂制造的输液管，该输液管外连有真空脱气装置，由于输液管外侧被抽成真空，流动相中的 CO_2、O_2 以及 N_2 等气体就会从输液管内侧进入外侧而被除去。在线真空脱气方法的脱气效果优于上述三种方法，并且适用于多元溶剂体系。

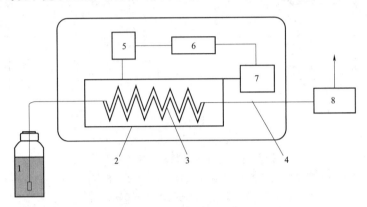

图 15 - 2　在线真空脱气装置示意图
1. 流动相　2. 真空容器　3. 合成树脂膜输液管　4. 脱气后的流动相
5. 压力传感器　6. 控制器　7. 真空泵　8. 高压输液泵

3. 高压输液泵　高压输液泵（high pressure pump）是高效液相色谱仪的关键部件之一，其作用是提供足够恒定的高压，能够连续输送稳定流量的流动相，其性能好坏直接影响分析结果的可靠性。由于色谱柱很细，常用的固定相颗粒直径为 $5 \sim 10\mu m$，因此阻力很大，为了达到快速、高效分离的目的，必须提供很高的柱前压力，以便获得较高的流动相流速。

高效液相色谱仪的高压输液泵应具有以下性能：①流量精度高且稳定，其 RSD 应小于 0.5%，这对定性定量准确性非常重要；②流量范围宽，分析型应在 $0.1 \sim 10ml/min$ 范围内，制备型应能达 $100ml/min$；③能在高压下连续工作；④液缸容积小；⑤密封性能好，耐腐蚀。

输液泵的种类很多，按输液性质不同可分为恒流泵和恒压泵。恒流泵的特点是输出流动相的体积保持恒定，色谱系统阻力的变化对流量无影响。恒压泵的特点是输出压力保持恒定，流量则随色谱系统阻力的变化而变化，导致测定结果的重现性差。目前高效液相色谱仪多采用恒流泵中的柱塞往复泵，其结构如图 15 - 3 所示。其工作原理是：电机带动凸轮（偏心轮）转动，驱动柱塞在液缸内做往复运动。当柱塞被推入液缸时，流动相出口处的出口单向阀开启，同时流动相进口处的入口单向阀关闭，液缸内的流动相输出，流向色谱柱；相反，当柱塞从液缸中抽出时，流动相进口处的入口单向阀开启，流动相出口处的出口单向阀关闭，流动相从贮液器吸入液缸内。通过柱塞在液缸内做往复运动，伴随单向阀的开启和关闭，将流动相以高压连续的方式不断地输送到色谱柱。

柱塞往复泵的优点是输出恒定流量的流动相，便于调节控制流量；液缸容积小，约 $0.5ml$，易于清洗和更换流动相，适于梯度洗脱操作。不足之处是输出有脉冲波动，干扰某些检测器的正常工作，但对紫外检测器影响不大。目前多采用双柱塞恒流泵加脉动阻尼器来克服脉冲，双柱塞恒流泵实际上是两台单柱塞往复泵并联或串联。一泵从贮液器中吸入流动相时，另一泵就将流动相输入色谱柱中，两柱塞来回运动存在时间差，补偿了流动相输出的脉冲波动，使流量稳定。

为了延长泵的使用寿命和维持其输液的稳定性，操作时注意事项如下：①防止任何固体微粒进入泵体；②流动相不应含有任何腐蚀性物质；③泵工作时要留心，防止贮液器内的流动相被用完；④不要超过规定的最高压力，否则会使密封环变形，产生漏液；⑤流动相应该先脱气，以免在泵内产生气泡，影响流量的稳定性。

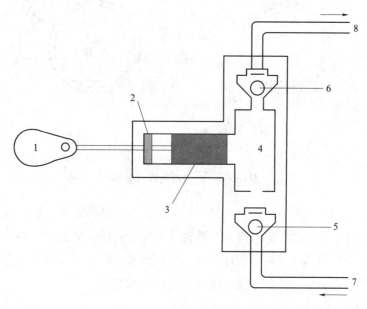

图 15 – 3　柱塞往复泵结构示意图

1. 转动凸轮　2. 密封垫　3. 柱塞　4. 液缸　5. 入口单向阀
6. 出口单向阀　7. 流动相入口　8. 流动相出口

4. 梯度洗脱装置　高效液相色谱法有等度洗脱（isocratic elution）和梯度洗脱（gradient elution）两种洗脱方式。等度洗脱是在同一分析周期内流动相的组成恒定不变，适用于组分数量少、性质差别较小的试样分析。梯度洗脱是在一个分析周期内按一定的程序改变流动相的组成，如流动相的极性、离子强度和 pH 等，以提高分离效果的一种方法。梯度洗脱的主要优点有缩短分析时间、提高分离度、改善峰形、提高检测灵敏度，适用于组分性质差别大的复杂试样分析。主要缺点是易引起基线漂移和重现性降低。

有两种实现梯度洗脱的装置，即高压梯度和低压梯度。高压梯度是由两台高压输液泵分别将两种溶剂送入混合室，混合后送入色谱柱，程序控制每台泵的输出量来改变流动相的组成。低压梯度装置是在常压下通过一比例阀先将各种溶剂按程序混合，然后再用一台高压输液泵送入色谱柱。

（二）进样系统

进样系统主要由进样器构成，其作用是将待分析试样引入色谱柱，安装在色谱柱的进口处。对进样器的要求是密封性好、死体积小、重复性好，且进样时对色谱系统压力、流量影响小，便于实现自动化等。

进样系统具有取样和进样两个功能。目前高效液相色谱仪的进样器有手动进样阀和自动进样器两种。手动进样阀常用的是六通阀，其进样过程如图 15 – 4 所示。先使六通阀处于装样（load）位置，此时流动相不经过定量环，定量环与进样口相通，用微量注射器将试样注入定量环后，再转动六通阀至进样（injection）位置，此时流动相将定量环中的试样带入色谱柱，完成进样。进样体积是由定量环的容积严格控制的，因此进样量准确，重复性好，适用于定量分析。为了确保进样的准确度，装样时微量注射器取的试样必须大于定量环的容积。

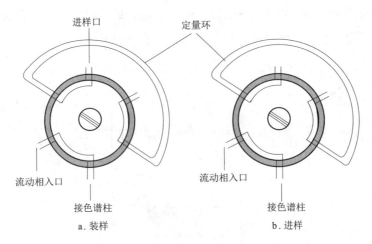

图 15 - 4　六通阀进样示意图

目前，许多高效液相色谱仪配有自动进样器，适用于大量样品的常规分析，可避免频繁的手动进样操作。自动进样器是由计算机自动控制进样阀，取样、进样、复位、清洗和样品盘的转动全部按照预定的程序自动进行，操作者只需将样品瓶按顺序装入样品盘即可。自动进样器进样重现性好，进样量可以调节。有的自动进样器还带有温度控制系统，适用于需低温保存的试样。

（三）色谱分离系统

色谱分离系统包括色谱柱、柱温箱及连接管等。

色谱柱（column）是高效液相色谱仪的最关键部件，它由柱管和固定相组成，承担分离作用。柱管通常为直形、内壁抛光的不锈钢管，能耐受高压。色谱柱两端的柱接头内装有烧结不锈钢滤片，其孔隙小于填料粒度，以防止填料漏出。色谱柱按照用途不同可分为分析型色谱柱和制备型色谱柱。常用分析型色谱柱内径为 2 ~ 5mm，柱长为 10 ~ 30cm。实验室制备型色谱柱的内径为 20 ~ 40mm，柱长为 10 ~ 30cm，生产用的制备型色谱柱内径可达几十厘米。新型的毛细管高效液相色谱柱是由内径只有 0.2 ~ 0.5mm 的石英管制成。

商品色谱柱内固定相的填充采用高压匀浆法。高压匀浆法是填料微粒在合适的单一溶剂或混合溶剂高度分散形成匀浆后，在高压下将匀浆压入色谱柱中，制备出填充均匀、紧密的色谱柱。色谱柱初次使用时，应用厂家规定的溶剂冲洗一定时间，再用流动相平衡至基线平直。分析前、使用期间或放置一段时间后，应重新考察色谱柱性能。色谱柱性能指标包括在一定实验条件（试样、流动相、流速、温度）下的柱压、塔板高度和塔板数、对称因子、容量因子和选择性因子的重复性或分离度。

操作技术对柱效以及柱的寿命影响非常大，使用时必须注意以下事项：①试样溶液最好用针形滤器过滤，或尽可能通过萃取、吸附等手段除去杂质；②流动相的 pH 应控制在色谱柱所允许的范围内；③更换流动相时，应根据流动相的性质选择合适的溶剂冲洗仪器及色谱柱，防止流动相相互不溶或盐析出，堵塞柱子。为了保护色谱柱，通常在分析柱前要使用一个短的保护柱，一般保护柱内的固定相与色谱柱相同，这样可以将试样和流动相中的有害杂质保留，延长分析柱的寿命。

高效液相色谱分析通常在室温下进行，但由于柱温对组分的保留值有一定影响，故仪器一般都配有柱温箱，以保证分析时温度恒定。

（四）检测系统

检测器（detector）是高效液相色谱仪的另一关键部件。检测器的作用是将色谱分离系统分离的物质组成和含量变化转变为可供检测的信号。作为高效液相色谱仪的三大关键部件之一，检测器的性能直接决定分析的准确度和灵敏度。一个理想的检测器应具有灵敏度高、噪声低、基线漂移小、死体积小、线性范围宽、重复性好和通用性强等特性。

高效液相色谱仪的检测器种类很多，按其应用范围可分为通用型和专属型（选择型）两大类。通用型检测器检测的是一般物质均具有的性质，属于这类检测器的有示差折光检测器（refractive index detector，RID）、蒸发光散射检测器（evaporative light scattering detector，ELSD）。通用型检测器对流动相本身有响应，容易受温度变化、流量波动以及流动相组成等因素的影响，造成较大的噪声和漂移，灵敏度较低，不适用于痕量分析，且不能用于梯度洗脱。专属性检测器只能检测流动相中被测组分的某一性质，属于这类检测器的有紫外检测器（ultraviolet detector，UVD）、荧光检测器（fluorescence detector，FLD）、电化学检测器（electrochemical detector，ECD）等。专属型检测器仅对某些被测物质响应灵敏，而对流动相本身没有响应或响应很小，灵敏度高，受外界影响小，且可用于梯度洗脱。

1. 紫外检测器　紫外检测器是高效液相色谱仪中应用最广泛的检测器，适用于对紫外光有吸收的试样组分的检测，当检测波长包括可见光时，称为紫外-可见检测器。其特点是灵敏度高，噪声低，线性范围宽，基线稳定，重现性好，对流量和温度变化不敏感，适用于梯度洗脱，不破坏样品，能与其他检测器并联。

紫外检测器的工作原理和结构与一般的紫外分光光度计一样，所不同的是将样品池改为体积很小（$5 \sim 12 \mu l$）的流通池，以对色谱流出样品进行连续检测。

紫外检测器分为三种类型：固定波长型检测器、可变波长型检测器和光电二极管阵列检测器（photodiode array detector，PDAD）。固定波长型检测器由低压汞灯提供固定的检测波长（254nm 或 280nm），由于波长不能调节，使用受到限制，已很少用。目前，使用最多的是可变波长型检测器和二极管阵列检测器。

（1）可变波长型检测器　可变波长型检测器是目前高效液相色谱仪配置最多的检测器。可变波长型检测器是以氘灯作为光源，检测波长在 $190 \sim 800nm$ 范围内连续可调，可根据被测组分的最大吸收波长选择相应的检测波长。该类检测器灵敏度高，最小检测浓度为 $10^{-9} g/ml$，即使对紫外光吸收较弱的物质也可采用这种检测器检测，因此应用广泛。需要注意的是检测器的工作波长不能小于所使用流动相溶剂的截止波长。

（2）光电二极管阵列检测器　光电二极管阵列检测器是一种光学多通道检测器，可对组分进行多波长快速扫描。PDAD 由一系列光电二极管紧密排列在晶体硅上，组成二极管阵列检测元件，构成多通道并行工作，同时检测由光栅分光、再入射到阵列式接收器上的全部波长的光信号，转换为各波长的电信号强度。采集得到的数据经计算机处理，得到以时间-波长-吸光度为坐标的色谱-光谱三维图（图15-5）。可利用色谱-光谱三维图进行定性定量分析，还可判别色谱峰的纯度。

2. 荧光检测器　荧光检测器适用于能产生荧光的化合物和通过化学衍生技术生成荧光化合物的检测，检测原理及仪器结构与荧光分光光度计相同。许多具有共轭结构的有机芳环分子，如多环芳烃、生物胺、维生素和甾体化合物等，受到紫外光激发后，辐射出比紫外光波长较长的荧光，可采用荧光检测器检测。通过化学衍生技术可以使不发射荧光的化合物转变成荧光衍生物，如氨基酸等。荧光检测器是体内药物分析常用的一种检测器。

荧光检测器比紫外检测器的灵敏度更高，最小检测浓度达 $10^{-12} g/ml$，是痕量分析的理想检测器。荧光检测器具有高灵敏度、高选择性、试样用量少、对流动相流速的变化不敏感、可以进行梯度洗脱等特点。

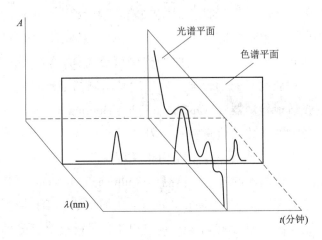

图 15 - 5 三维色谱 - 光谱示意图

3. 电化学检测器 电化学检测器是一种选择性检测器，依据组分在氧化还原过程中产生的电流或电压变化来对样品进行检测。电化学检测器种类较多，有电导、库仑、安培检测器等。最常用的是安培检测器和电导检测器，只适用于测定氧化活性和还原活性物质。电化学检测器与荧光检测器具有同样的优点：高灵敏度和高选择性。缺点：要求高纯度溶剂，流动相具有导电性，对流速、温度、离子强度、pH 等敏感，电极表面可能发生吸附、催化等反应，影响电极的性能和寿命。

安培检测器是在一定外加电压下，利用被测物质在电极上发生氧化还原反应引起电流变化进行检测。安培检测器相当于一个微型电解池，要求流动相中含有电解质而导电。安培检测器的灵敏度很高，尤其适合于痕量组分的分析，凡具有氧化还原活性的物质都能用其进行检测，如活体透析液中生物胺，还有酚、羰基化合物、巯基化合物等。

电导检测器是根据物质在某些介质中电离后所产生的电导率的变化而进行检测的，其结构主要由电导池构成，在离子色谱分析中应用较多。由于电导率受温度波动的影响较大，因此测量时要求严格控制温度。

4. 蒸发光散射检测器 蒸发光散射检测器是一种通用型检测器，对于各种物质有几乎相同的响应。其工作原理是：经色谱柱分离的组分随流动相进入雾化室，被高速气流（氩、氮或空气）雾化，然后进入蒸发室（漂移管），在蒸发室中流动相被蒸发除去，不挥发的待测组分在蒸发室内形成气溶胶，然后进入检测室。用一定强度的入射光（卤钨灯或激光光源）照射气溶胶而产生光散射，硅光电二极管检测散射光，其强度与待测组分的浓度有关。

理论上，蒸发光散射检测器可用于测定挥发性低于流动相的任何试样组分，但由于其灵敏度比较低，尤其是有紫外吸收的组分（其灵敏度比紫外检测器约低一个数量级）；此外，流动相必须是挥发性的，不能含有缓冲盐等。因而其主要用于检测糖类、高级脂肪酸、磷脂、维生素、氨基酸、三酰甘油及甾体等。

5. 示差折光检测器 示差折光检测器是一种通用型检测器，它是利用纯流动相和含有被测组分的流动相之间折光率的差别进行检测的。对参比池和样品池之间的折射率差值进行连续检测，该差值与组分浓度呈正比。几乎所有物质对光都有各自不同的折射率，因此都可用示差折光检测器来检测。其主要缺点是：对温度变化敏感、灵敏度不高，不能用于梯度洗脱等。

（五）数据记录和处理系统

高效液相色谱仪数据记录和处理系统由计算机和相应的色谱软件或色谱工作站构成。计算机主要用于采集、处理和分析色谱数据；色谱软件及程序可以控制仪器的各个部件。目前广泛使用的色谱工作站功能非常强大，除能自动采集、分析和储存数据外，还能在分析过程中实现全系统的自动化控制。

即学即练 15-1

在高效液相色谱仪中，能保证流动相以稳定的速度流经色谱柱的主要部件是

答案解析　A. 储液器　　B. 检测器　　C. 高压输液泵　　D. 色谱柱

三、基本原理

1. 液-固色谱法分离原理　液-固色谱法又称为液-固吸附色谱法（liquid-solid adsorption chromatography），是以固体吸附剂为固定相，以液体为流动相，利用各组分吸附能力强弱的不同进行分离的色谱法。其分离原理：当被测组分随流动相通过色谱柱时，组分分子与流动相分子竞争吸附剂表面的活性中心，使不同吸附能力的各组分分子得到分离。组分分子与吸附剂表面活性中心间的吸附能力的大小决定了它们保留值的大小，与活性中心吸附越强的组分分子越不容易被流动相洗脱，保留值越大；反之，保留值越小。

2. 液-液色谱法分离原理　液-液色谱法又称为液-液分配色谱法（liquid-liquid partition chromatography），固定相和流动相都为液体，利用各组分在固定相和流动相之间的分配系数不同进行分离的色谱法。其分离原理：当被测组分随流动相通过色谱柱后，通过固定相和流动相的分界面进入固定相中，各组分按照各自的分配系数，在固定相和流动相之间达到分配平衡。在固定相体积和流动相体积一定时，其分离的顺序取决于分配系数的大小，分配系数大的组分保留值越大；反之，分配系数小的组分保留值越小。

3. 化学键合相色谱法分离原理　化学键合相色谱法（bonded phase chromatography，BPC）是由液-液色谱法发展而来的，是以化学键合相为固定相的色谱法。液-液色谱法的固定相是将固定液涂渍在载体表面，其缺点是固定液容易从载体上流失，导致保留行为的变化、柱效降低、稳定性和重复性差等不良后果。为了解决这些问题而发展了化学键合相，它是将固定液的官能团通过化学反应键合到载体表面，从而形成了具有均一、稳定性好、柱效高、重现性好等优点的固定相，简称为键合相。键合相色谱法在高效液相色谱法中占有极其重要的地位，适用于分离几乎所有类型的化合物，是应用最广泛的色谱法。根据化学键合相与流动相极性的相对大小，化学键合相色谱法可分为正相键合相色谱法（normal bonded phase chromatography，NBPC）和反相键合相色谱法（revered bonded phase chromatography，RBPC）。

（1）正相键合相色谱法　正相键合相色谱法的固定相极性大于流动相极性，采用极性键合相为固定相，如氨基（—NH₂）、氰基（—CN）、二羟基等键合相。流动相一般采用非极性或弱极性有机溶剂（如甲苯、正己烷等）加适量的极性溶剂（如三氯甲烷、乙腈和醇等）组成的混合溶剂。正相键合相色谱法常用于分离极性较强或中等极性的化合物，如脂溶性维生素、脂、芳香醇、芳香胺、有机氯农药等。正相键合相色谱法主要依据组分的极性差别来实现分离，待测组分的流出顺序取决于组分分子的极性大小，极性较小的组分先流出色谱柱，保留值较小，极性较大的组分后流出色谱柱，保留值较大。

（2）**反相键合相色谱法** 反相键合相色谱法的固定相极性小于流动相极性，采用非极性键合相为固定相，如十八烷基硅烷（octadecylsilane，ODS 或 C_{18}）、辛烷基硅烷（C_8）等，有些是采用弱极性或中等极性的键合相为固定相。流动相以水作为主体溶剂，再加入一定量与水混溶的溶剂来调节洗脱能力，常用水－甲醇、水－乙腈、水－甲醇－无机盐缓冲液等。反相键合相色谱法应用范围非常广泛，既可用于分离非极性或中等极性的分子型化合物，又可分离有机酸、碱、盐等离子型化合物。反相键合相色谱法被测组分的流出顺序与正相色谱法相反：极性较大的组分先流出色谱柱，保留值较小；极性较小的组分后流出色谱柱，保留值较大。

4. 离子交换色谱法分离原理 离子交换色谱法（ion exchange chromatography，IEC）是利用离子交换树脂上可电离的离子与流动相中相同电荷的被测离子进行可逆交换，依据这些离子与交换剂的亲和力不同而被分离。凡在流动相中能电离的物质通常都可用离子交换色谱法进行分离，例如用于分离无机离子、氨基酸、蛋白质、核酸等。被测组分的流出顺序与其亲和力有关：被测组分中的离子与离子交换树脂的亲和力越低，先流出色谱柱，保留值较小；被测组分中的离子与离子交换树脂的亲和力越高，后流出色谱柱，保留值较大。

5. 离子对色谱法分离原理 离子对色谱法（ion pair chromatography，IPC）分为正相离子对色谱法和反相离子对色谱法，其中反相离子对色谱法更为常用。反相离子对色谱法是将一种或多种与被测离子电荷相反的离子（称为对离子或反离子）加入到极性流动相中，使其与被测离子结合形成疏水型离子对化合物，从而控制待测离子的保留行为。用于分离阳离子的反离子有烷基磺酸类，如己烷磺酸钠；用于分离阴离子的反离子有烷基铵类，如四丁基季铵盐等。该方法适用于有机酸、碱和盐的分离，以及用离子交换色谱法无法分离的离子型或非离子型化合物，如有机酸类、生物碱类、儿茶酚胺类、维生素类、抗生素类药物等。被测离子与反离子形成离子对化合物，有利于在疏水性固定相中吸附或分配，使分配系数增大，改善分离效果。被测离子的分配系数决定于反离子的浓度、被测物质的性质、固定相、流动相和温度等因素。

6. 离子色谱法分离原理 离子色谱法（ion chromatography，IC）是由离子交换色谱法派生出来的。离子交换色谱法的流动相是强电解质，存在很强的电导背景，因此不能采用电导检测器。离子色谱法是将离子交换色谱与电导检测器相结合分析各种离子的方法，可用于分析无机和有机阴离子、阳离子、糖类、氨基酸、核酸水解产物等。离子色谱法分为抑制型离子色谱法（双柱型）和非抑制型离子色谱法（单柱型）。在抑制型离子色谱法中采用两根离子交换树脂，一根为分离柱，另一根为抑制柱，两根色谱柱串联。下面以分析阴离子为例，说明抑制型离子色谱法的基本原理。采用低交换容量的阴离子交换树脂为分离柱，采用高交换容量的阳离子交换树脂为抑制柱。待测试样通过分离柱（阴离子交换树脂）时，待测试样中的阴离子与分离柱中的阴离子发生交换，洗脱反应为交换反应的逆过程，反应如下：

交换反应：$R^+—OH^- + NaX \longrightarrow R^+—X^- + NaOH$

洗脱反应：$R^+—X^- + NaOH \longrightarrow R^+—OH^- + NaX$

从分离柱中流出的洗脱液再进入抑制柱（高容量阳离子交换树脂），反应如下：

与组分反应：$R^-—H^+ + NaX \longrightarrow R^-—Na^+ + HX$

与洗脱液反应：$R^-—H^+ + NaOH \longrightarrow R^-—Na^+ + H_2O$

洗脱液通过抑制柱后，洗脱液（NaOH）已经转变为电导很小的水，消除了背景离子的干扰，试样阴离子被转换为具有较大电导率的酸（HX），大大提高了检测灵敏度。

非抑制型离子色谱法中只有分离柱，没有抑制柱，分离柱直接连接电导检测器。非抑制型离子色谱法中选用低电导的洗脱液，如 1×10^{-4} mol/L 苯甲酸盐或邻苯二甲酸盐，因背景电导低，试样离子洗脱后可直接被电导检测器检测。

7. 空间排阻色谱法分离原理 空间排阻色谱法（steric exclusion chromatography，SEC）又称为分子排阻色谱法，是以凝胶为固定相，依据组分分子尺寸大小的差异而实现分离的色谱法。空间排阻色谱法主要用于分子量较大的组分的分离，如多肽、蛋白质、核酸、多糖等生物分子。分离只与凝胶的孔径和组分分子的流体力学体积或大小有关。被测试样进入色谱柱后，随流动相在凝胶外部间隙及孔穴旁流过。较大的分子不能进入胶孔而受到排阻，先流出色谱柱，保留值较小；较小的分子能进入胶孔并渗透到颗粒中，后流出色谱柱，保留值较大。

第二节 固定相和流动相

高效液相色谱法的固定相和流动相的选择直接关系到柱效、选择性和分离度。本节主要介绍高效液相色谱法中常用的固定相和流动相。

一、固定相

高效液相色谱法的固定相应符合下列要求：①颗粒细且均匀；②传质快；③机械强度高，能耐高压；④化学稳定性好，不与流动相发生化学反应。

高效液相色谱法使用的固定相主要有以下几种类型，其中应用最广泛的是化学键合固定相，适合分离几乎所有类型的化合物。

（一）液-固色谱固定相

液-固色谱固定相通常为固体吸附剂，分为极性和非极性两类。常用的极性固定相有硅胶、氧化铝、聚酰胺等；常用的非极性固定相有高分子多孔微球、分子筛等。吸附色谱固定相主要分析有一定极性的分子型化合物，但对同系物的分离能力较差。

按照固定相的结构可分为表面多孔型和全多孔型两类。表面多孔型是在实心玻璃微珠表面涂一层很薄（约 $1 \sim 2 \mu m$）的多孔色谱材料（如硅胶、氧化铝等）烧结而成的，比表面积小、柱容量低、允许进样量小，要求检测器的灵敏度高。

全多孔型有无定型或球型两种，具有粒度小、比表面积大、孔隙浅、柱效高、容量大等优点，特别适合复杂混合物分离及痕量分析。目前高效液相色谱法大多采用直径 $5 \sim 10 \mu m$ 的全多孔型微粒。

（二）液-液色谱固定相及化学键合固定相

液-液色谱固定相是在载体上涂渍适当的固定液构成。载体可以是玻璃微球，也可以是吸附剂，固定液通过机械涂渍在载体上形成液-液色谱固定相。这样涂渍的固定液在分析中不仅易被流动相逐渐溶解和机械冲击而流失，而且会导致色谱柱上保留行为的改变以及引起分离样品的污染。为了解决固定液的流失问题，改善固定相的功能，产生了化学键合固定相，简称化学键合相。

化学键合固定相是利用化学反应将固定液的官能团键合到载体（硅胶）表面，其优点是：①固定液不易流失，色谱柱的重复性和稳定性好、寿命长；②传质速度快，柱效高；③可以键合不同性质的有机基团，改善固定相的性能，进一步改变分离选择性；④适用于梯度洗脱；⑤化学性能稳定，在 pH $2 \sim 8$ 及 $70 ℃$ 以下的环境中不变性。

化学键合固定相是高效液相色谱法较为理想的固定相，广泛使用全多孔型和表面多孔型硅胶作为载体。目前使用的化学键合相主要为硅氧硅碳（Si—O—Si—C）型键合相，是以氯硅烷与硅胶进行硅烷化反应而制得。以 ODS（C$_{18}$）为例，是以十八烷基氯硅烷与硅胶表面的硅醇基反应而成，其反应式如下：

化学键合相按键合基团的性质不同可分为非极性、中等极性和极性键合相三类。

1. 非极性键合相 这类键合相的表面基团为非极性的烃基，如十八烷基（C$_{18}$）、辛烷基（C$_8$）甲基（C$_1$）与苯基等。十八烷基硅烷键合相是最常用的非极性键合相，应用范围极为广泛。非极性键合相通常用于反相色谱法，亦称为反相键合相。反相离子对色谱法的固定相也常采用 ODS（C$_{18}$）等非极性键合相。

非极性键合相的烷基链长，对组分的保留、选择性及载样量均有影响。长链烷基的吸附性能较好，分离选择性和稳定性较好，载样量更大，一般只需优化流动相组成就可实现大多数有机化合物的分离。

2. 弱极性键合相 常见的有醚基和二羟基键合相。这类键合相可作为正相或反相色谱法的固定相，视流动相的极性而定，目前应用较少。

3. 极性键合相 常用氨基、氰基键合相，分别将氨丙硅烷基 [—Si(CH$_2$)$_3$NH$_2$] 和氰乙硅烷基 [—SiCH$_2$CH$_2$CN] 键合在硅胶表面制成。这类键合相一般都用作正相色谱法的固定相，如氨基键合相是分析糖类最常用的固定相。

近年来，通过改进化学键合技术和硅胶载体结构、合成新型固定相分子等手段，提高了化学键合相的机械强度，使其分离选择性和化学稳定性更高。

即学即练 15-2

下列关于化学键合相错误的表述是

A. 化学键合相是利用化学反应将固定液的官能团键合到载体表面

B. 化学键合相中具有固定液不易流失，色谱柱的重复性、稳定性好等优点

C. 若化学键合相的极性大于流动相的极性，属于正相色谱

D. 若化学键合相的极性大于流动相的极性，属于反相色谱

答案解析

（三）离子交换色谱固定相及离子色谱固定相

离子交换色谱和离子色谱的固定相为离子交换剂，是将离子交换基团键合到基质上而构成的。基质一般有树脂、纤维素和硅胶三大类。早期的离子交换色谱是以树脂为基质作为固定相，如苯乙烯-二乙烯苯。这种固定相遇溶剂易膨胀、不耐压、传质速度慢，不适合高效液相色谱分析，目前已被离子交换键合相代替。

离子交换键合相也是以表面多孔型或全多孔型硅胶为载体，表面经化学反应键合上各种离子交换基团。常用的离子交换基团有阳离子交换基团和阴离子交换基团，由此构成阳离子交换键合相（活性基团—SO$_3$H）和阴离子交换键合相（活性基团—NR$_3$Cl）。离子交换键合相较稳定，机械强度高，化学稳

定性和热稳定性好，柱效高，交换容量大，在高效液相色谱法中应用较多。

（四）空间排阻色谱固定相

空间排阻色谱法常用的固定相为一定孔径范围的多孔性凝胶。其根据耐压程度可分为软质凝胶、半硬质凝胶和硬质凝胶三类。

软质凝胶如葡聚糖凝胶等，具有较大的溶胀性，只适用于常压下的空间排阻色谱法。半硬质凝胶如苯乙烯和二乙烯苯的共聚物微球，能耐较高的压力，适用于以有机溶剂为流动相的空间排阻色谱法。这种凝胶具有一定的可压缩性，可填充紧密，柱效较高；但是在有机溶剂中稍有溶胀，故不能随意更换溶剂，且流速不宜大。硬质凝胶如多孔硅胶及多孔玻珠等，具有良好的化学惰性、稳定性，但填充不紧密，柱效较低。

新型凝胶色谱填料也是以表面多孔型或全多孔型硅胶为载体，表面经化学反应键合上各种类型软质凝胶制成，粒度细，机械强度高，分离速度快，分离效果好。特别是在无机载体表面键合亲水性单糖或多糖型凝胶，在生物大分子的分离方面具有广泛的应用前景。

二、流动相

高效液相色谱法的流动相有两个作用：一是携带试样通过色谱柱；二是给试样提供一个分配相，使试样在固定相和流动相之间进行分配，实现分离。固定相一定时，流动相的种类和配比能显著影响色谱分离效果，因此流动相的选择很重要。

（一）对流动相的基本要求

1. 溶剂纯度高，与固定相不互溶，保持色谱柱的稳定性。

2. 对试样有适宜的溶解度。要求容量因子 k 值在 $1 \sim 10$ 之间，最好在 $2 \sim 5$ 的范围内。k 值太小，不利于分离；k 值太大，可能使样品在流动相中沉淀。

3. 化学稳定性好，与试样及固定相不发生化学反应。

4. 黏度小，有利于提高传质速度，提高柱效，降低柱压。

5. 与检测器匹配。如使用紫外检测器时，流动相在检测波长下不应有吸收。

（二）流动相对分离的影响

高效液相色谱法中流动相对分离的影响，可利用色谱分离基本方程式加以说明。色谱分离基本方程式为：

$$R = \frac{\sqrt{n}}{4} \times \frac{a-1}{a} \times \frac{k}{1+k} \tag{15-1}$$

由上式可知，分离效果由柱效 n、选择性系数 a（选择因子）、容量因子 k 三部分决定。在高效液相色谱法中，柱效 n 由固定相及色谱柱填充质量决定，选择性系数 a 主要受流动相种类的影响，容量因子 k 主要受流动相配比（组成、比例、pH、离子对试剂等）的影响。流动相种类不同，分子间的相互作用力不同，从而被测组分的分配系数不同。流动相的种类确定后，改变流动相的配比，可改变流动相的极性和洗脱能力。流动相的选择是以能获得较大的 a 值和适宜的 k 值，即各组分彼此分离并且有适宜的保留时间 t_R 为目的。

选择了适宜的溶剂作为流动相后，还必须与能够提供适宜理论塔板数的色谱柱组合使用，才能使试样中各组分的分离达到满意的效果。

（三）流动相的选择

1. 液-固色谱的流动相　液-固色谱中，流动相选择的原则基本与经典液相色谱法相同，主要根据待测试样组分极性的大小来选择流动相。分离极性大的组分应选用极性大的流动相，分离极性小的组分应选用极性小的流动相，若试样组分间的极性差别较大时，则可采用梯度洗脱方式。正相固-液色谱中，流动相极性越小，洗脱能力越强，保留时间越短；反相固-液色谱中，流动相极性越大，洗脱能力越强，保留时间越短。所以可以通过调节流动相的极性来控制组分的保留时间。常用流动相溶剂的极性顺序为：石油醚＜环己烷＜四氯化碳＜苯＜甲苯＜乙醚＜三氯甲烷＜乙酸乙酯＜正丁醇＜丙酮＜乙醇＜水。

实际应用中，二元及以上的混合溶剂系统更常用。由于流动相的洗脱强度随多元溶剂系统中流动相的组成和配比的变化而连续变化，可以实现对复杂混合物试样的良好分离，提高色谱分离选择性。如以硅胶为固定相的液-固吸附色谱法中，常以弱极性的烷烃类溶剂为流动相的主体，再适当加入极性强的溶剂制成二元混合溶剂系统。

2. 液-液色谱的流动相　在液-液分配色谱中，要求流动相与固定相的极性有显著不同，以防止固定液流失。正相高效液相色谱主要用于分离极性化合物，可选用中等极性的溶剂作为流动相，若组分的保留时间太短，表示溶剂的极性太大，改用极性较弱的溶剂；若组分保留时间太长，可选择极性在上述两种溶剂之间的溶剂。经过多次实验，选出最适宜的溶剂。反相高效液相色谱主要用来分离非极性化合物，流动相一般以极性最大的水作主体，再加入不同配比的溶剂作调节剂。

3. 化学键合相色谱的流动相　正相键合相色谱的固定相为极性键合相，流动相应当选用非极性或弱极性的有机溶剂，如烃类溶剂（如甲苯、正己烷等）或在烃类溶剂中加入适量的极性溶剂（如三氯甲烷、乙腈、醇等）以调节流动相的洗脱能力。

反相键合相色谱的固定相通常是非极性键合相，流动相以极性溶剂水为主体溶剂，常加入与水混溶的有机溶剂或酸、碱、缓冲盐等来改善流动相的洗脱能力，如水-甲醇、水-乙腈、水-甲醇-无机盐缓冲液等。

4. 其他色谱的流动相　离子交换色谱和离子色谱一般采用水和缓冲溶液作为流动相，也可采用甲醇、乙醇等有机溶剂、水和缓冲溶液混合溶剂。通过改变流动相中盐的种类、浓度、pH 来控制离子强度，从而改善分离效果。

反相离子对色谱的流动相（如甲醇-水、乙腈-水）加入一定量的离子对试剂，与被测组分中的离子结合形成离子对化合物，从而提高固定相对被测组分的保留作用，改进分离效果，以达到分离有机强酸和强碱的目的。

体积排阻色谱选择的流动相必须与凝胶本身非常相似，以便湿润凝胶，同时要黏度小、溶解性好、与检测器匹配等。常用的流动相有四氢呋喃、甲苯、三氯甲烷、水等。

（四）流动相的预处理

为了满足分析的要求，流动相在使用前需要进行过滤、脱气预处理。作为流动相的溶剂使用前都必须经微孔滤膜滤过，以除去杂质微粒。流动相的脱气常用超声波振荡 15~20 分钟，脱气后应密封保存以防止外部气体进入。有些高效液相色谱仪配备了在线真空脱气装置。流动相最好现配现用，一般密闭贮存于玻璃、聚四氟乙烯或不锈钢容器中。

实例分析

　　实例　地塞米松磷酸钠是一种肾上腺皮质激素，具有抗炎、抗过敏、抗风湿、免疫抑制作用，常用于过敏和自身免疫性疾病。《中国药典》（2020 年版二部）规定：地塞米松磷酸钠注射液含地塞米松磷酸钠（$C_{22}H_{28}FNa_2O_8P$）应为标示量的 90.0%～110.0%。地塞米松磷酸钠的含量用高效液相色谱法测定，采用十八烷基硅烷键合硅胶为填充剂；以三乙胺溶液（取三乙胺 7.5ml，加水稀释至 1000ml，用磷酸调节 pH 至 3.0±0.05）－甲醇－乙腈（55:40:5）为流动相。

答案解析

　　问题　1. 什么是十八烷基硅烷键合硅胶？这种化学键合相有哪些优点？
　　　　　　2. 高效液相色谱法对流动相有何要求？如何选择？

第三节　检测器和分离条件

　　采用高效液相色谱法对试样进行分离分析，需要考虑诸多因素。首先应收集试样的信息，包括待测组分的物理和化学性质，如组分的相对分子质量、化学结构和官能团、酸碱性和适宜的溶剂及其溶解度等；其次选择合适的分离方法，包括选择合适的试样预处理方法、检测器，以及优化分离条件，如色谱柱、流动相的组成、配比、流速、柱温等；最后，根据色谱图进行定性定量分析。

　　在高效液相色谱法分析中，为了使试样中的各种组分达到最佳的分离效果，检测器和分离条件的选择至关重要。

一、检测器

　　高效液相色谱法根据分离分析、试样的性质、用量等选择合适的检测器。一般而言，对试样进行分离分析，检测器应仅对所测组分产生灵敏的响应，而其他组分均不出峰；对试样进行制备分离，则检测器的灵敏度不必很高，最好使用通用型检测器。

　　大部分常见的有机物和部分无机物都具有紫外吸收特征，所以紫外检测器是高效液相色谱法中应用最广泛的检测器。大多数高效液相色谱仪都配置了这种检测器，紫外检测器（UVD）是高效液相色谱法中首选的检测器。如被测组分在紫外区域没有吸收或吸收很弱，不能满足测量灵敏度时，则应根据被测组分的性质和分析质量等选择其他检测器，如示差折光检测器、蒸发光散射检测器、荧光检测器、电化学检测器等。

二、分离条件

　　1. 固定相和色谱柱的选择　要求固定相粒度（d_p）小、筛分范围窄、填充均匀，以减小涡流扩散、固定项传质阻力和流动相传质阻力；尽可能选择大孔径、浅孔道的表面多孔型载体或全多孔型载体，以减小静态流动相传质阻力（滞留流动相传质阻力）。

　　通常分析实验室使用商品化的色谱柱，固定相的选择已经转移为对色谱柱的选择了。常规分析型色谱柱的柱长 10～30cm，柱内径 2～5mm，固定相粒度 5～10μm。

2. 流动相的选择 应选择黏度较低的溶剂作流动相，增大试样在流动相中的扩散系数（D_m），减小传质阻力，提高传质速率，流动相的种类要根据被测试样的性质（如溶解度参数、极性等）进行选择。

3. 流动相流速的选择 高效液相色谱法的速率方程式与气相色谱法形式上是相同的。

$$H = A + B/u + Cu$$

两者主要区别是在高效液相色谱法中，纵向扩散项（B/u）可以忽略不计。这说明流动相流速增大，塔板高度也增大，柱效降低；流动相流速减小，塔板高度也减小，柱效升高，但流速太小会延长分析时间。所以在实际应用中，应在满足分离度要求的前提下，适当提高流速。

通常简单试样的分析时间应控制在 10～30 分钟，复杂试样的分析时间应控制在 60 分钟以内。

4. 柱温的选择 适当提高色谱柱温度可以降低流动相的黏度，减小传质阻力，提高组分的传质速率，加快分析进程，但过度提高柱温易产生分离度降低，色谱柱寿命缩短，容易产生气泡等不良后果，所以一般采用室温条件。

三、系统适用性试验

色谱系统的适用性试验通常包括理论塔板数、分离度、重复性和拖尾因子等参数。为了保证高效液相色谱分析的准确性和重现性，应对色谱系统进行适用性试验考察，即用规定的对照品溶液或系统适用性溶液在规定的色谱系统进行试验，必要时可对色谱系统进行适当调整，以达到系统适用性试验的要求。

1. 色谱柱的理论塔板数（n） 理论塔板数用于评价色谱柱的效能（柱效）。由于不同物质在同一色谱柱上的色谱行为不同，采用理论塔板数作为衡量柱效能的指标时，应指明测定物质，一般为待测组分或内标物的理论塔板数。

在规定的色谱条件下注入供试品溶液，记录色谱图，量出供试品主成分峰的保留时间 t_R、峰宽 W 或半峰宽 $W_{1/2}$，按 $n = 16\ (t_R/W)^2$ 或 $n = 5.54\ (t_R/W_{1/2})^2$ 计算色谱柱的理论塔板数。

2. 分离度（R） 分离度用于评价相邻两组分在色谱柱中的分离程度，是衡量色谱系统分离效能的关键指标。可以通过测定待测物质与已知杂质的分离度，也可以测定待测物质与内标物的分离度，还可以将供试品或对照品用适当的方法降解，通过测定待测组分与某一降解产物的分离度，对色谱系统的分离效能进行评价。无论是定性鉴别还是定量分析，均要求两组分的色谱峰分离较好。除另有规定外，待测组分与相邻组分之间的分离度 R 应大于 1.5。

3. 重复性 重复性用于评价连续进样后色谱系统响应值的重复性能。采用外标法时，通常取对照品溶液连续进样 5 次，除另有规定外，其峰面积测量值的相对标准偏差应不大于 2.0%；采用内标法时，通常配制相当于 80%、100% 和 120% 的对照品溶液，加入规定量的内标溶液，配成 3 种不同浓度的溶液，分别至少进样 2 次，计算平均校正因子，其相对标准偏差应不大于 2.0%。

4. 拖尾因子（T） 拖尾因子用于评价色谱峰的对称性。为保证分离效果和测量精度，应检查待测峰的拖尾因子是否符合规定。除另有规定外，峰高法定量时，T 应在 0.95～1.05 之间。峰面积测定法时，若拖尾严重，将影响峰面积的准确测量。必要时，可依据情况对拖尾因子作出规定。

即学即练 15－3

下述用于评价色谱柱柱效的是

答案解析　A. 理论塔板数　　B. 分离度　　C. 选择性因子　　D. 分配系数

第四节　定性定量分析

高效液相色谱法的定性、定量分析方法与气相色谱法基本相同。

一、定性分析方法

高效液相色谱法的定性方法可分为色谱鉴定法及非色谱鉴定法，后者又可分为化学鉴定法和两谱联用鉴定法。

1. 色谱鉴定法　此法是将试样和纯组分在相同的色谱条件下进行分析，通过对照保留时间（或保留体积）和相对保留时间进行定性分析。

2. 化学鉴定法　收集流出组分，利用专属性化学反应对分离后收集的组分定性分析。该法只能用于组分含有基团或化合物类别的判断。

3. 两谱联用鉴定法　当组分分离度足够大时，分别收集各组分的洗脱液，除去流动相，用紫外光谱、红外光谱、质谱或核磁共振等手段鉴定。将紫外光谱、红外光谱、质谱、核磁共振等结构测定技术与高效液相色谱法在线联用可以极大地提高高效液相色谱法的定性分析能力。目前比较成熟并已经商品化的联用仪器高效液相色谱 – 质谱联用仪（HPLC – MS），是将高效液相色谱的高分离效能和质谱的高灵敏度、高专属性、通用性及较强的结构解析能力等优点相结合的色谱技术，成为药品质量控制、体内药物分析和药物代谢研究等领域的最重要分析手段之一。

二、定量分析方法

高效液相色谱法常用外标法、内标法进行定量分析，但较少用归一化法。

1. 外标法　以对照品的量对比计算试样含量的方法。只要待测组分出峰、无干扰、保留时间适宜，即可采用外标法进行定量分析。

2. 内标法　以待测组分和内标物的峰高比或峰面积比计算试样含量的方法。使用内标法可以抵消仪器稳定性差、进样量不够准确等原因带来的定量分析误差。内标法可分为校正曲线法、内标一点法（内标对比法）、内标二点法及校正因子法。

📱 **知识拓展** --

药物中杂质含量的测定常用主成分自身对照法。主成分自身对照法分为不加校正因子和加校正因子两种。当没有杂质对照品时，采用不加校正因子的主成分自身对照法。方法是：将供试品溶液稀释成与杂质限度（如1%）相当的溶液作为对照溶液，调节检测灵敏度，使对照溶液主成分的峰高适当，取同样体积的供试品溶液进样，以供试品溶液色谱图上各杂质峰与对照溶液主成分的峰面积比较，计算杂质的含量。加校正因子的主成分自身对照法需要有各杂质对照品和主成分的对照品，先测定杂质的校正因子，再以对照溶液调整仪器的灵敏度，然后测量供试品溶液色谱图上各杂质的峰面积，分别乘以相应的校正因子后，与对照溶液主成分的峰面积比较，计算杂质的含量。

三、高效液相色谱法的应用

1. 在生命科学领域中的应用　高效液相色谱法作为一种重要的分离分析手段，在生命科学领域发挥了重要的作用，不仅可以对氨基酸、蛋白质、核酸、维生素、酶等生物分子进行分离分析，还可用于制备、纯化。高效液相色谱法在生命科学领域的应用：①小分子的分离和检测，如氨基酸、有机酸、有机胺、类固醇、卟啉、嘌呤以及维生素等；②大分子的分离、提纯和测定，如多肽、蛋白质、核糖核酸以及酶等生物大分子。此外，在临床诊断和重大疾病预警方面，高效液相色谱法也有广泛的应用前景。

2. 在食品分析中的应用　高效液相色谱法在食品分析中应用广泛。其应用可分为：①食品营养成分的分析，如糖类、氨基酸、蛋白质、维生素等；②食品添加剂的分析，如防腐剂、甜味剂等；③食品污染物的分析，如大肠埃希菌等。

3. 在药物分析中的应用　高效液相色谱法广泛应用于各种药物及其制剂的分析测定，尤其在生物样品、中药等复杂体系的成分分离分析中发挥着重要的作用。无论是原料药、制剂、中间体、中药及中成药，还是药物的代谢产物，高效液相色谱法都是分离、鉴定和含量测定的首选方法。

✍ 实践实训

实训二十五　阿莫西林的含量测定

【实训内容】

1. 流动相磷酸二氢钾溶液－乙腈（97.5 : 2.5）的配制。
2. 阿莫西林供试品溶液和对照品溶液的配制。
3. 高效液相色谱法测定阿莫西林的含量。

【实训目的】

1. 掌握高效液相色谱法测定阿莫西林含量的原理及操作技术。
2. 熟悉外标一点法计算药物含量的方法及结果判断。
3. 了解高效液相色谱法在药物定量分析中的应用。

【实训原理】

采用外标一点法测定阿莫西林的含量，配制供试品溶液和对照品溶液，在相同条件下进行色谱分析，测定峰面积。根据组分的峰面积与该组分的质量或浓度成正比，先求供试品溶液中阿莫西林的浓度：

$$c_{供试品溶液} = \frac{A_{供试品溶液}}{A_{对照品溶液}} \times c_{对照品溶液}$$

再计算试样中阿莫西林的含量：

$$阿莫西林的含量\% = \frac{\dfrac{A_{供试品溶液}}{A_{对照品溶液}} \times c_{对照品溶液} \times V}{m_s} \times 100\%$$

【实训仪器与试剂】

1. 仪器　Agilent1260 高效液相色谱仪，计算机，超声波清洗器，微孔滤膜，容量瓶、XP205 电子天平，移液管，微量进样器，Waters 十八烷基键合硅烷键合硅胶填充柱 4.6mm×150mm×5μm，紫外检测器，检测波长 254nm，柱温 30℃。

2. 试剂　磷酸二氢钾（AR）、氢氧化钾（AR）、乙腈（色谱纯）、阿莫西林对照品。

【实训步骤】

1. 流动相的配制

2mol/L 氢氧化钾溶液：称取 11.222g 氢氧化钾置于 100ml 纯化水中，溶解，即得。

0.05mol/L 磷酸二氢钾溶液：称取 6.804g 磷酸二氢钾置于 1000ml 纯化水中，搅拌溶解。（用 2mol/L 氢氧化钾调节 pH5.0）

流动相配制：用量筒精密量取上述 0.05mol/L 磷酸二氢钾溶液 975ml，与 25ml 乙腈混合，再用微孔滤膜抽滤，超声 15~20 分钟，得到流动相。

2. 组分溶液配制

供试品溶液：取阿莫西林约 25mg，精密称取，记录读数，用流动相定容至 50ml。用一次性注射器吸取稀释液，微孔滤膜过滤于干净干燥的小塑料试管，做好标识，待用。

对照品溶液：取阿莫西林对照品约 25mg，精密称取，记录读数，用流动相定容至 50ml。用一次性注射器吸取稀释液，微孔滤膜过滤于干净干燥的小塑料试管，做好标识，待用。

3. 测定

（1）色谱条件与系统适用性试验　用十八烷基硅烷键合硅胶为填充剂；以 0.05mol/L 磷酸二氢钾溶液–乙腈（97.5∶2.5）为流动相；检测波长为 254nm。取阿莫西林系统适用性对照品约 25mg，置 50ml 量瓶中，用流动相溶解并稀释至刻度，摇匀。进样体积 20μl。系统适用性溶液色谱图应与标准图谱一致。

（2）取上述对照品溶液 20μl 注入液相色谱仪，记录色谱图（保留时间、峰高或峰面积），平行测定两次。

（3）取上述供试品溶液 20μl 注入液相色谱仪，记录色谱图（保留时间、峰高或峰面积），平行测定两次。

【数据记录与处理】

1. 对照品溶液色谱图

2. 供试品溶液色谱图

序号	供试品溶液		对照品溶液（___g/ml）	
	①	②	①	②
峰面积 A				
百分含量				
百分含量平均值				
百分含量平均值的修约值				
相对平均偏差 $\bar{R}d$				

数据处理：

$$\text{阿莫西林的百分含量} = \dfrac{\dfrac{A_{\text{供试品溶液}}}{A_{\text{对照品溶液}}} \times c_{\text{对照品溶液}} \times V}{m_s} \times 100\%$$

①阿莫西林的百分含量 =

②阿莫西林的百分含量 =

阿莫西林的百分含量平均值：   阿莫西林的百分含量平均值的修约值：

$\overline{R\text{d}} =$

【实训结论】

测定份数_____   百分含量平均值的修约值_____

$\overline{R\text{d}}$ _____

规定：本品含阿莫西林（$C_{16}H_{19}N_3O_5S \cdot 3H_2O$）不少于 95.0%。

结论：

【实践思考】

1. 流动相的选择应注意哪些事项？

2. 流动相在使用前应如何处理？

3. 高效液相色谱法与气相色谱法进样方式的区别是什么？

【实训体会】

实训二十六　维生素 K_1 注射液的含量测定

【实训内容】

1. 流动相乙醇 – 水（9∶1）的配制。

2. 维生素 K_1 供试品溶液和对照品溶液的配制。

3. 高效液相色谱法测定维生素 K_1 注射液的含量。

【实训目的】

1. 掌握高效液相色谱法测定维生素 K_1 注射液含量的原理及操作技术。

2. 熟悉外标一点法计算药物含量的方法及结果判断。

3. 了解高效液相色谱法在药物定量分析中的应用。

【实训原理】

采用外标一点法测定维生素 K_1 注射液含量，配制供试品溶液和对照品溶液，在相同条件下进行色谱分析，测定峰面积。根据组分的峰面积与该组分的质量或浓度成正比，先求供试液中维生素 K_1 的浓度：

$$c_{\text{供试品溶液}} = \dfrac{A_{\text{供试品溶液}}}{A_{\text{对照品溶液}}} \times c_{\text{对照品溶液}}$$

再计算试样中维生素 K_1 的含量：

$$维生素 K_1 注射液标示量百分含量 = \frac{\frac{A_{供试品溶液}}{A_{对照品溶液}} \times c_{对照品溶液} \times D_{稀释倍数}}{S_{标示量}} \times 100\%$$

【实训仪器与试剂】

1. 仪器 Agilent1260 高效液相色谱仪，计算机，超声波清洗器，微孔滤膜，容量瓶，XP205 电子天平，移液管，微量进样器，Waters 十八烷基键合硅烷键合硅胶填充柱 $4.6mm \times 150mm \times 5\mu m$，紫外检测器。

2. 试剂 无水乙醇（色谱纯），维生素 K_1 对照品。

【实训步骤】

1. 流动相的配制 取无水乙醇 450ml 与纯化水 50ml 混合，再用微孔滤膜抽滤，超声 15～20 分钟，得到流动相。

2. 组分溶液配制

供试品溶液：精密量取本品（1ml：10mg）2ml，置 20ml 量瓶中，用流动相稀释至刻度，摇匀，精密量取 5ml，置 50ml 量瓶中，用流动相稀释至刻度，摇匀，作为供试品溶液，用一次性注射器吸取稀释液，用微孔滤膜过滤的续滤液，保存于干净干燥的小塑料试管，做好标识，待用。

对照品溶液：取维生素 K_1 对照品约 10mg，精密称定，置 10ml 量瓶中，加无水乙醇适量，强烈振摇使溶解并稀释至刻度，摇匀，精密量取 5ml，置 50ml 量瓶中，用流动相稀释至刻度，摇匀。用一次性注射器吸取稀释液，微孔滤膜过滤的续滤液，保存于干净干燥的小塑料试管，做好标识，待用。

3. 测定

（1）色谱条件与系统适用性试验 用十八烷基硅烷键合硅胶为填充剂；以无水乙醇 – 水（90：10）为流动相；检测波长为 254nm。调节色谱条件，使主成分色谱峰的保留时间约为 12 分钟，理论板数按维生素 K_1 峰计算不低于 3000，维生素 K_1 峰与相邻杂质峰的分离度应符合要求。

（2）取上述对照品溶液 $10\mu l$ 注入液相色谱仪，记录色谱图（保留时间、峰高或峰面积），平行测定两次。

（3）取上述供试品溶液 $10\mu l$，注入液相色谱仪，记录色谱图（保留时间、峰高或峰面积），平行测定两次。

【数据记录与处理】

1. 对照品溶液色谱图

2. 供试品溶液色谱图

实训序号	供试品溶液		对照品溶液（____g/ml）	
	①	②	①	②
峰面积 A				
百分含量				
标示量百分含量平均值				
标示量百分含量平均值的修约值				
相对平均偏差 $\overline{Rd}$				

数据处理：

$$维生素\ K_1\ 注射液的百分含量 = \dfrac{\dfrac{A_{供试品溶液}}{A_{对照品溶液}} \times c_{对照品溶液} \times 稀释倍数\ D}{S_{标示量}} \times 100\%$$

①维生素 K_1 注射液标示量百分含量 =

②维生素 K_1 注射液标示量百分含量 =

维生素 K_1 注射液标示量百分含量平均值 =

维生素 K_1 注射液的百分含量平均值的修约值：

$\overline{Rd}$ =

【实训结论】

测定份数_____ 标示量百分含量平均含量值_____

$\overline{Rd}$ _____

规定：本品含维生素 K_1（$C_{31}H_{46}O_2$）为标示量的 90.0% ~ 110.0%。

结论：

【实践思考】

1. 高效液相色谱仪由哪些结构组成？各有何作用？

2. 高效液相色谱法的定量分析方法。

【实训体会】

答案解析

目标检测

一、选择题

（一）最佳选择题

1. 在高效液相色谱流程中，试样混合物被分离在

A. 检测器   B. 进样器   C. 输液泵

D. 色谱柱   E. 记录仪

2. 不属于高效液相色谱法优点的是

  A. 高压   B. 高温   C. 高速

  D. 高效   E. 高灵敏度

3. 高效液相色谱仪中高压输液系统不包括

  A. 贮液器   B. 高压输液泵   C. 六通阀

  D. 梯度洗脱装置   E. 在线脱气装置

4. 在正相液－液分配色谱中，若某一含 a、b、c、d、e 组分的混合样品在柱上的分配系数分别为 125、85、320、50、205，组分流出色谱柱的顺序应为

  A. a、b、c、d、e   B. c、e、a、b、d   C. c、d、a、b、e

  D. d、b、a、e、c   E. d、a、b、e、c

5. 在高效液相色谱中，梯度洗脱适用于分离

  A. 异构体   B. 沸点相近，官能团相同的化合物

  C. 沸点相差大的样品   D. 组分性质差别很大的复杂样品

  E. 组分数量少、性质差别较小的样品

6. 高效液相色谱法中，常用作化学键合固定相载体的物质是

  A. 分子筛   B. 硅胶   C. 氧化铝

  D. 活性炭   E. 多孔性凝胶

7. 十八烷基键合相简称

  A. ODS   B. OS   C. C_{17}

  D. ODES   E. UCD

8. 在高效液相色谱法中，分析极性组分，当增大流动相的极性，其保留值

  A. 不变   B. 增大   C. 减小

  D. 不一定   E. 先大后小

9. 高效液相色谱法进行定性分析，通过对照

  A. 峰面积   B. 半峰宽   C. 保留时间

  D. 峰高   E. 4σ

（二）配伍选择题

[10～14]

  A. 液－固吸附色谱法   B. 化学键合相

  C. 梯度洗脱   D. 液－液分配色谱法

  E. 化学键合相色谱法

10. 以固体吸附剂为固定相，以液体为流动相的色谱法是

11. 利用化学反应将有机分子结合到载体表面而构成的固定相是

12. 在一个分析周期内程序控制改变流动相的组成的洗脱方式是

13. 采用化学键合相的液相色谱称为

14. 固定相和流动相都为液体的色谱法是

（三）共用题干单选题

《中国药典》（2020 年版二部）对葛根素注射液的含量测定规定如下：

【含量测定】照高效液相色谱法（通则0512）测定。

色谱条件与系统适用性试验　用十八烷基硅烷键合硅胶为填充剂，以0.1%枸橼酸溶液 – 甲醇（75：25）为流动相；检测波长为250nm。理论板数按葛根素峰计算不低于5000，葛根素峰与相邻杂质峰的分离度应符合要求。

测定法　取本品适量，精密称定，用流动相定量稀释制成每1ml中约含葛根素50μg的溶液，作为供试品溶液。精密量取100μl，注入液相色谱仪，记录色谱图；另取葛根素对照品，同法测定，按外标法以峰面积计算，即得。

15. HPLC法测定葛根素注射液的含量，检测器应选用

    A. 荧光检测器　　　　　　　　　　　　B. 示差折光检测器

    C. 电导检测器　　　　　　　　　　　　D. 氢焰离子化检测器

    E. 紫外检测器

16. 根据固定相和流动相相对极性的大小，该方法属于

    A. 正相键合相色谱法　　　　　　　　　B. 反相键合相色谱法

    C. 液 – 固吸附色谱法　　　　　　　　　D. 离子交换色谱法

    E. 分子排阻色谱法

（四）X型题（多项选择题）

17. 高效液相色谱法中属于通用型检测器的是

    A. 紫外检测器　　　　　　　　　　　　B. 示差折光检测器

    C. 荧光检测器　　　　　　　　　　　　D. 电化学检测器

    E. 蒸发光散射检测器

18. 在反相HPLC中，流动相极性增强使

    A. 组分与固定相的作用减弱　　　　　　B. 组分的 k 减小

    C. 组分与固定相的作用增强　　　　　　D. 组分的 k 增大

    E. 流动相的洗脱能力增强

二、填空题

19. 色谱系统的适用性试验通常包括＿＿＿＿＿＿、＿＿＿＿＿＿、＿＿＿＿＿＿和＿＿＿＿＿＿等参数。

20. 在HPLC分析中，选用十八烷基硅烷键合相为固定相，水 – 乙腈为流动相，组分A：苯甲酸，B：苯甲酸甲酯，C：苯甲酸丁酯，D：苯甲酸乙酯，各组分的流出先后顺序为＿＿＿＿＿＿＿＿

书网融合……

    知识回顾　　　　　　微课　　　　　　习题

（危冬梅）

学习引导

仪器分析是利用各学科的基本原理，通过比较复杂或特殊的仪器设备，测量光、电、磁、声、热等物理量来获取关于物质成分、含量、分布或结构等信息的定性、定量分析方法。随着现代科学技术的发展，一些新型的仪器分析纷纷涌现，如核磁共振波谱法、高效毛细管电泳法、质谱法以及各种联用分析，解决了不少难题，是分析化学的发展方向。这些仪器分析根据什么原理工作？具有怎样的仪器构造？各自适用哪些物质的分析测定？

本章主要介绍：核磁共振波谱法的基本原理、仪器的主要组成，高效毛细管电泳法的基本原理和仪器构造、分析条件的选择，质谱法的基本概念、基本原理和仪器构造，常见联用分析的原理与特点、应用范围和系统组成。

学习目标

1. **掌握**　核磁共振波谱法的基本原理；高效毛细管电泳法的基本原理；质谱法的基本原理、基本概念；常见联用分析：气相色谱－质谱联用分析法（GC－MS）、液相色谱－质谱联用分析法（LC－MS）、毛细管电泳－质谱联用分析法（CE－MS）、气相色谱－红外光谱联用（GC－IR）、高效液相色谱－核磁共振波谱联用（HPLC－NMR）的原理与特点。

2. **熟悉**　高效毛细管电泳法中分析条件的选择；质谱仪的基本结构；GC－MS、LC－MS、CE－MS、GC－IR 和 HPLC－NMR 的应用范围。

3. **了解**　核磁共振波谱仪的结构；高效毛细管电泳法的仪器构造；质谱法的特点；GC－MS、LC－MS、CE－MS、GC－IR 和 HPLC－NMR 的系统组成。

第一节　核磁共振波谱法简介

PPT

某些原子核在外磁场中产生核自旋能量裂分，形成能级，当用无线电波范围内的电磁辐射对样品进行照射，可以使不同结构环境中的原子核实现共振跃迁，记录照射波频率（或外磁场强度）和对应发生共振跃迁时信号的强度就是核磁共振波谱（nuclear magnetic resonance，NMR）。利用核磁共振波谱进行结构（包括构型和构象）测定、定性和定量分析的方法称为核磁共振波谱法（NMR spectroscopy，NMR）。NMR 在测定时不破坏样品，属于无破损分析方法，广泛用于分子生物学、物理化学、合成有机化学、天然有机化学、石油化工、医药等各个领域。尤其在有机化学方面，根据 NMR 图上共振峰的位置、强度和精细结构，可以为人们提供有关分子结构、分子构型、分子运动等多种信息，使 NMR 已成为研究有机分子微观结构的重要工具之一。

 知识拓展

1924 年，Pauli 预言了核磁共振的基本理论：具有自旋和磁量子数的原子核在磁场中会发生能级裂分。1946 年，斯坦福大学的 Bloch 和哈佛大学的 Purcell，首次在各自的实验中观察到核磁共振现象——磁性原子核在强磁场中选择性地吸收了特定的射频能量，发生核自旋能级跃迁，并因此获得 1952 年诺贝尔物理学奖。1953 年，第一台 30MHz 连续波核磁共振波谱仪诞生，从此核磁共振波谱法被化学家所青睐用于研究化合物。随着新技术的不断涌现，其应用逐步扩大到化学、生物、医药等领域。

常用核磁共振谱：

（1）测定氢核的核磁共振氢谱［简称氢谱（^{1}H – NMR）］。

（2）测定碳 – 13 核的核磁共振碳谱［简称碳谱（^{13}C – NMR）］。

其中，氢谱是最常用的，提供的信息主要包括：通过信号的位置判别不同类型的氢原子；通过信号的裂分及偶合常数来判别氢所处的化学环境；通过信号强度（峰面积或积分曲线）了解各组氢间的相对比例。但氢谱不能给出不含氢基团，碳谱弥补了氢谱的不足，可给出丰富的碳骨架信息，两者在有机物结构分析中相互补充。碳谱可用于结构归属的指定、构象的测定以及观察体系的运动状况。核磁共振还可以测定质子在空间的相对距离。

一、基本原理

带电荷的质点自旋会产生磁场，磁场具有方向性，可用磁矩表示。原子核作为带电荷的质点，通过自旋可以产生磁矩，但并非所有原子核的自旋都具有磁矩，实验证明，只有那些原子序数（电荷数）和质量数不同为偶数的原子核自旋才具有磁矩，才能产生 NMR 信号。原子核自旋的特征可用自旋量子数 I 来表示。自旋量子数 I 与原子的质量数和原子序数之间存在一定的关系，大致分为三种情况，见表 16 – 1。

表 16 – 1　各种核的自旋量子数及核磁性

分类	质量数	原子序数（电荷数）	自旋量子数	NMR 信号
A	偶数	偶数	0（如：^{12}C、^{16}O、^{32}S）	无
B	偶数	奇数	1，2，3…（I 为整数）（如 ^{2}H、^{10}B、^{14}N）	有
C	奇数	偶数或奇数	1/2，3/2，5/2，…（I 为半整数）（如 ^{1}H、^{13}C、^{15}N、^{19}F、^{31}P）	有

I 为 0 的原子核自旋形状是非自旋球体；

I 为 1/2 的原子核自旋形状是电荷分布均匀的自旋球体；

I 大于 1/2 的原子核自旋形状是电荷分布不均匀的自旋椭圆体。

即只有自旋量子数 $I \neq 0$ 的原子核，其自旋具有磁矩，才能够产生 NMR 信号。

就像陀螺在自转同时其自旋轴绕重力轴进动一样，自旋原子核在自旋同时，也会绕着外磁场的方向进动，如图 16 – 1 所示。其进动频率与外磁场强度成正比，可用 Larmor 方程表示：

$$\nu = \frac{\gamma}{2\pi}H_0 \tag{16-1}$$

式中，ν 表示进动频率；γ 表示磁旋比（原子核的特性常数）；H_0 表示外磁场强度。

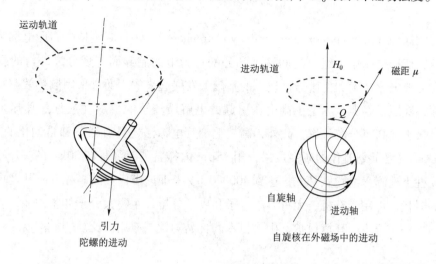

图 16-1　两种进动对比示意图

当自旋原子核的进动频率等于其所吸收的无线电波频率时，原子核就会从低能级跃迁到相邻的高能级，产生核磁共振吸收。

二、核磁共振波谱仪

用于检测磁性核核磁共振现象的仪器，称为核磁共振波谱仪。其型号和种类分为以下三种情况：按产生磁场的来源，分为永久磁铁、电磁铁和超导磁铁；按照射频率和磁场强度，分为 60MHz（1.4092T）、90MHz（2.1138T）、100Hz（2.348T）……按扫描方式，分为连续波（CW）方式和脉冲傅里叶变换（PFT）方式。

核磁共振波谱仪，主要部件包括磁铁（提供强而均匀的磁场）、样品管（直径 4mm、长度 15cm 质量均匀的玻璃管）、射频振荡器（在垂直于主磁场方向提供一个射频波照射样品）、扫描发生器（安装在磁极上的 Helmholtz 线圈，提供一个附加可变磁场，用于扫描测定）、检测器（用于探测 NMR 信号，此线圈与射频发生器、扫描发生器三者彼此互相垂直）和记录器，具体结构如图 16-2 所示。

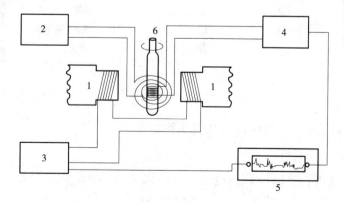

图 16-2　核磁共振波谱仪构造示意图

1. 磁铁　2. 射频振荡器　3. 扫描发生器　4. 检测器　5. 记录器　6. 样品管

PPT

第二节　高效毛细管电泳法

高效毛细管电泳法（high performance capillary eletrophoresis，HPCE）是以高压电场为驱动力，以毛细管为分离通道，依据样品中各组分之间淌度和分配行为上的差异而实现分离分析的新型液相分离技术。该技术是在经典电泳技术和色谱分析技术的基础上发展起来的，通过采用散热效率高的毛细管在高电压下进行电泳，克服了经典电泳法由高电压引起的电解质离子的自热（或称焦耳热）现象，缩短分析时间的同时，极大提高了分离效率。此外，高效毛细管电泳法还具有微量和自动化的特点。1981 年，Jorgenson 和 Luckas 发表了划时代的研究成果，用 75μm 内径石英毛细管在 30kV 的高压下进行电泳，电迁移进样，荧光柱上检测丹酰化氨基酸，达到 400000 块/米理论塔板数的高柱效。从此电泳分析跨入高效毛细管电泳的时代，可用于有机、无机等小分子和离子分析，生物大分子如蛋白质、核酸等测定，在化学、生命科学、医药卫生、环境保护、生物技术和食品等领域应用广泛。

一、基本原理和高效毛细管电泳仪

（一）基本原理

高效毛细管电泳的分离原理是：在电场力作用下，利用不同带电粒子迁移速度的差异来实现组分分离。

1. 电泳和电泳淌度

（1）电泳和电泳速度　在一定电场强度作用下，溶质带电粒子在溶液中向带相反电荷的电极定向移动（迁移），这种现象称为电泳，具体如图 16-3 所示。带电粒子在移动过程中同时受电场力和摩擦力的影响。

带电粒子在电场中迁移时，所受的电场力 F_E 为：

$$F_E = qE \tag{16-2}$$

式中，q 表示溶质离子所带的有效电荷；E 表示电场强度，V/cm，是毛细管单位长度上的电位降，即 $E = U/L$（U 表示施加电压，L 表示毛细管的总长度）。

图 16-3　电泳示意图

带电粒子在溶液中运动时，受到的阻力 F_f 即摩擦力为：

$$F_f = -fV_{ep} \tag{16-3}$$

式中，V_{ep} 表示电泳速度，下标 ep 表示电泳；f 表示摩擦系数，其大小受带电粒子的大小、形状以及介质黏度的影响。对于球形颗粒，$f = 6\pi\eta\gamma$；对于棒状颗粒，$f = 4\pi\eta\gamma$。式中，γ 表示溶质离子的流体动力学半径；η 表示电泳介质的黏度。

平衡时，电场力与摩擦力大小相等方向相反，即 $qE = fV_{ep}$。

对电泳速度求解，即得

$$V_{ep} = \frac{qE}{f} = \frac{qE}{6\pi\eta\gamma} \quad (球形颗粒) \tag{16-4}$$

$$V_{ep} = \frac{qE}{f} = \frac{qE}{4\pi\eta\gamma} \quad (棒状颗粒) \tag{16-5}$$

式（16-4）和式（16-5）表明，在同一电场中，不同物质的电泳速度因有效电荷、形状大小的差异而不同，所以可能实现分离。

（2）电泳淌度 在给定溶液中和单位电场强度下，溶质的平均电泳速度称为电泳淌度，也称为电泳迁移率，用 μ_{ep} 表示。

$$\mu_{ep} = \frac{V_{ep}}{E} = \frac{q}{6\pi\eta\gamma} \quad (球形颗粒) \tag{16-6}$$

$$\mu_{ep} = \frac{V_{ep}}{E} = \frac{q}{4\pi\eta\gamma} \quad (棒状颗粒) \tag{16-7}$$

在一定条件下，电泳淌度是带电粒子的特征常数，与离子所带电荷成正比，与离子大小成反比，与介质黏度成反比。不同粒子的大小、形状以及所带电荷都可能有差别，导致电泳淌度也可能不同。溶质粒子的电泳速度等于电泳淌度和电场强度的乘积。

$$V_{ep} = \mu_{ep}E \tag{16-8}$$

所以电泳淌度差异是电泳分离的基础。

2. 电渗和电渗淌度 毛细管内溶液在外加电场作用下，整体朝某一方向迁移或流动的现象叫作电渗（或电渗流）。高效毛细管电泳大多使用石英毛细管，其管内壁因硅醇基（—SiOH）在 pH >2 缓冲液中离解成硅醇基阴离子（—SiO$^-$）而带负电荷，会吸引溶液中带正电荷的阳离子，在管壁和溶液之间形成双电层。双电层中，靠近毛细管壁的为紧密层，靠毛细管中央的为扩散层。当在毛细管两端施加高电压时，扩散层内的阳离子就会朝阴极方向移动。由于这些阳离子是溶剂化的，所以会带动毛细管中整体溶液一起朝阴极移动而形成电渗流，如图16-4所示。

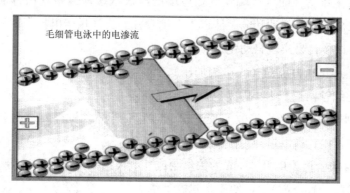

图16-4 电渗流示意图

电渗流的大小即电渗速度 V_{os}，与电场强度 E 的关系如下：

$$V_{os} = \mu_{os}E \tag{16-9}$$

式中，μ_{os} 为电渗淌度，是单位电场强度下的电渗速度。

一般情况下，毛细管壁带负电荷，产生的电渗流通常由正极流向负极，电渗流速度约等于电泳速度的 5~7 倍。所以，无论正离子、负离子还是中性粒子均向电渗流方向迁移，它们在毛细管中的迁移速度为两种速度的矢量和，称为表观迁移速度，用 V_{ap} 表示。

$$V_{ap} = V_{ep} + V_{os} = (\mu_{ep} + \mu_{os})E \qquad (16-10)$$

阳离子：$V_{ap} = V_{ep} + V_{os}$，总向负极移动；

中性粒子：$V_{ap} = V_{os}$，向负极移动；

阴离子：$V_{ap} = V_{os} - V_{ep}$，通常 $V_{os} > V_{ep}$，故阴离子以较小的速度向负极移动。

综上所述，当从毛细管正极端进样时，阳离子电渗流和电泳流方向相同，最先流出负极端检测；中性粒子的电泳速度为"0"，其迁移速度相当于电渗流速度，在阳离子之后流出；阴离子电渗流和电泳流方向相反，表观迁移速度最慢，最后流出，故阳离子、中性粒子、阴离子依次分离出峰。由于各种粒子在毛细管内的迁移速度差异，从而实现组分的分离。

（二）高效毛细管电泳仪 微课

高效毛细管电泳仪主要由进样装置、电极槽、高压电源、毛细管柱、检测器和数据处理系统等部分组成，如图 16-5 所示。

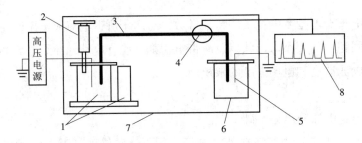

图 16-5 高效毛细管电泳仪结构图

1. 高压电极槽与进样机构　2. 填灌清洗机构　3. 毛细管　4. 检测器
5. 铂丝电极　6. 低压电极槽　7. 恒温装置　8. 记录/数据处理

1. 进样系统　毛细管柱内径很小，所需的样品量小于 100nl，一般采用无死体积进样，进样方式包括电动进样、压力进样和扩散进样。

（1）电动进样　将毛细管柱的入口端及其相应端的电极从缓冲液中移出，插入试样中，然后施加一定时间的电压，使试样因离子移动和电渗流进入毛细管柱。进样量与电场强度和进样时间有关。电动进样方式适合黏度较大试样，易实现自动化操作。

（2）压力进样　通过正压力进样（入口端加压）、负压力进样（出口端抽真空）、虹吸进样（入口端升高）三种方式，毛细管两端产生压力差，从而实现进样。

（3）扩散进样　利用浓度差产生扩散实现进样，即毛细管插入试样时，组分粒子因在管口界面处存在一定的浓度差而向管内扩散。进样量由扩散时间决定。

2. 电极槽　电极通常由直径 0.5~1mm 的铂丝制成。电极槽用于盛装缓冲溶液，通常采用带螺口且绝缘的小玻璃瓶或塑料瓶（1~5ml），以便于密封。

3. 高压电源　高压电源为分离提供动力，为保证良好的重现性，通常采用 0~30kV 稳定、连续可调直流高压电源。仪器运行时必须接地，操作人员要注意高压的安全防护。

4. 毛细管柱　毛细管柱是分离的核心部件，必须是化学和电惰性的，柔韧且有一定的强度，能透过紫外-可见光。常用弹性石英毛细管柱，其材料为熔融石英（热传导性好，除去涂在外壁增加强度的聚酰亚胺保护层，形成的检测窗可直接实现柱上进行紫外或荧光检测），其内径一般为 25~75μm，长度 20~100cm。毛细管第一次使用前需用 1mol/L 的 NaOH 进行活化，再分别用水和缓冲液清洗。随后每次使用前，改用 0.1mol/L 的 NaOH、水和缓冲溶液依次冲洗，以防老化。

5. **检测器**　紫外 - 可见分光光度检测、激光诱导荧光检测、电化学检测和质谱检测均可用作毛细管电泳的检测器。前两者属于柱上检测，后两者属于柱后检查。其中以紫外 - 可见分光光度检测器应用最广。

即学即练

为什么毛细管柱常用材料是石英而非玻璃？

答案解析

二、分析条件的选择

（一）缓冲溶液

电泳过程在缓冲液中进行，缓冲液的选择直接影响粒子的迁移和能否成功分离。缓冲液的选择通常须遵循以下要求：

（1）在所选择的 pH 范围内有很好的缓冲能力；

（2）在检测波长处无吸收或吸收值低；

（3）为了达到有效的进样和合适的电泳淌度，缓冲液的 pH 至少必须比被分析物质的等电点高或低 1 个 pH 单位；

（4）自身的淌度低，即分子大而电荷小，以减少电流引起的焦耳热产生；

（5）尽可能采用酸性缓冲液，在低 pH 下，吸附和电渗流都很小，毛细管使用寿命延长；

（6）配制缓冲液时，必须使用高纯蒸馏水和试剂，使用前需经过 0.45μm 的滤膜过滤以除去颗粒等杂质。

表 16 - 2　一些常用缓冲溶液及其 pK_a 值

名称	pK_a	名称	pK_a
磷酸	2.12	N - 三[羟甲基]甲基 - 2 - 氨基乙磺酸	7.50
枸橼酸	3.06	N - 2 - 羟乙基哌嗪 - N - 2 - 乙磺酸	7.55
甲酸盐	3.75	N - [2 - 羟乙基]哌嗪 - N - 2 - 羟丙磺酸	8.00
2 - 羟基异丁酸	3.97	N - [(2 - 羟甲基)乙基]甘氨酸	8.15
琥珀酸盐	4.19	甘氨酰胺,盐酸化物	8.20
谷氨酸	4.32	N - 甘氨酰甘氨酸	8.25
乙酸盐	4.75	三(羟甲基)氨基甲烷	8.30
2 - [N - 吗啉]乙磺酸	6.15	N,N' - 双[2 - 羟乙基]甘氨酸	8.35
N - [2 - 乙酰氨基] - 2 - 亚氨基双乙酸	6.60	吗啉	8.49
1,3 - 双[三(羟甲基)甲氨基]丙烷	6.80	硼酸盐	9.24
哌嗪 - N,N' - 双[乙磺酸]	6.80	2 - [N - 环己氨基]乙磺酸	9.50
2 - [(2 - 氨基 - 2 - 氧代乙基)氨基]乙磺酸	6.90	3[(3 - 胆酰胺丙基) - 二甲基铵] - 2 - 羟基 - 1 - 丙磺酸内盐	9.60
3 - [N - 吗啉基] - 2 - 羟基丙磺酸咪唑	7.00	3 - [环己氨基] - 1 - 丙磺酸	10.40
3 - [N - 吗啉] - 丙磺酸	7.20		

（二）添加剂

毛细管电泳分离时，常常在缓冲溶液中加入某种添加剂，通过它与管壁或与样品溶质之间的相互作用，改善管壁或溶液相物理化学性质，进一步优化分离条件，提高分离度和选择性。常用添加剂有中性盐类、有机溶剂、表面活性剂等。①加入浓度较大的中性盐，如 K_2SO_4，溶液离子强度增大，黏度增大，电渗流减小。②加入有机溶剂如甲醇、乙腈，可使电渗流降低，分离得到改善。③加入表面活性剂，可改变电渗流的大小和方向：加入阴离子表面活性剂，如十二烷基硫酸钠，可以使毛细管壁表面负电荷增加，电势增大，电渗流增大；加入阳离子表面活性剂，如 S - 苄硫脲盐、溴化十四、烷基三甲基铵等，能使电势减小，甚至变成正值，从而消除电渗流或改变电渗流的方向。

（三）工作电压

电压是控制柱效分离度和迁移时间的重要因素。在焦耳热可以忽略的条件下，增大外加电压，分离时间缩短、柱效和分离度提高。但通常随着电压升高，产生的焦耳热增多，在不能有效地驱散所产生的焦耳热情况下，柱温会显著升高，工作电流增大，从而导致柱效和分离度降低。所以除了采取有效的散热措施外，选择一种合适的条件，并在较高电压下，使不产生过高的电流和过多的焦耳热，是非常重要的。一般通过作工作电流－电压曲线（即 $I-V$ 曲线）来选择体系的最佳外加电压值。

▶▶ 实例分析

实例 龙胆草为龙胆科多年草本植物，入药部位为根和根茎，其主要有效成分龙胆苦苷具有泻肝胆实火，除下焦湿热的功效。可采用高效毛细管电泳法来测定龙胆草炮制前后龙胆苦苷的含量变化。

电泳条件：空心石英毛细管柱（总长度50cm，内径50μm，有效长度41.8cm）；电解质为含25%甲醇的20mmol/L硼砂溶液（pH = 9.23）；进样方式采用压力进样2kPa，10秒；电解质封口1kPa，5s；分离电压30kV；检测波长275nm；温度25℃。

问题 1. 龙胆草炮制前后龙胆苦苷的含量测定结果如何？

2. 炮制是否对龙胆草含量有影响呢？

答案解析

第三节　质谱法简介

PPT

质谱法（mass spectrometry，MS）是用电场和磁场将运动的离子（即离解形成的气态离子）按它们的质荷比大小进行分离检测的方法。以检测到的离子信号强度为纵坐标，以离子的质荷比为横坐标建立的谱图就是质谱图。由于核素的准确质量是一个多位小数，不存在两个核素的质量完全一样，或者一种核素的质量是另一核素质量的整数倍，利用质谱图测出离子准确质量即可确定离子的化合物组成。分析这些离子可获得化合物的分子量、化学结构、裂解规律等信息。质谱法具有分析速度快（一般数秒即可完成）、灵敏度高（检测限可达到 $10^{-9} \sim 10^{-11}$ g）、信息量大（大量结构和样品相对分子质量等信息）和应用范围广等特点。质谱法能对气体、液体和固体样品，小分子、大分子、聚合物和生物大分子，难挥发、热不稳定性样品定性定量分析，广泛应用于化学、环境科学、生命科学、医药卫生、食品、农业和石油化工等领域。

一、基本概念

1. 分子离子 分子在一定能量电子的轰击下失去一个电子，所生成的离子称为分子离子，用 M^+ 表示，对应的质谱峰称为分子离子峰。在不存在同位素时，分子离子峰一般出现在质荷比最高的位置，主要用来确定样品的相对分子质量，推测化合物的分子式。

2. 基峰 质谱图中由相对最稳定的离子（不一定为分子离子）产生的最高峰称为基峰。一般将基峰高度定为100%，其他离子峰高度以其对基峰的相对百分值来表示，称为该离子的相对强度。

3. 离子源 质谱仪中使样品电离成离子的部分。

4. 碎片离子 当分子在电离源中获得的能量超过其离子化所需的能量，将会进一步发生键的断裂或重排，产生各种碎片离子。通过这些碎片离子的相对峰高分析，有可能获得分子结构的信息。

5. 亚稳离子 离子在离开离子源，到达检测器前的飞行途中，发生裂解而形成的低质量离子称为亚稳离子。亚稳离子具有峰宽、质荷比不为整数、相对强度低等特点。

6. 同位素离子 很多元素都由一定丰度的同位素组成，含有同位素的离子称为同位素离子，对应质谱峰称为同位素离子峰。同位素离子峰强度与同位素含量有关，根据峰强度可以推断化合物中存在的同位素种类。

7. 质谱图 质谱图是物质带电粒子的质量谱，不是吸收光谱，以质荷比为横坐标，离子的相对强度为纵坐标。利用质谱峰位置可以进行定性和结构分析，利用峰强度可以进行定量分析，如图16-6。

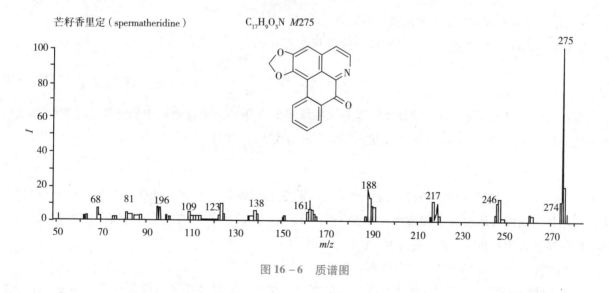

图16-6 质谱图

二、质谱仪

质谱仪通常由进样系统、真空系统（离子源、质量分析器、检测器）和数据处理系统组成。样品由进样系统进入离子源时，被电离成分子离子和碎片离子，离子加速后，在质量分析器作用下将其分离，按质荷比大小依次通过检测器检测，得到的信号经放大和记录下来就是质谱图。

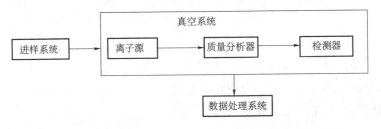

图 16 - 7　质谱仪结构示意图

（一）基本原理

样品在离子源中被气化，在 $1 \times 10^{-5}Pa$ 高真空条件下，被 $50 \sim 100eV$ 能量的电子流轰击形成质量为 m 的分子离子 M^+ 或碎片离子，这些离子在电位差为 $800 \sim 8000V$ 的负高压电场中加速，加速后的动能与加速电压和电荷有关：

$$\frac{1}{2}mv^2 = qU \tag{16-11}$$

式中，m 表示离子质量；v 表示加速后的离子速度；q 表示离子电荷数；U 表示加速电压。

加速后的离子在磁场作用下作垂直于磁场方向的圆周运动，此时离子所受向心力等于运动的离心力，即

$$Hqv = \frac{mv^2}{R} \tag{16-12}$$

式中，H 表示磁场强度；R 表示离子圆周运动半径。

整理式（16 - 11）和式（16 - 12）可得质谱方程式：

$$R = \left(\frac{2Um}{H^2\,q}\right)^{\frac{1}{2}} \tag{16-13}$$

由式（16 - 13）可见，在一定加速电压 U 和磁场强度 H 下，离子在磁场中的圆周运动半径 R 仅与质荷比 m/q 有关，因此不同离子由于质荷比不同，其运动轨迹不同，从而实现分离。

（二）基本结构

1. 真空系统　质谱仪中，进样系统、离子源、质量分析器和检测器需处于十分稳定的真空状态，为避免增加背景以及增加离子间或离子与分子间的碰撞。一般离子源的真空度应达到 $1 \times 10^{-5} \sim 1 \times 10^{-3}Pa$，质量分析器和检测器的真空度应达到 $1 \times 10^{-6}Pa$。

2. 进样系统　常用的进样方式有以下三种。

（1）间接进样　主要用于气体或易挥发液体样品，试样在储样器中通过调节温度而蒸发，由于进样系统的压强大于离子源的压强，蒸发试样利用压差，经漏孔扩散进入离子源中。

（2）直接进样　适用于高沸点液体或固体样品。试样借助直接进样器或探针进入离子源后，快速升温使其气化。

（3）色谱联用进样　有机化合物的分析，通常采用色谱 - 质谱联用进样，即试样经色谱柱分离后经接口元件送入离子源。

3. 离子源　离子源又称电离源，是高级的反应器，通过提供能量，将试样电离成具有一定几何形状和能量的离子束，借助出口处的加速电压，到达质量分析器。离子源对质谱仪的灵敏度和分辨率影响很大，其选择很大程度上决定了样品测定的成败。要求离子源产生的离子多、稳定性好、质量歧视效应

小。常用的离子源有主要用于有机物分析的电子轰击源（EI）和化学电离源（CI），以及用于无机物分析的高频火花离子源和电感耦合等离子体源（ICP）。

4. 质量分析器　质量分析器又称离子分离器，是将离子源产生的离子按质荷比大小进行分离的装置。其作用相当于光谱分析中的单色器。常见的类型有单聚焦质量分析器、双聚焦质量分析器、四级杆质量分析器和离子阱质量分析器等。

5. 检测器　是将质量分析器出来的离子流接收并放大，然后记录并送到计算机数据处理系统，得到所需的质谱图和数据。常用的离子检测器有电子倍增器和微通道板检测器。

PPT

第四节　联用分析简介

质谱法是一种灵敏度高、定性鉴别和结构分析能力强，但对复杂试样的分离能力不足的方法。而色谱法是一种分离效率高但定性能力差的方法。那么将一种有效的分离手段与另一种强大的鉴别方法进行资源整合，取长补短，质谱与色谱联用分析也就诞生了。质谱色谱联用是目前最为成熟的一类联用技术，可实现复杂组分试样的分离检测，主要分为气相色谱－质谱联用分析法（GC－MS）、液相色谱－质谱联用分析法（LC－MS）、毛细管电泳－质谱联用分析法（CE－MS）。此外，随着科技的发展，其他联用技术应用也越来越广泛，如气相色谱－红外光谱联用（GC－IR）和高效液相色谱－核磁共振波谱联用（HPLC－NMR）等。

一、气相色谱－质谱联用分析法

气相色谱－质谱联用技术，是以气相色谱作为质谱仪的连续进样器，将试样有效分离后，流出的组分依次通过接口元件，进入质谱仪在线检测，辅以相应的数据收集与控制系统，构建而成的一种用于定性、定量分析的色谱－质谱联用技术。该技术发展较早，始于1957年，是联用技术中最完善、最早实现商品化的技术，在化工、石油、环境、农业、法医、生物医药等方面得到广泛应用。

气相色谱－质谱联用系统主要由气相色谱单元、质谱单元、接口和计算机控制系统四大部分组成，如图16－8所示。

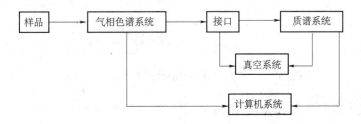

图16－8　气相色谱－质谱联用系统结构示意图

气相色谱单元一般由载气控制系统、进样系统、色谱柱与控温系统组成。同时应满足质谱分析的一些特殊要求：气相色谱柱的固定相必须不易流失且耐高温；流动相的载气通常采用纯度高、化学惰性的氦气；色谱柱根据柱型选择不同的接口，采用柱径大、载气流量大的填充柱，需借助专门的接口连接质谱，采用柱径小、载气流量小的毛细管柱，可直接或经分流后通过接口导入质谱或导入喷气式接口后进入质谱。

质谱单元由离子源、质量分析器、离子检测器和真空系统组成，是气相色谱仪的检测器。应满足色谱分析的一些特殊要求：真空系统维持相应真空度；灵敏度、分辨率与气相色谱单元相匹配；扫描速度与色谱柱组分流出速度相适应。离子源通常采用电子轰击源（EI）和化学电离源（CI），质量分析器通常采用四级杆质量分析器、离子阱质量分析器和飞行时间质量分析器。

接口是样品组分的传输线以及气相色谱单元、质谱单元工作流量或气压的匹配器。要求尽可能短、化学惰性、操作简便可靠，对组分传递有良好的重现性，使色谱分离后的组分尽可能多的进入质谱单元、同时除去尽可能多的载气，维持离子源的真空度，且不影响色谱柱的柱效和色谱的分离结果。常用的接口类型包括直接导入型、开口分流型和喷射式浓缩型。

计算机控制系统交互式控制着气相色谱单元、接口和质谱单元，不仅用作数据采集、存储、处理、检索和仪器的自动控制，而且拓宽了质谱仪的性能。

二、液相色谱–质谱联用分析法

随着科学技术不断地发展以及生产、生活的需要，人们对分析的技术和方法提出了更高的要求，在色谱–质谱联用技术中应用较多的是气相色谱–质谱联用分析，但气相色谱要求样品具有一定的蒸汽压，仅能分离那些具有挥发性和低分子量的化合物，多数情况下要将试样经过适当的预处理和衍生化，以使之成为易汽化的样品才能进行 GC – MS 分析。而液相色谱可分离难挥发、大分子（蛋白质、多肽、多糖和多聚物等）、强极性及热不稳定化合物，将质谱作为检测器，实现 LC – MS 联机，可将灵敏度较液相色谱紫外检测提高 1~2 个数量级。因此 LC – MS 具有高分离能力、高灵敏度、应用范围广等特点，被广泛应用到生物、医药、食品、化工和环境等领域，可以对药物合成中间体、体内药物及代谢产物、滥用药物、中药成分、生物样品和基因工程产品等进行定性和定量分析，解决了很多以前不能解决的问题。

液相色谱–质谱联用系统主要由液相色谱系统、质谱系统、接口和计算机控制系统四大部分组成，如图 16 – 9 所示。其工作原理与气相色谱–质谱联用系统相似。

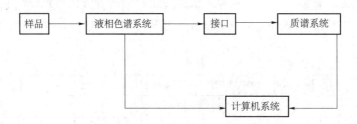

图 16 – 9　液相色谱–质谱联用系统结构示意图

LC – MS 联机的最大难题是 LC 的流动相与 MS 传统电离源的高真空难以相容，还要在温和的条件下使样品带上电荷而样品本身不分解。后来相继出现了多种液相色谱–质谱联用接口，实现了液相色谱–质谱的联用。特别是大气压电离质谱（APIMS）的出现为 LC – MS 的兼容创造了机会。商品化的小型 LC – MS 作为成熟的常规分析仪器，已在生物医药实验室发挥着重要的作用。

三、毛细管电泳–质谱联用分析法

传统毛细管电泳（CE）系统的检测器为紫外–可见分光检测器，由于其通过样品的光程较短，导致检测灵敏度较低，尤其不适用于对一些紫外吸收较弱的化合物的检测。而质谱（MS）检测器有如下特点：

（1）与紫外、激光诱导、荧光和电化学检测器相比，更是一种通用型检测器。

（2）由于质谱的选择性和专一性，弥补了样品迁移时间变化的不足。

（3）质谱检测的灵敏度优于紫外分光光度法。

（4）质谱在检出峰的同时还能给出分子量和结构信息。

（5）某些质谱技术可以给出多电荷离子信息，对分析大分子如糖、蛋白质等，与毛细管电泳联用更有利。

质谱检测器足以满足毛细管电泳窄峰形的特点。随着大气压电离（API）、电喷雾电离（ESI）及新型质谱仪的快速扫描等新技术的出现，毛细管电泳－质谱联用技术得到了迅速发展，成为实验室的常规分析方法之一，主要应用于生物大分子（蛋白质、多肽、脂类等）及相关物质分析、中草药及其天然产物活性毒性分析、食品药品分析、环境分析等方面。

毛细管电泳－质谱联用系统主要由毛细管电泳系统、质谱系统、接口和计算机控制系统四大部分组成，如图 16－10 所示。其工作原理也与气相色谱－质谱联用系统相似，是将具有高效分离能力的毛细管电泳与具有强鉴定结构能力的质谱有效联接的一种技术。

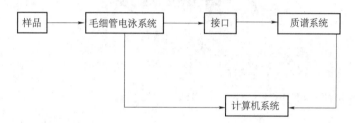

图 16－10　毛细管电泳－质谱联用系统结构示意图

四、气相色谱－红外光谱联用

气相色谱是混合物分离和定量分析的有效手段，但仅用保留指数定性未知物或未知组分是非常不可靠的，一般不用于定性分析。红外光谱法能提供丰富的分子结构信息，是非常理想的定性鉴定工具，然而原则上只适用于纯化合物。将这两种技术取其所长，即将气相色谱的高效分离及定量检测能力与红外光谱独特的结构鉴定能力结合在一起，就是气相色谱－红外光谱（GC－IR）联用技术。20 世纪 60 年代末，Low 等人首次实验了该技术，随着接口技术的不断发展，GC－IR 已有较广泛应用，主要用于药用挥发油、香精香料、石油化工、环境污染和燃料中的有机混合物（包括多环芳烃、醚类、酯类、酚类、氯苯类等）分析。

气相色谱－红外光谱联用系统主要由气相色谱、接口（常用光管）、傅里叶变换红外光谱、计算机控制系统四个单元组成。其工作原理是：样品经过色谱柱的分离，流出组分将按照保留时间顺序通过光管，在光管中选择性吸收红外辐射，计算机系统采集并存储来自探测器的干涉图信息，并作快速傅里叶变换，最后得到样品的气相红外光谱图。应注意控制传输线路和光管温度，温度过高会降低检测信号强度，温度过低会使色谱流出组分在连接部位冷凝而影响灵敏度。一般光管温度略高于柱温，在 200℃以下。

五、高效液相色谱－核磁共振波谱联用

核磁共振波谱（NMR）是获取有机物详细结构信息的有力手段，尤其适用于同分异构化合物和立体异构化合物的分析。但NMR要求被测样品是纯净物，对混合物分析往往很困难，因此在核磁共振检测之前，需要对混合样品进行分离纯化等处理。而高效液相色谱可实现复杂混合物的分离，但联用的紫外吸收检测器、电化学检测器或荧光检测器，一般只能提供非常有限的待测物结构信息。于是将高效液相色谱作为分离手段，核磁共振波谱作为检测器，通过接口实现了高效液相色谱－核磁共振波谱联用（HPLC－NMR）。

HPLC－NMR技术可以防止样品在分离后至NMR检测之间的结构变化，并缩短了NMR的检测时间，能提供比任何其他光谱分析法更准确的复杂试样中微量组分的定性信息和二级结构信息，已广泛用于药物检测、食品检测、异构体研究等领域。

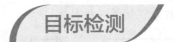

答案解析

一、选择题

（一）最佳选择题

1. 下列原子中，具有核磁信号的是

 A. $^{13}_{6}C$ B. $^{32}_{9}S$ C. $^{12}_{6}C$

 D. $^{16}_{8}O$ E. $^{16}_{8}O$ 和 $^{12}_{6}C$

2. 下列符号表示核磁共振波谱法的是

 A. MS   B. UV   C. NMR

 D. IRE. HPLC

3. 毛细管区带电泳中不能分离的粒子为

 A. 中性分子   B. 阳离子   C. 阴离子

 D. A、B、C 均能分离   E. 阴离子和阳离子

4. 当待测样品位于两端加上高压电场的毛细管的负极端时，最先到达毛细管正极端的是

 A. 正离子   B. 负离子   C. 中性离子

 D. 带电离子   E. 阳离子

5. 在毛细管区带电泳中，阳离子向阴极迁移的原因为

 A. 液压的作用力   B. 电压的作用力   C. 电泳流的作用力

 D. 电渗流的作用力   E. 以上均不是

6. 亚稳离子峰在质谱图中非常容易辨认的原因除了

 A. 峰宽   B. 峰弱   C. 峰宽和峰弱

 D. 质荷比一般不是整数   E. 质荷比一般是整数

7. 质谱分析器中分辨率最高的是

 A. 四极质量分析器   B. 离子阱质量分析器

C. 飞行时间质量分析器   D. 傅里叶变换离子回旋共振质谱

E. 单聚焦质量分析器

（二）配伍选择题

[8~11]

A. 同位素离子   B. 碎片离子   C. 分子离子

D. 亚稳离子   E. 正离子

8. 分子在一定能量电子的轰击下失去一个电子，所生成的离子为

9. 当分子在电离源中获得的能量超过其离子化所需的能量，将会进一步发生键的断裂或重排，产生的离子为

10. 离子在离开离子源，到达检测器前的飞行途中，发生裂解而形成的低质量离子称为

11. 很多元素都由一定丰度的同位素组成，含有同位素的离子称为

（三）共用题干单选题

某男性患者，65岁，医生诊断为心衰，需长期用药。

12. 以下最适宜该患者的药物是

A. 毛花苷丙   B. 毒毛花苷K   C. 地高辛

D. 去乙酰毛花苷   E. 洋地黄

13. 对该患者的血药浓度进行监测的方法是

A. HPLC   B. GC   C. GC – MS

D. LC – MS   E. MS

（四）X型题（多项选择题）

14. 质谱法可以对物质作

A. 定性鉴别   B. 结构测定   C. 旋光度测定

D. 分离   E. 分子量测定

15. 分析有机化合物结构常用的"四谱"分析法指的是

A. MS   B. UV   C. NMR

D. IR   E. LC

16. 高效毛细管电泳仪主要包括

A. 进样装置   B. 高压电源   C. 毛细管柱

D. 检测器   E. 数据处理系统

17. 液相色谱 – 质谱联用分析法可用于分离检测的物质包括

A. 难挥发化合物   B. 弱极性化合物   C. 强极性化合物

D. 热不稳定化合物   E. 大分子

18. 下列色谱法中可用于体内样品测定的是

A. 气相色谱法   B. 高效液相色谱法   C. 气相色谱 – 质谱联用

D. 薄层色谱法   E. 液相色谱 – 质谱联用

二、填空题

19. 当将_____的原子核放入磁场后，用_____的电磁波照射，它们会吸收_____，

发生＿＿＿＿＿＿的跃迁，同时产生＿＿＿＿＿＿信号。

20. 气相色谱－质谱联用系统主要由＿＿＿＿＿＿、＿＿＿＿＿＿、＿＿＿＿＿＿和计算机控制系统四大部分组成。

书网融合……

　　　知识回顾　　　微课　　　习题

（李翠芳）

附录一

元素相对原子质量 (2011)

原子序数	元素名称 英文名	元素名称 中文名	化学符号	相对原子质量（Ar）	原子序数	元素名称 英文名	元素名称 中文名	化学符号	相对原子质（Ar）
1	hydrogen	氢	H	[1.00784;1.00811]	31	gallium	镓	Ga	69.723(1)
2	helium	氦	He	4.002602(2)	32	germanium	锗	Ge	72.63(1)
3	lithium	锂	Li	[6.938;6.997]	33	arsenic	砷	As	74.92160(2)
4	beryllium	铍	Be	9.012182(3)	34	selenium	硒	Se	78.96(3)
5	boron	硼	B	[10.806;10.821]	35	bromine	溴	Br	79.904(1)
6	carbon	碳	C	[12.0096;12.0116]	36	krypton	氪	Kr	83.798(2)
7	nitrogen	氮	N	[14.00643;14.00728]	37	rubidium	铷	Rb	85.4678(3)
8	oxygen	氧	O	[15.99903;15.99977]	38	strontium	锶	Sr	87.62(1)
9	fluorine	氟	F	18.9984032(5)	39	yttrium	钇	Y	88.90585(2)
10	neon	氖	Ne	20.1797(6)	40	zirconium	锆	Zr	91.224(2)
11	sodium	钠	Na	22.98976928(2)	41	niobium	铌	Nb	92.90638(2)
12	magnesium	镁	Mg	24.3050(6)	42	molybdenum	钼	Mo	95.96(2)
13	aluminium	铝	Al	26.9815386(8)	43	technetium*	锝	Tc	
14	silicon	硅	Si	[28.084;28.086]	44	ruthenium	钌	Ru	101.07(2)
15	phosphorus	磷	P	30.973762(2)	45	rhodium	铑	Rh	102.90550(2)
16	sulfur	硫	S	[32.059;32.076]	46	palladium	钯	Pd	106.42(1)
17	chlorine	氯	Cl	[35.446;35.457]	47	silver	银	Ag	107.8682(2)
18	argon	氩	Ar	39.948(1)	48	cadmium	镉	Cd	112.411(8)
19	potassium	钾	K	39.0983(1)	49	indium	铟	In	114.818(3)
20	calcium	钙	Ca	40.078(4)	50	tin	锡	Sn	118.710(7)
21	scandium	钪	Sc	44.955912(6)	51	antimony	锑	Sb	121.760(1)
22	titanium	钛	Ti	47.867(1)	52	tellurium	碲	Te	127.60(3)
23	vanadium	钒	V	50.9415(1)	53	iodine	碘	I	126.90447(3)
24	chromium	铬	Cr	51.9961(6)	54	xenon	氙	Xe	131.293(6)
25	manganese	锰	Mn	54.938045(5)	55	caesium	铯	Cs	132.9054519(2)
26	iron	铁	Fe	55.845(2)	56	barium	钡	Ba	137.327(7)
27	cobalt	钴	Co	58.933195(5)	57	lanthanum	镧	La	138.90547(7)
28	nickel	镍	Ni	58.6934(4)	58	cerium	铈	Ce	140.116(1)
29	copper	铜	Cu	63.546(3)	59	praseodymium	镨	Pr	140.90765(2)
30	zinc	锌	Zn	65.38(2)	60	neodymium	钕	Nd	144.242(3)

原子序数	元素名称 英文名	元素名称 中文名	化学符号	相对原子质量（Ar）	原子序数	元素名称 英文名	元素名称 中文名	化学符号	相对原子质（Ar）
61	promethium*	钷	Pm	[145]	90	thorium*	钍	Th	232.03806(2)
62	samarium	钐	Sm	150.36(2)	91	protactinium*	镤	Pa	231.03588(2)
63	europium	铕	Eu	151.964(1)	92	uranium*	铀	U	238.02891(3)
64	gadolinium	钆	Gd	157.25(3)	93	neptunium*	镎	Np	[237]
65	terbium	铽	Tb	158.92535(2)	94	plutonium*	钚	Pu	[244]
66	dysprosium	镝	Dy	162.500(1)	95	americium*	镅	Am	[243]
67	holmium	钬	Ho	164.93032(2)	96	curium*	锔	Cm	[247]
68	erbium	铒	Er	167.259(3)	97	berkelium*	锫	Bk	[247]
69	thulium	铥	Tm	168.93421(2)	98	californium*	锎	Cf	[251]
70	ytterbium	镱	Yb	173.054(5)	99	einsteinium*	锿	Es	[252]
71	lutetium	镥	Lu	174.9668(1)	100	fermium*	镄	Fm	[257]
72	hafnium	铪	Hf	178.49(2)	101	mendelevium*	钔	Md	[258]
73	tantalum	钽	Ta	180.94788(2)	102	nobelium*	锘	No	[259]
74	tungsten	钨	W	183.84(1)	103	lawrencium*	铹	Lr	[262]
75	rhenium	铼	Re	186.207(1)	104	rutherfordium*	𬬻	Rf	[267]
76	osmium	锇	Os	190.23(3)	105	dubnium*	𬭊	Db	[268]
77	iridium	铱	Ir	192.217(3)	106	seaborgium*	𬭳	Sg	[271]
78	platinum	铂	Pt	195.084(9)	107	bohrium*	𬭛	Bh	[272]
79	gold	金	Au	196.966569(4)	108	hassium*	𬭶	Hs	[270]
80	mercury	汞	Hg	200.59(2)	109	meitnerium*		Mt	[276]
81	thallium	铊	Tl	[204.382;204.385]	110	darmstadtium*		Ds	[281]
82	lead	铅	Pb	207.2(1)	111	roentgenium*		Rg	[280]
83	bismuth	铋	Bi	208.98040(1)	112	ununbium*		Uub	[285]
84	polonium*	钋	Po	[209]	113	ununtrium*		Uut	[284]
85	astatine*	砹	At	[210]	114	ununquadium*		Uuq	[289]
86	radon*	氡	Rn	[222]	115	ununpentium*		Uup	[288]
87	francium*	钫	Fr	[223]	116	ununhexium*		Uuh	[268]
88	radium*	镭	Ra	[226]	118	ununoctium*		Uuo	[294]
89	actinium*	锕	Ac	[227]					

注释：

1. 编译自 IUPAC Pure Appl. Chem., Vol. 85, No. 5, pp. 1047－1078, 2013。

2. 相对原子质量中有［ ］，表示［ ］中的数值为没有稳定同位素的半衰期最长同位素的质量数，其相对原子质量为 a ≤Ar≤b。

3. 标有＊为放射性元素。

4. （ ）表示最后一位的不确定性，如 Ar（Au）＝196.966569（4）表示 Ar（Au）＝196.966569±0.000004

5. 按照原子序数排列，以 Ar（12C）＝12 为基准。

（冉启文）

附录二

弱酸在水中的电离常数（25℃）

化合物	电离前化学式	共轭酸（25℃）			共轭碱（25℃）		
		分级	K_a	pK_a	分级	K_b	pK_b
砷酸	H_3AsO_4	K_{a1}	5.50×10^{-3}	2.26	K_{b3}	1.80×10^{-12}	11.74
	$H_2AsO_4^-$	K_{a2}	1.70×10^{-7}	6.76	K_{b2}	5.80×10^{-8}	7.24
	$HAsO_4^{2-}$	K_{a3}	5.10×10^{-12}	11.29	K_{b1}	1.90×10^{-3}	2.71
亚砷酸	H_2AsO_3	K_a	5.10×10^{-10}	9.29	K_b	1.90×10^{-5}	4.71
硼酸	H_3BO_3	$K_{a(20℃)}$	5.40×10^{-10}	9.27	K_b	1.80×10^{-5}	4.73
焦硼酸*	$H_2B_4O_7$	K_{a1}	1.00×10^{-4}	4.00	K_{b2}	1.00×10^{-10}	10.00
	$HB_4O_7^-$	K_{a2}	1.00×10^{-9}	9.00	K_{b1}	1.00×10^{-5}	5.00
碳酸	H_2CO_3	K_{a1}	4.50×10^{-7}	6.35	K_{b2}	2.20×10^{-8}	7.65
	HCO_3^-	K_{a2}	4.70×10^{-11}	10.33	K_{b1}	2.10×10^{-4}	3.67
氢氰酸	HCN	K_a	6.20×10^{-10}	9.21	K_b	1.60×10^{-5}	4.79
铬酸	H_2CrO_4	K_{a1}	0.18	0.74	K_{b2}	5.50×10^{-14}	13.26
	$HCrO_4^-$	K_{a2}	3.20×10^{-7}	6.49	K_{b1}	3.10×10^{-8}	7.51
氢氟酸	HF	K_a	6.30×10^{-4}	3.20	K_b	1.60×10^{-11}	10.80
亚硝酸	HNO_2	K_a	5.60×10^{-4}	3.25	K_b	1.80×10^{-11}	10.75
过氧化氢	H_2O_2	K_a	2.40×10^{-12}	11.62	K_b	4.20×10^{-3}	2.38
磷酸	H_3PO_4	K_{a1}	6.90×10^{-3}	2.16	K_{b3}	1.40×10^{-12}	11.84
	$H_2PO_4^-$	K_{a2}	6.20×10^{-8}	7.21	K_{b2}	1.60×10^{-7}	6.79
	HPO_4^{2-}	K_{a3}	4.80×10^{-13}	12.32	K_{b1}	2.10×10^{-2}	1.68
焦磷酸	$H_4P_2O_7$	K_{a1}	0.12	0.91	K_{b4}	8.10×10^{-14}	13.09
	$H_3P_2O_7^-$	K_{a2}	7.90×10^{-3}	2.10	K_{b3}	1.30×10^{-12}	11.90
	$H_2P_2O_7^{2-}$	K_{a3}	2.00×10^{-7}	6.70	K_{b2}	5.00×10^{-8}	7.30
	$HP_2O_7^{3-}$	K_{a4}	4.80×10^{-10}	9.32	K_{b1}	2.10×10^{-5}	4.68
亚磷酸	H_3PO_3	$K_{a1(20℃)}$	5.00×10^{-2}	1.30	K_{b2}	2.00×10^{-13}	12.70
	$H_2PO_3^-$	$K_{a2(20℃)}$	2.00×10^{-7}	6.70	K_{b1}	5.00×10^{-8}	7.30
氢硫酸	H_2S	K_{a1}	8.90×10^{-8}	7.05	K_{b2}	1.10×10^{-7}	6.95
	HS^-	K_{a2}	1.30×10^{-14}	13.90	K_{b1}	0.79	0.10
硫酸	HSO_4^-	K_{a2}	1.00×10^{-2}	1.99	K_{b1}	9.80×10^{-13}	12.01
亚硫酸	H_2SO_3	K_{a1}	1.40×10^{-2}	1.85	K_{b2}	7.10×10^{-13}	12.15
	HSO_3^-	K_{a2}	6.30×10^{-8}	7.20	K_{b1}	1.60×10^{-7}	6.80
偏硅酸*	H_2SiO_3	K_{a1}	1.70×10^{-10}	9.77	K_{b2}	5.90×10^{-5}	4.23
	$HSiO_3^-$	K_{a2}	1.60×10^{-12}	11.80	K_{b1}	6.20×10^{-3}	2.20
甲酸	$HCOOH$	K_a	1.80×10^{-4}	3.75	K_b	5.60×10^{-11}	10.25
乙酸	CH_3COOH	K_{a2}	1.75×10^{-5}	4.76	K_{b1}	5.70×10^{-10}	9.24
一氯乙酸	$CHClCOOH$	K_a	1.30×10^{-3}	2.87	K_b	7.40×10^{-12}	11.13
二氯乙酸	$CHCl_2COOH$	K_a	4.50×10^{-2}	1.35	K_b	2.20×10^{-13}	12.65
三氯乙酸	CCl_3COOH	K_a	0.22	0.66	K_b	4.60×10^{-14}	13.34
甘氨酸	$N^+H_3CH_2COOH$	K_{a1}	4.50×10^{-3}	2.35	K_{b2}	2.20×10^{-12}	11.65
	$N^+H_3CH_2COO^-$	K_{a2}	1.70×10^{-10}	9.78	K_{b1}	6.00×10^{-5}	4.22
乳酸	$CH_3CHOHCOOH$	K_a	1.40×10^{-4}	3.85	K_b	7.20×10^{-11}	10.14
维生素C	$C_6H_8O_6$	K_{a1}	9.10×10^{-5}	4.04	K_{b2}	1.10×10^{-10}	9.96

续表

化合物	电离前化学式	共轭酸（25℃）			共轭碱（25℃）		
		分级	K_a	pK_a	分级	K_b	pK_b
维生素C	$C_6H_7O_6^-$	$K_{a2(16℃)}$	2.00×10^{-12}	11.70	K_{b1}	5.00×10^{-3}	2.30
苯甲酸	C_6H_5COOH	K_a	6.30×10^{-5}	4.20	K_b	1.60×10^{-10}	9.80
草酸	$H_2C_2O_4$	K_{a1}	5.60×10^{-2}	1.25	K_{b2}	1.80×10^{-13}	12.75
	$HC_2O_4^-$	K_{a2}	1.50×10^{-4}	3.81	K_{b1}	6.70×10^{-11}	10.19
DL - 酒石酸	$(CHOHCOOH)_2$	K_{a1}	9.30×10^{-4}	3.03	K_{b2}	1.10×10^{-11}	10.97
	$(CHOHCOO)_2H^-$	K_{a2}	4.30×10^{-5}	4.37	K_{b1}	2.30×10^{-10}	9.63
顺丁烯二酸	$(C_2H_2COOH)_2$	K_{a1}	1.20×10^{-2}	1.92	K_{b2}	8.30×10^{-13}	12.08
	$(C_2H_2COO)_2H^-$	K_{a2}	5.90×10^{-7}	6.23	K_{b1}	1.70×10^{-8}	7.77
邻苯二甲酸	$C_6H_4(COOH)_2$	K_{a1}	1.14×10^{-3}	2.94	K_{b2}	8.77×10^{-12}	11.06
	$C_6H_4(COO)_2H^-$	K_{a2}	3.70×10^{-6}	5.43	K_{b1}	2.70×10^{-9}	8.57
枸橼酸	$C_3H_4OH(COOH)_3$	K_{a1}	7.40×10^{-4}	3.13	K_{b3}	1.30×10^{-11}	10.87
	$C_3H_4OH(COO)_3H_2^-$	K_{a2}	1.70×10^{-5}	4.76	K_{b2}	5.80×10^{-10}	9.24
	$C_3H_4OH(COO)_3H^{2-}$	K_{a3}	4.00×10^{-7}	6.40	K_{b1}	2.50×10^{-8}	7.60
乙二胺四乙酸	H_6Y^{2+}	K_{a1}	0.13	0.90	K_{b6}	7.70×10^{-14}	13.10
	H_5Y^+	K_{a2}	3.00×10^{-2}	1.60	K_{b5}	3.30×10^{-13}	13.10
	H_4Y	K_{a3}	1.00×10^{-2}	2.00	K_{b4}	1.00×10^{-12}	12.00
	H_3Y^-	K_{a4}	2.10×10^{-3}	2.67	K_{b3}	4.80×10^{-12}	11.33
	H_2Y^{2-}	K_{a5}	6.90×10^{-7}	6.16	K_{b2}	1.40×10^{-8}	7.84
	HY^{3-}	K_{a6}	5.50×10^{-11}	10.26	K_{b1}	1.80×10^{-4}	3.74
苯酚	C_6H_5OH	K_a	1.00×10^{-10}	10.00	K_b	1.00×10^{-4}	4.00
硒酸	$HSeO_4^-$	K_a	1.20×10^{-2}	1.92	K_b	8.32×10^{-13}	12.08
亚硒酸	H_2SeO_3	K_a	3.50×10^{-3}	2.46	K_b	2.88×10^{-12}	11.54
	HSe_3^-	K_{a2}	5.00×10^{-8}	7.31	K_{b1}	2.04×10^{-7}	6.69
硅酸	H_3SiO_4	$K_{a1(30℃)}$	2.20×10^{-10}	9.66	K_{b3}	4.57×10^{-5}	4.34
	$H_2SiO_4^-$	K_{a2}	2.00×10^{-12}	11.70	K_{b2}	5.01×10^{-3}	2.30
	$HSiO_4^{2-}$	K_{a3}	1.00×10^{-12}	12.00	K_{b1}	0.01	2.00
琥珀酸	$C_4H_6O_4$	K_{a1}	6.89×10^{-5}	4.16	K_{b2}	1.45×10^{-10}	9.84
	$C_4H_5O_4^-$	K_{a2}	2.47×10^{-6}	5.61	K_{b1}	4.07×10^{-9}	8.39
甘油磷酸	$C_3H_9PO_6$	K_{a1}	3.40×10^{-2}	1.47	K_{b2}	2.95×10^{-13}	12.53
	$C_3H_8PO_6^-$	K_{a2}	6.40×10^{-7}	6.20	K_{b1}	1.58×10^{-8}	7.80
羟基乙酸	$C_2O_3H_4$	K_a	1.52×10^{-4}	3.82	K_b	6.61×10^{-11}	10.18
丙二酸	$C_3O_4H_4$	K_{a1}	1.49×10^{-3}	2.83	K_{b2}	6.76×10^{-12}	11.17
	$C_3O_4H_3^-$	K_{a2}	2.03×10^{-6}	5.69	K_{b1}	4.90×10^{-9}	8.31
对羟苯甲酸	$C_7O_3H_6$	K_a	3.30×10^{-5}	4.48	K_b	3.02×10^{-10}	9.52
（19℃）	$C_7O_3H_5^-$	K_{a2}	4.80×10^{-10}	9.32	K_{b1}	2.09×10^{-5}	4.68
水杨酸	$C_7O_3H_6$	$K_{a1(19℃)}$	1.07×10^{-3}	2.97	K_{b2}	9.33×10^{-12}	11.03
	$C_7O_3H_5^-$	$K_{a2(18℃)}$	4.00×10^{-14}	13.40	K_{b1}	0.25	0.60
氨基硝酸	$N_2O_2H_2$	K_a	6.50×10^{-4}	3.19	K_b	1.55×10^{-11}	10.81
苦味酸	$C_6N_3O_7H_3$	K_a	4.20×10^{-1}	0.38	K_b	2.40×10^{-14}	13.62
五倍子酸	$C_7H_6O_5$	K_a	3.90×10^{-5}	4.41	K_b	2.57×10^{-10}	9.59
碘酸	HIO_3	K_a	1.69×10^{-1}	0.77	K_b	5.89×10^{-14}	13.23
高碘酸	HIO_4	K_a	2.30×10^{-2}	1.64	K_b	4.37×10^{-13}	12.36

（冉启文）

附录三

弱碱在水中的电离常数（25℃）

化合物	电离前化学式	共轭碱（25℃）			共轭酸（25℃）		
		分级	K_a	pK_a	分级	K_b	pK_b
氨水	NH_4OH	K_b	1.76×10^{-5}	4.75	K_a	5.62×10^{-10}	9.25
氢氧化钙	$Ca(OH)_2$	K_{b1}	4.00×10^{-2}	1.40	K_{a2}	2.51×10^{-14}	13.60
	$Ca(OH)^-$	$K_{b2(30℃)}$	3.74×10^{-3}	2.43	K_{a1}	2.69×10^{-12}	11.57
羟胺	NH_2OH	$K_{b(20℃)}$	1.70×10^{-8}	7.97	K_a	9.33×10^{-7}	6.03
氢氧化铅	$Pb(OH)_2$	K_b	9.60×10^{-4}	3.02	K_a	1.05×10^{-11}	10.98
氢氧化银	$AgOH$	K_b	1.10×10^{-4}	3.96	K_a	9.12×10^{-11}	10.04
氢氧化锌	$Zn(OH)_2$	K_b	9.60×10^{-4}	3.02	K_a	1.05×10^{-11}	10.98
联氨	NH_2-NH_2	K_b	1.30×10^{-6}	5.90	K_a	1.00×10^{-8}	8.00
甲胺	NH_2CH_3	K_b	4.60×10^{-4}	3.34	K_a	2.19×10^{-11}	10.66
乙胺	$C_2H_5NH_2$	K_b	4.50×10^{-4}	3.35	K_a	2.24×10^{-9}	10.65
二甲胺	$C_2H_6NH_2$	K_b	5.40×10^{-4}	3.27	K_a	1.86×10^{-11}	10.73
乙醇胺	$HOC_2H_4NH_2$	K_b	3.20×10^{-5}	4.49	K_a	3.09×10^{-10}	9.51
三乙醇胺	$(HOC_2H_4)_3N$	K_b	5.80×10^{-7}	6.24	K_a	1.70×10^{-8}	7.76
六次甲基四胺	$(CH_2)_6N_4$	K_b	1.40×10^{-9}	8.85	K_a	7.1×10^{-6}	5.15
乙二胺	$C_2H_4(NH_2)_2$	K_{b1}	8.30×10^{-5}	4.08	K_{a2}	1.20×10^{-10}	9.92
	$C_2H_4NH_2NH_3^+$	K_{b2}	7.20×10^{-8}	7.14	K_{a1}	1.40×10^{-7}	6.86
吡啶	C_5H_5N	K_b	1.70×10^{-9}	8.77	K_a	5.90×10^{-6}	5.23
邻二氮菲	$C_{12}H_8N_2$	K_b	6.90×10^{-10}	9.16	K_a	1.40×10^{-5}	4.84
正丁胺	$C_4H_9NH_2$	$K_{b(18℃)}$	5.89×10^{-4}	3.23	K_a	1.86×10^{-11}	10.73
三乙胺	$(C_2H_5)_3N$	$K_{b(18℃)}$	1.02×10^{-3}	2.99	K_a	9.77×10^{-12}	11.01
苯胺	$C_6H_5NH_2$	K_b	4.26×10^{-10}	9.37	K_a	2.34×10^{-4}	3.63
联苯二胺	$C_{12}H_8(NH_2)_2$	K_{b1}	9.30×10^{-10}	9.03	K_{a2}	1.07×10^{-5}	4.97
	$C_{12}H_8(NH_2)_2H^+$	K_{b2}	5.60×10^{-11}	10.25	K_{a1}	1.78×10^{-4}	3.75
$\alpha-$萘胺	$C_{10}H_8NH_2$	K_b	8.32×10^{-11}	10.08	K_a	1.20×10^{-4}	3.92
$\beta-$萘胺	$C_{10}H_8NH_2$	K_b	1.44×10^{-10}	9.84	K_a	6.92×10^{-5}	4.16
对乙氧基苯胺	$C_8H_9NH_2$	$K_{b(28℃)}$	1.58×10^{-9}	8.80	K_a	6.31×10^{-6}	5.20
尿素	$CO(NH_2)_2$	$K_{b(21℃)}$	8.32×10^{-14}	13.08	K_a	0.79	0.10
马钱子碱	$C_{21}H_{22}N_2O_2$	K_b	1.91×10^{-6}	5.72	K_a	5.25×10^{-9}	8.28
可待因	$C_{18}H_{21}NO_3$	K_b	1.62×10^{-6}	5.79	K_a	6.17×10^{-9}	8.21
黄连碱	$C_{19}H_{14}NO_4Cl$	K_b	2.51×10^{-8}	7.60	K_a	3.98×10^{-7}	6.40
吗啡	$C_{17}H_{19}NO_3$	K_b	1.62×10^{-6}	5.79	K_a	6.17×10^{-9}	8.21
烟碱	$C_{10}H_{14}N_2$	K_{b1}	1.05×10^{-6}	5.98	K_{a2}	9.55×10^{-10}	9.02
	$C_{10}H_{15}N_2^+$	K_{b2}	1.32×10^{-11}	10.88	K_{a1}	7.59×10^{-4}	3.12
毛果芸香碱	$C_{11}H_{16}N_2O_2$	$K_{b(30℃)}$	7.41×10^{-8}	7.13	K_a	1.35×10^{-7}	6.87
喹啉	C_9H_7N	$K_{b(20℃)}$	7.94×10^{-10}	9.10	K_a	1.26×10^{-5}	4.90
奎宁	$C_{20}H_{24}N_2O_2$	K_{b1}	3.31×10^{-6}	5.48	K_{a2}	3.02×10^{-9}	8.52
	$C_{20}H_{25}N_2O_2^+$	K_{b2}	1.35×10^{-10}	9.87	K_{a1}	7.41×10^{-5}	4.13
番木鳖碱	$C_{21}H_{22}N_2O_2$	K_b	1.82×10^{-6}	5.74	K_a	5.50×10^{-9}	8.26

（冉启文）

附录四

难溶化合物的溶度积（18～25℃）

中文名	化学式	溶度积 K_{SP}	pK_{SP}	中文名	化学式	溶度积 K_{SP}	pK_{SP}
醋酸银	$AgOOCCH_3$	1.94×10^{-3}	2.71	氢氧化亚铁	$Fe(OH)_2$	1.00×10^{-15}	15.00
草酸银	$Ag_2C_2O_4$	1.10×10^{-11}	10.96	氢氧化铁	$Fe(OH)_3$	3.80×10^{-38}	37.42
铬酸银	Ag_2CrO_4	4.00×10^{-12}	11.40	磷酸铁	$FePO_4$	1.30×10^{-22}	21.89
碘化银	AgI	1.10×10^{-16}	15.96	硫化亚铁	FeS	5.00×10^{-18}	17.30
碘酸银	$AgIO_3$	3.00×10^{-8}	7.52	碳酸亚铁	$FeCO_3$	3.13×10^{-11}	10.50
氯化银	$AgCl$	1.80×10^{-10}	9.74	溴化亚汞	Hg_2Br_2	6.40×10^{-23}	22.19
砷酸银	Ag_3AsO_4	1.00×10^{-22}	22.00	硫酸亚汞	Hg_2SO_4	9.00×10^{-17}	16.05
硫氰酸银	$AgSCN$	1.10×10^{-12}	11.96	草酸亚汞	$Hg_2C_2O_4$	2.00×10^{-13}	12.70
硫酸银	Ag_2SO_4	2.00×10^{-5}	4.70	氯化亚汞	Hg_2Cl_2	1.30×10^{-18}	17.89
硫化银	Ag_2S	6.00×10^{-50}	49.22	铬酸亚汞	Hg_2CrO_4	2.00×10^{-9}	8.70
磷酸银	Ag_3PO_4	1.00×10^{-20}	20.00	碘化亚汞	Hg_2I_2	4.50×10^{-29}	28.35
氢氧化银	$AgOH$	1.00×10^{-8}	8.00	硫化汞	HgS（黑色）	1.60×10^{-52}	51.80
氰化银	$AgCN$	7.00×10^{-15}	14.15	硫化亚汞	Hg_2S	1.00×10^{-47}	47.00
碳酸银	Ag_2CO_3	8.20×10^{-12}	11.09	硫酸亚汞	Hg_2SO_4	6.00×10^{-7}	6.22
溴化银	$AgBr$	6.00×10^{-13}	12.22	氢氧化汞	$Hg(OH)_2$	3.00×10^{-26}	25.52
溴酸银	Ag_2BrO_4	5.50×10^{-5}	4.26	氢氧化亚汞	$Hg_2(OH)_2$	2.00×10^{-24}	23.70
氢氧化铝	$Al(OH)_3$	1.00×10^{-32}	32.00	硫化汞	HgS（红色）	4.00×10^{-53}	52.40
三硫化二砷	As_2S_3	2.10×10^{-22}	21.68	磷酸锂	Li_3PO_4	3.20×10^{-9}	8.49
碳酸钡	$BaCO_3$	5.00×10^{-9}	8.30	碳酸锂	Li_2CO_3	2.00×10^{-3}	2.70
铬酸钡	$BaCrO_4$	1.60×10^{-10}	9.80	碳酸镁	$MgCO_3$	2.00×10^{-5}	4.70
氟化钡	BaF_2	1.70×10^{-6}	5.77	草酸镁	MgC_2O_4	8.60×10^{-5}	4.07
硫酸钡	$BaSO_4$	1.10×10^{-10}	9.96	氟化镁	MgF_2	7.00×10^{-9}	8.15
草酸钡	BaC_2O_4	1.10×10^{-7}	6.96	磷酸铵镁	$MgNH_4PO_4$	2.00×10^{-13}	12.70
氢氧化铋	$Bi(OH)_3$	3.00×10^{-32}	31.52	氢氧化镁	$Mg(OH)_2$	5.61×10^{-12}	11.25
碱式氧化铋	$BiOOH$	4.00×10^{-10}	9.40	磷酸镁	$Mg_3(PO_4)_2$	1.02×10^{-24}	23.99
磷酸铋	$BiPO_4$	1.30×10^{-23}	22.89	碳酸锰	$MnCO_3$	1.00×10^{-11}	11.00
碘化铋	BiI_3	7.71×10^{-19}	18.11	氢氧化锰	$Mn(OH)_2$	2.00×10^{-13}	12.70
次氯酸铋	$BiClO$	1.80×10^{-31}	30.74	硫化锰	MnS（粉红色）	2.50×10^{-10}	9.60
硫化铋	Bi_2S_3	1.00×10^{-97}	97.00	硫化锰	MnS（无定形）	2.00×10^{-10}	9.70
碳酸钙	$CaCO_3$	5.00×10^{-9}	8.30	硫化锰	MnS（晶型）	2.00×10^{-13}	12.70
草酸钙	CaC_2O_4	2.00×10^{-9}	8.70	氰化镍	$Ni(CN)_2$	3.00×10^{-23}	22.52
铬酸钙	$CaCrO_4$	7.00×10^{-4}	3.15	碳酸镍	$NiCO_3$	1.30×10^{-7}	6.89
氟化钙	CaF_2	4.00×10^{-11}	10.40	草酸镍	NiC_2O_4	4.00×10^{-10}	9.40
氢氧化钙	$Ca(OH)_2$	5.5×10^{-6}	5.26	氢氧化镍	$Ni(OH)_2$	5.48×10^{-16}	15.26

中文名	化学式	溶度积 K_{SP}	pK_{SP}	中文名	化学式	溶度积 K_{SP}	pK_{SP}
硫酸钙	$CaSO_4$	1.00×10^{-5}	5.00	磷酸镍	$Ni_3(PO_4)_2$	4.74×10^{-32}	31.32
磷酸钙	$Ca_3(PO_4)_2$	1.00×10^{-29}	29.00	硫化镍	$\alpha-NiS$	3.00×10^{-19}	18.52
硫化镉	CdS	8.00×10^{-27}	26.10	硫化镍	$\beta-NiS$	1.00×10^{-24}	24.00
六氰合铁酸镉	$Cd_2[Fe(CN)_6]$	3.20×10^{-17}	16.49	硫化镍	$\gamma-NiS$	2.00×10^{-26}	25.70
碳酸镉	$CdCO_3$	1.00×10^{-12}	12.00	溴化铅	$PbBr_2$	9.10×10^{-6}	5.04
草酸镉	CdC_2O_4	1.50×10^{-8}	7.82	碳酸铅	$PbCO_3$	7.50×10^{-14}	13.12
氢氧化镉	$Cd(OH)_2$	7.20×10^{-15}	14.14	草酸铅	PbC_2O_4	3.50×10^{-11}	10.46
碳酸钴	$CoCO_3$	1.40×10^{-13}	12.85	氯化铅	$PbCl_2$	2.00×10^{-5}	4.70
草酸钴	CoC_2O_4	6.00×10^{-8}	8.22	铬酸铅	$PbCrO_4$	1.80×10^{-14}	13.74
氢氧化钴	$Co(OH)_2$	1.10×10^{-15}	14.96	碘化铅	PbI_2	8.00×10^{-9}	8.10
$\alpha-$硫化钴	CoS	4.00×10^{-21}	20.40	磷酸铅	$Pb_3(PO_4)_2$	8.00×10^{-43}	42.10
$\beta-$硫化钴	CoS	2.00×10^{-25}	24.70	硫化铅	PbS	1.00×10^{-27}	27.00
四氰合汞酸钴	$Co[Hg(CN)_4]$	1.50×10^{-6}	5.82	氟化铅	PbF_2	3.30×10^{-8}	7.48
磷酸钴	$Co_3(PO_4)_2$	2.05×10^{-35}	34.69	氟氯化铅	$PbClF$	2.40×10^{-9}	8.62
氢氧化高钴	$Co(OH)_3$	2.00×10^{-44}	43.70	氢氧化铅	$Pb(OH)_2$	1.43×10^{-20}	19.84
氢氧化铬	$Cr(OH)_3$	6.70×10^{-31}	30.17	钼酸铅	$PbMoO_4$	1.00×10^{-13}	13.00
溴化亚铜	$CuBr$	5.30×10^{-9}	8.28	四氢氧化铅	$Pb(OH)_4$	3.00×10^{-66}	65.52
氰化亚铜	$CuCN$	3.20×10^{-20}	19.49	硫化亚锡	SnS	1.00×10^{-26}	26.00
碳酸铜	$CuCO_3$	2.40×10^{-10}	9.62	氢氧化亚锡	$Sn(OH)_2$	5.45×10^{-27}	26.26
草酸铜	CuC_2O_4	3.00×10^{-8}	7.52	氢氧化锡	$Sn(OH)_4$	1.00×10^{-56}	56.00
氯化亚铜	$CuCl$	1.00×10^{-6}	6.00	二硫化锡	SnS_2	2.00×10^{-27}	26.70
碘化亚铜	CuI	1.00×10^{-12}	12.00	碳酸锶	$SrCO_3$	1.10×10^{-10}	9.96
氢氧化铜	$Cu(OH)_2$	2.20×10^{-20}	19.66	草酸锶	SrC_2O_4	5.60×10^{-8}	7.25
碱式碳酸铜	$Cu_2(OH)_2CO_3$	1.70×10^{-34}	33.77	氢氧化锶	$Sr(OH)_2$	3.20×10^{-4}	3.49
硫化铜	CuS	6.00×10^{-36}	35.22	铬酸锶	$SrCrO_4$	3.60×10^{-5}	4.44
硫化亚铜	Cu_2S	1.00×10^{-49}	49.00	硫酸锶	$SrSO_4$	3.20×10^{-7}	6.49
硫氰酸亚铜	$CuSCN$	4.80×10^{-15}	14.32	磷酸锶	$Sr_3(PO_4)_2$	4.10×10^{-28}	27.39
碳酸锌	$ZnCO_3$	1.50×10^{-11}	10.82	氢氧化锑	$Sb(OH)_3$	4.00×10^{-42}	41.40
草酸锌	ZnC_2O_4	1.50×10^{-9}	8.82	碱式氧化钛	$TiO(OH)_2$	1.00×10^{-29}	29.00
氢氧化锌	$Zn(OH)_2$	4.00×10^{-17}	16.40	氢氧化铊	$Tl(OH)_3$	1.68×10^{-44}	43.77
硫化锌	$\alpha-ZnS$	1.60×10^{-24}	23.80	六氰合铁酸锌	$Zn_2[Fe(CN)_6]$	4.10×10^{-16}	15.39
硫化锌	$\beta-ZnS$	2.50×10^{-22}	21.60	磷酸锌	$Zn_3(PO_4)_2$	9.10×10^{-33}	32.04
氢氧化锆	$Zr(OH)_4$	1.00×10^{-54}	54.00				

（冉启文）

附录五

标准电极电势表

环境：25℃，1atm，离子浓度1mol/L，采用氢电极 $\varphi^{\ominus}$（V）为 0 编制

电极反应	$\varphi^{\ominus}$（V）	电极反应	$\varphi^{\ominus}$（V）
$Al^{3+} + 3e \rightleftharpoons Al$	-1.6630	$H_3PO_4 + 2H^+ + 2e \rightleftharpoons H_3PO_3 + H_2O$	-0.2760
$AsO_4^{3-} + 2H_2O + 2e \rightleftharpoons AsO_2^- + 4OH^-$	-0.6700	$2H_2O + 2e \rightleftharpoons H_2 + 2OH^-$	-0.8277
$AgI + e \rightleftharpoons Ag + I^-$	-0.1520	$HSnO_2^- + H_2O + 2e \rightleftharpoons Sn + 3OH^-$	-0.9090
$AgBr + e \rightleftharpoons Ag + Br^-$	0.0710	$H_2 + 2e \rightleftharpoons 2H^-$	-2.2300
$AgCl + e \rightleftharpoons Ag + Cl^-$	0.2220	$H_2AlO_3^- + H_2O + 3e \rightleftharpoons Al + 4OH^-$	-2.3300
$Ag^+ + e \rightleftharpoons Ag$	0.7990	$H_3PO_3 + 2H^+ + 2e \rightleftharpoons H_3PO_2 + H_2O$	-0.4990
$Ag_2S + 2e \rightleftharpoons 2Ag + S^{2-}$	-0.6910	$4HSO_3^- + 8H^+ + 6e \rightleftharpoons S_4O_6^{2-} + 6H_2O$	0.5100
$Ba^{2+} + 2e \rightleftharpoons Ba$	-2.9050	$HNO_2 + H^+ + e \rightleftharpoons NO + H_2O$	1.0000
$Br_2 + 2e \rightleftharpoons 2Br^-$	1.0650	$HBrO + H^+ + 2e \rightleftharpoons Br^- + H_2O$	1.3400
$BrO_3^- + 6H^+ + 6e \rightleftharpoons Br^- + 3H_2O$	1.4400	$IO_3^- + 3H_2O + 6e \rightleftharpoons I^- + 6OH^-$	0.2500
$2BrO_3^- + 12H^+ + 10e \rightleftharpoons Br_2 + 6H_2O$	1.4820	$I_2 + 2e \rightleftharpoons 2I^-$	0.5355
$BiO^+ + 2H^+ + 3e \rightleftharpoons Bi + H_2O$	0.3200	$IO_3^- + 6H^+ + 6e \rightleftharpoons I^- + 3H_2O$	1.1900
$Br_3^- + 2e \rightleftharpoons 3Br^-$	1.0500	$I_3^- + 3e \rightleftharpoons 3I^-$	-0.3382
$BrO^- + H_2O + 2e \rightleftharpoons Br^- + 2OH^-$	0.7610	$In^{3+} + 3e \rightleftharpoons In$	0.5360
$2BrO^- + 2H_2O + 2e \rightleftharpoons Br_2 + 4OH^-$	0.4500	$K^+ + e \rightleftharpoons K$	-0.9310
$BrO_3^- + 3H_2O + 6e \rightleftharpoons Br^- + 6OH^-$	0.6100	$MnO_4^- + 4H^+ + 3e \rightleftharpoons MnO_2(s) + 2H_2O$	1.6790
$Ca^{2+} + 2e \rightleftharpoons Ca$	-2.8660	$MnO_4^- + 2H_2O + 3e \rightleftharpoons MnO_2(s) + 4OH^-$	0.5950
$Cr^{3+} + e \rightleftharpoons Cr^{2+}$	-0.7440	$MnO_4^- + 8H^+ + 5e \rightleftharpoons Mn^{2+} + 4H_2O$	1.5070
$2CO_2 + 2H^+ + 2e \rightleftharpoons H_2C_2O_4$	-0.4900	$MnO_4^- + e \rightleftharpoons MnO_4^{2-}$	0.5580
$Cu_2O + H_2O + 2e \rightleftharpoons 2Cu + 2OH^-$	-0.3600	$Mo^{6+} + e \rightleftharpoons Mo^{5+}$	0.5300
$CrO_4^{2-} + 4H_2O + 3e \rightleftharpoons Cr(OH)_3 + 5OH^-$	-0.1300	$MnO_2(s) + 4H^+ + 2e \rightleftharpoons Mn^{2+} + 2H_2O$	1.2240
$Cu^{2+} + e \rightleftharpoons Cu^+$	0.1530	$Mn^{2+} + 2e \rightleftharpoons Mn$	-1.1850
$Cu^{2+} + 2e \rightleftharpoons Cu$	0.3400	$Mg^{2+} + 2e \rightleftharpoons Mg$	-2.3720
$Cu^+ + e \rightleftharpoons Cu$	0.5200	$Na^+ + e \rightleftharpoons Na$	-2.7100
$ClO_3^- + 3H_2O + 6e \rightleftharpoons Cl^- + 6OH^-$	0.6300	$NO_3^- + 2H^+ + e \rightleftharpoons NO_2 + H_2O$	0.8000
$Cr_2O_7^{2-} + 14H^+ + 6e \rightleftharpoons 2Cr^{3+} + 7H_2O$	1.3330	$NO_2 + H^+ + e \rightleftharpoons HNO_2$	1.0700
$Cl_2 + 2e \rightleftharpoons 2Cl^-$	1.3590	$NO_3^- + 3H^+ + 2e \rightleftharpoons HNO_2 + H_2O$	0.9340
$2ClO_4^- + 16H^+ + 14e \rightleftharpoons Cl_2 + 8H_2O$	1.3900	$Ni^{2+} + 2e \rightleftharpoons Ni$	-0.2570
$ClO_3^- + 6H^+ + 6e \rightleftharpoons Cl^- + 3H_2O$	1.4510	$NO_3^- + 4H^+ + 3e \rightleftharpoons NO + 2H_2O$	0.9570
$2ClO_3^- + 12H^+ + 10e \rightleftharpoons Cl_2 + 6H_2O$	1.4700	$O_2 + 2H_2O + 4e \rightleftharpoons 4OH^-$	0.4010
$Ce^{4+} + e \rightleftharpoons Ce^{3+}$	1.6100	$O_2 + 2H^+ + 2e \rightleftharpoons H_2O_2$	0.6820
$ClO_4^- + 2H^+ + 2e \rightleftharpoons ClO_3^- + H_2O$	1.1890	$O_2 + 4H^+ + 4e \rightleftharpoons 2H_2O$	1.2280

电极反应	$\varphi^{\ominus}$（V）	电极反应	$\varphi^{\ominus}$（V）
$ClO^- + H_2O + 2e \Longrightarrow Cl^- + 2OH^-$	0.8100	$O_3 + 2H^+ + 2e \Longrightarrow O_2 + H_2O$	2.0700
$Cu^{2+} + I^- + e \Longrightarrow CuI(s)$	0.8600	$O_2 + H_2O + 2e \Longrightarrow HO_2^- + HO^-$	-0.0760
$Co^{2+} + 2e \Longrightarrow Co$	-0.2800	$PbO_2(s) + SO_4^{2-} + 4H^+ + 2e \Longrightarrow PbSO_4 + 2H_2O$	1.6913
$Cr^{2+} + 2e \Longrightarrow Cr$	-0.9130	$PbO_2(s) + 4H^+ + 2e \Longrightarrow Pb^{2+} + 2H_2O$	1.4550
$Cd^{2+} + 2e \Longrightarrow Cd$	-0.4030	$Pb^{2+} + 2e \Longrightarrow Pb$	-0.1262
$CNO^- + H_2O + 2e \Longrightarrow CN^- + 2OH^-$	-0.9700	$PbSO_4(s) + 2e \Longrightarrow Pb + SO_4^{2-}$	0.3588
$Ce^{4+} + e \Longrightarrow Ce^{3+}$	1.7200	$Pb^{4+} + 2e \Longrightarrow Pb^{2+}$	1.6940
$F_2(g) + 2H^+ + 2e \Longrightarrow 2HF$	3.0530	$SO_4^{2-} + H_2O + 2e \Longrightarrow 2OH^- + SO_3^{2-}$	-0.9300
$Fe^{3+} + e \Longrightarrow Fe^{2+}$	0.7710	$2SO_3^{2-} + 3H_2O + 4e \Longrightarrow 6OH^- + S_2O_3^{2-}$	-0.5800
$[Fe(CN)_6]^{3-} + e \Longrightarrow [Fe(CN)_6]^{4-}$	0.3580	$Sn^{2+} + 2e \Longrightarrow Sn$	-0.1360
$Fe^{2+} + 2e \Longrightarrow Fe$	-0.4470	$Sn^{4+} + 2e \Longrightarrow Sn^{2+}$	0.1510
$F_2 + 2e \Longrightarrow 2F^-$	2.8700	$SO_4^{2-} + 4H^+ + 2e \Longrightarrow H_2O + H_2SO_3$	0.1700
$Ga^{2+} + 2e \Longrightarrow Ga$	-0.5490	$S_4O_6^{2-} + 2e \Longrightarrow 2S_2O_3^{2-}$	0.0800
$Hg_2^{2+} + 2e \Longrightarrow 2Hg$	0.7973	$S + 2H^+ + 2e \Longrightarrow H_2S$	0.1420
$H_2O_2 + 2H^+ + 2e \Longrightarrow 2H_2O$	1.7760	$S_2O_8^{2-} + 2e \Longrightarrow 2SO_4^{2-}$	2.0100
$HClO_2 + 2H^+ + 2e \Longrightarrow HClO + H_2O$	1.6450	$4SO_2(l) + 4H^+ + 6e \Longrightarrow S_4O_6^{2-} + 2H_2O$	0.5100
$HClO + H^+ + e \Longrightarrow 0.5Cl_2 + H_2O$	1.6110	$2SO_2(l) + 2H^+ + 4e \Longrightarrow S_2O_3^{2-} + H_2O$	0.4000
$2HgCl_2 + 2e \Longrightarrow Hg_2Cl_2(s) + 2Cl^-$	0.6300	$SbO^+ + 2H^+ + 3e \Longrightarrow Sb + H_2O$	0.2120
$Hg_2SO_4 + 2e \Longrightarrow 2Hg + SO_4^{2-}$	0.6125	$SO_4^{2-} + 4H^+ + 2e \Longrightarrow 2H_2O + SO_2$	0.1700
$H_5IO_6 + H^+ + 2e \Longrightarrow IO_3^- + 3H_2O$	1.6010	$SO_3^{2-} + 3H_2O + 4e \Longrightarrow 6OH^- + S$	-0.6600
$HBrO + H^+ + e \Longrightarrow 0.5Br_2 + H_2O$	1.5960	$Se + 2e \Longrightarrow Se^{2-}$	-0.9240
$H_3AsO_4 + 2H^+ + 2e \Longrightarrow HAsO_2 + 2H_2O$	0.5600	$SeO_3^{2-} + 3H_2O + 4e \Longrightarrow Se + 6OH^-$	-0.3660
$HClO + H^+ + 2e \Longrightarrow Cl^- + H_2O$	1.4820	$Sn(OH)_6^{2-} + 2e \Longrightarrow HSnO_2^- + H_2O + 3OH^-$	-0.9300
$HIO + H^+ + e \Longrightarrow 0.5I_2 + H_2O$	1.4390	$Se + 2H^+ + 2e \Longrightarrow H_2Se$	-0.3990
$HgCl_4^{2-} + 2e \Longrightarrow Hg + 4Cl^-$	0.4800	$S + 2e \Longrightarrow S^{2-}$	-0.4763
$Hg_2Cl_2(S) + 2e \Longrightarrow 2Hg + 2Cl^-$	0.2681	$Sb + 3H^+ + 3e \Longrightarrow SbH_3$	-0.5100
$HAsO_2 + 3H^+ + 3e \Longrightarrow As + 2H_2O$	0.2480	$Sr^{2+} + 2e \Longrightarrow Sr$	-2.8990
$Hg_2Br_2 + 2e \Longrightarrow 2Hg + 2Br^-$	0.1392	$2SO_3^{2-} + 3H_2O + 4e \Longrightarrow S_2O_3^{2-} + 6OH^-$	-0.5710
$HIO + H^+ + 2e \Longrightarrow H_2O + I^-$	0.9870	$TiO^{2+} + 2H^+ + e \Longrightarrow Ti^{3+} + H_2O$	0.1000
$2H^+ + 2e \Longrightarrow H_2$	0.0000	$Tl^+ + e \Longrightarrow Tl$	-0.3360
$HPbO_2^- + H_2O + 2e \Longrightarrow Pb + 3OH^-$	-0.5370	$VO^{2+} + 2H^+ + e \Longrightarrow V^{2+} + H_2O$	0.3370
$H_2O_2 + 2e \Longrightarrow 2OH^-$	0.8800	$VO_2^+ + 2H^+ + e \Longrightarrow VO^{2+} + H_2O$	0.9910
$H_2O + O_2 + 2e \Longrightarrow HO_2^- + OH^-$	-0.0760	$Zn^{2+} + 2e \Longrightarrow Zn$	-0.7678
$Hg^{2+} + 2e \Longrightarrow Hg$	0.8510	$ZnO_2^{2-} + 2H_2O + 2e \Longrightarrow Zn + 4OH^-$	-1.2150

（冉启文）

附录六

部分氧化还原电对的条件电极电势表（25℃）

电极反应	介质	$\phi^{\ominus}$（V）
$AgI + e \rightleftharpoons Ag + I^-$	1mol/L KI	-1.3700
$Ag^+ + e \rightleftharpoons Ag$	1mol/L H_2SO_4	0.7700
	1mol/L $HClO_4$	0.7920
	4mol/L HNO_3	1.9720
$Ce^{4+} + e \rightleftharpoons Ce^{3+}$	0.5mol/L H_2SO_4	1.4400
	1mol/L $HClO_4$	1.7400
	1mol/L HCl	1.2800
	1mol/L HNO_3	2.2800
	1mol/L H_2SO_4	1.4400
	2.5mol/L K_2CO_3	0.0600
$Co^{3+} + 2e \rightleftharpoons Co^+$	3mol/L HNO_3	1.8400
$Co(en)_3^{3+} + e \rightleftharpoons Co(en)_3^{2+}$	1mol/L KNO_3 + 1mol/L 乙二胺(en)	1.4820
$Cr^{3+} + e \rightleftharpoons Cr^{2+}$	5mol/L HCl	-0.4000
	0.1~0.5mol/L H_2SO_4	-0.3700
	饱和 $CaCl_2$	-0.2600
$Cr_2O_7^{2-} + 14H^+ + 6e \rightleftharpoons 2Cr^{3+} + 7H_2O$	0.1mol/L $HClO_4$	0.8400
	0.1mol/L H_2SO_4	0.9200
	0.1mol/L HCl	0.9300
	0.5mol/L H_2SO_4	1.0800
	1mol/L $HClO_4$	1.0250
	1mol/L HCl	1.0000
	2mol/L HCl	1.0500
	2mol/L H_2SO_4	1.1100
	3mol/L HCl	1.0800
	4mol/L H_2SO_4	1.1500
$CrO_4^{2-} + 2H_2O + 3e \rightleftharpoons CrO_2^- + 4OH^-$	1mol/L NaOH	-0.1200
$Fe^{3+} + e \rightleftharpoons Fe^{2+}$	0.5mol/L HCl	0.7100
	0.5mol/L 酒石酸钠,pH5~8	0.0700
	1mol/L HCl	0.7000
	1mol/L $HClO_4$	0.7670
	1mol/L H_2SO_4	0.6800
	1mol/L $K_2C_2O_4$,pH=5	0.0100
	2mol/L H_3PO_4	0.4600
	5mol/L HCl	0.6400

电极反应	介质	$\phi^{\ominus}$（V）
$Fe^{3+} + e \Longrightarrow Fe^{2+}$	10mol/L HCl	0.5300
	10mol/L NaOH	-0.6800
$Fe(EDTA)^{3+} + e \Longrightarrow Fe(EDTA)^{2+}$	0.1mol/L ETDA，pH4~6	0.1200
$Fe(CN)_6^{3-} + e \Longrightarrow Fe(CN)_6^{4-}$	0.01mol/L HCl	0.4800
	0.1mol/L HCl	0.5600
	1mol/L HCl	0.7100
	1mol/L H_2SO_4	0.7200
	1mol/L $HClO_4$	0.7200
$FeO_4^{2-} + 2H_2O + 3e \Longrightarrow FeO_2^- + 4OH^-$	10mol/L NaOH	0.5500
$H_3AsO_4 + 2H^+ + 2e \Longrightarrow HAsO_2 + 2H_2O$	1mol/L HCl	0.5770
	1mol/L $HClO_4$	0.5770
$I_2 + 2e \Longrightarrow 2I^-$	0.5mol/L H_2SO_4	0.6276
$I_3^- + 2e \Longrightarrow 3I^-$	0.5mol/L H_2SO_4	0.5450
$MnO_4^- + 8H^+ + 5e \Longrightarrow Mn^{2+} + 4H_2O$	1mol/L $HClO_4$	1.4500
	8mol/L H_3PO_4	1.2700
$Os^{8+} + 4e \Longrightarrow Os^{4+}$	5mol/L HCl	0.7900
$Pb^{2+} + 2e \Longrightarrow Pb$	1mol/L NaAc	-0.3200
	1mol/L $HClO_4$	-0.1400
$SnCl_6^{2-} + 2e \Longrightarrow SnCl_4^{2-} + 2Cl^-$	1mol/L HCl	0.1400
$Sn^{2+} + 2e \Longrightarrow Sn$	1mol/L $HClO_4$	-0.1600
$Sn^{4+} + 2e \Longrightarrow Sn^{2+}$	1mol/L $HClO_4$	-0.6300
	1mol/L HCl	0.1400
$Sb^{5+} + 2e \Longrightarrow Sb^{3+}$	3.5mol/L HCl	0.7500
	3mol/L KOH	-0.4280
	6mol/L HCl	0.8200
	10mol/L KOH	-0.5890
$Sb(OH)_6^- + 2e \Longrightarrow SbO_2^- + 2OH^- + 2H_2O$	3mol/L NaOH	-0.4280
$SbO_2^- + 2H_2O + 3e \Longrightarrow Sb + 4OH^-$	10mol/L NaOH	-0.6750
$SO_4^{2-} + 4H^+ + 2e \Longrightarrow SO_2 + 2H_2O$	1mol/L H_2SO_4	0.0700
$Ti^{4+} + e \Longrightarrow Ti^{3+}$	0.2mol/L H_2SO_4	-0.0100
	2mol/L H_2SO_4	0.1200
	1mol/L HCl	-0.0400
	1mol/L H_3PO_4	-0.0500
$UO_2^{2+} + 4H^+ + 2e \Longrightarrow U^{4+} + 2H_2O$	0.5mol/L H_2SO_4	0.4100

（冉启文）

附录七

配离子的稳定常数(20～25℃)

配合物	金属离子	$c(\text{mol/L})$	n	$\lg\beta_n$
氨配合物	Ag^+	0.5	1,2	3.24;7.05
	Cd^{2+}	2	1,2,…,6	2.65;4.75;6.19;7.12;6.80;5.14
	Co^{2+}	2	1,2,…,6	2.11;3.74;4.79;5.55;5.73;5.11
	Co^{3+}	2	1,2,…,6	6.70;14.00;20.31;25.70;30.80;35.20
	Cu^+	2	1,2	5.93;10.86
	Cu^{2+}	2	1,2,…,5	4.31;7.98;11.02;13.32;12.86
	Ni^{2+}	2	1,2,…,6	2.80;5.04;6.77;7.96;8.71;8.74
	Zn^{2+}	2	1,2,…,4	2.37;4.81;7.31;9.46
草酸配合物	Al^{3+}	0	1,2,3	7.26;13.00;16.30
	Cd^{2+}	0.5	1,2	2.90;4.70
	Fe^{2+}	0.5～1	1,2,3	2.90;4.52;5.22
	Fe^{3+}	0.1	1,2	2.76;4.38
	Mn^{3+}	2	1,2,3	9.98;16.57;19.42
	Ni^{2+}	0.1	1,2,3	5.30;7.64;8.50
碘配合物	Ag^+	0	1,2,3	6.58;11.74;13.68
	Bi^{3+}	2	1,2,…,6	3.63;－;－;14.95;16.80;18.80
	Cd^{2+}	0	1,2,…,4	2.10;3.43;4.49;5.41
	Hg^{2+}	0.5	1,2,…,4	12.87;23.82;27.60;29.83
氟配合物	Al^{3+}	0.5	1,2,…,6	6.13;11.15;15.00;17.75;19.37;19.84
	Fe^{3+}	0.5	1,2,…,6	5.28;9.30;12.06;—;15.77;—
	TiO^{2-}	3	1,2,…,4	5.40;9.80;13.70;18.00
	Th^+	0.5	1,2,3	7.65;13.46;17.97
	Zr^{4+}	2	1,2,3	8.80;16.12;21.94
磺基水杨酸配合物	Fe^{3+}	0.25	1,2,3	14.64;25.18;32.12
	Al^{3+}	0.1	1,2,3	13.20;22.83;28.89
氯配合物	Ag^+	0.2	1,2,…,4	2.90;4.70;5.00;5.90
	Hg^{2+}	0.5	1,2,…,4	6.74;13.22;14.07;15.07
硫氰配合物	Fe^{3+}	不定	1,2,…,5	2.30;4.50;5.60;6.40;6.40
	Hg^{2+}	1	1,2,…,4	—;16.10;19.00;21.90
硫代硫酸配合物	Ag^+	0	1,2,3	8.82;13.46;14.15
	Hg^{2+}	0	1,2,3,4	—;29.86;32.26;3361

配合物	金属离子	$c(\text{mol/L})$	n	$\lg\beta_n$
邻二氮菲配合物	Ag^+	0.1	1,2	5.02;12.07
	Cd^{2+}	0.1	1,2,3	6.40;11.60;15.80
	Co^{2+}	0.1	1,2,3	7.00;13.70;20.10
	Cu^{2+}	0.1	1,2,3	9.10;15.80;21.00
	Fe^{2+}	0.1	1,2,3	5.90;11.10;21.30
	Hg^{2+}	0.1	1,2,3	—;19.56;23.35
	Ni^{2+}	0.1	1,2,3	8.80;17.10;24.80
	Zn^{2+}	0.1	1,2,3	6.40;12.15;17.00
枸橼酸配合物	Al^{3+}	0.5	1	20.00
	Cu^{2+}	0.5	1	18.00
	Fe^{3+}	0.5	1	25.00
	Ni^{2+}	0.5	1	12.30
	Pb^{2+}	0.5	1	12.30
	Zn^{2+}	0.5	1	11.40
氰配合物	Ag^+	0~0.3	1,2,3,4	—;21.10;21.70;20.60
	Cd^{2+}	3	1,2,3,4	5.48;10.60;15.23;18.78
	Cu^+	0	1,2,3,4	—;24.00;28.59;30.30
	Co^{2+}	0	6	19.09
	Fe^{2+}	0	6	35.00
	Fe^{3+}	0	6	42.00
	Hg^{2+}	0.1	1,2,3,4	18.00;34.70;38.50;41.50
	Ni^{2+}	0.1	4	31.30
	Zn^{2+}	0.1	1,2,3,4	5.30;11.70;16.70;21.60
乙酰丙酮配合物	Al^{3+}	0.1	1,2,3	8.10;15.70;21.20
	Cu^{2+}	0.1	1,2	7.80;14.30
	Fe^{3+}	0.1	1,2,3	9.30;17.90;25.10
乙二胺配合物	Ag^+	0.1	1,2	4.70;7.70
	Cd^{2+}	0.5	1,2,3	5.47;10.09;12.09
	Cu^{2+}	1	1,2,3	10.67;20.00;21.00
	Co^{2+}	1	1,2,3	5.91;10.64;13.94
	Co^{3+}	1	1,2,3	18.70;34.90;48.69
	Fe^{2+}	1.4	1,2,3	4.34;7.65;9.70
	Hg^{2+}	0.1	1,2	14.30;23.30
	Ni^{2+}	1	1,2,3	7.52;13.80;18.06
	Zn^{2+}	1	1,2,3	5.77;10.83;14.11

（冉启文）

附录八

部分金属离子的 lg$\alpha_{M(OH)}$ （20～25℃）

金属离子	I（mol/L）	pH													
		1	2	3	4	5	6	7	8	9	10	11	12	13	14
Ag^+	0.10										0.10	0.50	2.30	5.10
Al^{3+}	2.00				0.40	1.30	5.30	9.30	13.30	17.30	21.30	25.30	29.30	33.30
Ba^{2+}	0.10	0.10												0.10	0.50
Bi^{3+}	3.00	0.10	0.50	1.40	2.40	3.40	4.40	5.40							
Ca^{2+}	0.10	0.10												0.30	1.00
Ce^{4+}	1.00～2.00	1.20	3.10	5.10	7.10	9.10	11.10	13.10							
Cd^{2+}	3.00									0.10	0.50	2.00	4.50	8.10	12.00
Cu^{2+}	0.10								0.20	0.80	1.70	2.70	3.70	4.70	5.70
Fe^{2+}	1.00									0.10	0.60	1.50	2.50	3.50	4.50
Fe^{3+}	3.00			0.40	1.80	3.70	5.70	7.70	9.70	11.70	13.70	15.70	17.70	19.70	21.70
Hg^{2+}	0.10			0.50	1.90	3.90	5.90	7.90	9.90	11.90	13.90	15.90	17.90	19.90	21.90
La^{3+}	3.00										0.30	1.00	1.90	2.90	3.90
Mg^{2+}	0.10											0.10	0.50	1.30	2.30
Ni^{2+}	0.10									0.10	0.70	1.60			
Pb^{2+}	0.10						0.10	0.50	1.40	2.70	4.70	7.40	10.40	13.40
Th^{4+}	1.00				0.20	0.80	1.70	2.70	3.70	4.70	5.70	6.70	7.70	8.70	9.70
Zn^{2+}	0.10									0.20	2.40	5.40	8.50	11.80	15.50

（冉启文）

附录九

EDTA – 2Na 的 lg$\alpha_{Y(H)}$

pH	lg$\alpha_{Y(H)}$	pH	lg$\alpha_{Y(H)}$	pH	lg$\alpha_{Y(H)}$	pH	lg$\alpha_{Y(H)}$	pH	lg$\alpha_{Y(H)}$
0.00	23.64	2.50	11.90	5.00	6.45	7.50	2.78	10.00	0.45
0.10	23.06	2.60	11.62	5.10	6.26	7.60	2.68	10.10	0.39
0.20	22.47	2.70	11.35	5.20	6.07	7.70	2.57	10.20	0.33
0.30	21.89	2.80	11.09	5.30	5.88	7.80	2.47	10.30	0.28
0.40	21.30	2.90	10.84	5.40	5.69	7.90	2.37	10.40	0.24
0.50	20.75	3.00	10.60	5.50	5.51	8.00	2.27	10.50	0.20
0.60	20.18	3.10	10.37	5.60	5.33	8.10	2.17	10.60	0.16
0.70	19.62	3.20	10.14	5.70	5.15	8.20	2.07	10.70	0.13
0.80	19.08	3.30	9.92	5.80	4.98	8.30	1.97	10.80	0.11
0.90	18.54	3.40	9.70	5.90	4.81	8.40	1.87	10.90	0.09
1.00	18.01	3.50	9.48	6.00	4.65	8.50	1.77	11.00	0.07
1.10	17.49	3.60	9.27	6.10	4.49	8.60	1.67	11.10	0.06
1.20	16.98	3.70	9.06	6.20	4.34	8.70	1.57	11.20	0.05
1.30	16.49	3.80	8.85	6.30	4.2	8.80	1.48	11.30	0.04
1.40	16.02	3.90	8.65	6.40	4.06	8.90	1.38	11.40	0.03
1.50	15.55	4.00	8.44	6.50	3.92	9.00	1.28	11.50	0.02
1.60	15.11	4.10	8.24	6.60	3.79	9.10	1.19	11.60	0.02
1.70	14.68	4.20	8.04	6.70	3.67	9.20	1.10	11.70	0.02
1.80	14.27	4.30	7.84	6.80	3.55	9.30	1.01	11.80	0.01
1.90	13.88	4.40	7.64	6.90	3.43	9.40	0.92	11.90	0.01
2.00	13.51	4.50	7.44	7.00	3.32	9.50	0.83	12.00	0.01
2.10	13.16	4.60	7.24	7.10	3.21	9.60	0.75	12.10	0.01
2.20	12.82	4.70	7.04	7.20	3.10	9.70	0.67	12.20	0.0050
2.30	12.50	4.80	6.84	7.30	2.99	9.80	0.59	13.00	0.0008
2.40	12.19	4.90	6.65	7.40	2.88	9.90	0.52	13.90	0.0001

（冉启文）

附录十

部分金属离子与 EDTA – 2Na 条件稳定常数 lgK'_{MY}

金属离子	pH														
	0	1	2	3	4	5	6	7	8	9	10	11	12	13	14
Ag^+					0.70	1.70	2.80	3.90	5.00	5.90	6.80	7.10	6.80	5.00	2.20
Al^{3+}			3.00	5.40	7.50	9.60	10.40	8.50	6.60	4.50	2.40				
Ba^{2+}					1.30	3.00	4.40	5.50	6.40	7.30	7.70	7.80	7.70	7.30	
Bi^{3+}	1.40	5.30	8.60	10.60	11.80	12.80	13.60	14.00	14.10	14.00	13.90	13.30	12.40	11.40	10.40
Ca^{2+}					2.20	4.10	5.90	7.30	8.40	9.30	10.20	10.60	10.70	10.40	9.70
Cd^{2+}		1.00	3.80	6.00	7.90	9.90	11.70	13.10	14.20	15.00	15.50	14.40	12.00	8.40	4.50
Co^{2+}		1.00	3.70	5.90	7.80	9.70	11.50	12.90	13.90	14.50	14.70	14.10	12.10		
Cu^{2+}		3.40	6.10	8.30	10.20	12.00	14.00	15.40	16.30	16.60	16.60	16.10	15.70	15.60	15.60
Fe^{2+}			1.50	3.70	5.70	7.70	9.50	10.90	12.00	12.80	13.20	12.70	11.80	10.80	9.80
Fe^{3+}	5.10	8.20	11.50	13.90	14.70	14.80	14.60	14.10	13.70	13.60	14.00	14.30	14.40	14.40	14.40
Hg^{2+}	3.50	6.50	9.20	11.10	11.30	11.30	11.10	10.50	9.60	8.80	8.40	7.70	6.80	5.80	4.80
La^{2+}			1.70	4.60	6.80	8.80	10.60	12.00	13.10	14.00	14.60	14.30	13.50	12.50	11.50
Mg^{2+}					2.10	3.90	5.30	6.40	7.30	8.20	8.50	8.20	7.40		
Mn^{2+}			1.40	3.60	5.50	7.40	9.20	10.60	11.70	12.60	13.40	13.40	12.60	11.60	10.60
Ni^{2+}		3.40	6.10	8.20	10.10	12.00	13.80	15.20	16.30	17.10	17.40	16.90			
Pb^{2+}		2.40	5.20	7.40	9.40	11.40	13.20	14.50	15.20	15.20	14.80	13.90	10.60	7.60	4.60
Th^{4+}	1.80	5.80	9.50	12.40	14.50	15.80	16.70	17.40	18.20	19.10	20.00	20.40	20.50	20.50	20.50
Zn^{2+}		1.10	3.80	6.00	7.90	9.90	11.70	13.10	14.20	14.90	13.60	11.00	8.00	4.70	1.00

（冉启文）

附录十一

主要基团的红外吸收特征峰

基团	振动类型	吸收峰(cm^{-1})	强度	备注
1. 烷烃类	C—H 伸	3000~2850	m、s	
	C—H 弯(面内)	1490~1350	m、w	
	C—C 伸(骨架)	1250~1140	m	—CH(CH$_3$)$_2$和—C(CH$_3$)$_3$有
—CH$_3$	CH 伸(反称)	2962±10	s	
	CH 伸(对称)	2872±10	s	
	CH 伸(反称、面内)	1450±20	m	
	CH 伸(对称、面内)	1380~1370	s	
—CH$_2$—	CH 伸(反称)	2926±10	s	
	CH 伸(对称)	2853±10	s	
	CH 弯(面内)	1465±20	m	
$\overset{\mid}{\underset{\mid}{-CH}}$	CH 伸	2890±10	w	
	CH 弯(面内)	~1340	w	
—CH(CH$_3$)$_2$	CH$_3$(对称、弯曲)	1385~1380	两峰强度相同	还在 1140~1170cm^{-1}
	1375 裂分	1370~1365(双峰)		出现中等或弱峰
—C(CH$_3$)$_3$	CH$_3$(对称、弯曲)	1395~1385	较高频峰强度是	还在 1200~1250cm^{-1}
	1375 裂分	~1370(双峰)	较低频峰的两倍	出现中等或弱峰
—(CH$_2$)$_n$—	CH 弯(面内)	~720	w	$n>4$
2. 烯烃内	C—C 伸	3095~3000	m、w	
	C=C 伸	1695~1540	变	C=C=C 则为 2000~1925cm^{-1}
	*C—H 弯(面内)	1430~1290	m	
	C—H 弯(面外)	1010~667	s	很特征
RCHCH$_2$—	CH 弯(面外)	990,910(双峰)	m → s	
	CH 弯(面外)	970~960	s	
	CH 弯(面外)	770~665	s	
	CH 弯(面外)	890	s	
	CH 弯(面外)	840~790	s	
3. 炔烃内	C=C 伸	2270~2100	m	尖细峰
	=CH,CH 伸	3300~3200	m	特征
4. 芳烃类	=CH,CH 伸	3100~3000	变	一般三、四个峰
	泛频峰	2000~1667	w	苯环高度特征峰
	C=C 伸(骨架)	1650~1430	m → s	很特征,2~4个峰
单取代,=CH	CH,CH 弯(面内)	1250~1000	w	
	CH,CH 弯(面外)	910~665	s	确定苯环取代基位置
	CH 弯(面外)	770~730	vs	五个氢相邻
		710~690(双峰)	s	

基团	振动类型	吸收峰(cm^{-1})	强度	备注
邻双取代＝CH	CH 弯(面外)	770~735(单峰)	vs	四个氢相邻
间双取代＝CH	CH 弯(面外)	810~750	vs	三个氢相邻
		725~680	m→s	
		900~860(三峰)	m	一个氢
对双取代,＝CH	CH 弯(面外)	860~790(单峰)	vs	二个相邻氢
1,3,5 取代,＝CH	CH 弯(面外)	865~810	s	一个氢
		730~670(双峰)		
五取代,＝CH	CH 弯(面外)	900~860(单峰)	s	一个氢
5. 醇类	O—H 伸	3700~3200	变	
	O—H 弯(面内)	1410~1260	w	
	C＝O 伸	1250~1000	s	
	O—H 弯(面外)	750~650	s	液态有此峰
游离 OH	OH 伸	3650~3590	变	
分子间氢键	OH 伸(单桥)	3550~3450	变	
分子间氢键	OH 伸(多聚)	3400~3200	s	
分子内氢键	OH 伸(单桥)	3570~3450	变	
分子内氢键	OH 伸(螯合)	3200~2500	w	
伯醇、仲醇	OH 弯(面内)	1350~1260	s	
叔醇	OH 弯(面内)	1410~1310	s	
6. 酚类	O—H 伸	3705~3125	s	
	O—H 弯(面内)	1390~1315	m	
	φ—O 伸	1335~1165	s	
7. 醚	C—O—C 伸	1270~900	m→s	
脂肪醚	C—O 伸	1230~1010	s	
脂环醚	C—O 伸	1250~900	m	
芳香醚	C—O 伸	1270~1000	m→s	
	φ—O 伸	1175~1110	m→s	
8. 醛类	C—H 伸	2900~2700	w	一般两个谱带
	C＝O 伸	1755~1665	vs	
	C—H 弯(面外)	975~780	m	
脂肪醛	C＝O 伸	1755~1695	s	
α,β-不饱和醛	C＝O 伸	1705~1680	s	
芳香醛	C＝O 伸	1725~1665	s	
9. 酮类	C＝O 伸	1730~1540	vs	
	其他振动	1250~1030	w	
饱和酮	C＝O 伸	1725~1705	vs	
α,β-不饱和酮	C＝O 伸	1685~1665	s	与双键共轭降40
α-二酮 (—CO—CO—)	C＝O 伸	1730~1710	s	
β-二酮 (CO—CH$_2$—CO)	C＝O 伸	1640~1540	s	

基团	振动类型	吸收峰(cm^{-1})	强度	备注
芳香酮	C＝O 伸	1700～1630	s	
脂环酮	C＝O 伸	1750～1705	s	
9. 羧酸	O—H 伸	3400～2500	m	二聚体,宽
	C＝O 伸	1740～1690	s	二聚体
	O—H 弯(面内)	1450～1395	w	二聚体
	C—O 伸	1270～1205	m	二聚体
	O—H 弯(面外)	960～900	w	二聚体
10. 酸酐	C＝O 伸(反称)	1870～1800	s	双峰
	C＝O 伸(对称)	1800～1740	s	
	C—O 伸	1300～1050	s	
11. 酯类	C＝O 伸(泛频)	～3450	w	
	C＝O 伸	1765～1720	s	
	C—O—C 伸	1300～1000	s	
正常饱和酯	C＝O 伸	1750～1735	s	
α,β-不饱和酯和芳香酯	C＝O 伸	1730～1717	s	
β-酮类的酯类(烯醇型)	C＝O 伸	～1650	s	
δ-内酯	C＝O 伸	1750～1735	s	
γ-内酯(饱和)	C＝O 伸	1780～1760	s	
β-内酯	C＝O 伸	～1820	s	
12. 胺	N—H 伸	3500～3300	m	
	N—H 弯(面内)	1650～1550		伯胺强,中;仲胺极弱
	C—N 伸(芳香)	1360～1250	s	
	C—N 伸(脂肪)	1235～1020	m,w	
	N—H 弯(面外)	900～650		
13. 酰胺	N—H 伸	3500～3100	s	伯酰胺双峰 仲酰胺单峰
	C＝O 伸	1680～1630	s	
	N—H 弯(面内)	1640～1550	s	
	C—N 伸	1420～1400	m	
14. 硝基化合物	NO$_2$ 伸(反称)	1553～1543	s	
	NO$_2$ 伸(对称)	1385～1360	s	
	C—N 伸	920～800	w	
15. 杂环芳香族化合物吡啶类	C—H 伸	～3030	w	
	环的骨架振动	1667～1430	m	与苯环类似双峰
	C—H 弯(面内)	1175～1000	w	
	C—H 弯(面外)	910～665	s	

续表

基团	振动类型	吸收峰(cm^{-1})	强度	备注
嘧啶类	C—H 伸	3060~3010	w	
	环的骨架振动	1580~1520	m	
	环上 CH 弯	1000~960	m	
	环上 CH 弯	825~775	m	

（冉启文）

附录十二

相对重量校正因子

物质名称	热导	氢焰	物质名称	热导	氢焰
一、正构烷			四、不饱和烃		
甲烷	0.58	1.03	乙烯	0.75	0.98
乙烷	0.75	1.03	丙烯	0.83	
丙烷	0.86	1.02	异丁烯	0.88	
丁烷	0.87	0.91	正丁烯-1	0.88	
戊烷	0.88	0.96	戊烯-1	0.91	
己烷	0.89	0.97	己烯-1		1.01
庚烷	0.89	1	乙炔		0.94
辛烷	0.92	1.03	五、芳香烃		
壬烷	0.93	1.02	苯	1.00	0.89
二、异构烷			甲苯	1.02	0.94
异丁烷	0.91		乙苯	1.05	0.97
异戊烷	0.91	0.95	间二甲苯	1.04	0.96
2,2-二甲基丁烷	0.95	0.96	对二甲苯	1.04	1
2,3二甲基丁烷	0.95	0.97	邻二甲苯	1.08	0.93
2-甲基戊烷	0.92	0.95	异丙苯	1.09	1.03
3-甲基戊烷	0.93	0.96	正丙苯	1.05	0.99
2-甲基己烷	0.94	0.98	联苯	1.16	
3-甲基基烷	0.96	0.98	萘	1.19	
三、环烷			四氢萘		
环戊烷	0.92	0.96	六、醇		
甲基环戊烷	0.93	0.99	甲醇	0.75	4.35
环己烷	0.94	0.99	乙醇	0.82	2.18
甲基环基烷	1.05	0.99	正丙醇	0.92	1.67
1.1-二甲基环基烷	1.02	0.97	异丙醇	0.91	1.89
乙甲基环基烷	0.99	0.99	正丁醇	1	1.52
环庚烷		0.99	异丁醇	0.98	1.47

物质名称	热导	氢焰	物质名称	热导	氢焰
仲丁醇	0.97	1.59	正丙醚	1	
叔丁醇	0.98	1.35	乙基正丁基醚	1.01	
正戊醇		1.39	正丁醚	1.04	
正己醇	1.11	1.35	正戊醚	1.1	
正庚醇	1.16		**十二、胺与腈**		
正辛醇		1.17	正丁胺	0.82	
正癸醇		1.19	正戊胺	0.73	
环己醇	1.14		正己胺	1.25	
七、醛			二乙胺		1.64
乙醛	0.87		乙腈	0.68	
丁醛		1.61	丙腈	0.83	
庚醛		1.3	正丁胺	0.84	
辛醛		1.28	苯胺	1.05	1.03
癸醛		1.25	**十三、卤素化合物**		
八、酮			二氯甲烷	1.14	
丙酮	0.87	2.04	三氯甲烷	1.41	
甲乙酮	0.95	1.64	四氯化碳	1.64	
二乙基酮	1		三氯乙烯	1.45	
3－己酮	1.04		1－氯乙烷	1.1	
2－己酮	0.98		氯苯	1.25	
甲基己戊酮	1.1		邻氯甲苯	1.27	
环戊酮	1.01		氯代环己烷	1.27	
环己酮	1.01		溴己烷	1.43	
九、酸			碘甲烷	1.89	
乙酸		4.17	碘乙烷	1.89	
丙酸		2.5	**十四、杂环化合物**		
丁酸		2.09	四氢呋喃	1.11	
己酸		1.58	吡咯	1	
庚酸		1.64	吡啶	1.01	
辛酸		1.54	四氢吡啶	1	
十、酯			喹啉	0.86	
乙酸甲酯		5	哌啶	1.06	1.75
乙酸乙酯	1.01	2.64	**十五、其他**		
乙酸异丙酯	1.08	2.04	水	0.7	无信号
乙酸正丁酯	1.1	1.81	硫化氢	1.14	无信号
乙酸异丁酯		1.85	氦	0.54	无信号
乙酸异戊酯	1.1	1.61	二氧化碳	1.18	无信号
乙酸正戊酯	1.14		一氧化碳	0.86	无信号
乙酸正庚酯	1.19		氢	0.22	无信号
十一、醚			氖	0.86	无信号
乙醚	0.86		氧	1.02	无信号
异丙醚	1.01				

（冉启文）

附录十三

常用标准 pH 缓冲液的配制

名称	配制方法	不同温度下的 pH			
		20℃	25℃	30℃	40℃
0.05mol/L 草酸三氢钾溶液 KH$_3$(C$_2$O$_4$)$_2$·2H$_2$O	称取在 54℃±3℃ 下烘干 4~5 小时的草酸三氢钾 12.61g，溶于纯化水中，在容量瓶中稀释至 1000ml	1.68	1.68	1.68	1.69
25℃ 饱和酒石酸氢钾溶液 KHC$_4$H$_4$O$_6$	在磨口玻璃瓶中装入纯化水和过量的酒石酸氢钾粉末(约 20g/L)，控制温度在 25℃±5℃，剧烈振摇 20~30 分钟，溶液澄清后，取上清液备用	—	3.56	3.55	3.55
0.05mol/L 邻苯二甲酸氢钾 KHC$_8$H$_4$O$_4$	称取在 115℃±5℃ 下烘干 2~3 小时的邻苯二甲酸氢钾 10.12g，溶于蒸馏水中，在容量瓶中稀释至 1000ml	4.00	4.00	4.01	4.03
0.025mol/L 磷酸二氢钾 KH$_2$PO$_4$ 和 0.025mol/L 磷酸氢二钠 Na$_2$HPO$_4$ 混合溶液	分别称取在 115℃±5℃ 下烘干 2~3 小时的磷酸二氢钾 3.39g 和磷酸氢二钠 3.53g，溶于蒸馏水中，在容量瓶中稀释至 1000ml	6.88	6.86	6.85	6.84
0.01mol/L 硼砂溶液 Na$_2$B$_4$O$_7$·10H$_2$O	称取硼砂 3.80g(注意:不能烘干)，溶于蒸馏水中，在容量瓶中稀释至 1000ml	9.23	9.18	9.14	9.07
25℃ 饱和氢氧化钙溶液 Ca(OH)$_2$	在磨口玻璃瓶或聚乙烯塑料瓶中装入蒸馏水和过量的酒石酸氢钾粉末(5~10g/L)，控制温度在 25℃±5℃，剧烈振摇 20~30 分钟，迅速用抽滤法滤取清液备用	12.64	12.46	12.29	11.98

(冉启文)

附录十四

试剂和指示液的配制

名称	相对密度	质量分数	浓度（mol/L）	配制方法
浓盐酸（HCl）	1.19	0.3723	12	
稀盐酸（HCl）	1.1	0.2	6	浓盐酸496ml，加水稀释至1000ml
稀盐酸（HCl）	—	—	3	浓盐酸250ml，加水稀释至1000ml
稀盐酸（HCl）	1.036	0.0715	2	浓盐酸167ml，加水稀释至1000ml
浓硝酸（HNO₃）	1.42	0.698	16	
稀硝酸（HNO₃）	1.2	0.3236	6	浓硝酸375ml，加水稀释至1000ml
稀硝酸（HNO₃）	1.07	0.12	2	浓硝酸127ml，加水稀释至1000ml
浓硫酸（H₂SO₄）	1.84	0.956	18	浓硫酸333ml，慢慢倒入500ml水中，并不断搅拌，最后加水稀释至1000ml
稀硫酸（H₂SO₄）	1.18	0.248	3	
稀硫酸（H₂SO₄）	1.08	0.0907	1	浓硫酸167ml，慢慢倒入800ml水中，并不断搅拌，最后加水稀释至1000ml
冰醋酸（CH₃COOH）	1.05	0.995	17	
稀醋酸（CH₃COOH）	—	0.35	6	浓醋酸353ml，加水稀释至1000ml
稀醋酸（CH₃COOH）	1.016	0.121	2	浓醋酸118ml，加水稀释至1000ml
浓磷酸（H₃PO₄）	1.69	0.8509	14.7	
浓氨水（NH₃·H₂O）	0.9	0.25~0.27	15	
稀氨水（NH₃·H₂O）	0.1	—	6	浓氨水400ml，加水稀释至1000ml
稀氨水（NH₃·H₂O）	—	—	2	浓氨水133ml，加水稀释至1000ml
稀氨水（NH₃·H₂O）	—	—	1	浓氨水67ml，加水稀释至1000ml
氢氧化钠（NaOH）	1.22	0.197	6	氢氧化钠250g溶于水中，加水稀释至1000ml
氢氧化钠（NaOH）	—	—	2	氢氧化钠80g溶于水中，加水稀释至1000ml
氢氧化钠（NaOH）	—	—	1	氢氧化钠40g溶于水中，加水稀释至1000ml
氢氧化钾（KOH）	—	—	2	氢氧化钾112g溶于水中，加水稀释至1000ml
硫氢酸铵（NH₄HS）	—	—	0.5	38g硫氢酸铵溶于水中，加水稀释至1000ml
硝酸银（AgNO₃）	—	—	0.1	17g硝酸银溶于水中，加水稀释至1000ml
高锰酸钾（KMnO₄）	—	—	0.01	1.6g高锰酸钾溶于水中，加水稀释至1000ml
铁氰化钾［K₃Fe(CN)₆］	—	—	0.1	33g铁氰化钾溶于水中，加水稀释至1000ml
亚铁氰化钾［K₄Fe(CN)₆］	—	—	0.1	42g亚铁氰化钾溶于水中，加水稀释至1000ml
碘化钾（KI）	—	—	0.5	83g碘化钾溶于水中，加水稀释至1000ml
亚硝酸钴钠［Na₃Co(NO₂)₆］	—	—	—	150g亚硝酸钴钠溶于水中，加水稀释至1000ml
醋酸铀酰锌［NaZn(UO₂)₃·(CH₃COO)₉·6H₂O］	—	—	—	200g醋酸铀酰锌溶于水中，加水稀释至1000ml

名称	相对密度	质量分数	浓度（mol/L）	配制方法
氰化钾（KCN）	—	—	5%	50g 氰化钾溶于水中，加水稀释至 1000ml
亚硝酰铁氰化钠 $[Na_3Fe(NO)(CN)_6]$	—	—	—	10g 亚硝酰铁氰化钾溶于水中，加水稀释至 1000ml
四苯硼酸钠 $[NaB(Ph)_4]$	—	—	—	3g 四苯硼酸钠溶于 100ml 水中
甲基橙	—	—	—	取甲基橙 0.1g，加蒸馏水 100ml 溶解，滤过
酚酞	—	—	—	取酚酞 1g，加 95% 乙醇 100ml 使溶解
荧光黄	—	—	—	取荧光黄 0.1g，加 95% 乙醇 100ml 溶解后，滤过
曙红	—	—	—	取水溶性曙红 0.1g，加水 100ml 溶解后，滤过
铬酸钾（K_2CrO_4）	—	—	—	取铬酸钾 5g，加水溶解，稀释至 100ml
硫酸铁铵 $[FeNH_4(SO_4)_2]$	—	—	—	取硫酸铁铵 8g，加水溶解，稀释至 100ml
铬黑 T	—	—	—	取铬黑 T 0.1g，加氯化钠 10g，研磨均匀。或取铬黑 T 0.2g 溶于 15ml 三乙醇胺及 5ml 甲醇中，即得

（冉启文）

参考文献

[1] 李磊，高希宝. 仪器分析 [M]. 北京：人民卫生出版社，2015.

[2] 柴逸峰. 分析化学 [M]. 8版. 北京：人民卫生出版社，2020.

[3] 张威. 仪器分析 [M]. 南京：江苏凤凰科学技术出版社，2015.

[4] 王元兰. 仪器分析 [M]. 北京：化学工业出版社，2014.

[5] 赵怀清. 分析化学学习指导与习题集 [M]. 北京：人民卫生出版社，2011.

[6] 蔡自由，黄月君. 分析化学 [M]. 北京：中国医药科技出版社，2015.

[7] 黄若峰. 分析化学 [M]. 北京：国防科技大学出版社，2014.

[8] 孙银祥. 分析化学 [M]. 长春：吉林大学出版社，2011.

[9] 朱爱军. 分析化学基础 [M]. 北京：人民卫生出版社，2016.

[10] 石宝钰，宋守正. 基础化学 [M]. 北京：人民卫生出版社，2016.

[11] 孙莹，吕洁. 药物分析 [M]. 北京：人民卫生出版社，2013.

[12] 谢庆娟，李维斌. 分析化学 [M]. 北京：人民卫生出版社，2013.

[13] 蔡自由，黄月君. 分析化学 [M]. 北京：中国医药科技出版社，2015.

[14] 王蕾，崔迎. 仪器分析 [M]. 天津：天津大学出版社，2009.

[15] 郭旭明，韩建国. 仪器分析 [M]. 北京：化学工业出版社，2014.

[16] 张晓敏. 仪器分析 [M]. 杭州：浙江大学出版社，2012.08.

[17] 冯晓群. 食品仪器分析技术 [M]. 重庆：重庆大学出版社，2013.

[18] 钱晓荣，郁桂云. 仪器分析实验教程 [M]. 上海：华东理工大学出版社，2009.

[19] 蔡自由，黄月君. 分析化学 [M]. 2版. 北京：中国医药科技出版社，2013.

[20] 杜学勤，毛金银. 仪器分析技术 [M]. 北京：中国医药科技出版社，2013.

[21] 李发美. 分析化学 [M]. 6版. 北京：人民卫生出版社，2007.

[22] 郭景文. 现代仪器分析技术 [M]. 北京：化学工业出版社，2004.

[23] 徐茂红，褚劲松. 分析化学 [M]. 北京：科学出版社，2013.

[24] 熊志立. 分析化学 [M]. 北京：中国医药科技出版社，2019.